Supported by Key Project for the Development of State Facilities and Information Infrastructure for Science and Technology: National Specimen Information Infrastructure (2005DKA21401)
国家科技基础条件平台：标本资源共享平台建设项目（2005DKA21401）资助
国家"十三五"重点图书出版规划项目

Type Specimens in China National Herbarium (PE)

Volume 1

PTERIDOPHYTA(1)

中国国家植物标本馆（PE）模式标本集

第1卷

蕨类植物门（1）

Institute of Botany, Chinese Academy of Sciences Edit
The editor of this volume LIN Qi

中国科学院植物研究所 编

本卷主编 林 祁

河南科学技术出版社
Henan Science and Technology Press

图书在版编目（CIP）数据

中国国家植物标本馆模式标本集. 第1卷：中国科学院植物研究所编；林祁分册主编. —郑州：河南科学技术出版社，2015.10（2016.11重印）
ISBN 978-7-5349-6859-4

Ⅰ.①中… Ⅱ.①中… ②林… Ⅲ.①植物—标本—中国—图集 Ⅳ.①Q94-34

中国版本图书馆CIP数据核字（2013）第320152号

The editor of this volume LIN Qi

Edited by BAN Qin, CHEN Shurong, DU Yufen, HE Dongdong, LIN Qi, LIN Yun, MA Xintang, SONG Li, TIAN Xiya, WANG Zhongtao, YANG Zhirong

(Names are arranged in alphabetical order)

主　编　林　祁

编著者（以姓氏拼音为序）

班　勤　陈淑荣　杜玉芬　何东东　林　祁　林　云
马欣堂　宋　莉　田希娅　王忠涛　杨志荣

生物中国总策划：周本庆

出版发行：河南科学技术出版社
地址：郑州市经五路66号　邮编：450002
电话：（0371）65737028　65788613
网址：www.hnstp.cn
策划编辑：周本庆　杨秀芳
责任编辑：杨秀芳
责任校对：李振方
整体设计：张　伟
责任印制：张艳芳
印　　刷：北京盛通印刷股份有限公司
经　　销：全国新华书店
幅面尺寸：240毫米×345毫米　印张：69　字数：180千字
版　　次：2015年10月第1版　2016年11月第2次印刷
定　　价：1200.00元

Introduction

Predecessors of China National Herbarium (abbreviated code PE), Institute of Botany, Chinese Academy of Sciences are the Herbarium, Department of Botany, the Fan Memorial Institute of Biology, Peiping (1928), as well as the Herbarium, Institute of Botany, the National Academy of Peiping (1929). Now PE has developed into the largest herbarium in Asia. The current collections contain more than 2,650,000 specimens in the herbarium, including mosses, ferns, seed plants, and seed collections and plant fossil samples. Among them, there are about 20,000 type specimens (holotype, isotype, lectotype, isolectotype, neotype, isoneotype, epitype, isoepitype, paratype, isoparatype, syntype, isosyntype).

Type specimens in this book were produced by selecting the most important type specimen deposited at PE under the same scientific name (species, subspecies, variety and form), and then were also reviewed and scanned. After compilation, ***Type Specimens in China National Herbarium (PE)*** which consists of 14 volumes is completed. The taxa are arranged by family according to the system of ***Flora Bryophytorum Sinicorum*** and ***Flora Reipublicae Popularis Sinicae***. Infra-family taxa are alphabetized by genera, species, subspecies, varieties and forms. The explanation of each taxon is listed in the figure caption with Chinese name, scientific name, original publication, nature of specimen (holotype/ isotype/ lectotype/ isolectotype/ neotype/ isoneotype/ epitype/ isoepitype/ paratype/ isoparatype/ syntype/ isosyntype), type locality (country/ province/ county/ mountain if present), altitude, collection date, collector and collection number. The collector and type locality in this book follow ***Index Herbariorum Sinicorum*** (L. K. Fu, 1993) and ***Gazetteer of China—An Index to the Atlas of the People's Republic of China*** (Chinese Academy of Surveying & Mapping, 1997) respectively.

This book is a very important work for researching and identifying Chinese plants. It could also be used as a reference by plant taxonomists and people from botanic research institutions, educational institutions and production departments at home and abroad.

Volume 1 of ***Type Specimens in China National Herbarium (PE)*** includes 512 type specimens from Botrychiaceae to Athyriaceae, comprising 444 holotypes, 45 isotypes, 5 lectotypes, 10 paratypes, 1 isoparatype, 7 isosyntypes, and belonging to 18 families, 50 genera, 462 species, 48 varieties and 2 forms.

Greatest thanks to Prof. Li Liangqian and Prof. Zhang Xianchun, curators of China National Herbarium (PE), for their support and help throughout the publication of the book.

LIN Qi

2013.11

前 言

中国科学院植物研究所国家植物标本馆（缩写代号 PE）的前身是 1928 年成立的北平静生生物调查所植物标本室和 1929 年成立的北平研究院植物研究所标本室，现已发展为亚洲最大的植物标本馆，目前馆藏植物标本 265 万余份，包括苔藓植物标本、蕨类植物标本、种子植物标本、种子标本和植物化石标本，其中模式标本近 2 万份（含主模式、等模式、后选模式、等后选模式、新模式、等新模式、附加模式、等附加模式、副模式、等副模式、合模式、等合模式）。

书中所收录的模式标本是在同一学名下（种、亚种、变种、变型）遴选出一份最重要的馆藏模式标本，经整理并扫描后编撰而成《中国国家植物标本馆（PE）模式标本集》（共 14 卷）。全书各科依据《中国苔藓志》及《中国植物志》系统排列，属、种、亚种、变种、变型的名称按字母顺序排列。每张扫描模式标本相片的图注解释均标注中名、学名、原始文献、模式类型（主模式、等模式、后选模式、等后选模式、新模式、等新模式、附加模式、等附加模式、副模式、等副模式、合模式、等合模式）、采集地点（国名、省名、县名、山名）、海拔、采集时间（年月日）、采集人和采集号。本书中的采集人根据《中国植物标本馆索引》(傅立国，1993) 书写，采集地根据《中国地名录——中华人民共和国地图集地名索引》（国家测绘局地名研究所，1997）书写。

本书是一部研究与鉴定中国植物的重要著作，可供国内外植物分类学者及有关植物学科研、教学和生产部门人员参考。

第 1 卷包括阴地蕨科（Botrychiaceae）至蹄盖蕨科（Athyriaceae）的 512 份模式标本，含 444 份主模式、45 份等模式、5 份后选模式、10 份副模式、1 份等副模式、7 份等合模式，隶属于 18 科、50 属、462 种、48 变种和 2 变型。

感谢中国国家植物标本馆（PE）馆长李良千研究员和张宪春研究员在本书编撰过程中给予的支持和帮助。

林 祁

2013 年 11 月

Contents
目 录

Botrychiaceae

阴地蕨科

yindijueke

下延阴地蕨 ***Botrychium decurrens*** Ching, Fl. Reip. Pop. Sin. 2: 17, 329. 1959. **Holotype:** China. Sichuan: Precise locality not known, W China Acad. Sci. Exped. 4729.

钝齿阴地蕨 ***Botrychium modestum*** Ching, Fl. Reip. Pop. Sin. 2: 19, 329. 1959. **Holotype:** China. Yunnan: Dêqên, alt. 2 300~2 600 m, 1940-06-20, K.M. Feng 5668.

药用阴地蕨 ***Botrychium officinale*** Ching, Fl. Reip. Pop. Sin. 2: 20, 330. 1959. **Holotype:** China. Chongqing: Nanchuan, alt. 2 100 m, 1957-09-30, J. H. Xiong & Z. L. Zhou 93732.

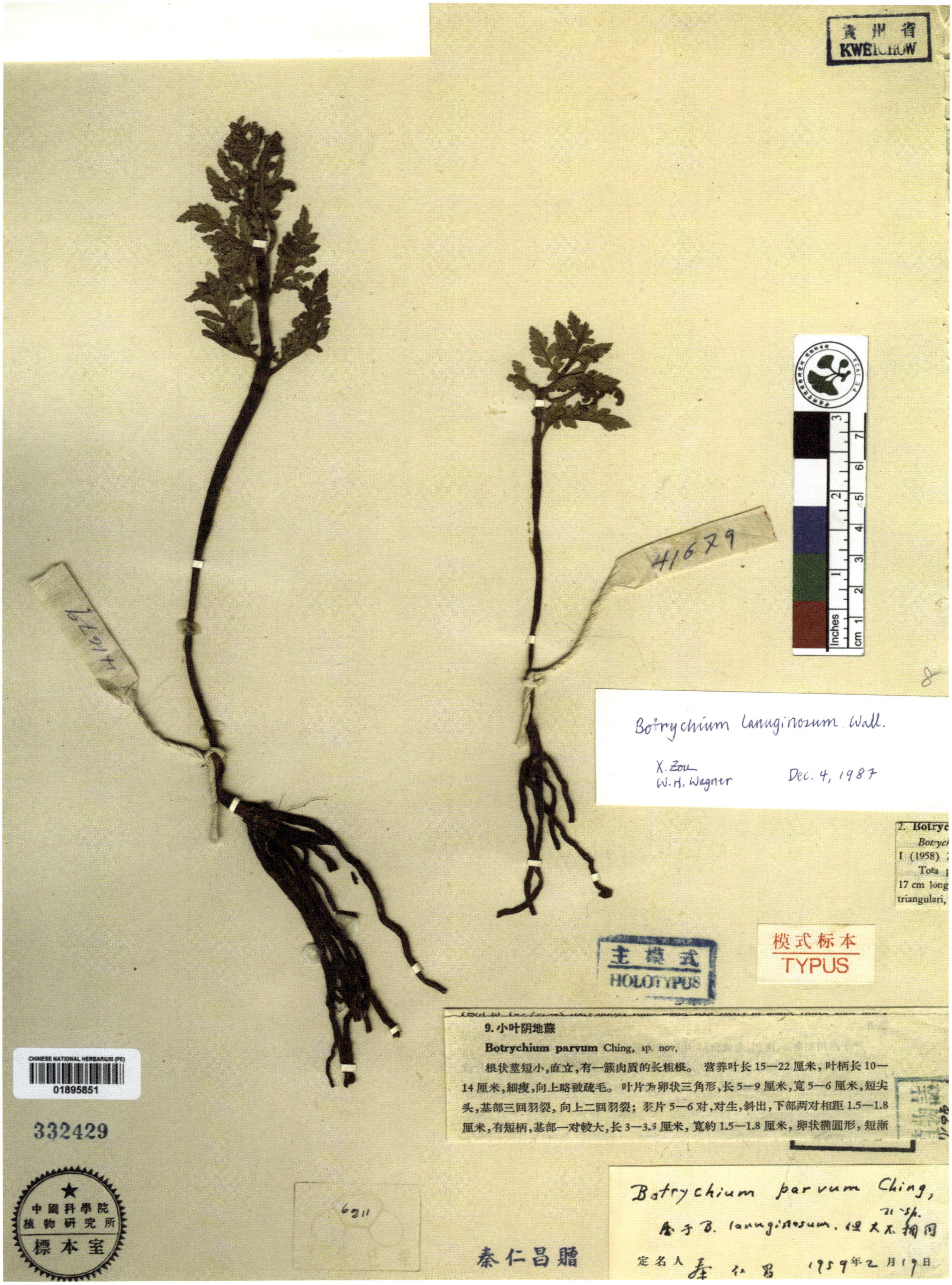

小叶阴地蕨 ***Botrychium parvum*** Ching, Fl. Reip. Pop. Sin. 2: 19, 330. 1959. **Holotype:** China. Guizhou: Precise locality not known, S. W. Teng 41679.

四川阴地蕨 ***Botrychium sutchuanense*** Ching, Fl. Reip. Pop. Sin. 2: 22, 330. 1959. **Holotype:** China. Chongqing: Chengkou, alt. 2 000 m, R. P. Farges 144.

云南阴地蕨 ***Botrychium yunnanense*** Ching, Fl. Reip. Pop. Sin. 2: 16, 329. 1959. **Holotype:** China. Yunnan: Dali, 1905-10-22, Ducloux 55.

西藏阴地蕨 ***Botrypus tibeticus*** Ching, Fl. Xizang. 1: 34. 1983. **Holotype:** China. Xizang: Nyingchi, alt. 2 500~2 900 m, 1972-06-15, Xizang Exped. 3390.

Angiopteridaceae

观音座莲科

guanyinzuolianke

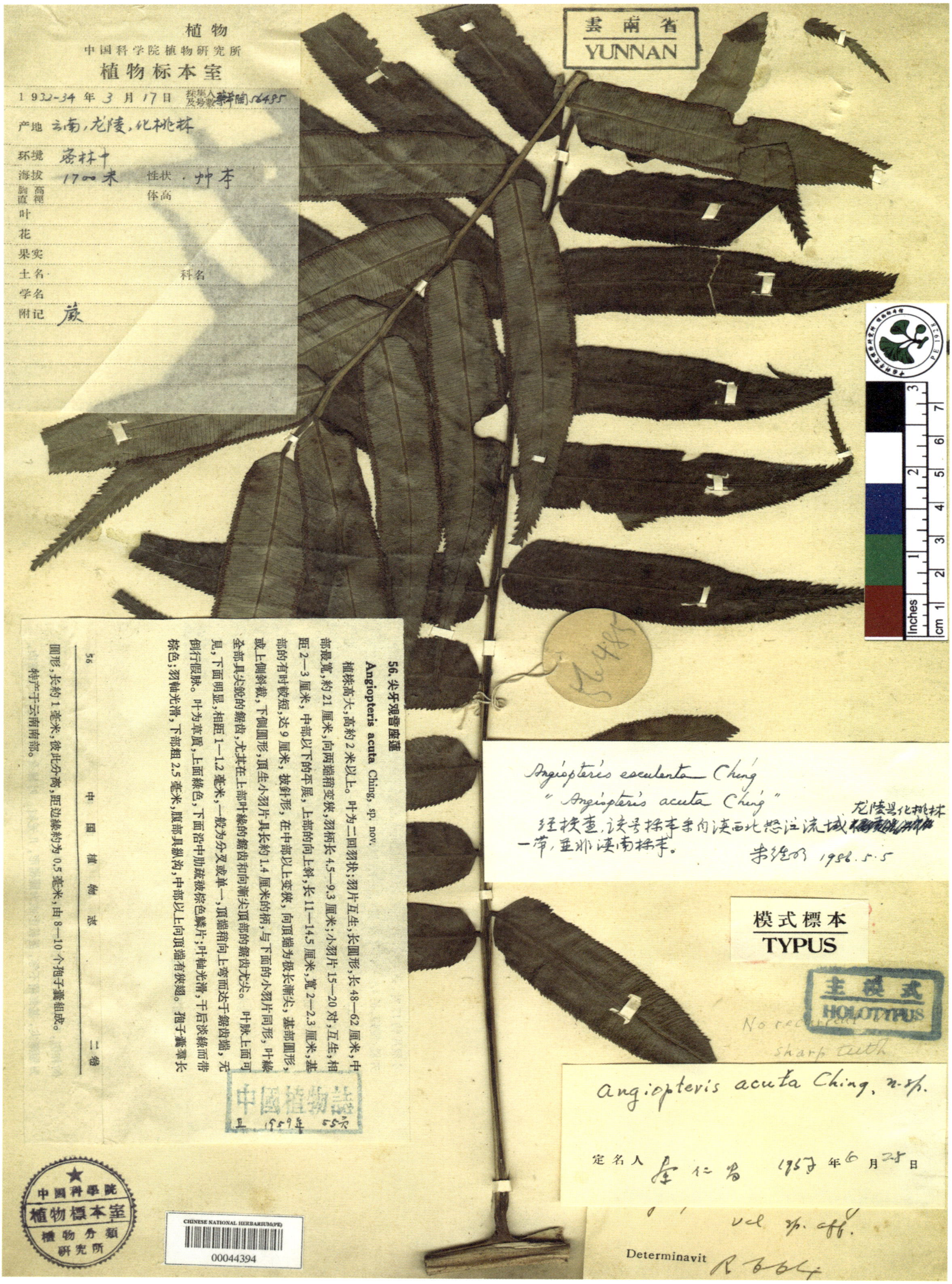

尖牙观音座莲 ***Angiopteris acuta*** Ching, Fl. Reip. Pop. Sin. 2: 55, 344. 1959. **Holotype:** China. Yunnan: Longling, alt. 1 700 m, 1932-03-17, H.T. Tsai. 56485.

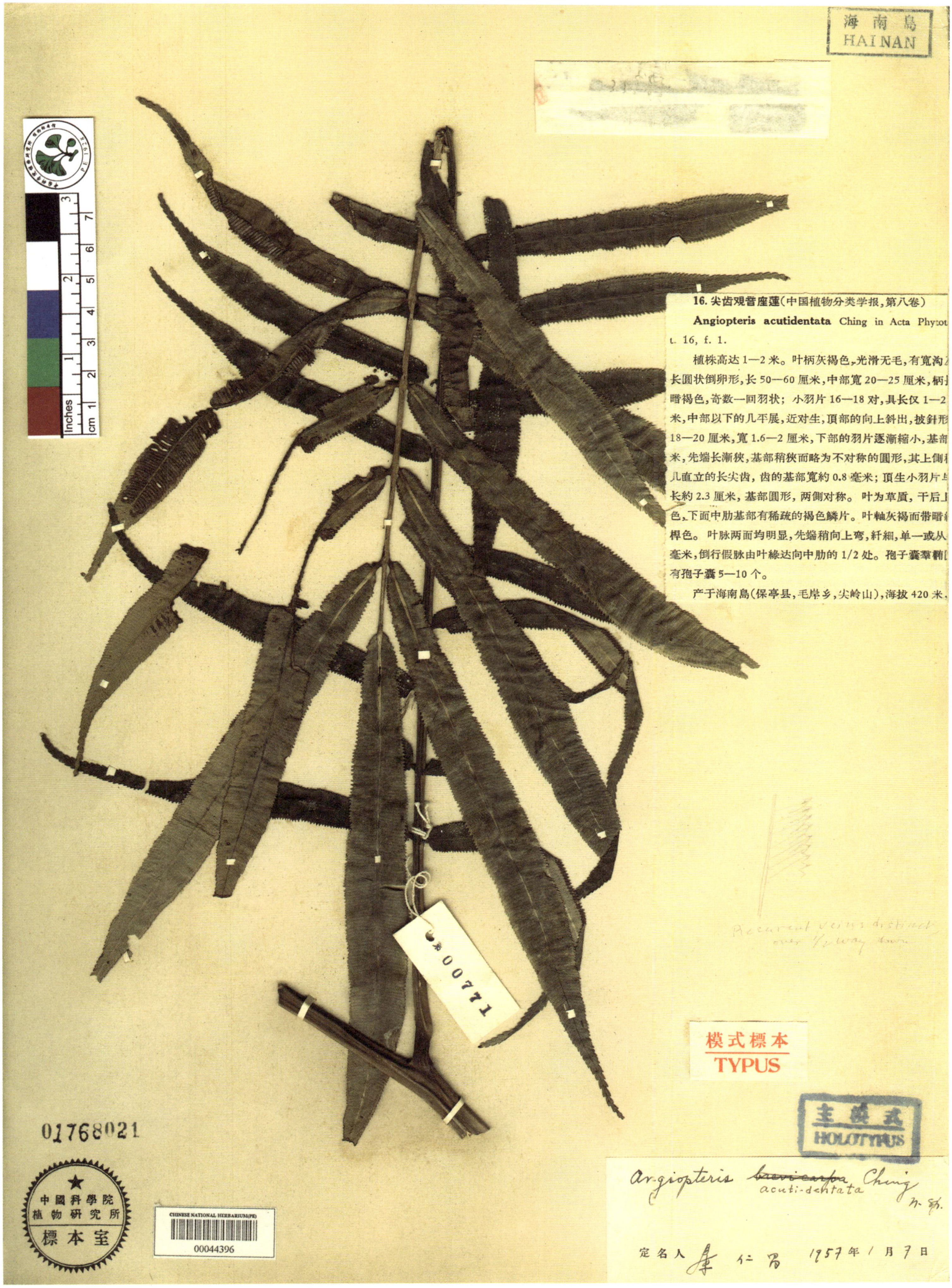

尖齿观音座莲 ***Angiopteris acutidentata*** Ching in Acta Phytotax. Sin. 8(2): 127, 157, pl. 16: 1. 1959. **Holotype:** China. Hainan: Baoting, 1956-02-28, Academia Sinica Hainan Vegetation Survey 00771.

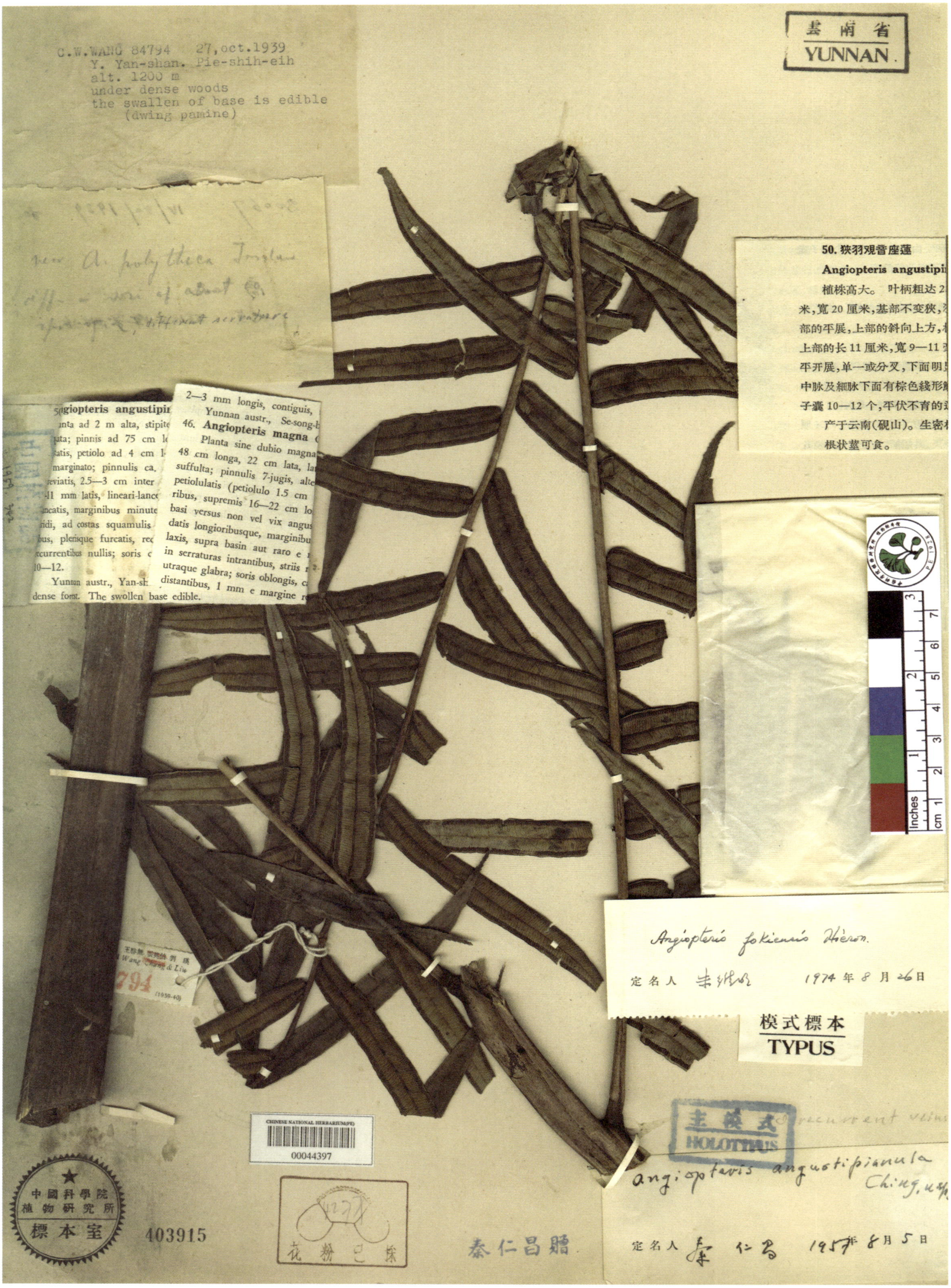

狭羽观音座莲 ***Angiopteris angustipinnula*** Ching, Fl. Reip. Pop. Sin. 2: 53, 342. 1959. **Holotype:** China. Yunnan: Yanshan, alt. 1 200 m, 1939-10-27, C. W. Wang 84794.

安南观音座莲 ***Angiopteris annamensis*** C. Chr. & Tardieu in Not. Syst. 5(1): 11, t. 1: 3~5. 1935. **Isoparatype:** Vietnam. Annam: Cu-Bi, Quang Tri, Eberhardt 1949.

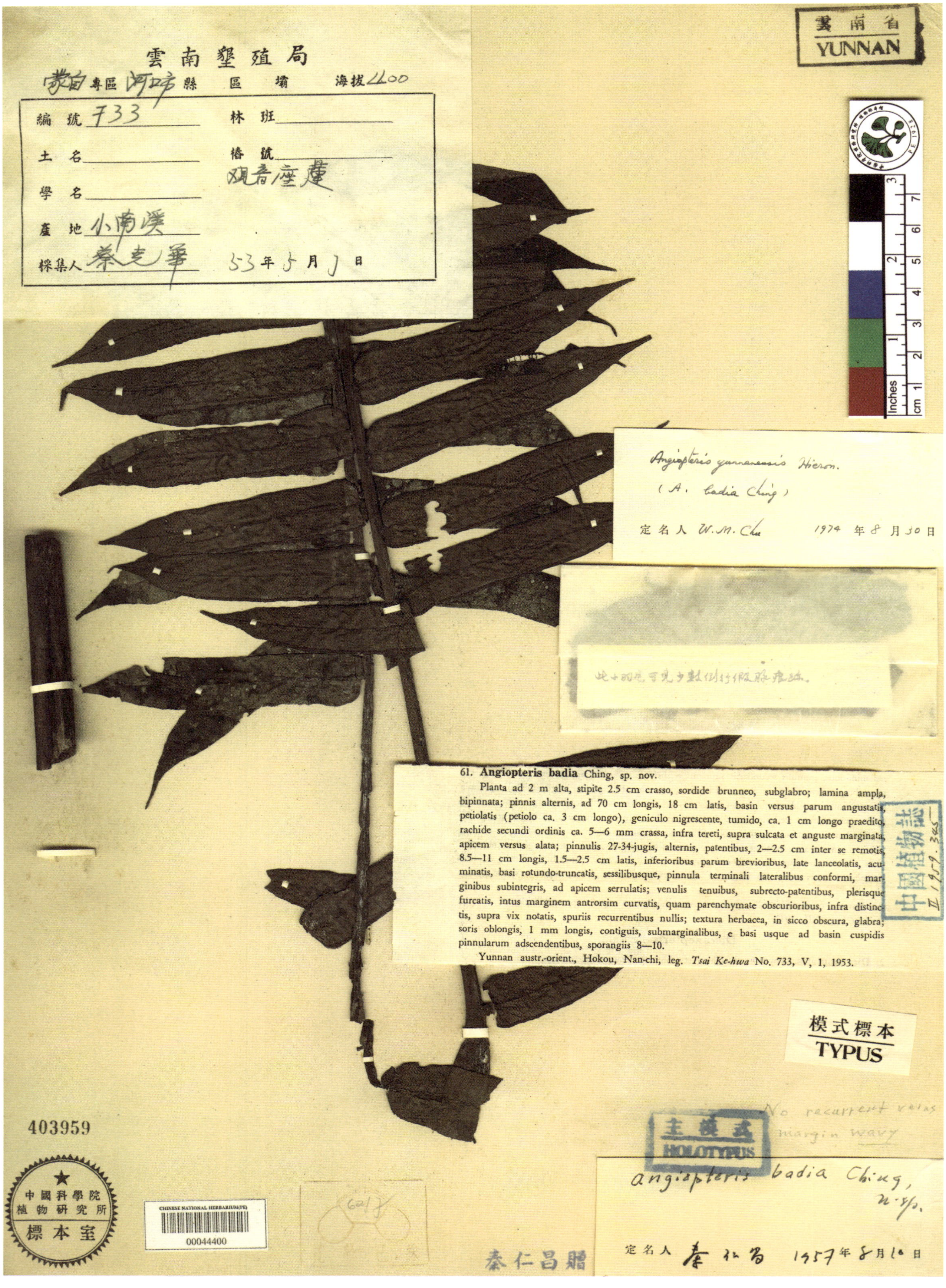

褐色观音座莲 ***Angiopteris badia*** Ching, Fl. Reip. Pop. Sin. 2: 57, 345. 1959. **Holotype:** China. Yunnan: Hekou, 1953-05-01, K. H. Tsai 733.

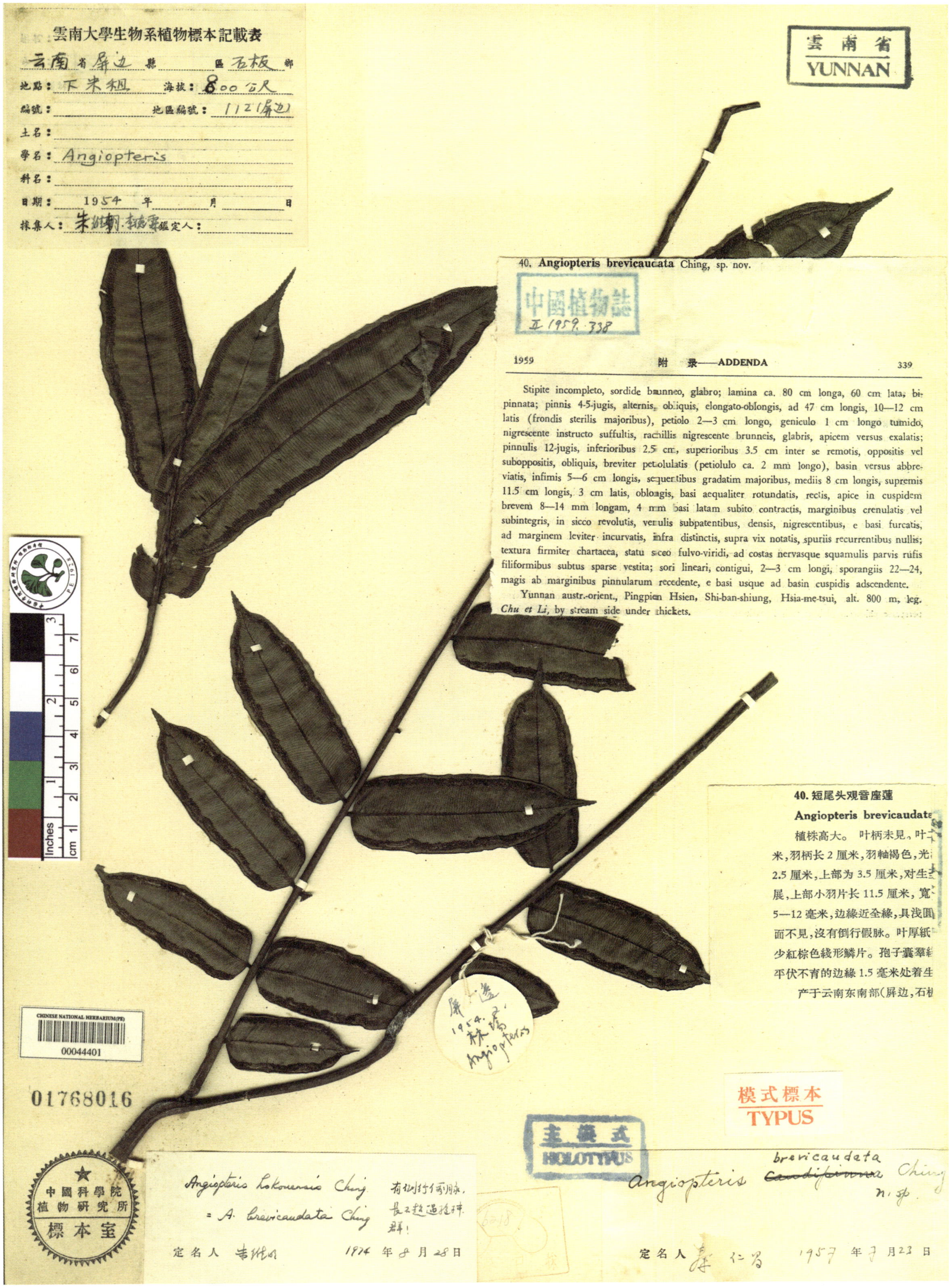

短尾头观音座莲 ***Angiopteris brevicaudata*** Ching, Fl. Reip. Pop. Sin. 2: 49, 338. 1959. **Holotype:** China. Yunnan: Pingbian, alt. 800 m, 1954-02-??, W. M. Chu & D. L. Li 112.

厚边观音座莲 ***Angiopteris cartilaginea*** Ching, Fl. Reip. Pop. Sin. 2: 44, 336. 1959. **Holotype:** China. Yunnan: Hekou, alt. 260 m, 1953-04-13, K. H. Tsai 315.

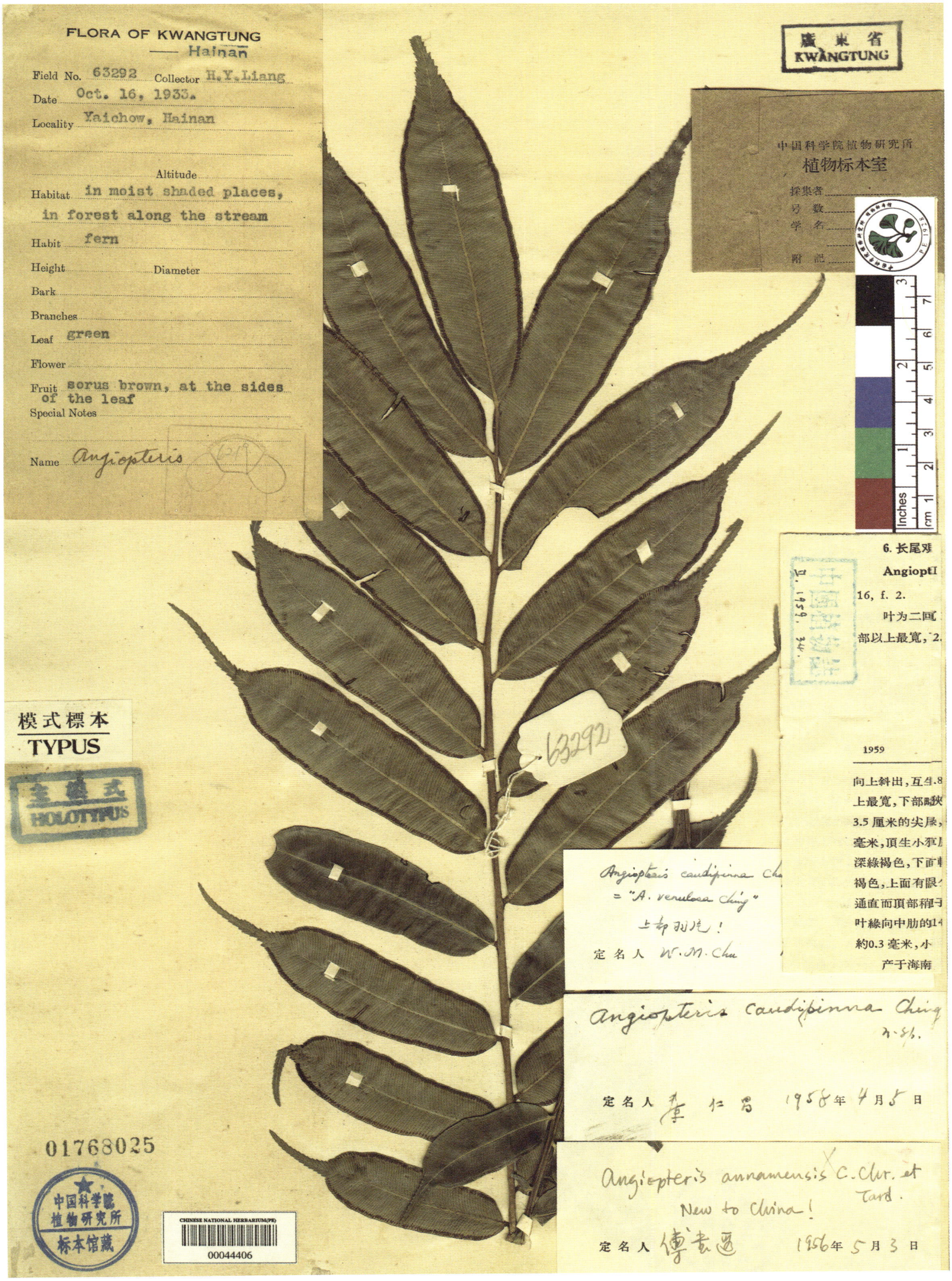

长尾观音座莲 ***Angiopteris caudipinna*** Ching in Acta Phytotax. Sin. 8(2): 127, 158, pl. 16: 2. 1959. **Holotype:** China. Hainan. Ya Xian (=Sanya), 1933-10-16, H. Y. Liang 63292.

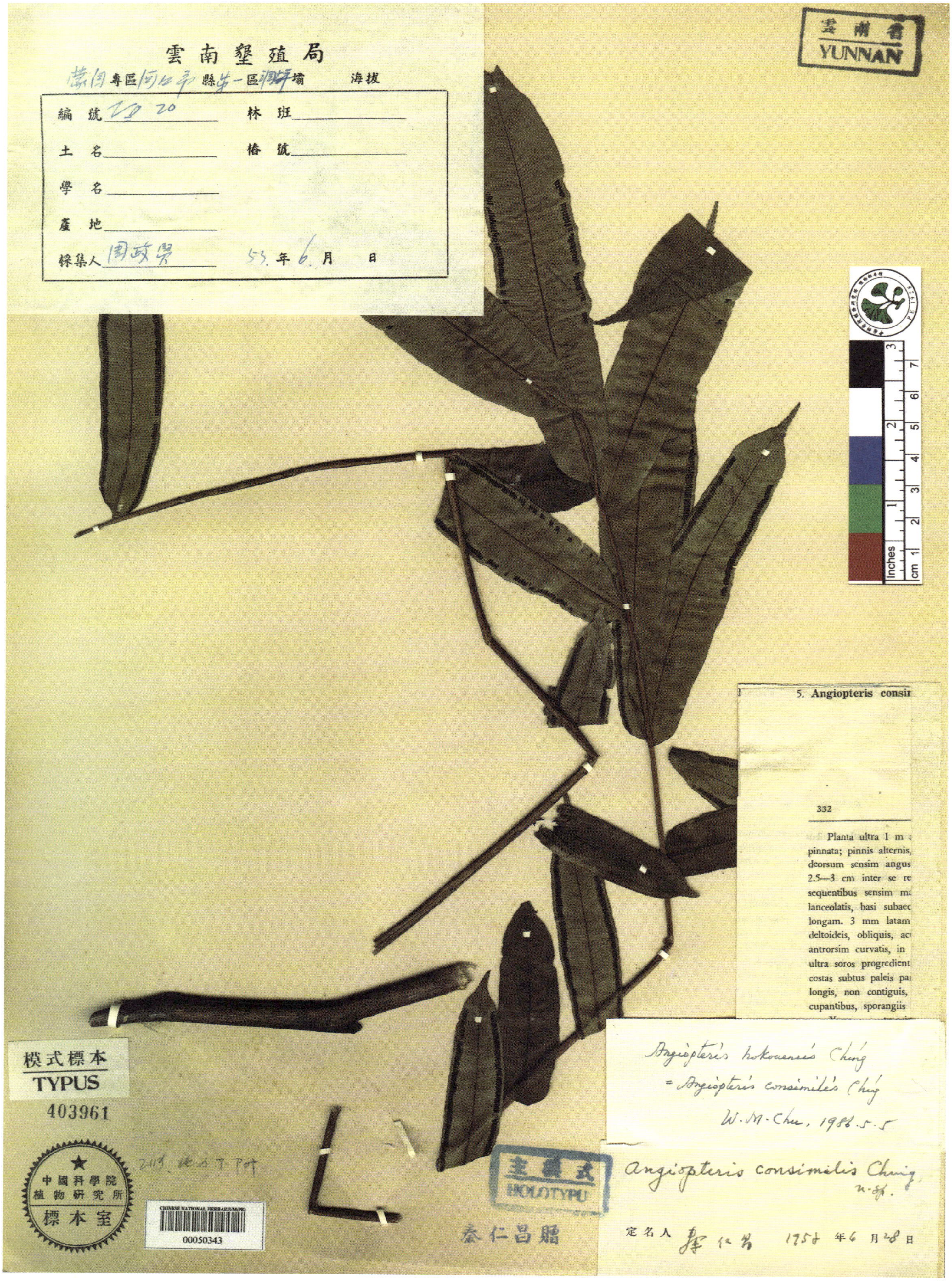

同形观音座莲 ***Angiopteris consimilis*** Ching, Fl. Reip. Pop. Sin. 2: 34, 331. 1959. **Holotype:** China. Yunnan: Hekou, 1953-06-??, T. Y. Chow 20.

纸质观音座莲 ***Angiopteris crassa*** Ching, Fl. Reip. Pop. Sin. 2: 47, 338. 1959. **Holotype:** China. Yunnan: Hekou, alt. 280 m, 1953-05-04, K. H. Tsai 855.

硬叶观音座莲 ***Angiopteris crassifolia*** Ching, Fl. Reip. Pop. Sin. 2: 41, 334. 1959. **Holotype:** China. Yunnan: Jinghong, alt. 610 m, 1953-05-20, D. L. Li 2089.

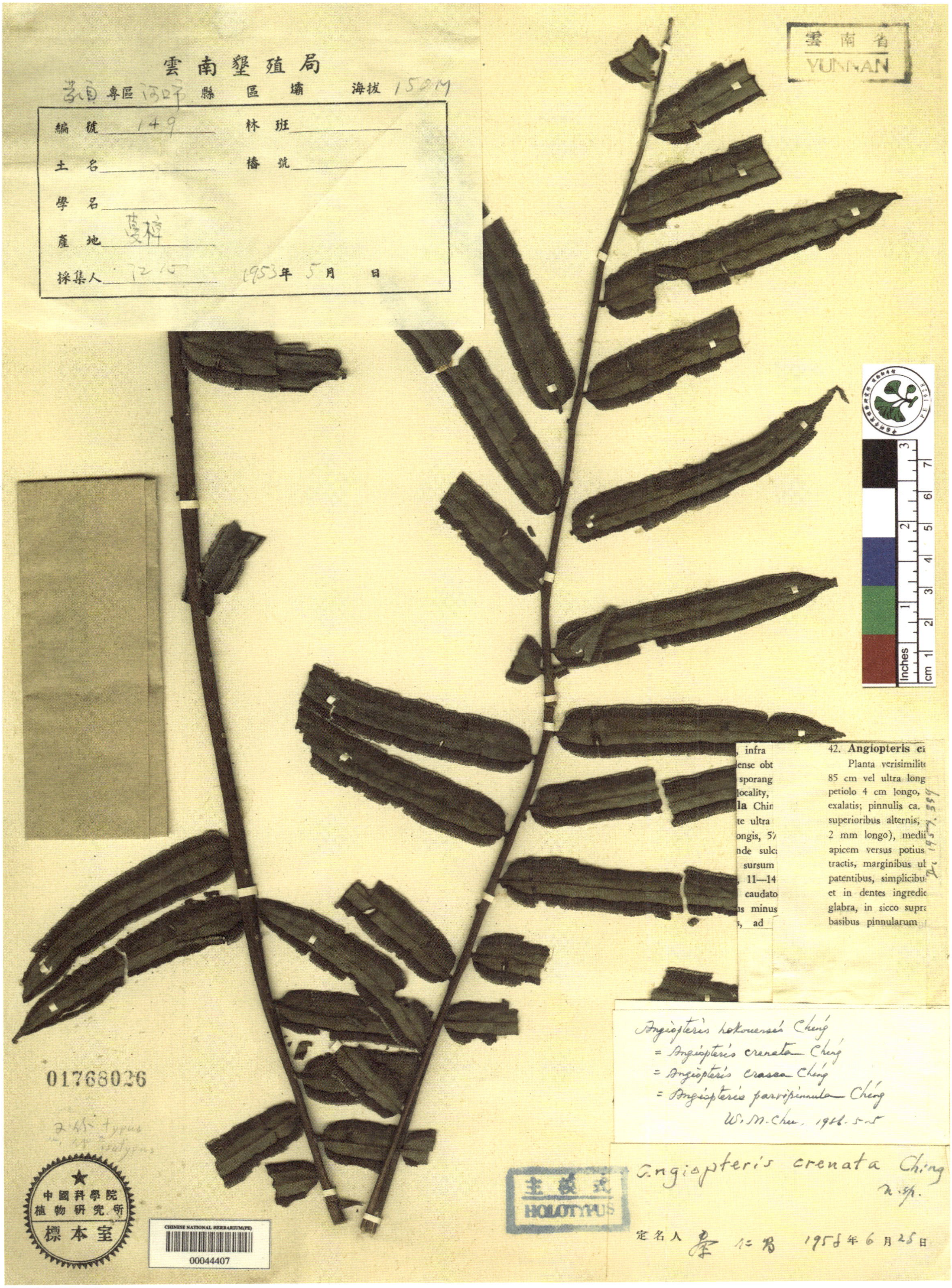

圆齿观音座莲 ***Angiopteris crenata*** Ching, Fl. Reip. Pop. Sin. 2: 50, 339. 1959. **Holotype:** China. Yunnan: Hekou, alt. 150 m, 1953-05-??, X. Jiang 149.

食用观音座莲 ***Angiopteris esculenta*** Ching in Bull. Fan Mem. Inst. Biol., Bot. Ser. 10(1): 1. 1940. **Holotype:** China. Yunnan: Nujiang Valley, south of Kongpong, alt. 1 200 m, 1938-09-26, T. T. Yu 20451.

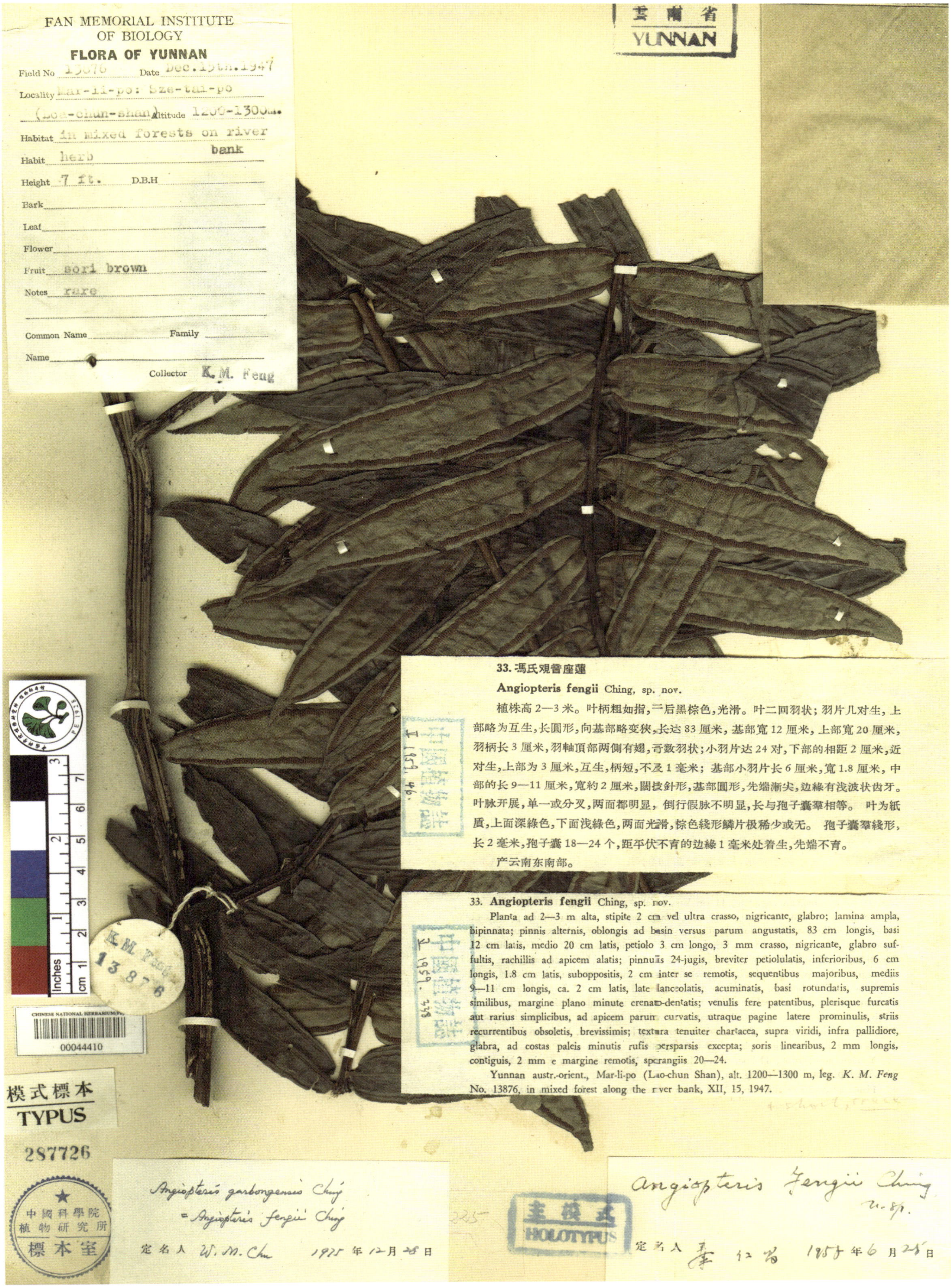

冯氏观音座莲 ***Angiopteris fengii*** Ching, Fl. Reip. Pop. Sin. 2: 46, 338. 1959. **Holotype:** China. Yunnan: Malipo, 1 200~1 300 m, 1947-12-15, K. M. Feng 13876.

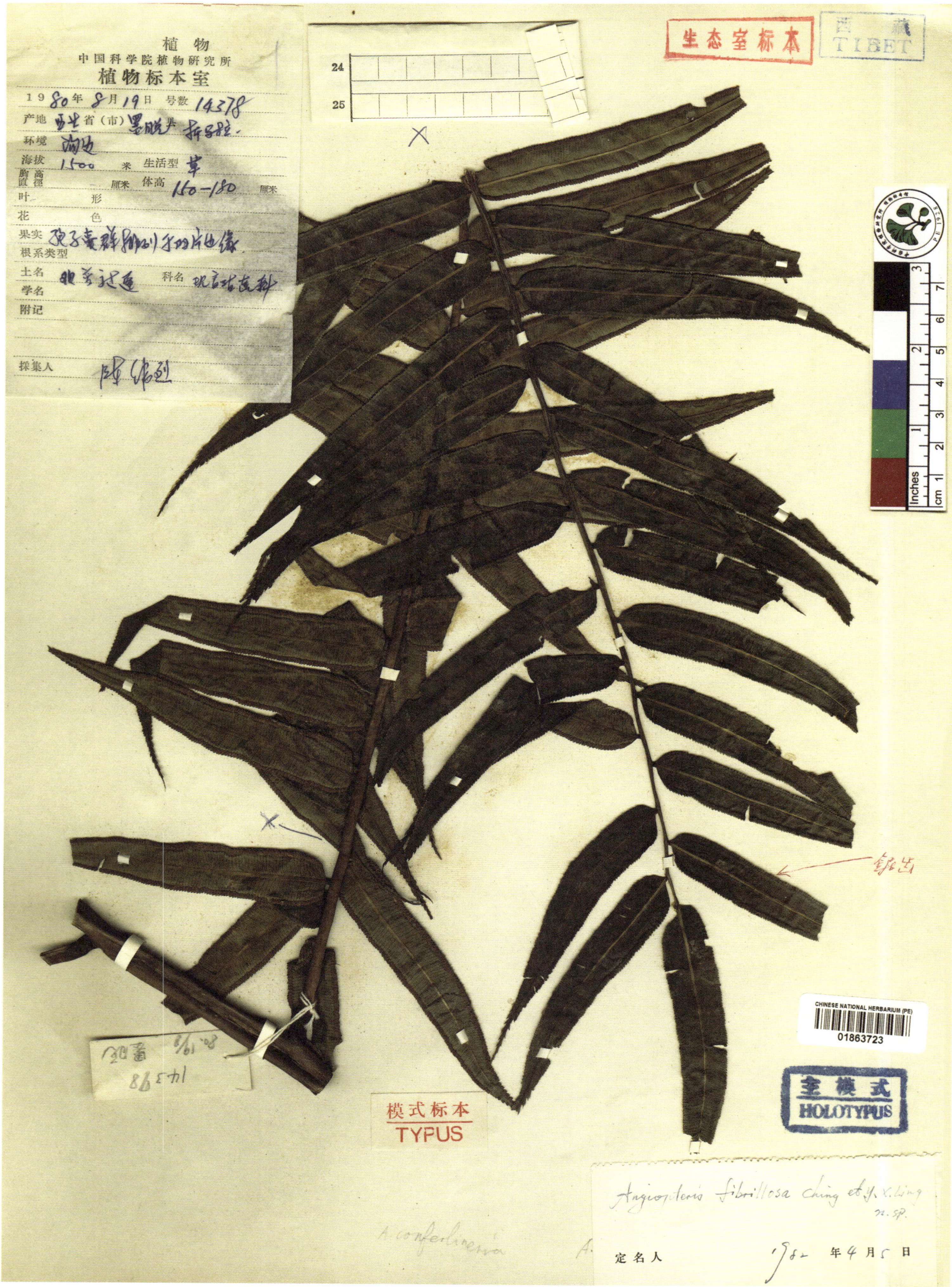

纤毛观音座莲 ***Angiopteris fibrillosa*** Ching & Y. X. Ling in Acta Phytotax. Sin. 22(3): 193, pl. 1: 2. 1984. **Holotype:** China. Xizang: Mêdog, 1 500 m, 1980-08-19, W. L. Chen 14378.

美丽观音座莲 ***Angiopteris formosa*** Ching, Fl. Reip. Pop. Sin. 2: 43, 335. 1959. **Holotype:** China. Taiwan: Precise locality not known, Tanaka s. n.

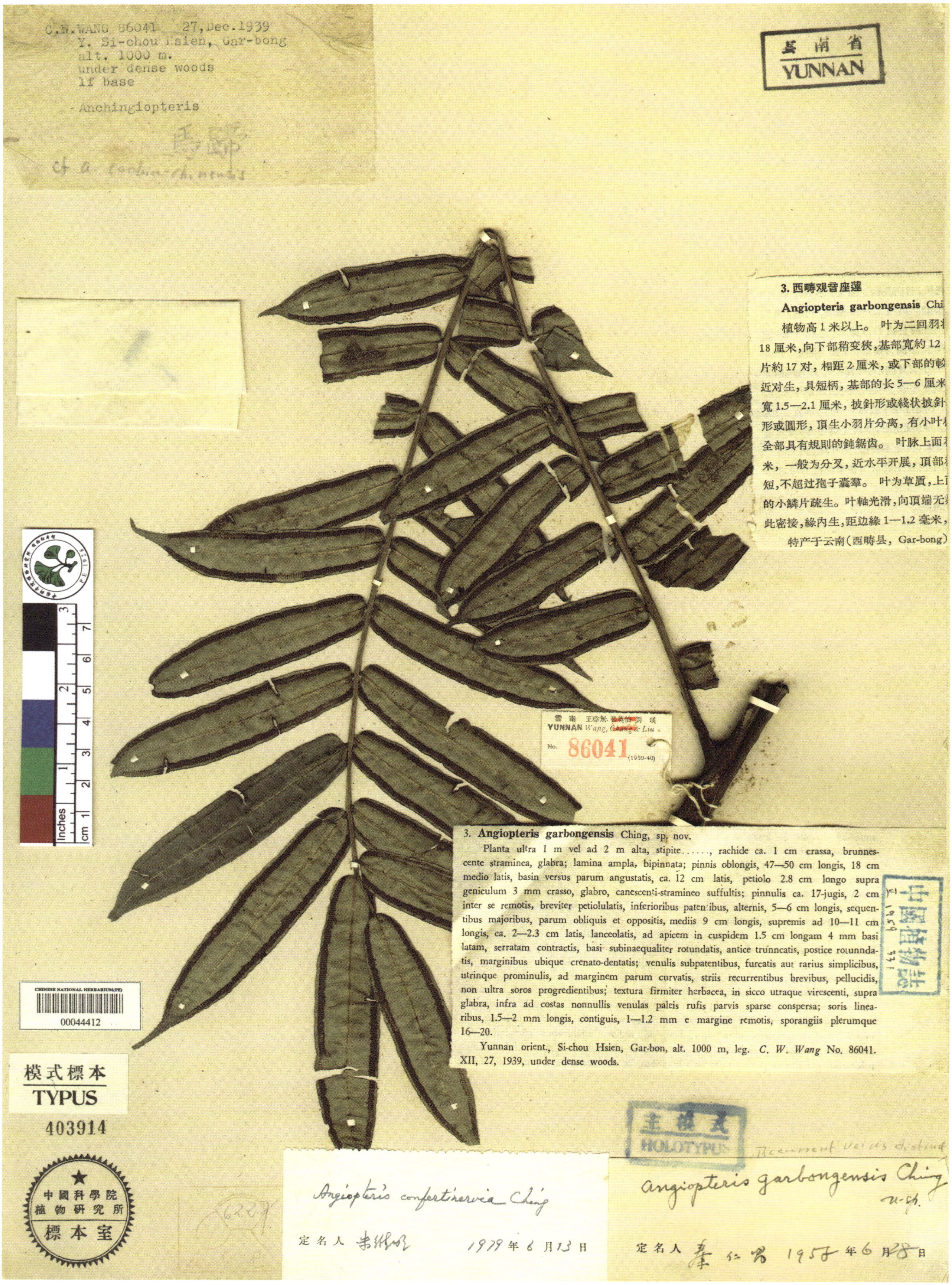

西畴观音座莲 ***Angiopteris garbongensis*** Ching, Fl. Reip. Pop. Sin. 2: 33, 331. 1959. **Holotype:** China. Yunnan: Xichou, alt. 1 000 m, 1939-12-27, C. W. Wang 86041.

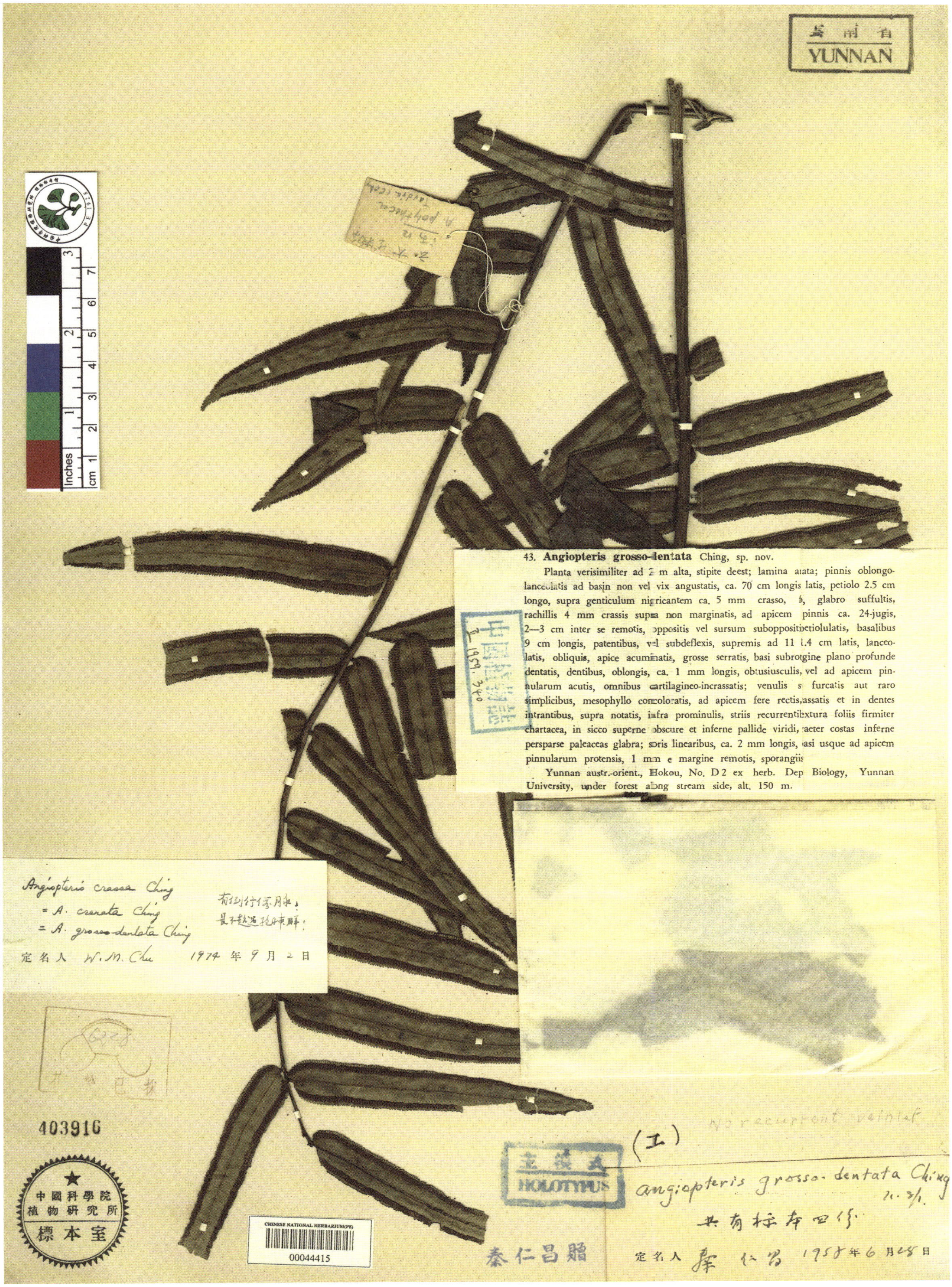

粗齿观音座莲 ***Angiopteris grossodentata*** Ching, Fl. Reip. Pop. Sin. 2: 50, 340. 1959. **Holotype:** China. Yunnan: Hekou, alt. 150 m, YUKU D2.

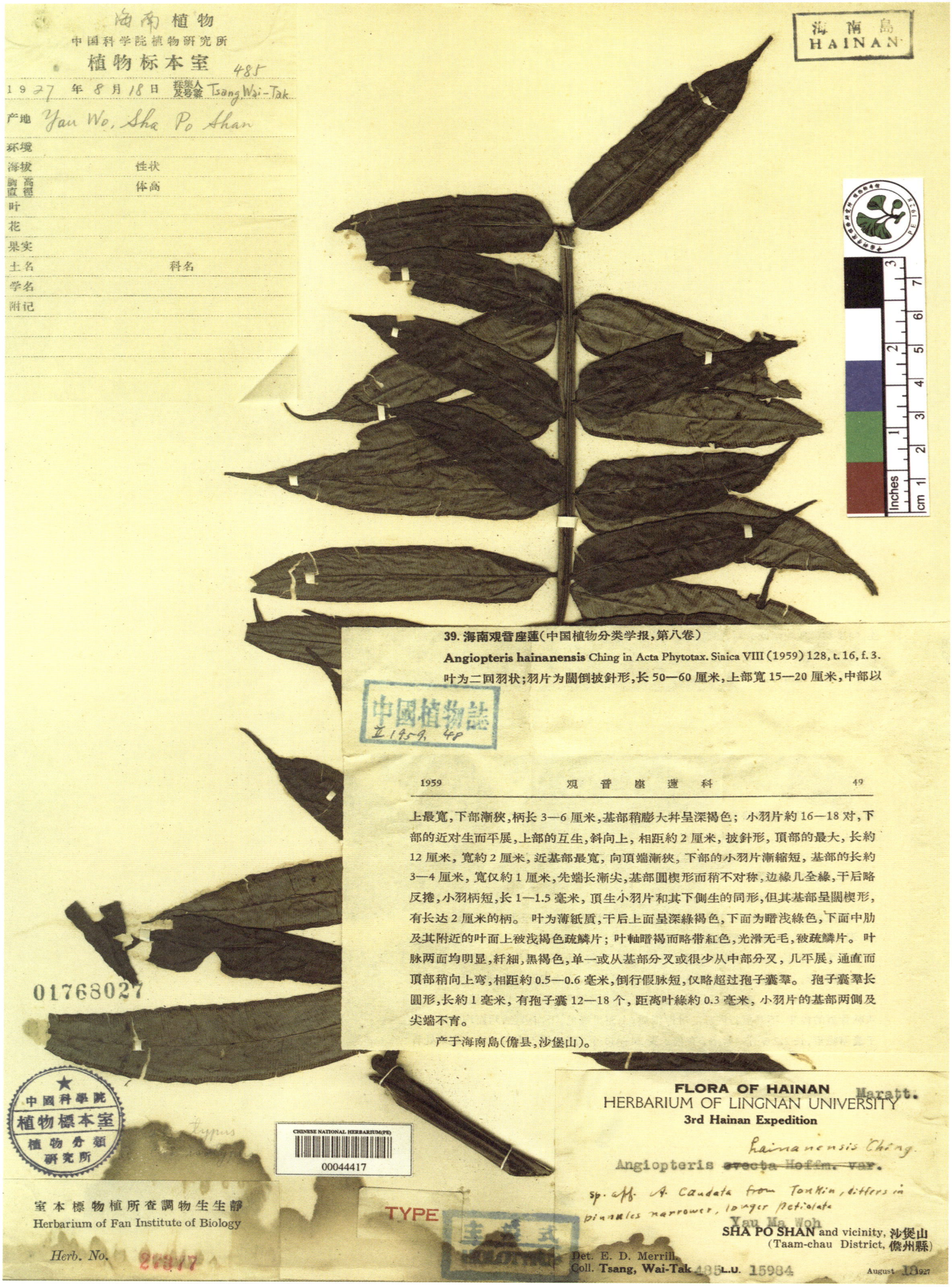

海南观音座莲 ***Angiopteris hainanensis*** Ching in Acta Phytotax. Sin. 8(2): 128, 158, pl. 16: 3. 1959. **Holotype:** China. Hainan: Danzhou, 1927-08-18, W. T. Tsang 485.

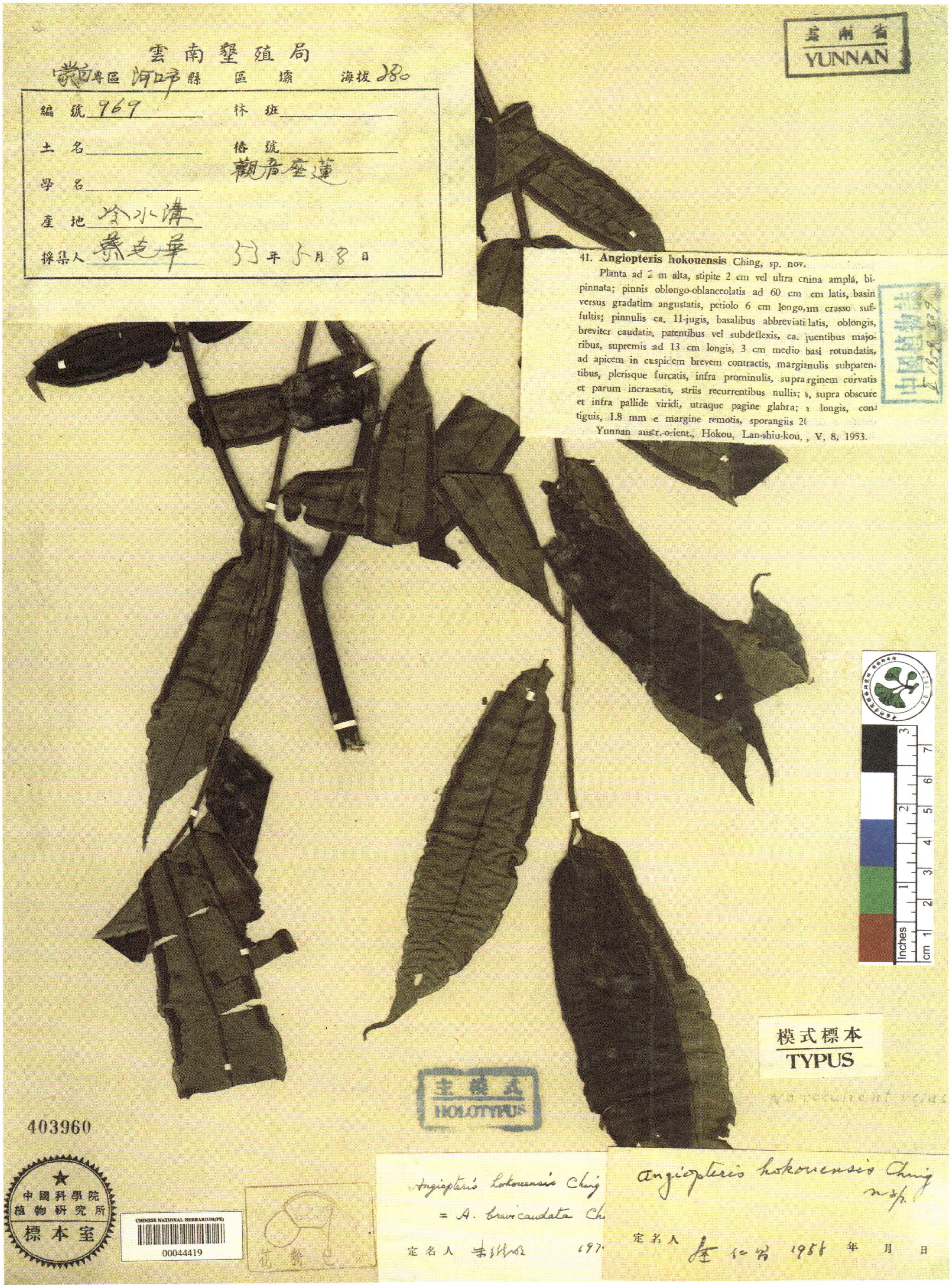

河口观音座莲 ***Angiopteris hokouensis*** Ching, Fl. Reip. Pop. Sin. 2: 49, 339. 1959. **Holotype:** China. Yunnan: Hekou, alt. 280 m, 1953-05-08, K.H. Tsai 969.

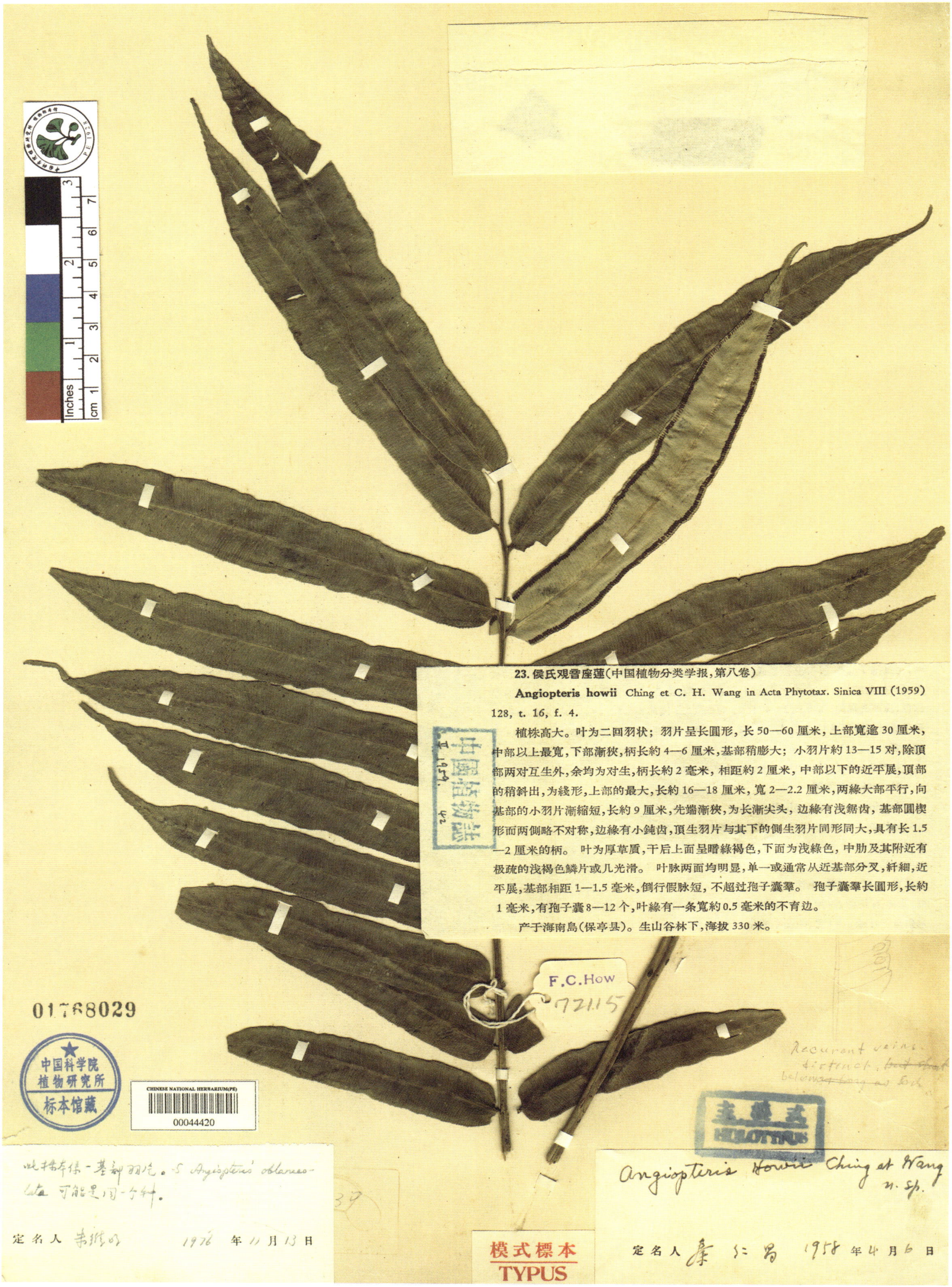

侯氏观音座莲 ***Angiopteris howii*** Ching & C. H. Wang in Acta Phytotax. Sin. 8(2): 158, pl. 16: 4. 1959. **Holotype:** China. Hainan: Baoting, alt. 330 m, 1935-04-24, F. C. How 72115.

广西观音座莲 ***Angiopteris kwangsiensis*** Ching, Fl. Reip. Pop. Sin. 2: 36, 332. 1959. **Holotype:** China. Guangxi: Luocheng, 366 m, 1928-05-30, R. C. Ching 5501.

宽边观音座莲 ***Angiopteris latemarginata*** Ching, Fl. Reip. Pop. Sin. 2: 44, 336. 1959. **Holotype:** China. Yunnan: Xishuangbanna, 1957-??-??, Sino-Russia Yunnan Exped. 5405.

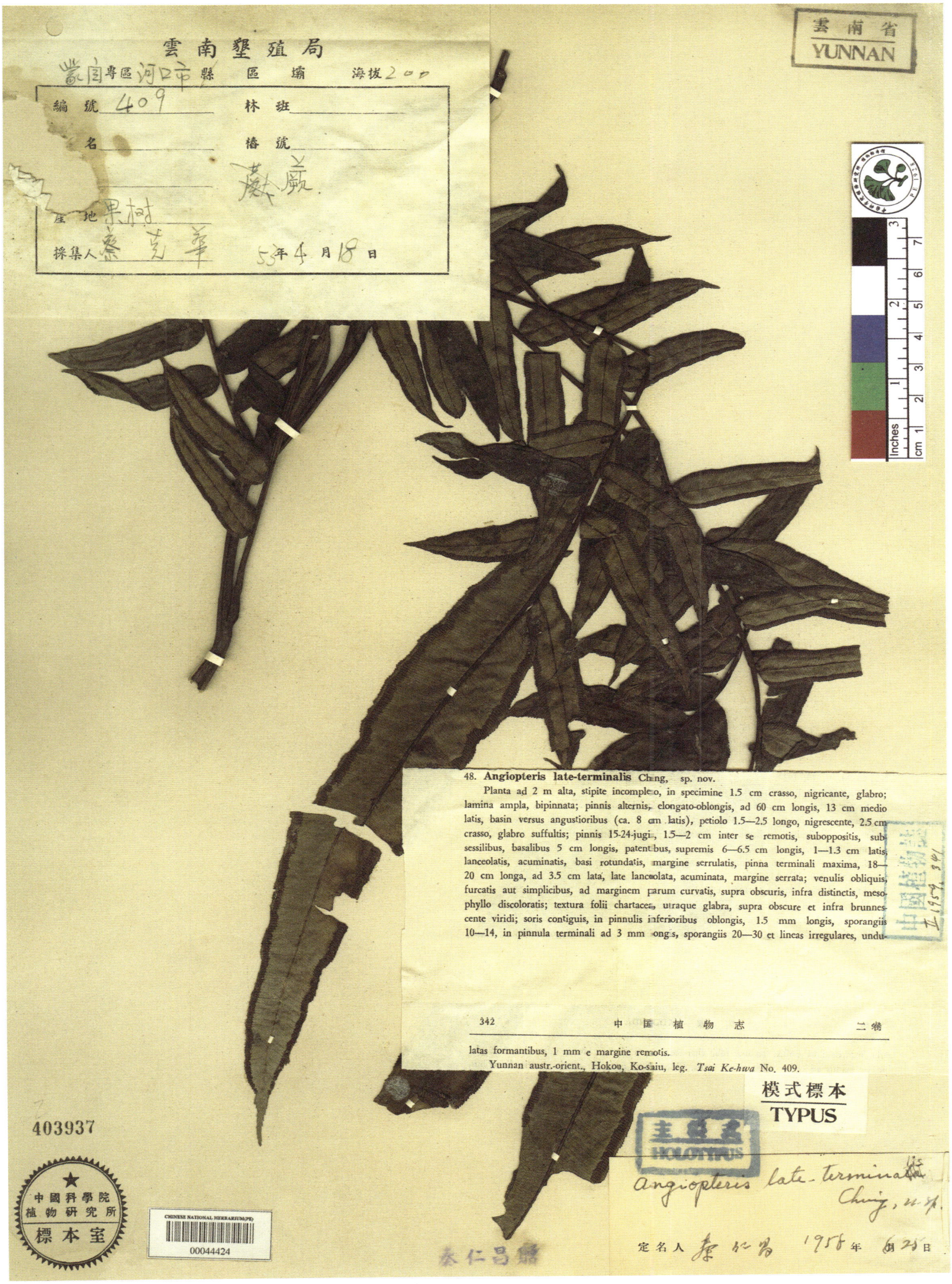

大顶观音座莲 ***Angiopteris lateterminalis*** Ching, Fl. Reip. Pop. Sin. 2: 52, 341. 1959. **Holotype:** China. Yunnan: Hekou, alt. 200 m, 1953-04-18, K. H. Tsai 409.

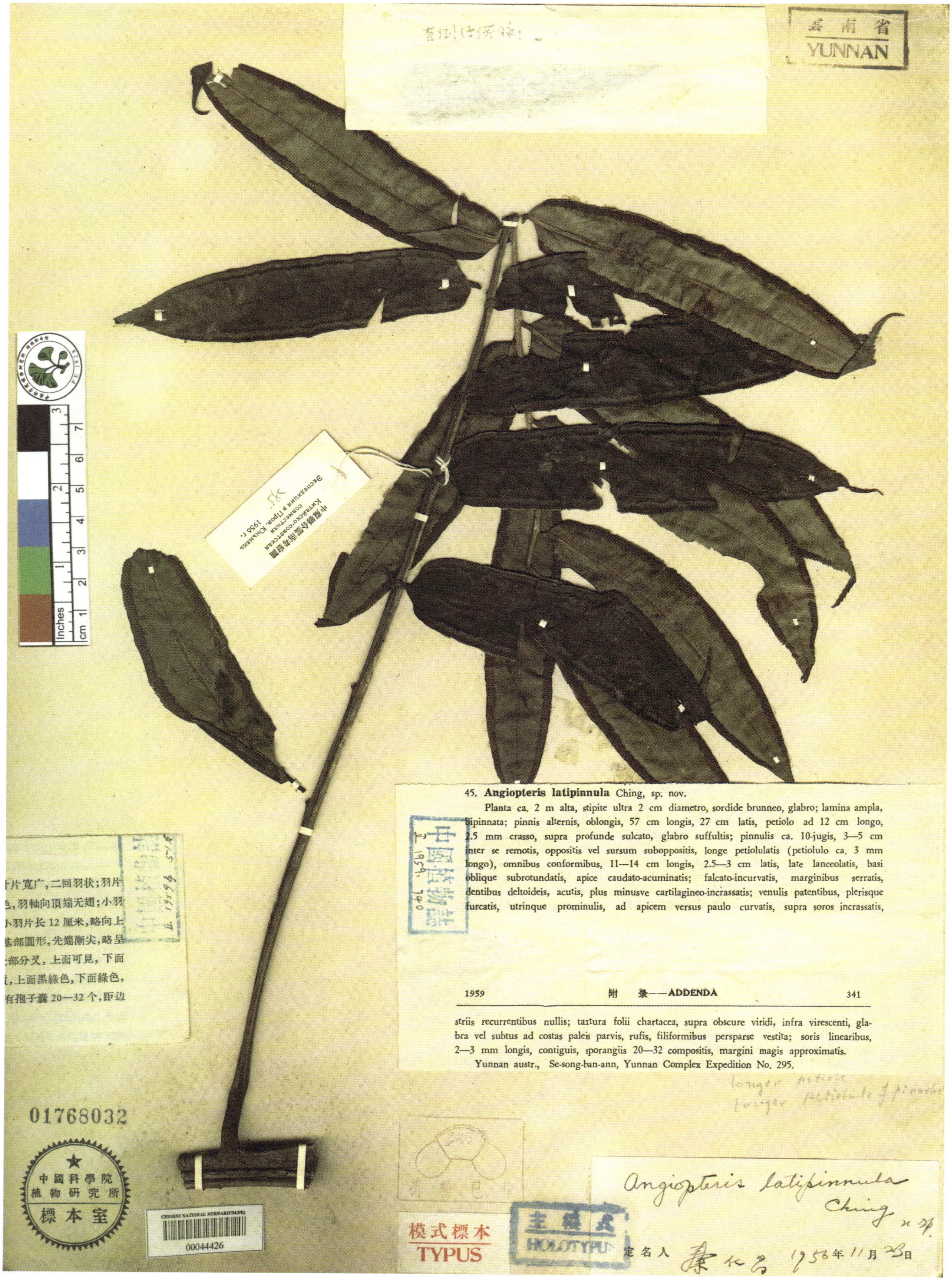

阔羽观音座莲 ***Angiopteris latipinnula*** Ching, Fl. Reip. Pop. Sin. 2: 51, 340. 1959. **Holotype:** China. Yunnan: Xishuangbanna, 1956-??-??, Sino-Russia Yunnan Exped. 295.

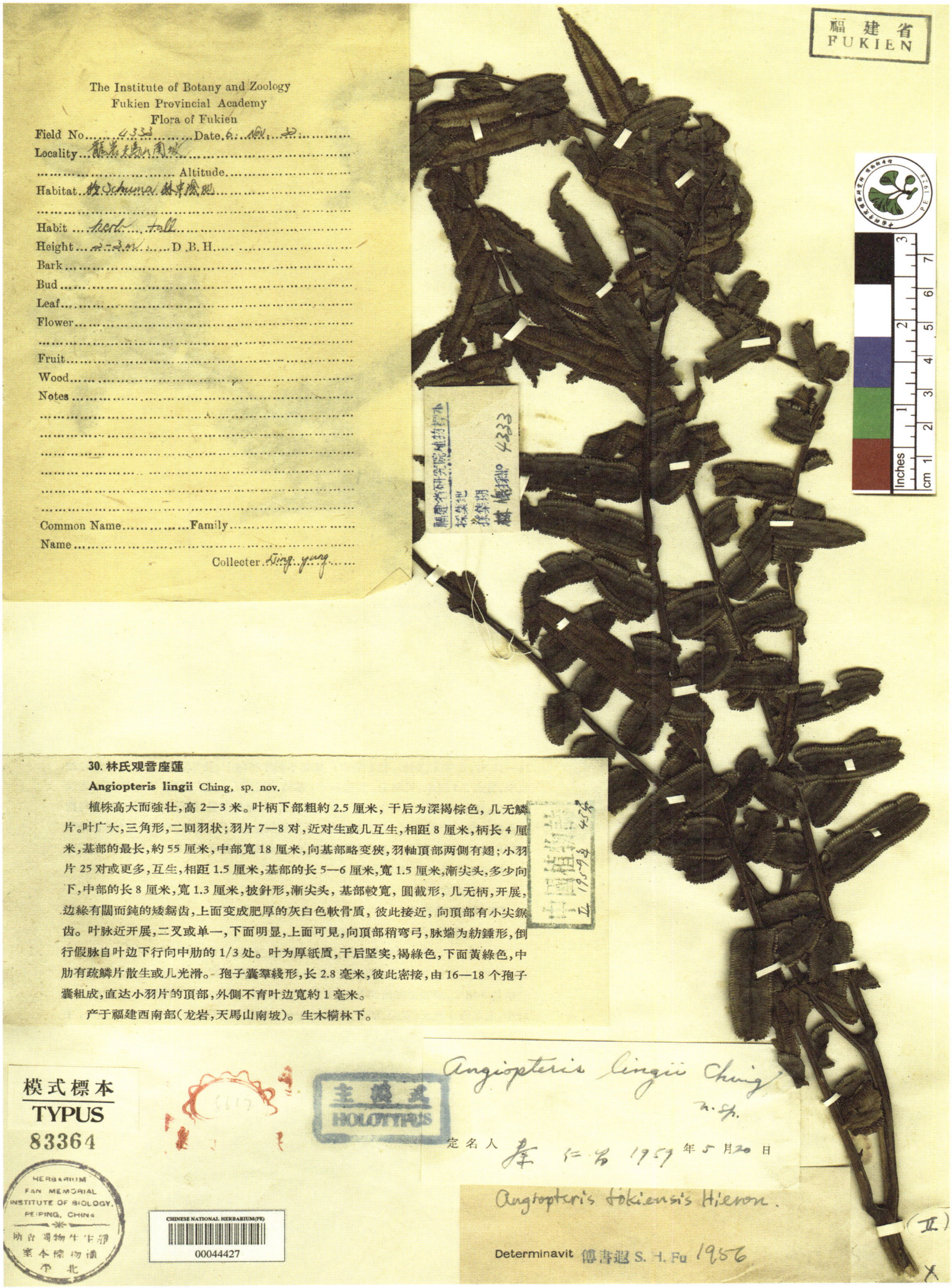

林氏观音座莲 ***Angiopteris lingii*** Ching, Fl. Reip. Pop. Sin. 2: 45, 337. 1959. **Holotype:** China. Fujian: Longyan, 1937-11-06, Y. Ling 4333.

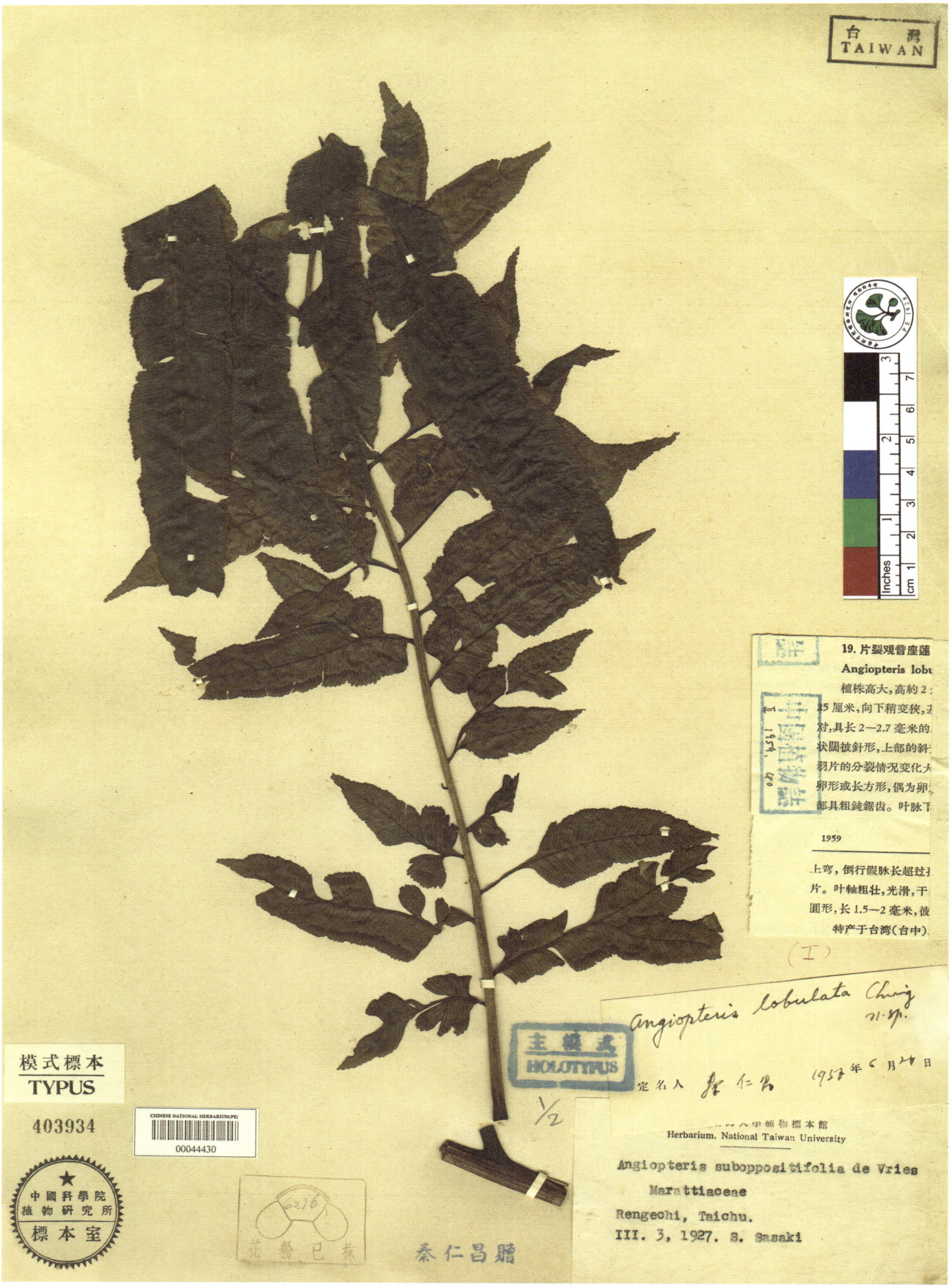

片裂观音座莲 ***Angiopteris lobulata*** Ching, Fl. Reip. Pop. Sin. 2: 40, 334. 1959. **Holotype:** China. Taiwan: Taizhong, 1927-03-03, S. Sasaki s. n.

长柄观音座莲 ***Angiopteris longipetiolata*** Ching, Fl. Reip. Pop. Sin. 2: 54, 342. 1959. **Holotype:** China. Guangdong: Longtoushan, 1924-05-26, C. L. Tso & W. T. Tsang 12114.

墨脱观音座莲 ***Angiopteris medogensis*** Ching & Y. X. Ling in Acta Phytotax. Sin. 22(3): 194, pl. 1: 3. 1984. **Holotype:** China. Xizang: Mêdog, alt. 850 m, 1980-07-08, W. L. Chen & al. 11021.

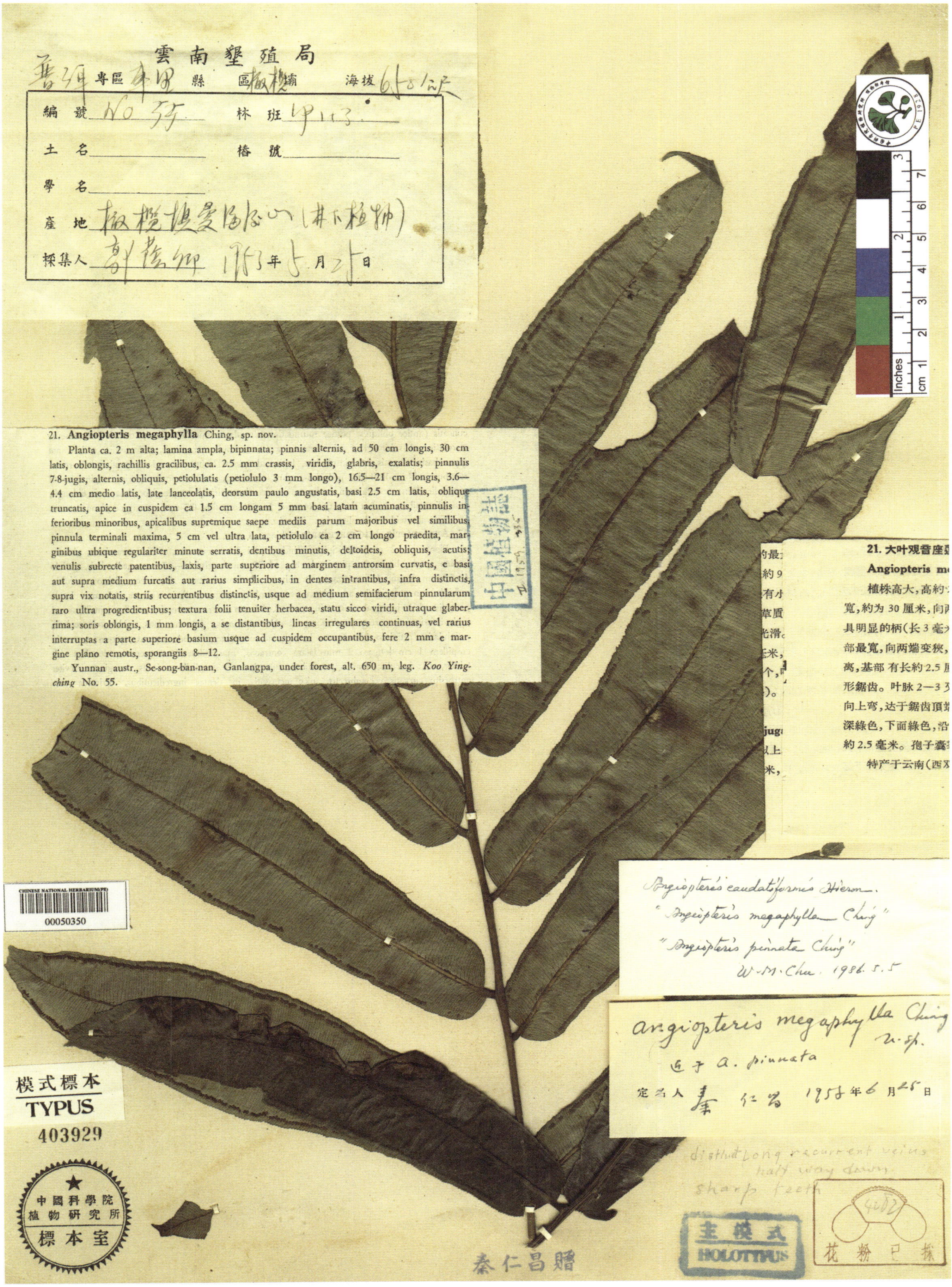

大叶观音座莲 ***Angiopteris megaphylla*** Ching, Fl. Reip. Pop. Sin. 2: 41, 335. 1959 **Holotype:** China. Yunnan: Jinghong, alt. 650 m, 1953-05-25, Y. Q. Guo 55.

老挝观音座莲 ***Angiopteris mekongensis*** Ching ex C. Chr. & Tardieu in Not. Syst. 5: 8, pl: 3–4. 1935. **Isotype:** Laos. Penongs, (1866~1868)-??-??, Thorel 2811.

多叶观音座莲 ***Angiopteris multijuga*** Ching, Fl. Reip. Pop. Sin. 2: 42, 335. 1959. **Holotype:** China. Yunnan: Xishuangbanna, 1957-??-??, Sino-Russia Yunnan Exped. 5404.

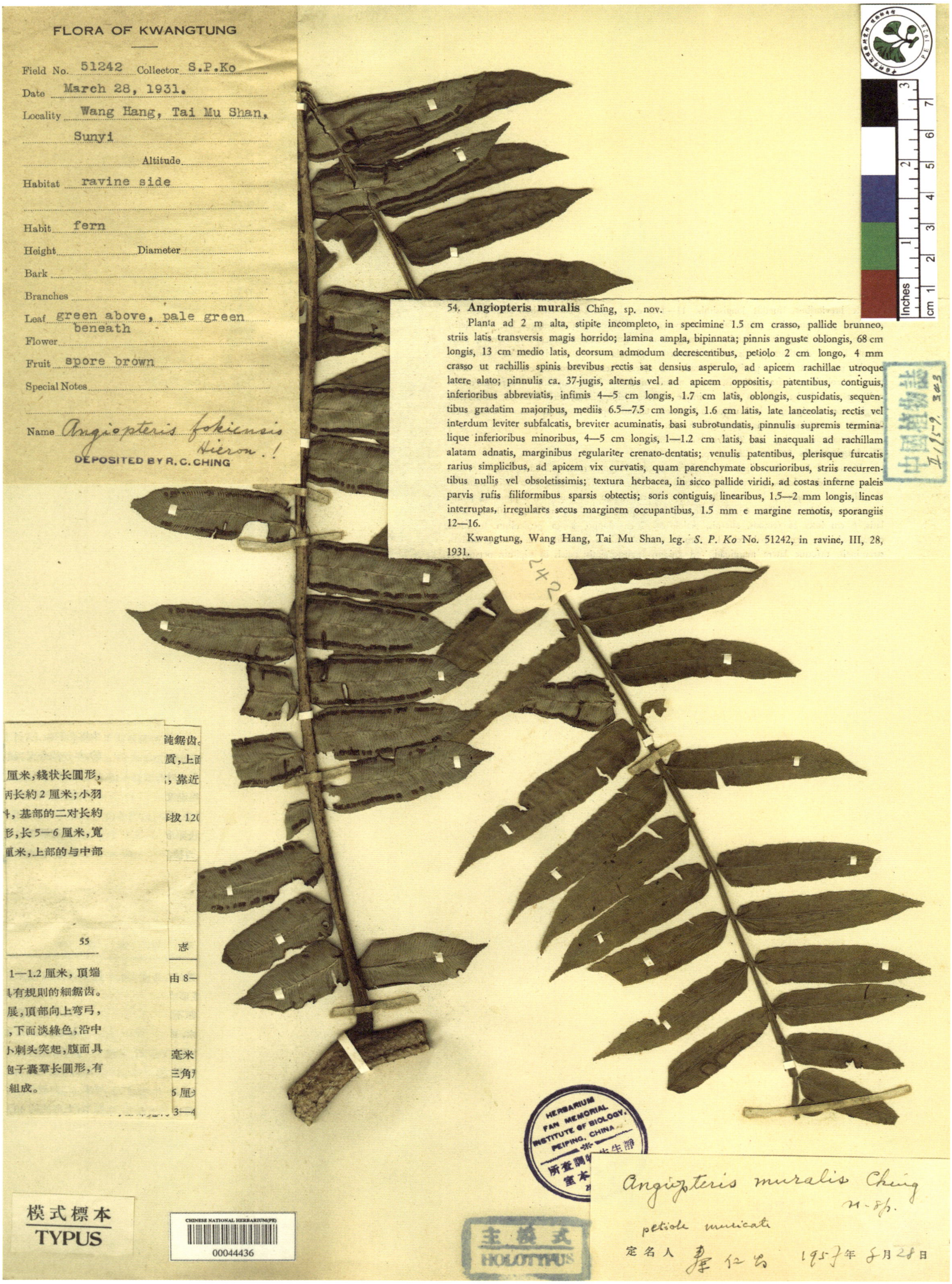

刺柄观音座莲 ***Angiopteris muralis*** Ching, Fl. Reip. Pop. Sin. 2: 54, 343. 1959. **Holotype:** China. Guangdong: Xinyi, 1931-03-28, S. P. Ko 51242.

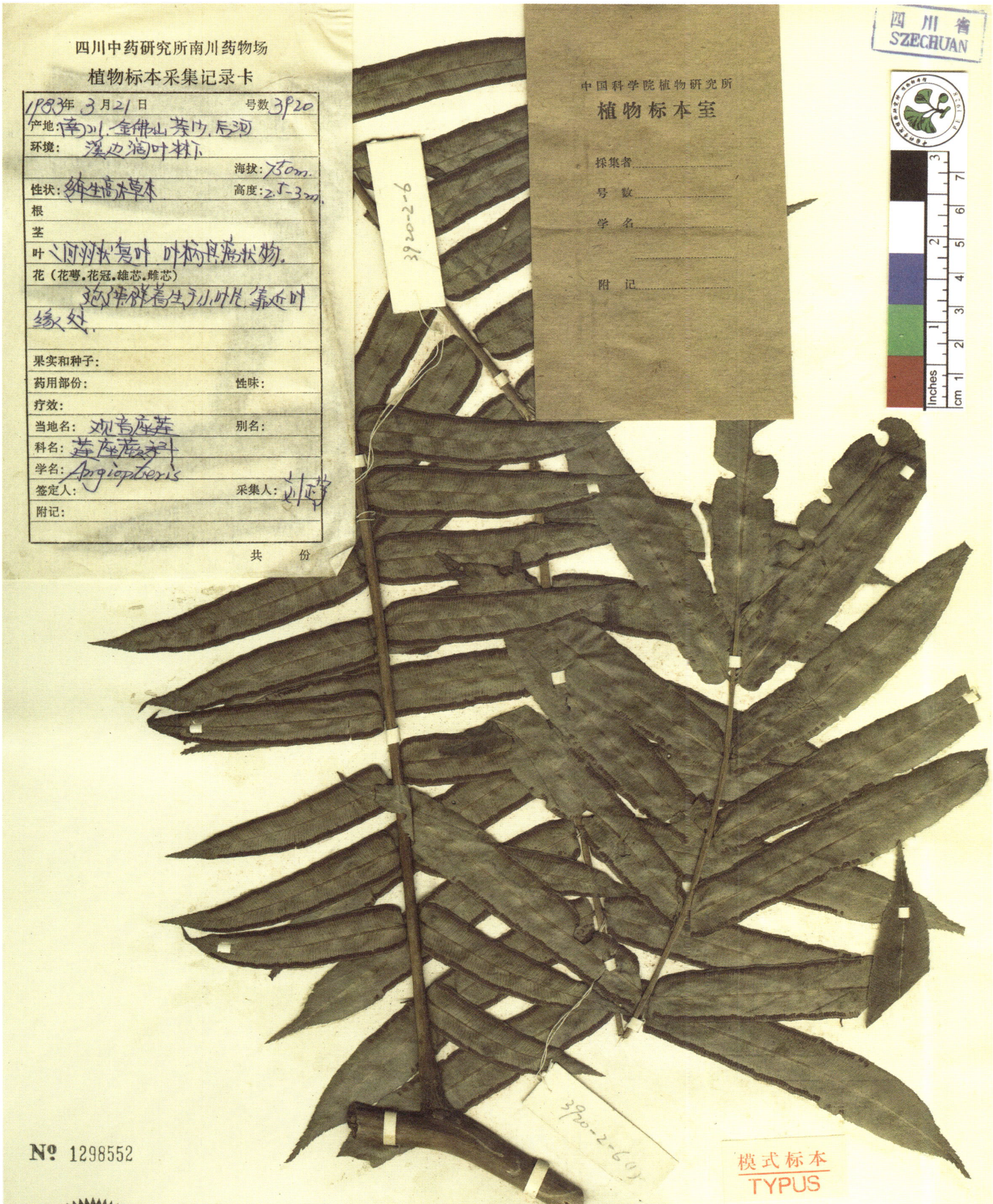

南川观音座莲 ***Angiopteris nanchuanensis*** Z. Y. Liu in Bull. Bot. Res., Harbin 4(3): 2, photo. 1. 1984. **Holotype:** China. Chongqing: Nanchuan, Jinfoshan, alt. 750 m, 1983-03-21, Z.Y. Liu 3920.

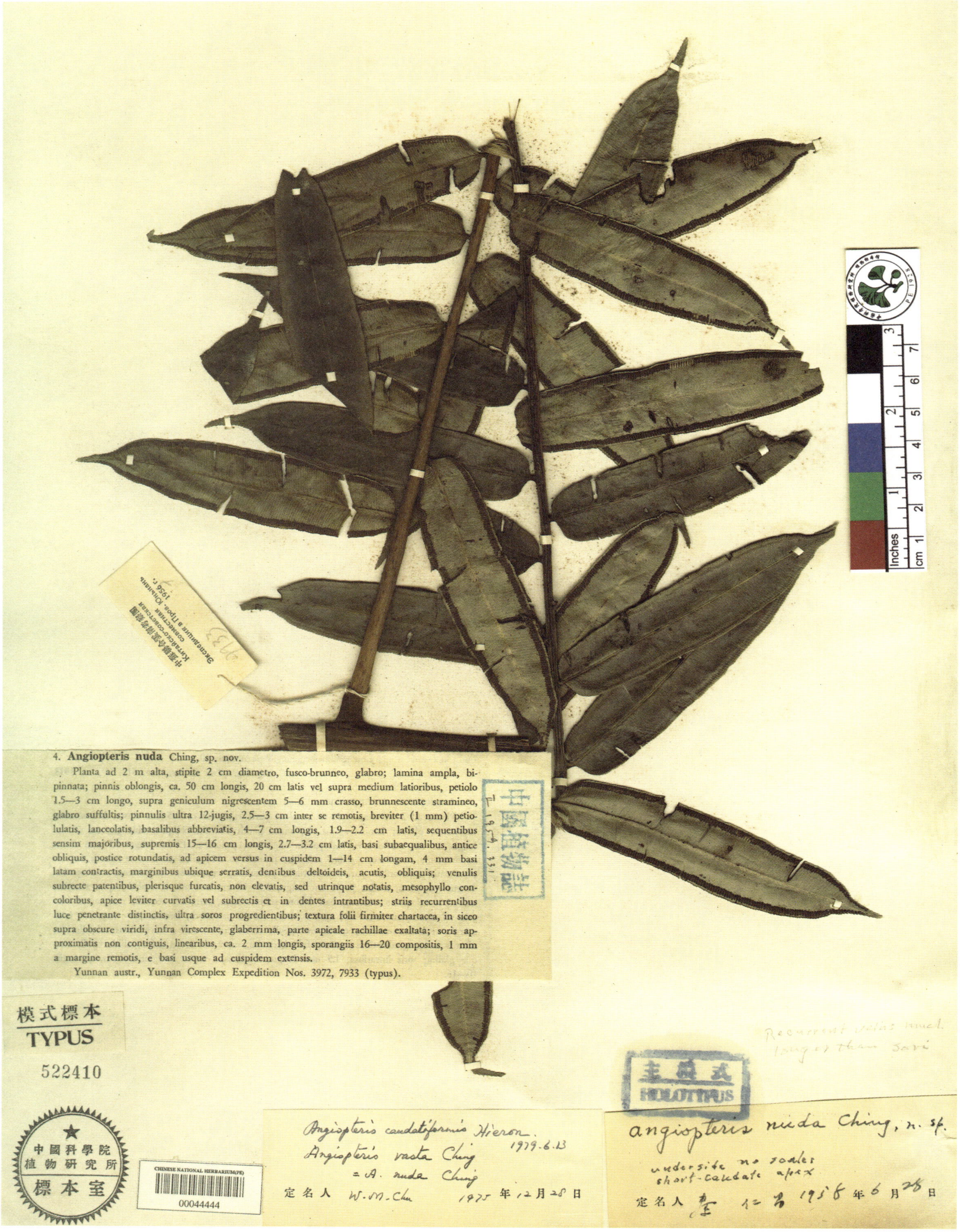

革质观音座莲 ***Angiopteris nuda*** Ching, Fl. Reip. Pop. Sin. 2: 33, 331. 1959. **Holotype:** China. Yunnan: Xishuangbanna, 1957-??-??, Sino-Russia Yunnan Exped. 7933.

倒披针观音座莲 ***Angiopteris oblanceolata*** Ching & Wang in Acta Phytotax. Sin. 8(2): 129, 159, pl. 17: 6. 1959.**Holotype:** China. Hainan: Dongfang, alt. 920 m, 1955-12-20, Acad. Sin. Hainan Vegetation Survey 00397.

定心散观音座莲 ***Angiopteris officinalis*** Ching, Fl. Reip. Pop. Sin. 2: 38, 333. 1959. **Holotype:** China. Zhejiang: Pingyang, 1919-10-22, K. K. Tsoong 1882.

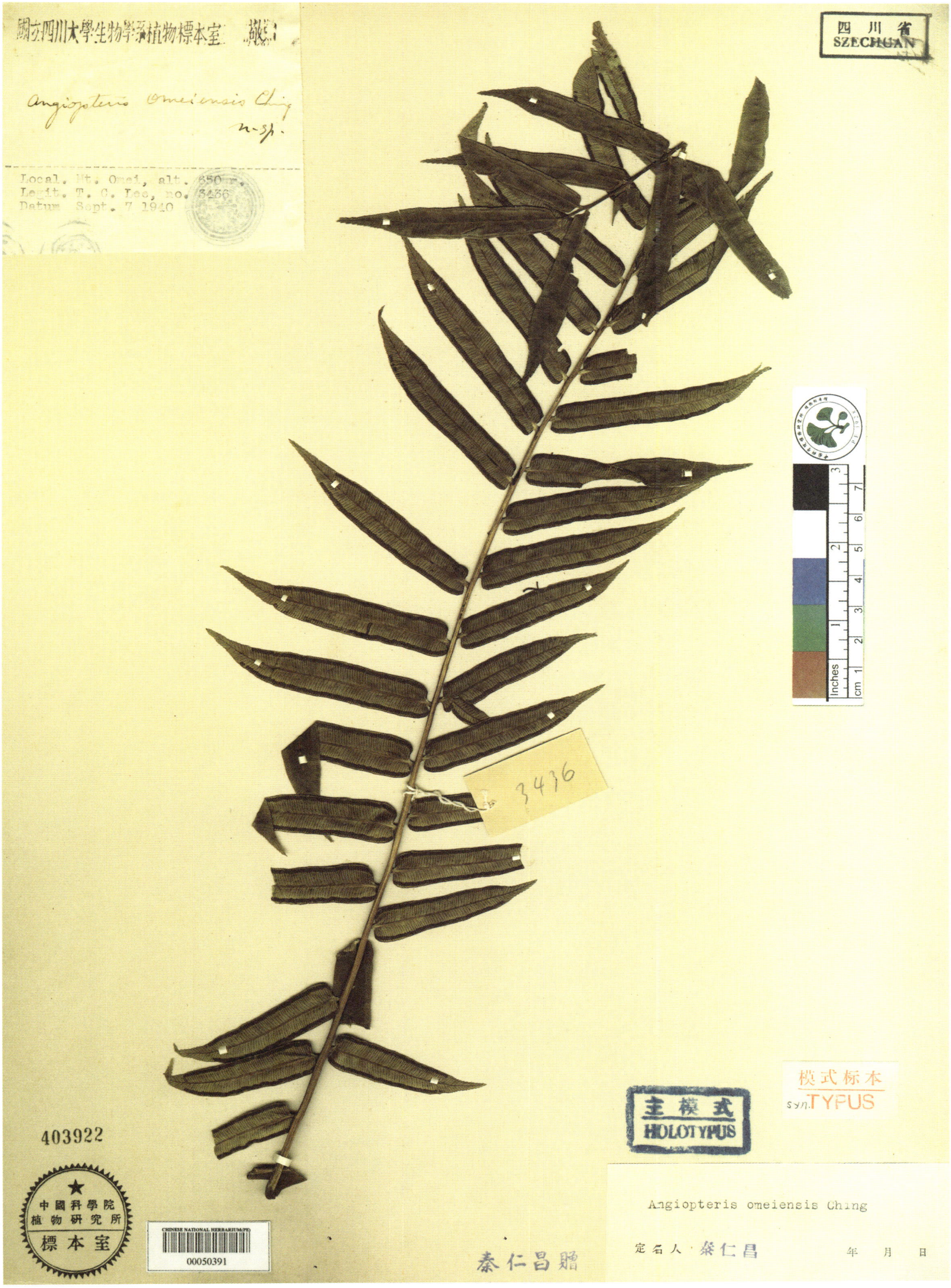

峨眉观音座莲 ***Angiopteris omeiensis*** Ching in Bull. Fan Mem. Inst. Biol., New Ser. 1(3): 273. 1949. **Holotype:** China. Sichuan: Emei, Emeishan, alt. 650 m, 1940-09-07, T. C. Lee 3436.

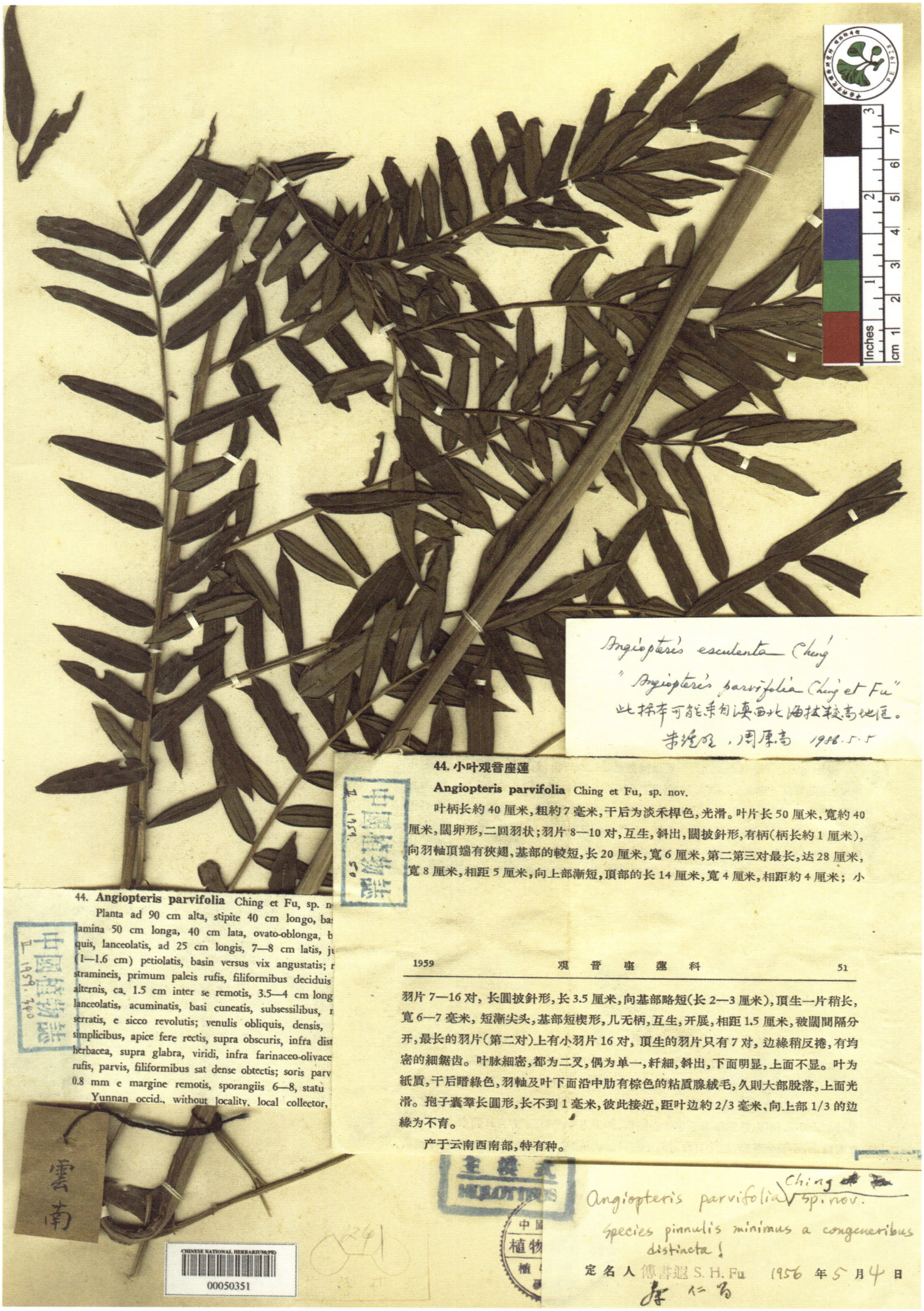

小叶观音座莲 ***Angiopteris parvifolia*** Ching & S. H. Fu, Fl. Reip. Pop. Sin. 2: 50, 340. 1959. **Holotype:** China. Yunnan: Precise locality not known, Anonymous s. n. (= PE Herb. Bar Code No. 00050351)

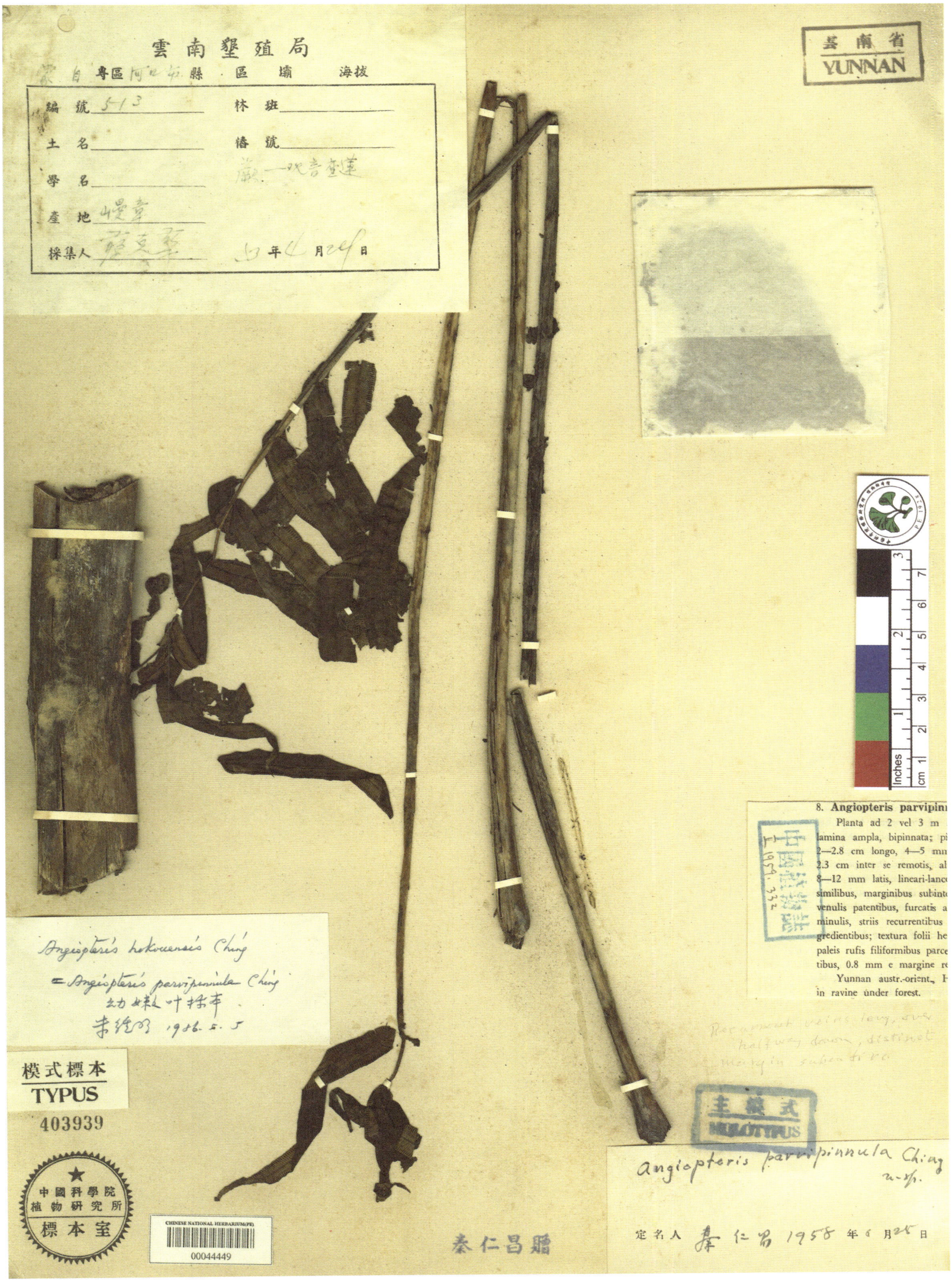

小羽观音座莲 ***Angiopteris parvipinnula*** Ching, Fl. Reip. Pop. Sin. 2: 35, 332. 1959. **Holotype:** China. Yunnan: Hekou, 1953-04-24, K. H. Tsai 513.

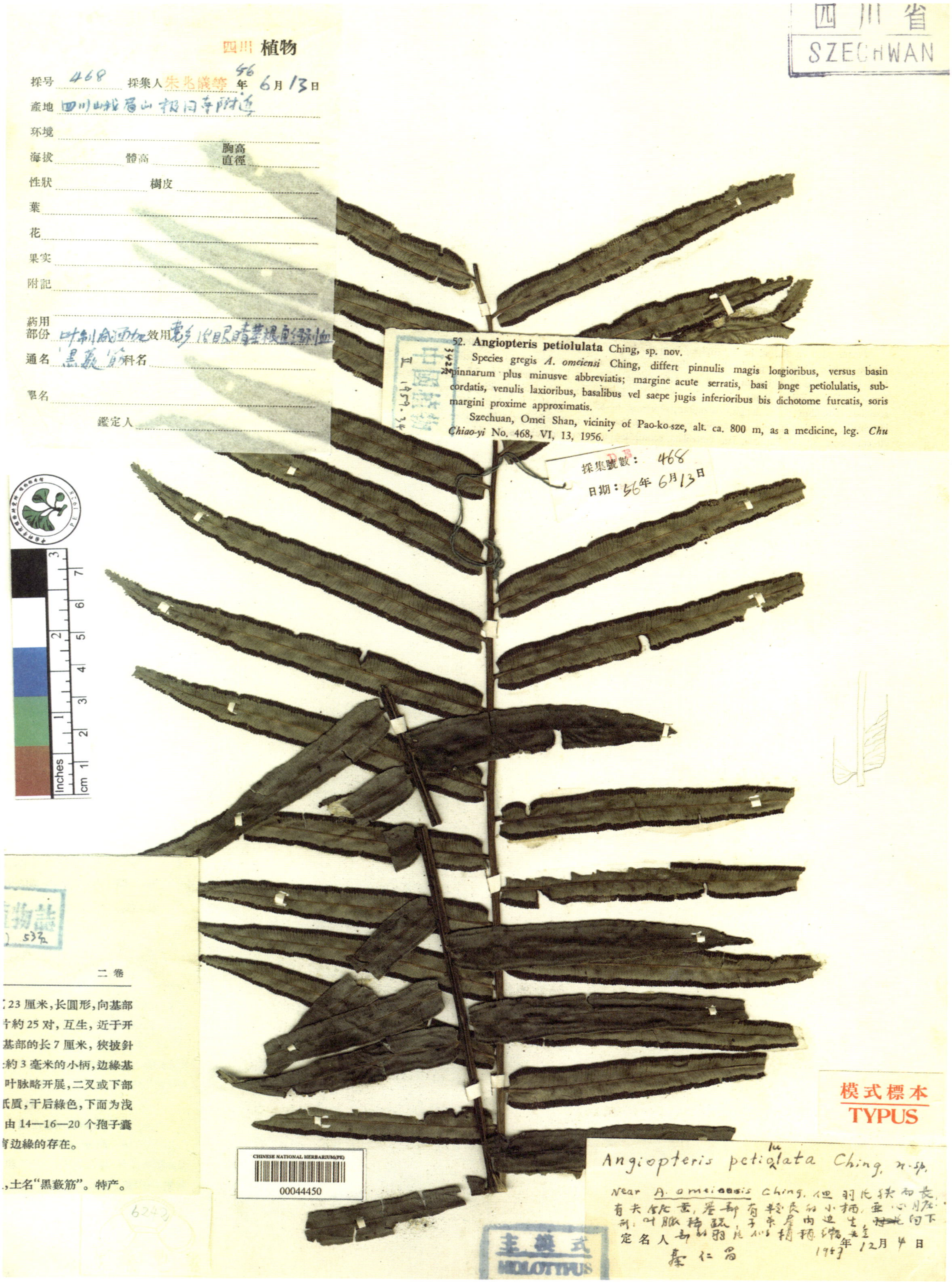

有柄观音座莲 ***Angiopteris petiolulata*** Ching, Fl. Reip. Pop. Sin. 2: 53, 342. 1959. **Holotype:** China. Sichuan: Emei, Emeishan, 1956-06-13, C. Y. Chu 468.

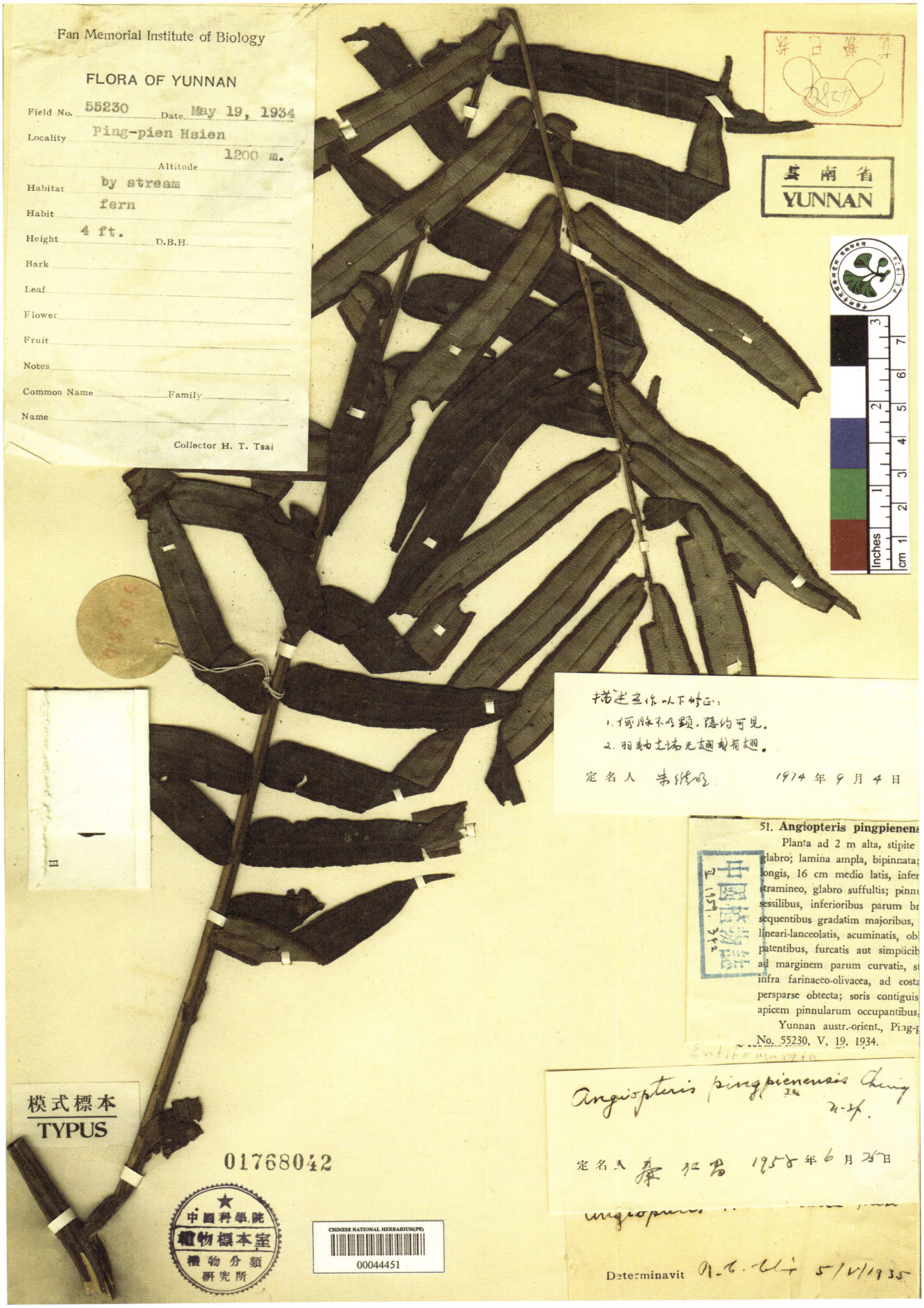

屏边观音座莲*Angiopteris pingpienensis* Ching, Fl. Reip. Pop. Sin. 2: 53, 342. 1959. **Holotype:** China. Yunnan: Pingbian, alt. 1 200 m, 1934-05-19, H. T. Tsai 55230.

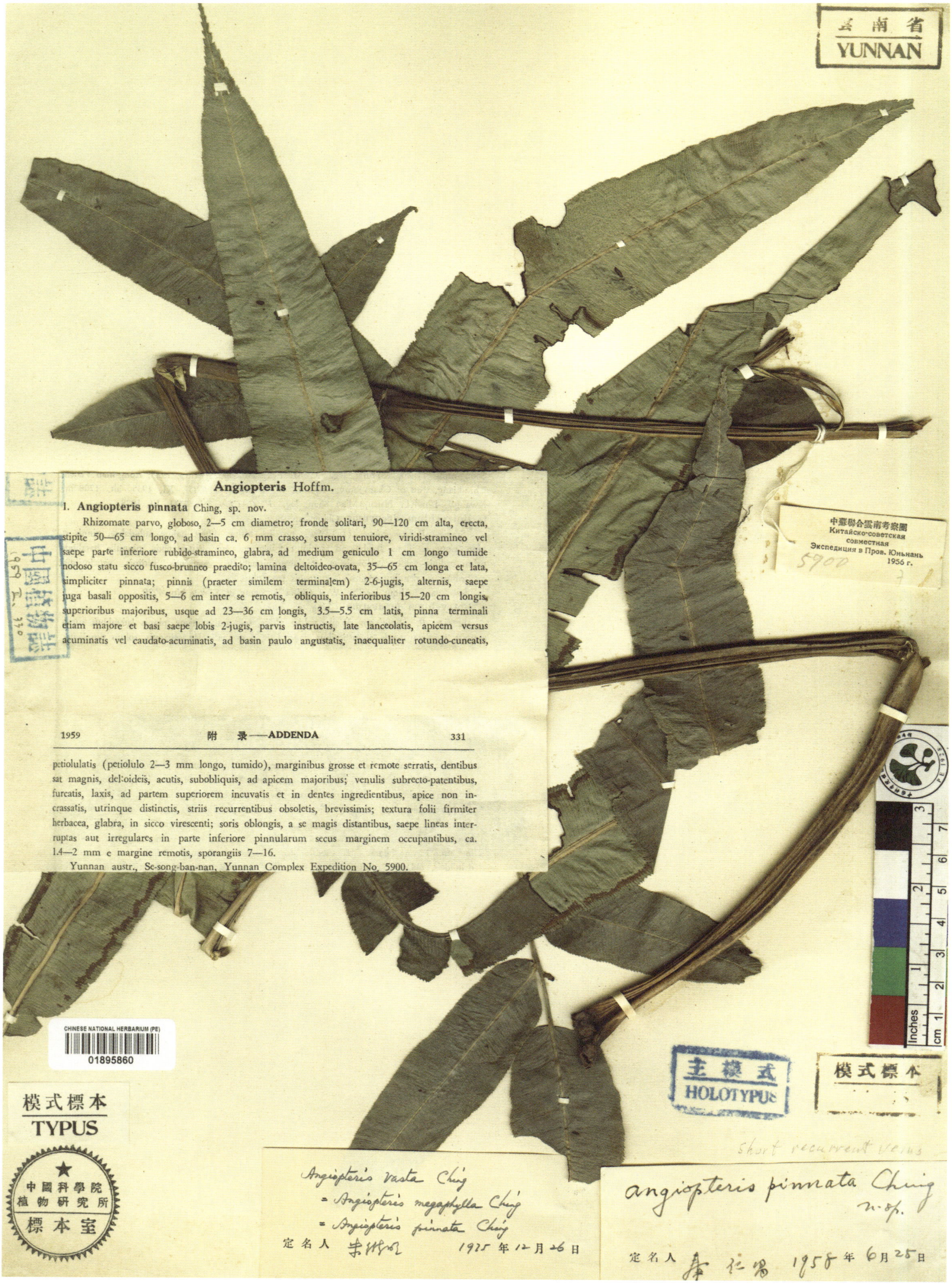

一回羽状观音座莲 ***Angiopteris pinnata*** Ching, Fl. Reip. Pop. Sin. 2: 32, 330. 1959. **Holotype:** China. Yunnan: Xishuangbanna, 1957-??-??, Sino-Russia Yunnan Exped. 5900.

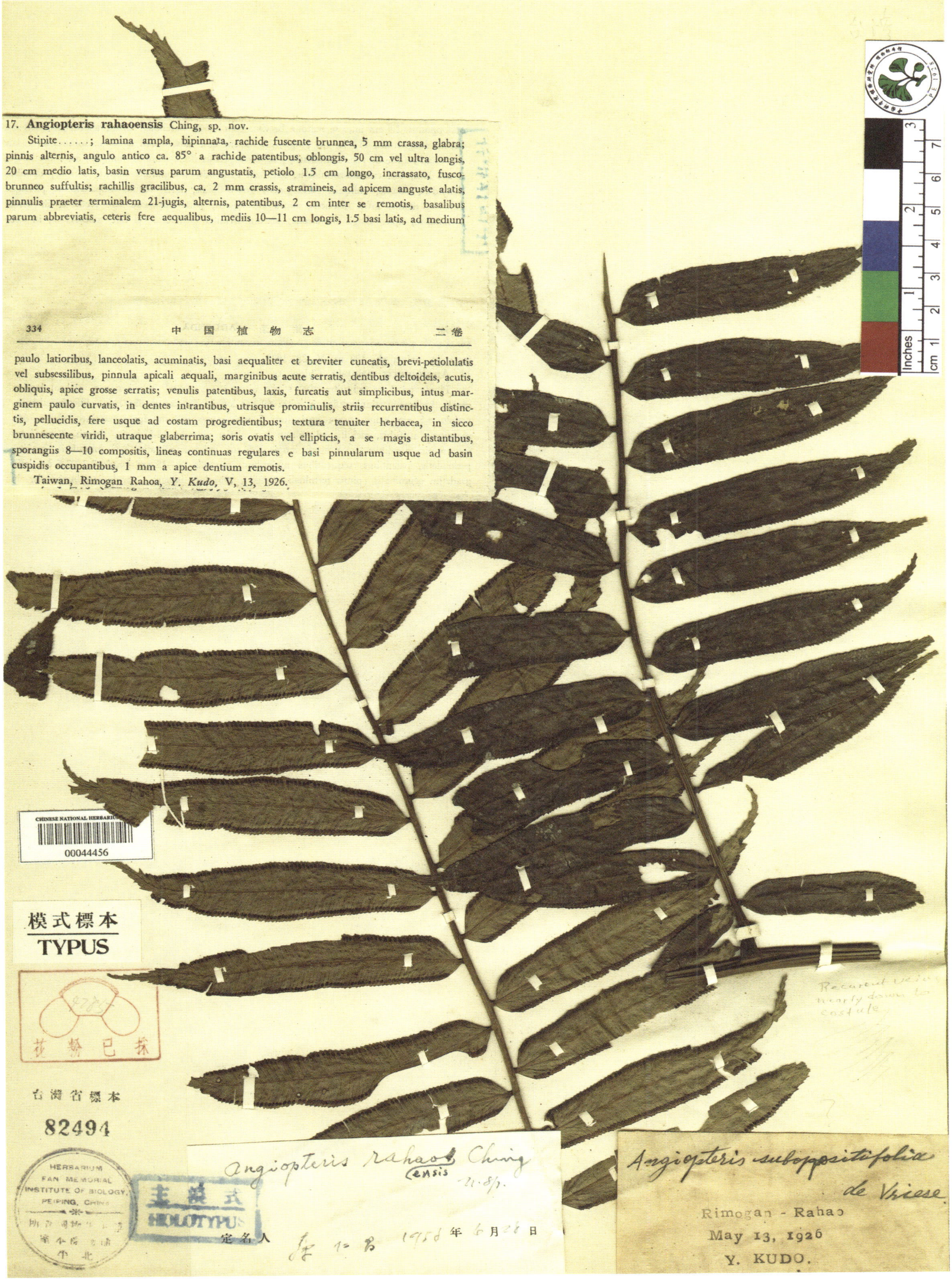

短果观音座莲 ***Angiopteris rahaoensis*** Ching, Fl. Reip. Pop. Sin. 2: 40, 333. 1959. **Holotype:** China. Taiwan: Rimogan Rahao, 1926-05-13, Y. Kudo s. n.

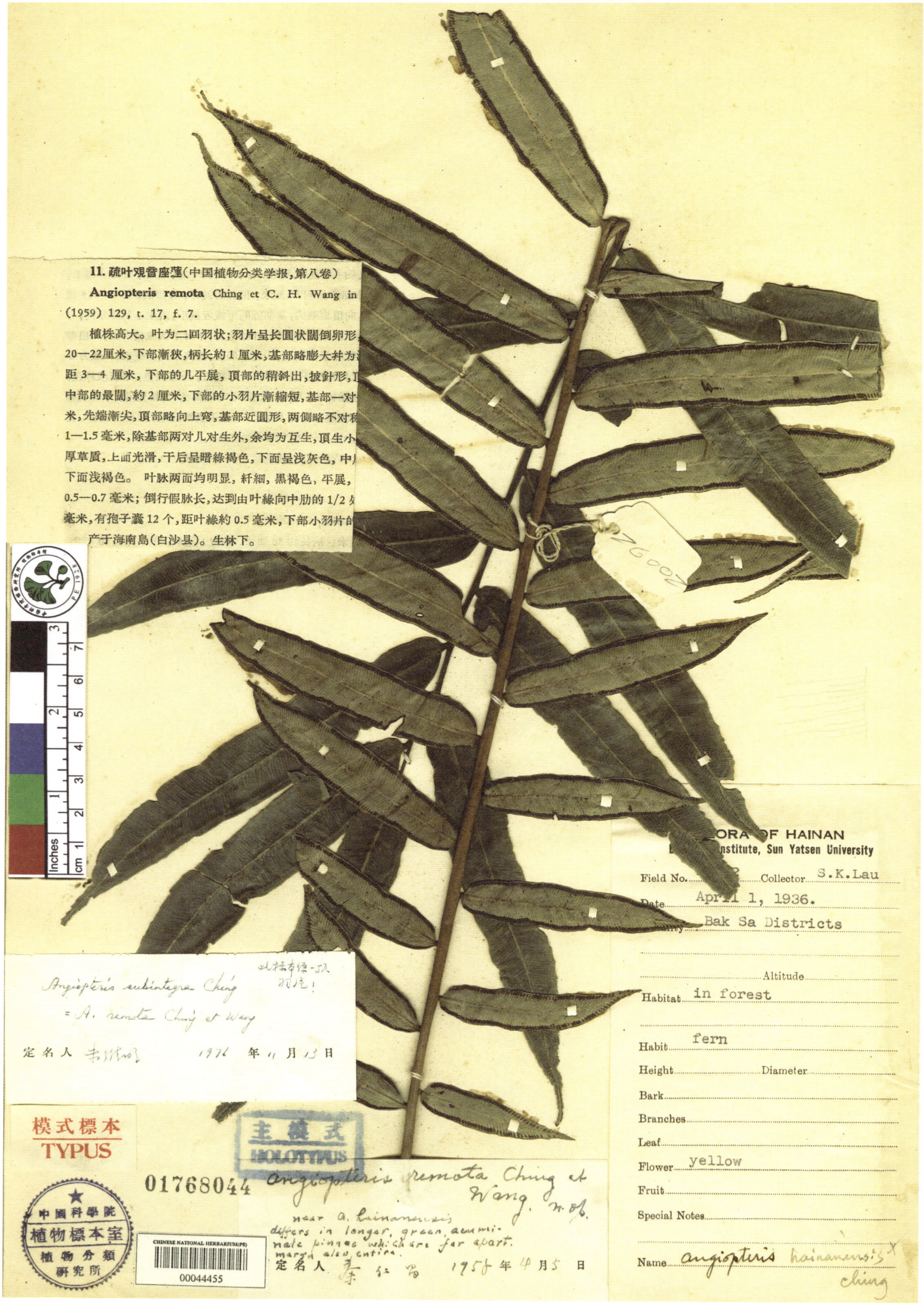

疏叶观音座莲 ***Angiopteris remota*** Ching & C. H. Wang in Acta Phytotax. Sin. 8(2): 129, 159, pl. 17: 7. 1959. **Holotype:** China. Hainan: Baisha, 1936-04-01, S. K. Lau 26002.

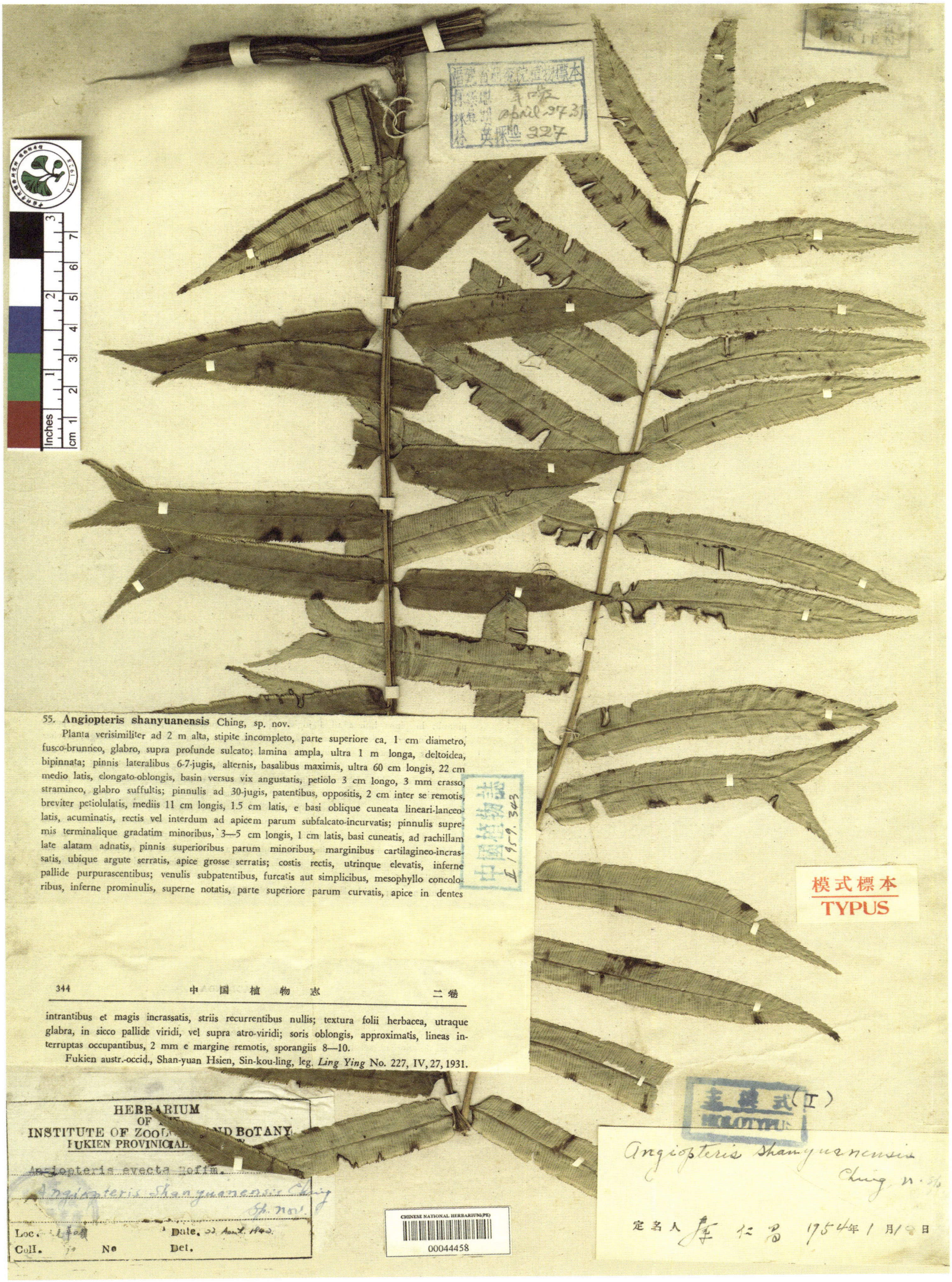

三元观音座莲 ***Angiopteris shanyuanensis*** Ching, Fl. Reip. Pop. Sin. 2: 55, 343. 1959. **Holotype:** China. Fujian: Sanyuan, 1931-04-27, Y. Ling 227.

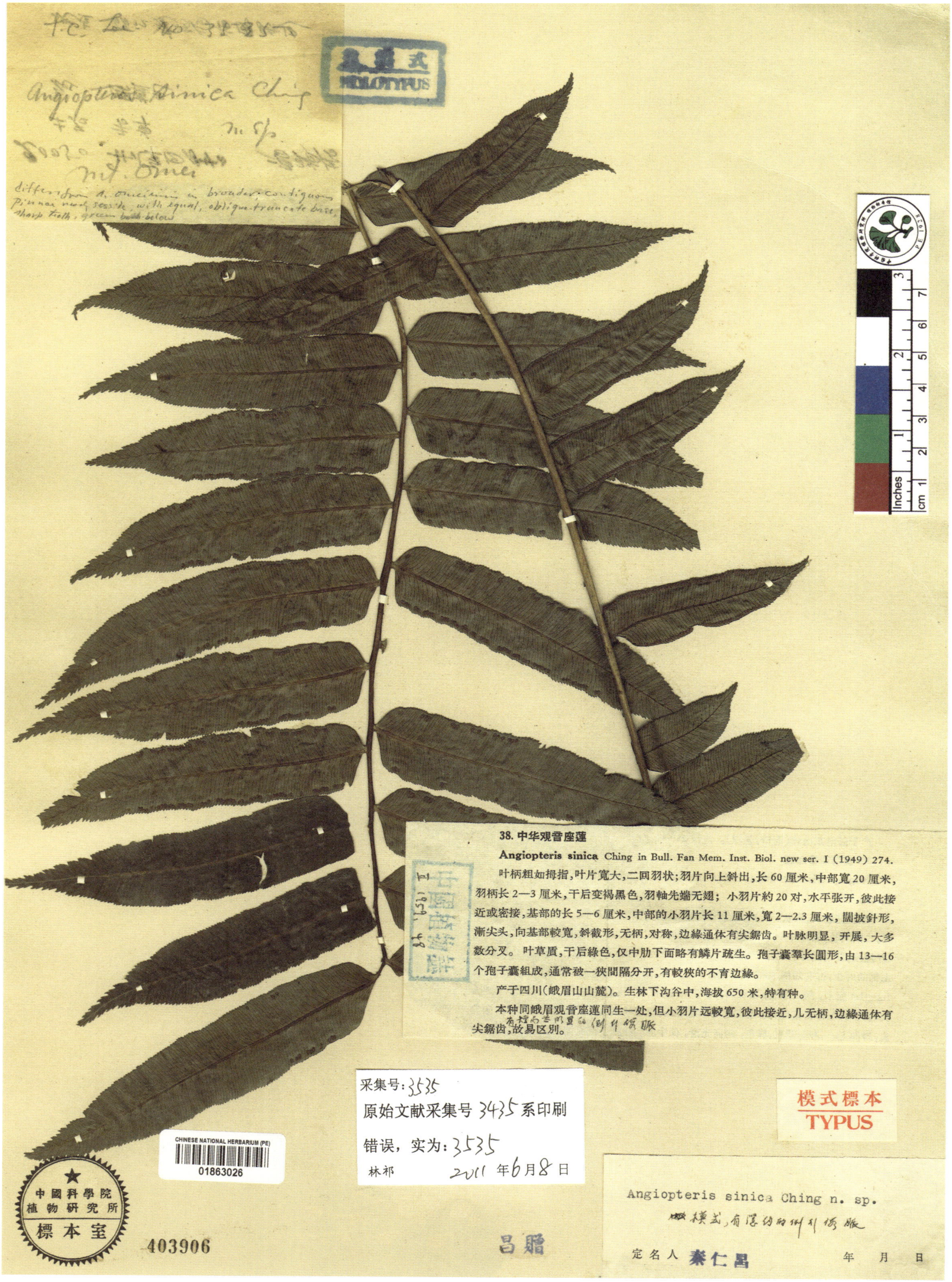

中华观音座莲 ***Angiopteris sinica*** Ching in Bull. Fan Mem. Inst. Biol., New Ser. 1: 274. 1949. **Holotype:** China. Sichuan: Emei, Emeishan, alt. 650 m, T. C. Lee 3535.

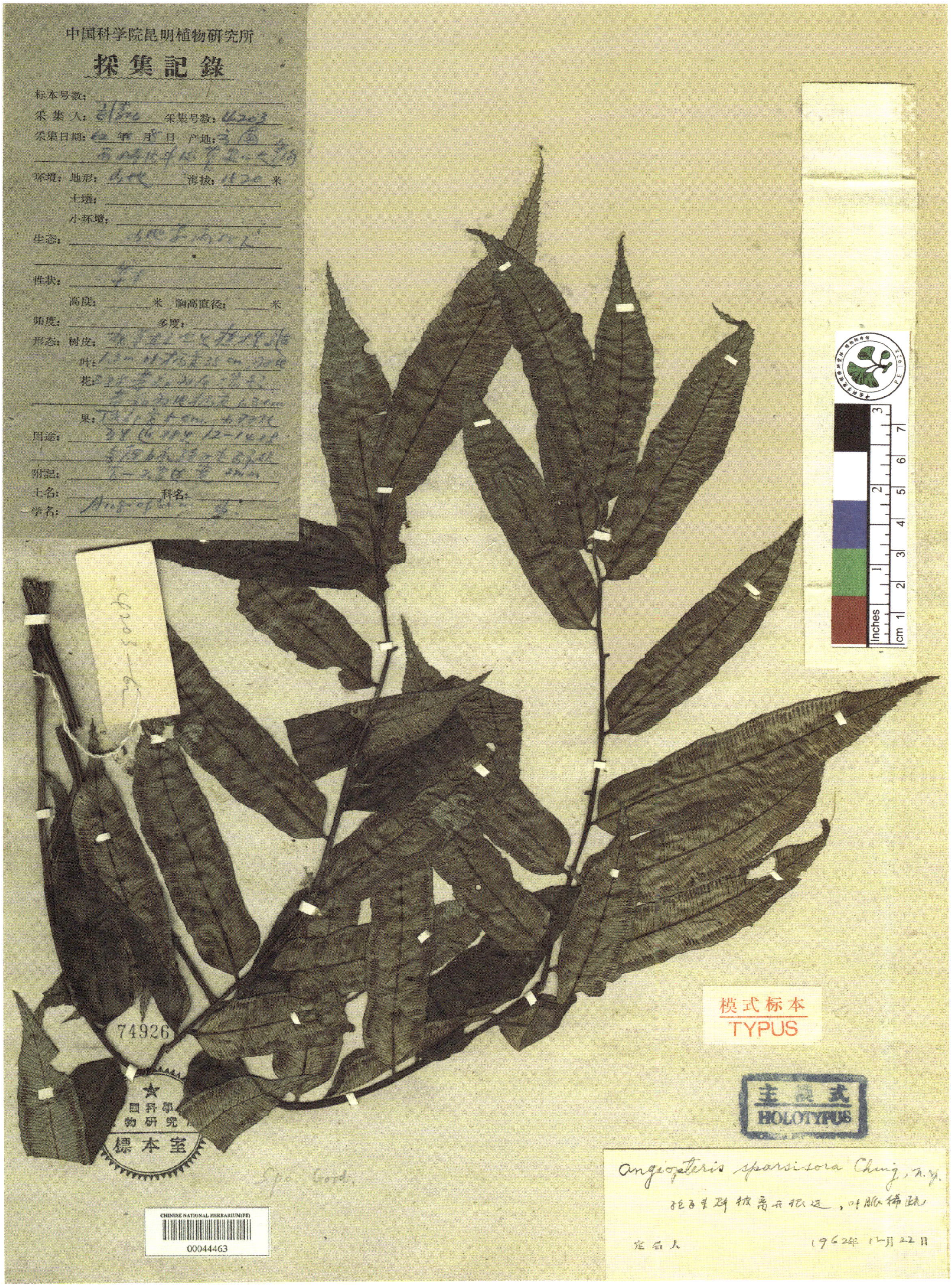

法斗观音座莲 ***Angiopteris sparsisora*** Ching in Acta Phytotax. Sin. 20(3): 349, pl. 1. 1982. **Holotype:** China. Yunnan: Xichou, alt. 1 520 m, 1962-10-08, S. K. Wu 4203.

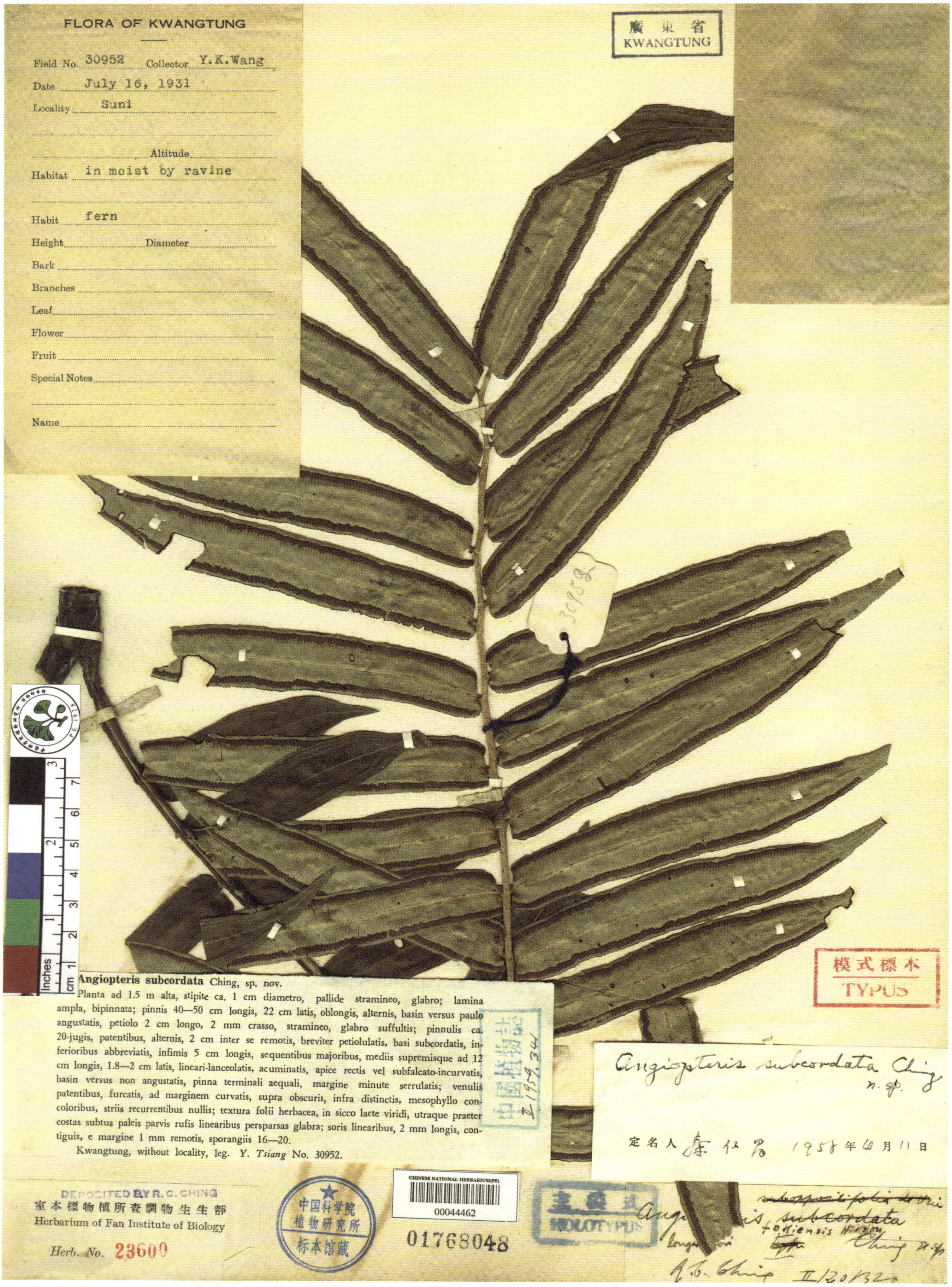

心脏形观音座莲 ***Angiopteris subcordata*** Ching, Fl. Reip. Pop. Sin. 2: 52, 341. 1959. **Holotype:** China. Guangdong: Suni (=Xinyi), 1931-07-16, Y. Tsiang 30952.

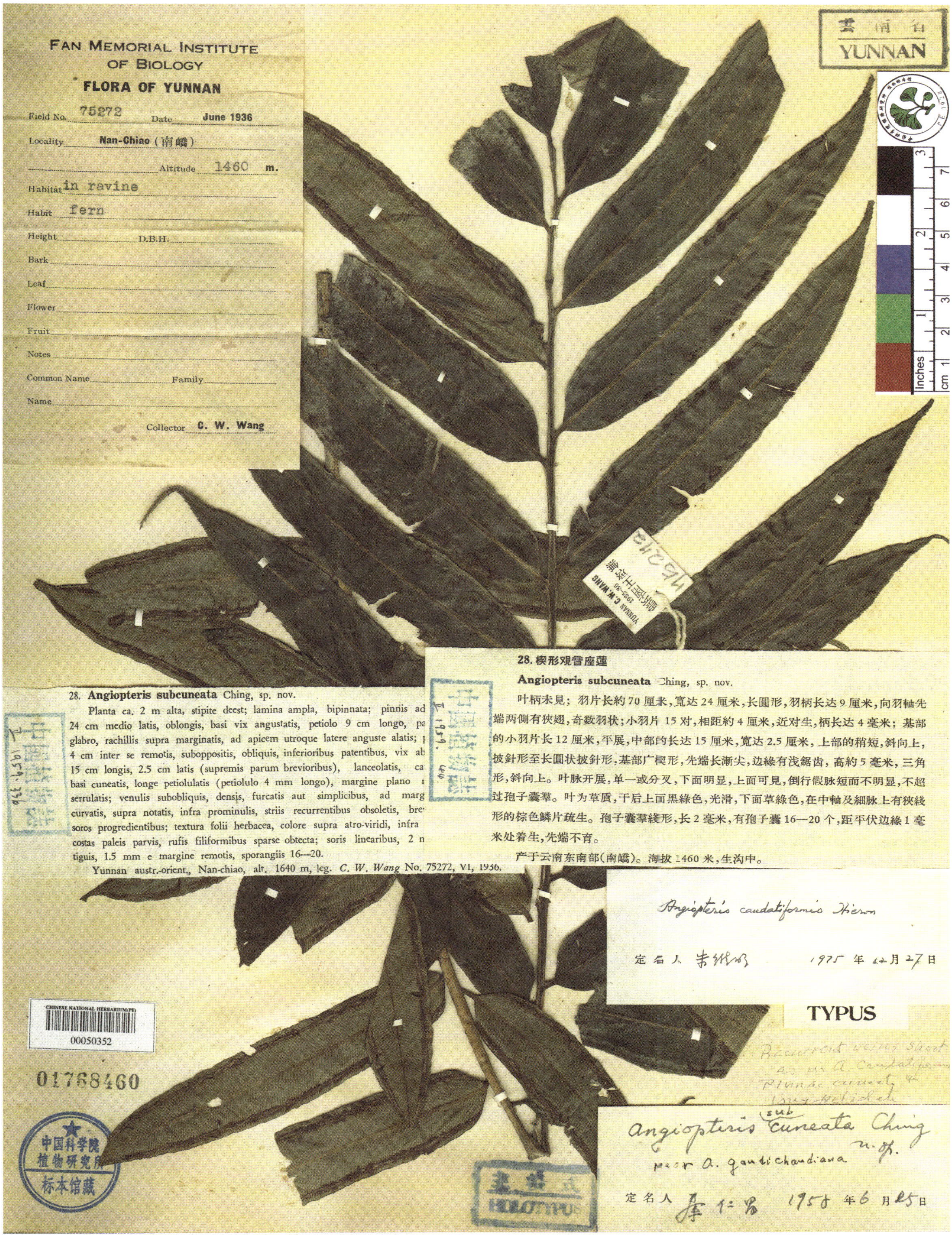

楔形观音座莲 ***Angiopteris subcuneata*** Ching, Fl. Reip. Pop. Sin. 2: 44, 336. 1959. **Holotype:** China. Yunnan: Nanqiao (=Wufu), alt. 1 460 m, 1936-06-??, C. W. Wang 75272.

亚全缘观音座莲 ***Angiopteris subintegra*** Ching in Acta Phytotax. Sin. 8(2): 130, 159, pl. 17: 8. 1959. **Holotype:** China. Hainan. Gan'en (=Dongfang), 1935-02-(01-28), S. K. Lau 5441.

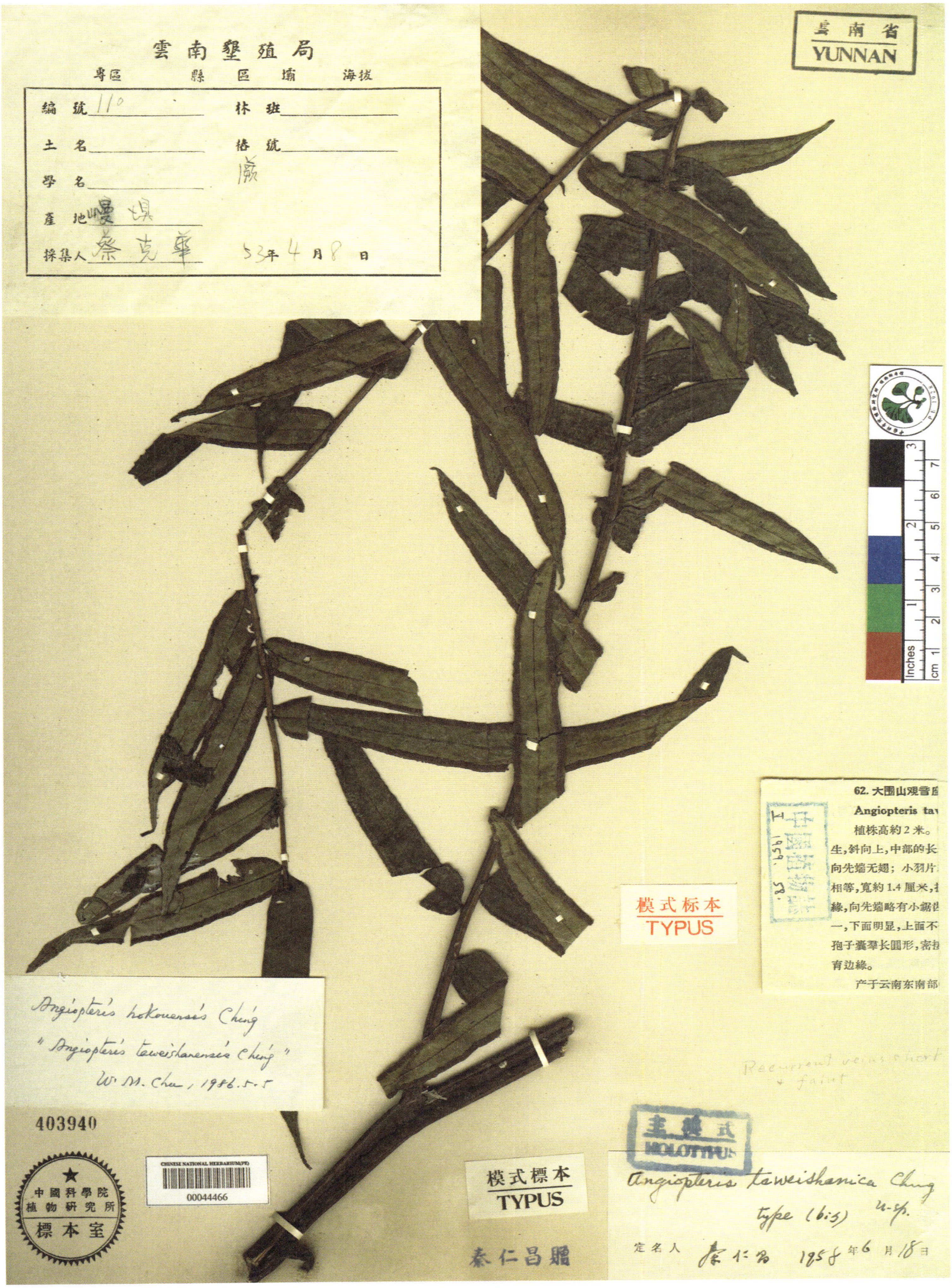

大围山观音座莲 ***Angiopteris taweishanensis*** Ching, Fl. Reip. Pop. Sin. 2: 58, 345. 1959. **Holotype:** China. Yunnan: Hekou, 1953-04-08, K. H. Tsai 110.

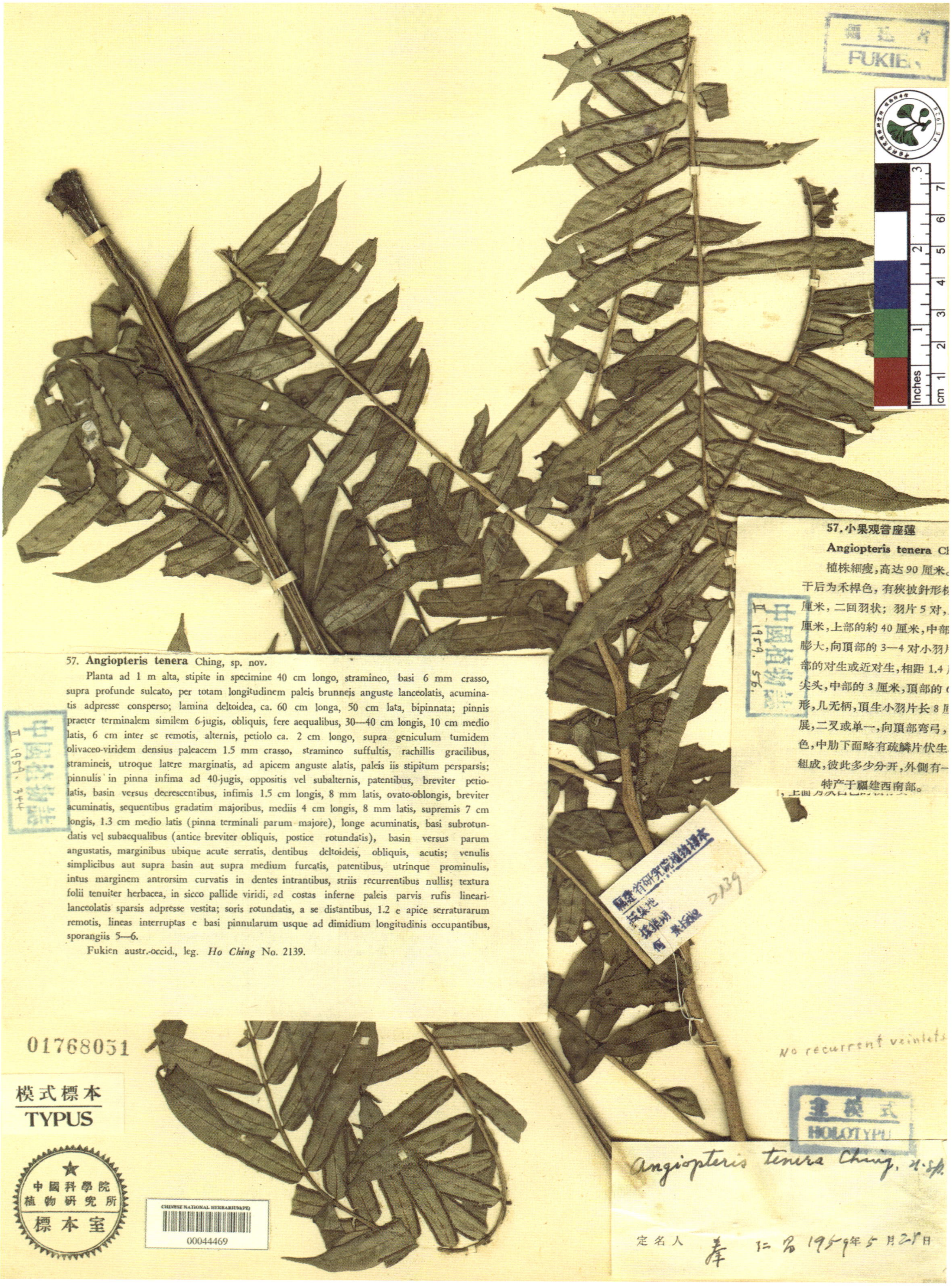

小果观音座莲 ***Angiopteris tenera*** Ching, Fl. Reip. Pop. Sin. 2: 56, 344. 1959. **Holotype:** China. Fujian: Precise locality not known, C. Ho 2139.

阔叶观音座莲 ***Angiopteris vasta*** Ching, Fl. Reip. Pop. Sin. 2: 45, 337. 1959. **Holotype:** China. Yunnan: Xishuangbanna, 1957-??-??, Sino-Russia Yunnan Exped. 5172.

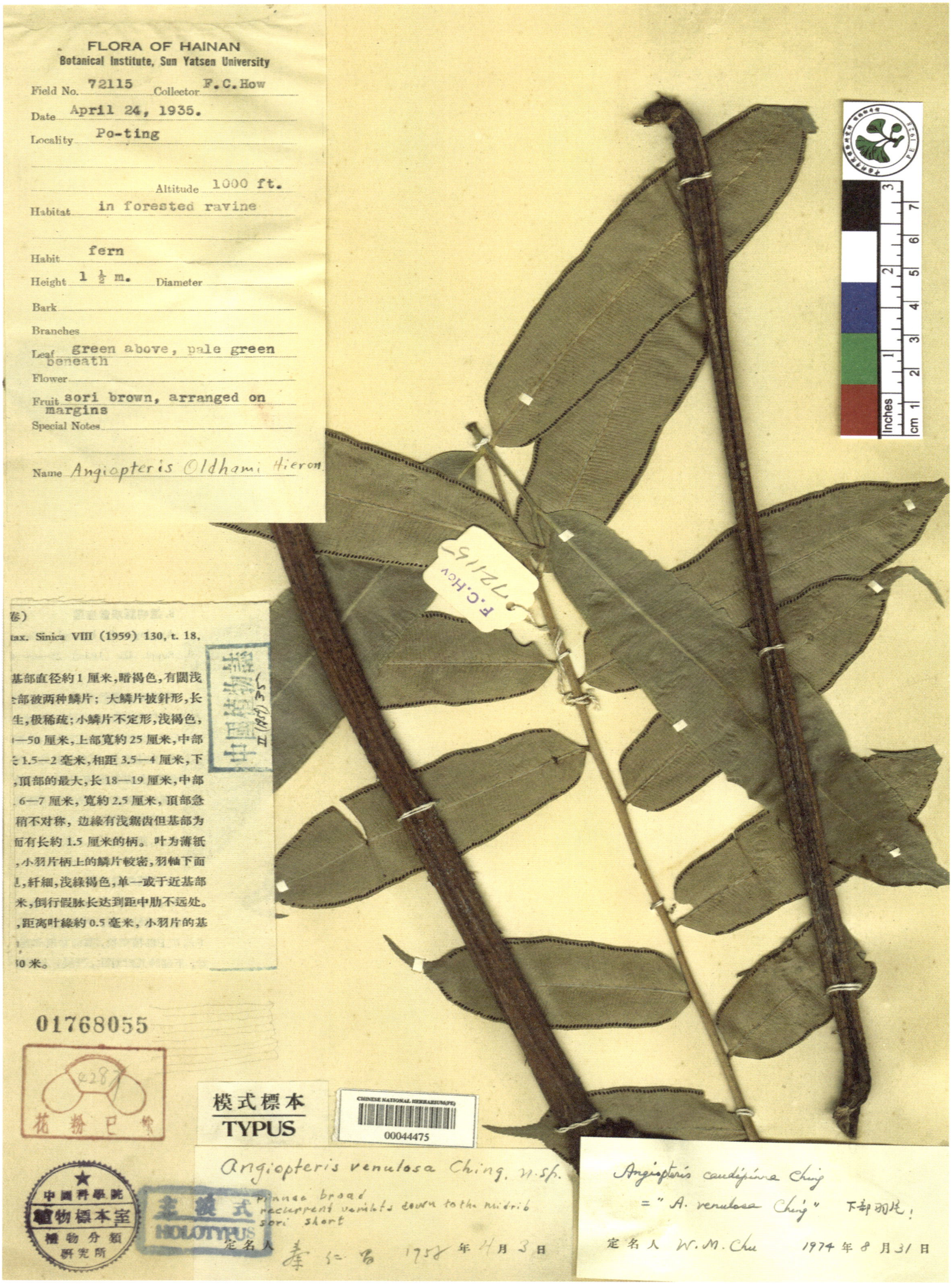

长假脉观音座莲 ***Angiopteris venulosa*** Ching in Acta Phytotax. Sin. 8(2): 35, 160, pl. 18: 9. 1959. **Holotype:** China. Hainan: Baoting, alt. 305 m, 1935-04-24, F. C. How 72115.

王氏观音座莲 ***Angiopteris wangii*** Ching, Fl. Reip. Pop. Sin. 2: 46, 338. 1959. **Holotype:** China. Yunnan: Hekou, (1935-1936)-??-??, C. W. Wang C 1.

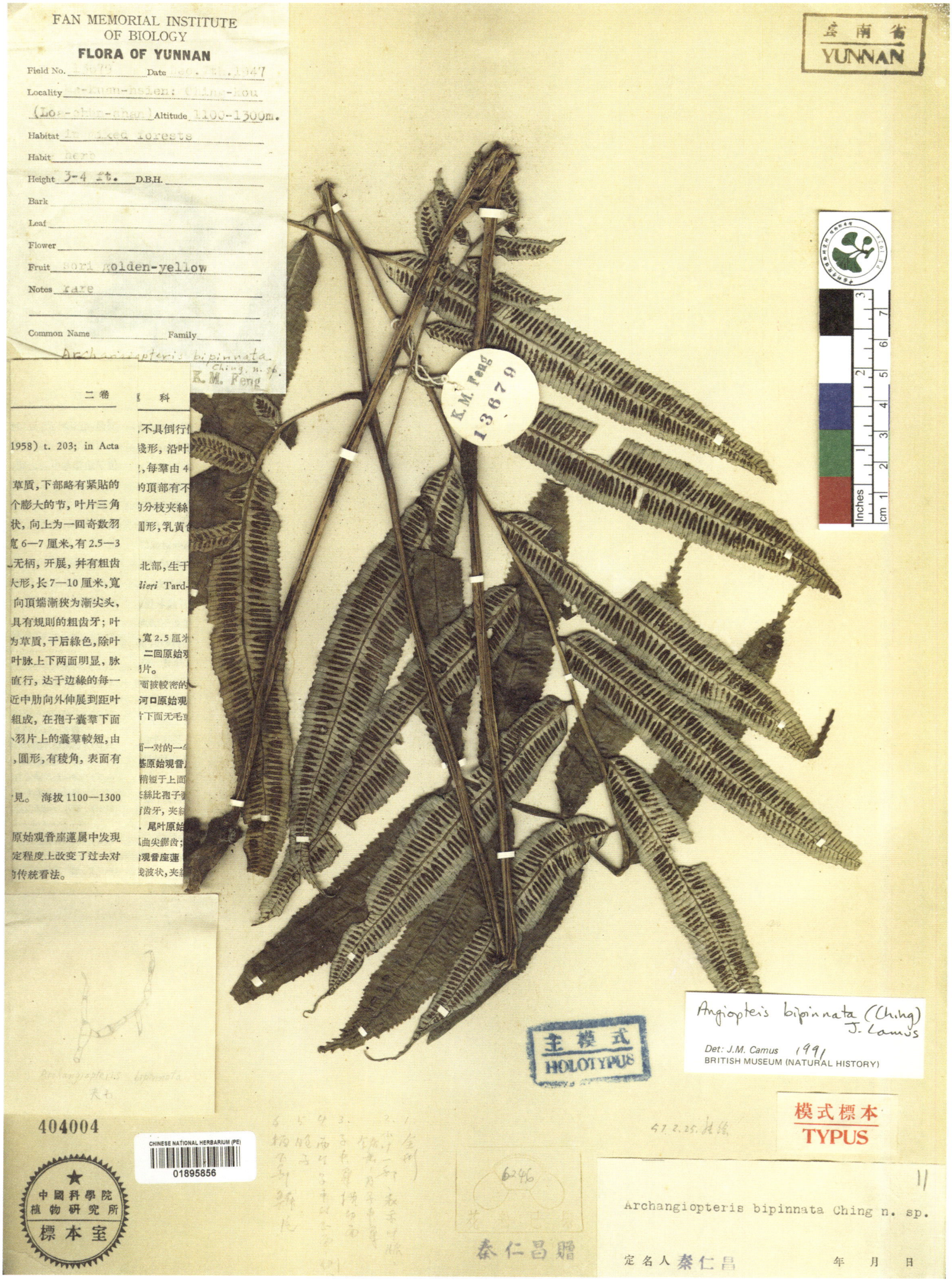

二回原始观音座莲 ***Archangiopteris bipinnata*** Ching, Icon. Fil. Sin. 5: pl. 203. 1958. **Holotype:** China. Yunnan: Maguan, alt. 1 100~1 300 m, 1947-12-07, K. M. Feng 13679.

尾叶原始观音座莲 ***Archangiopteris caudata*** Ching, Icon. Fil. Sin.5: pl. 208. 1958. **Holotype:** China. Guangxi: Mingjiang, 1935-11-02, Guangxi Univ. Exped. 23.

河口原始观音座莲 ***Archangiopteris hokouensis*** Ching, Icon. Fil. Sin. 5: pl. 204. 1958. **Holotype:** China. Yunnan: Hekou, alt. 150 m, 1955-07-??, W. M. Chu 1726.

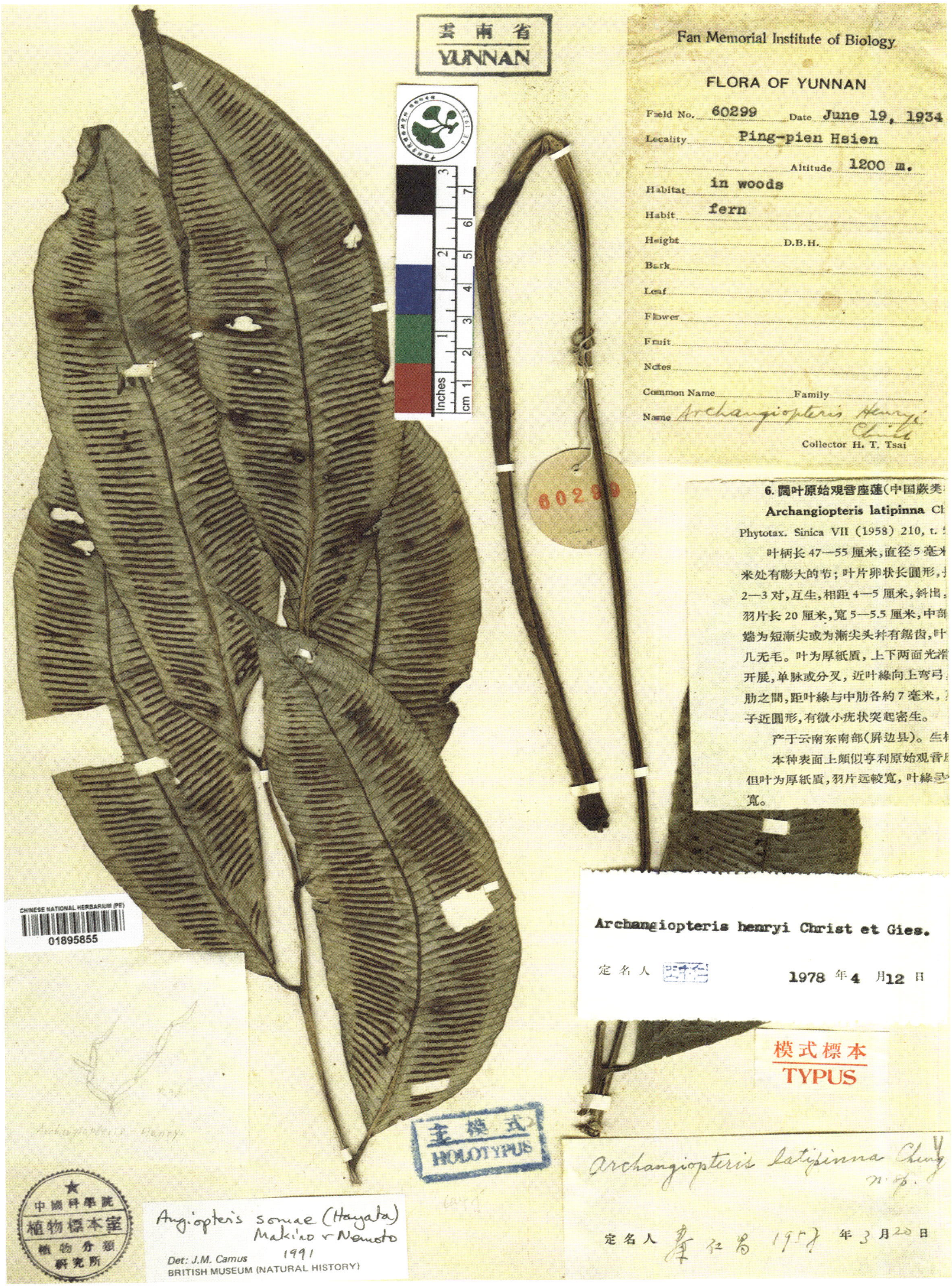

阔叶原始观音座莲 ***Archangiopteris latipinna*** Ching, Icon. Fil. Sin. 5: pl. 207. 1958. **Holotype:** China. Yunnan: Pingbian, alt. 1 200 m, 1934-06-19, H. T. Tsai 60299.

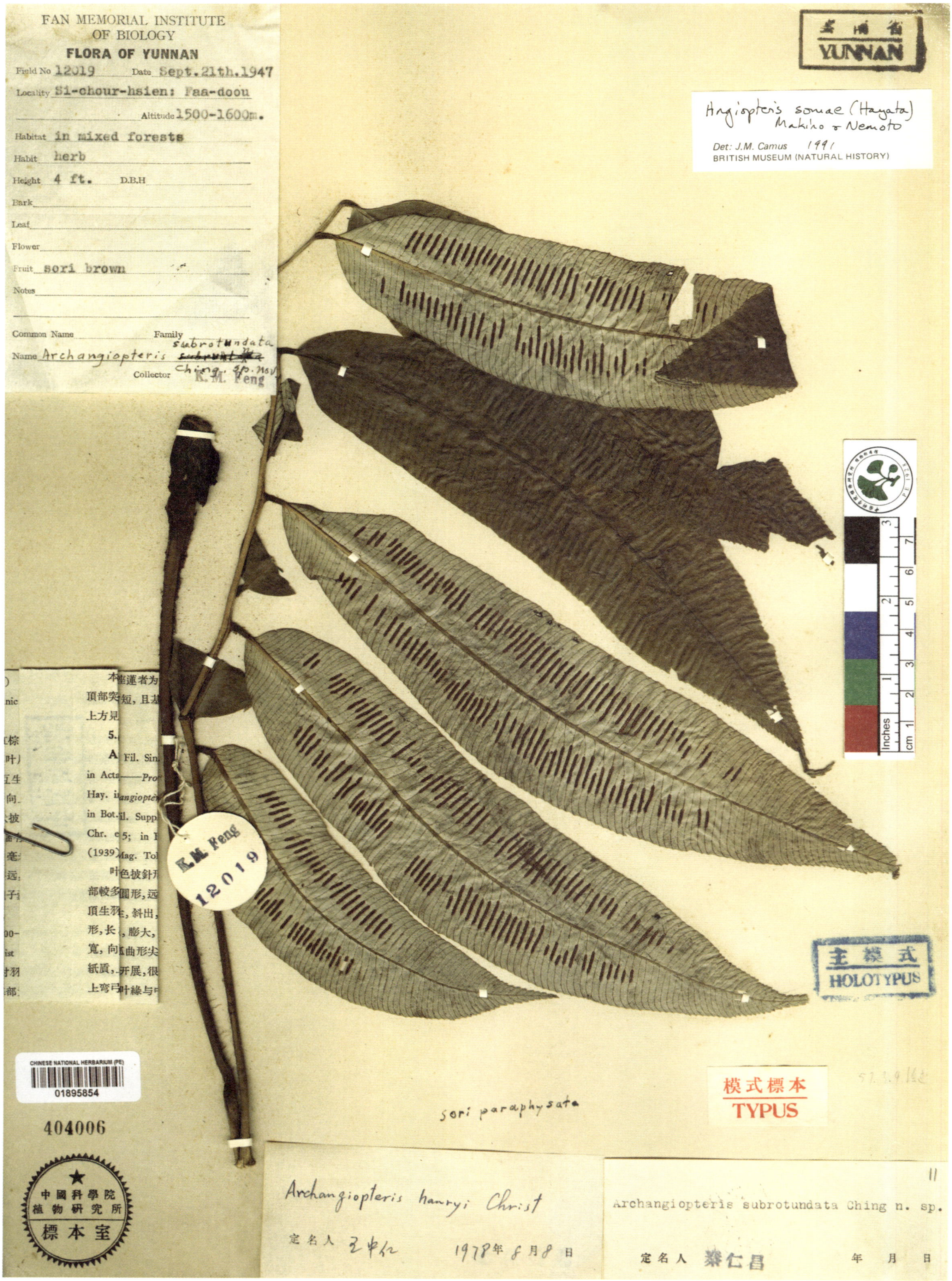

圆基原始观音座莲 ***Archangiopteris subrotundata*** Ching, Icon. Fil. Sin. 5: pl. 206. 1958. **Holotype:** China. Yunnan: Sichou, alt. 1 500~1 600 m, 1947-09-21, K. M. Feng 12019.

Osmundaceae

紫萁科

ziqike

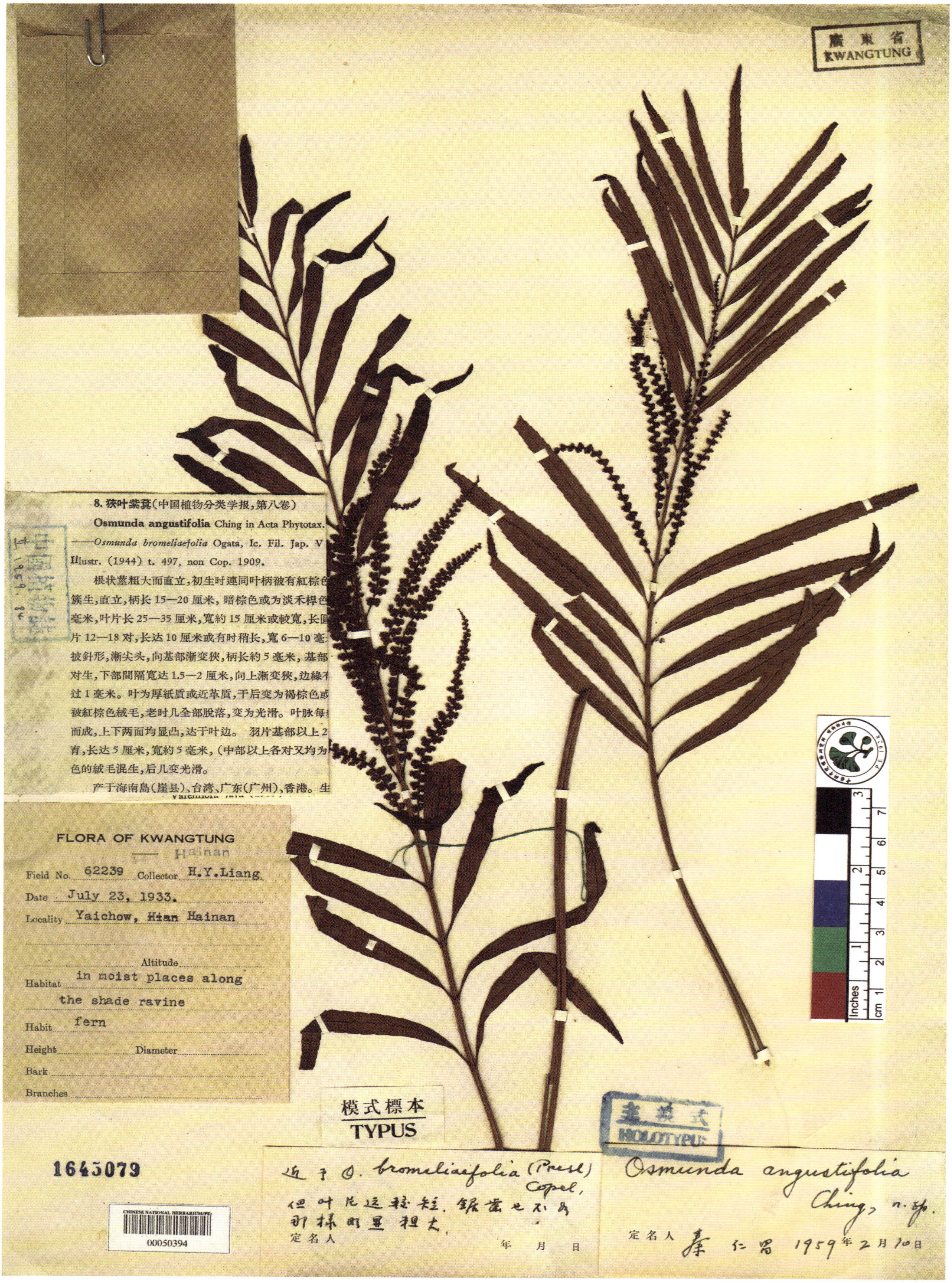

狭叶紫萁 ***Osmunda angustifolia*** Ching in Acta Phytotax. Sin. 8(2): 160, pl. 18: 10. 1959. **Holotype:** China. Hainan: Sanya, 1933-07-23, H. Y. Liang 62239.

Plagiogyriaceae

瘤足蕨科

liuzujueke

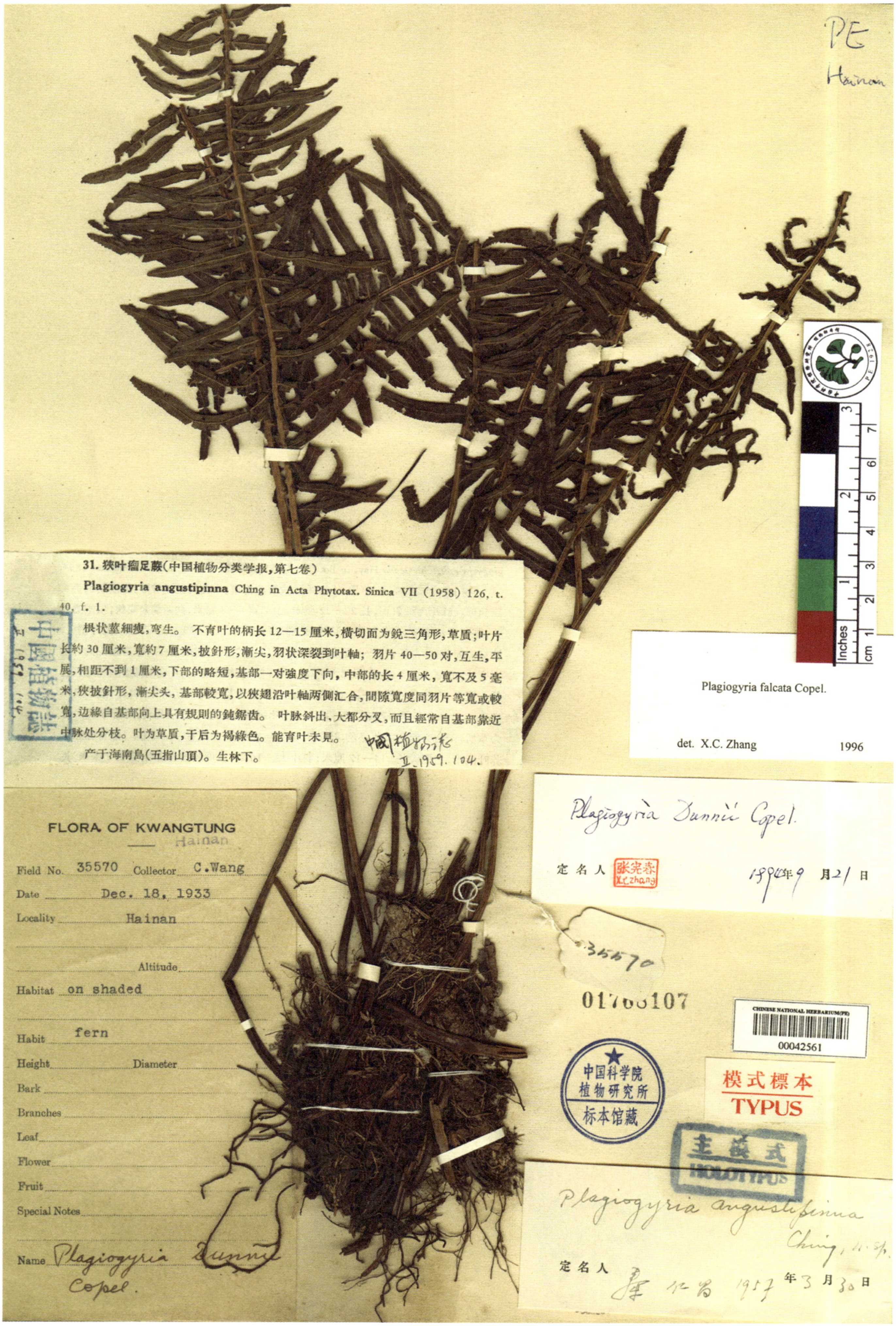

狭叶瘤足蕨 ***Plagiogyria angustipinna*** Ching in Acta Phytotax. Sin. 7(2): 126, 153, pl. 40: 1. 1958. **Holotype:** China. Hainan: Wuzhishan, 1933-12-18, C. Wang 35570.

贵州瘤足蕨 ***Plagiogyria argutissima*** Christ in Bull.Acad. Int. Géogr. Bot. 19(245–46–47): 141. 1910. **Isotype:** China. Guizhou: Pingfa (=Guiding), 1908-12-??, Cavalerie 3392.

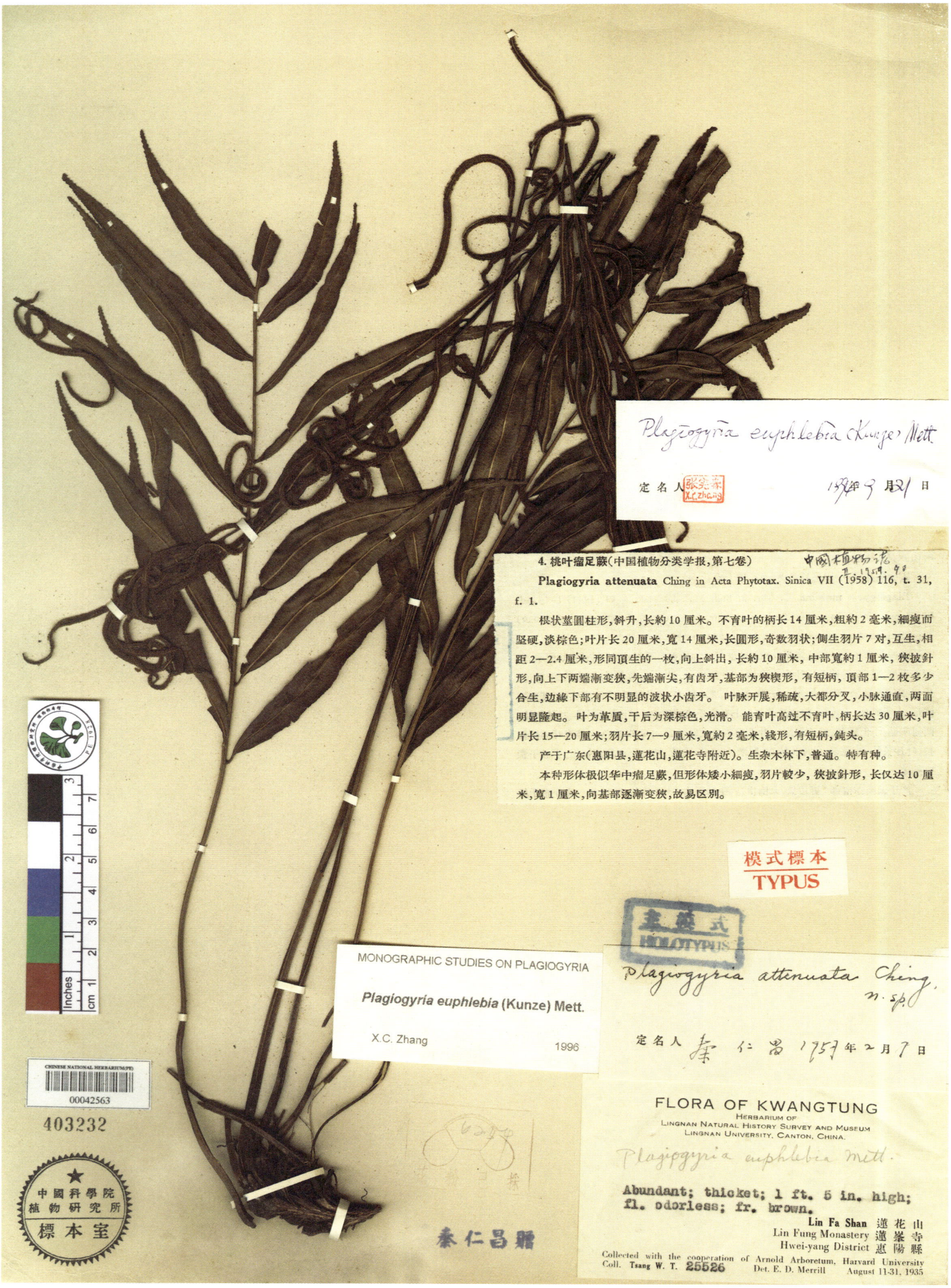

桃叶瘤足蕨 ***Plagiogyria attenuata*** Ching in Acta Phytotax. Sin. 7(2): 116, 139, pl. 30: 1. 1958. **Holotype:** China. Guangdong: Huiyang, 1935-08-(11~31), W. T. Tsang 25526.

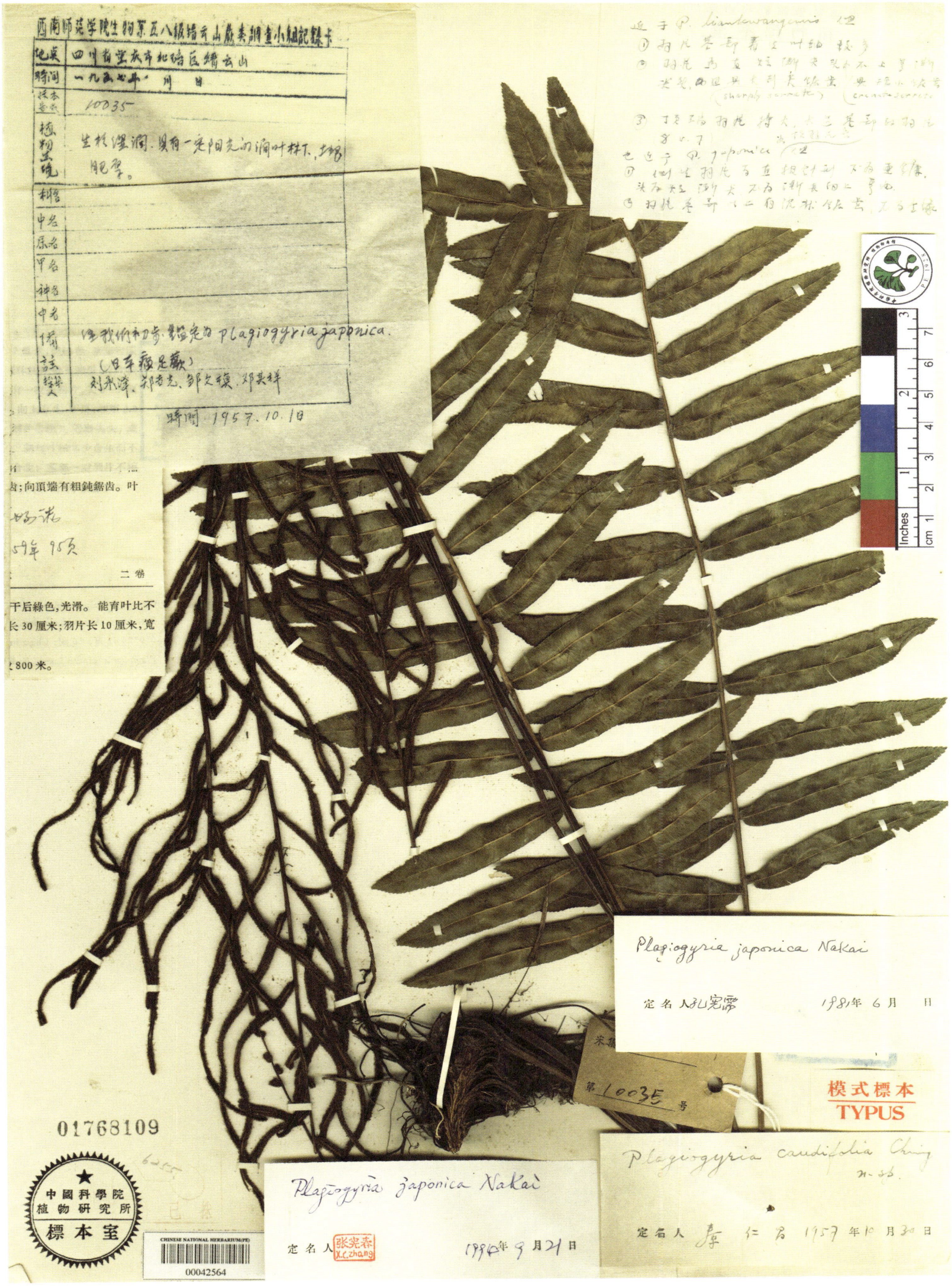

缙云瘤足蕨 ***Plagiogyria caudifolia*** Ching, Acta Phytotax. Sin. 7(2): 119, 144. 1958. **Holotype:** China. Chongqing: Jinyunshan, 1957-10-10, C. Z. Liu & al. 10035.

武夷瘤足蕨 ***Plagiogyria chinensis*** Ching in Acta Phytotax. Sin. 7(2): 116, 140, pl. 30: 2. 1958. **Holotype:** China. Fujian: Wuyishan, 1952-08-16, Fujian Academy of Sciences s. n.

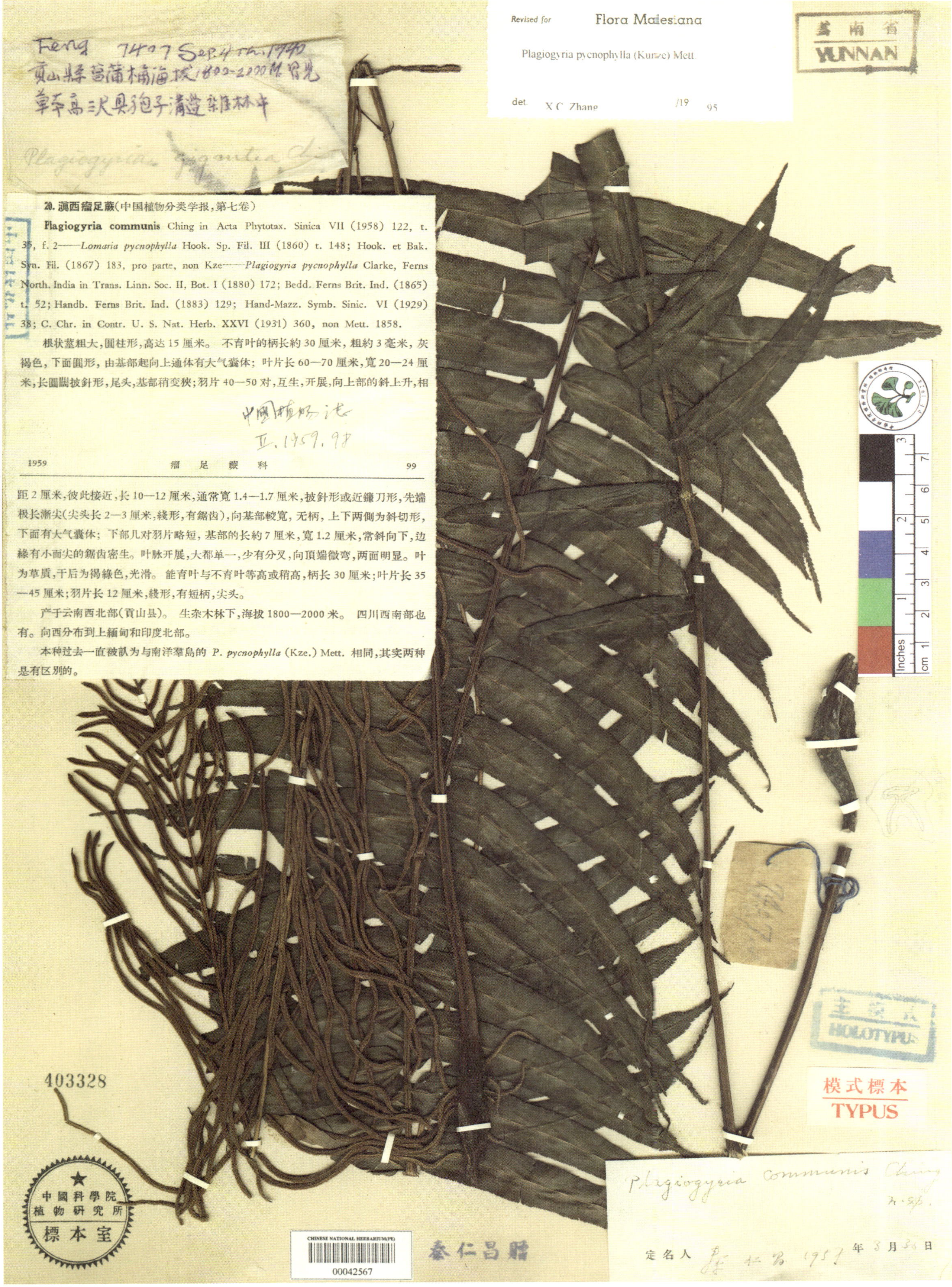

滇西瘤足蕨 ***Plagiogyria communis*** Ching in Acta Phytotax. Sin. 7(2): 122, 147, pl. 35: 2. 1958. **Holotype:** China. Yunnan: Gongshan, alt. 1 800~2 000 m, 1940-09-04, K. M. Feng 7407.

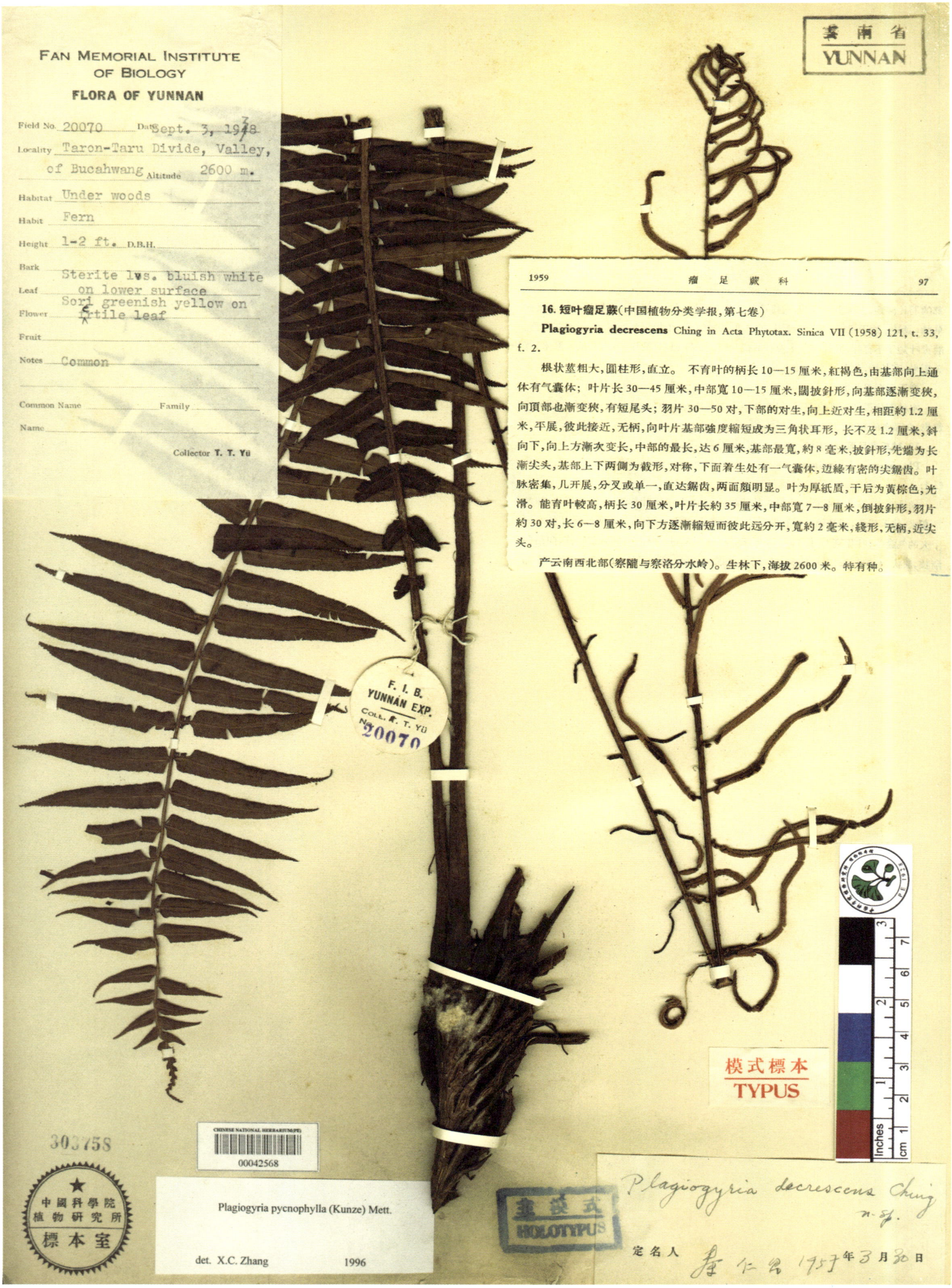

短叶瘤足蕨 ***Plagiogyria decrescens*** Ching in Acta Phytotax. Sin. 7(2): 121, 146, pl. 33: 2. 1958. **Holotype:** China. Yunnan: Gongshan, Dulongjiang, alt. 2 600 m, 1938-09-03, T. T. Yu 20070.

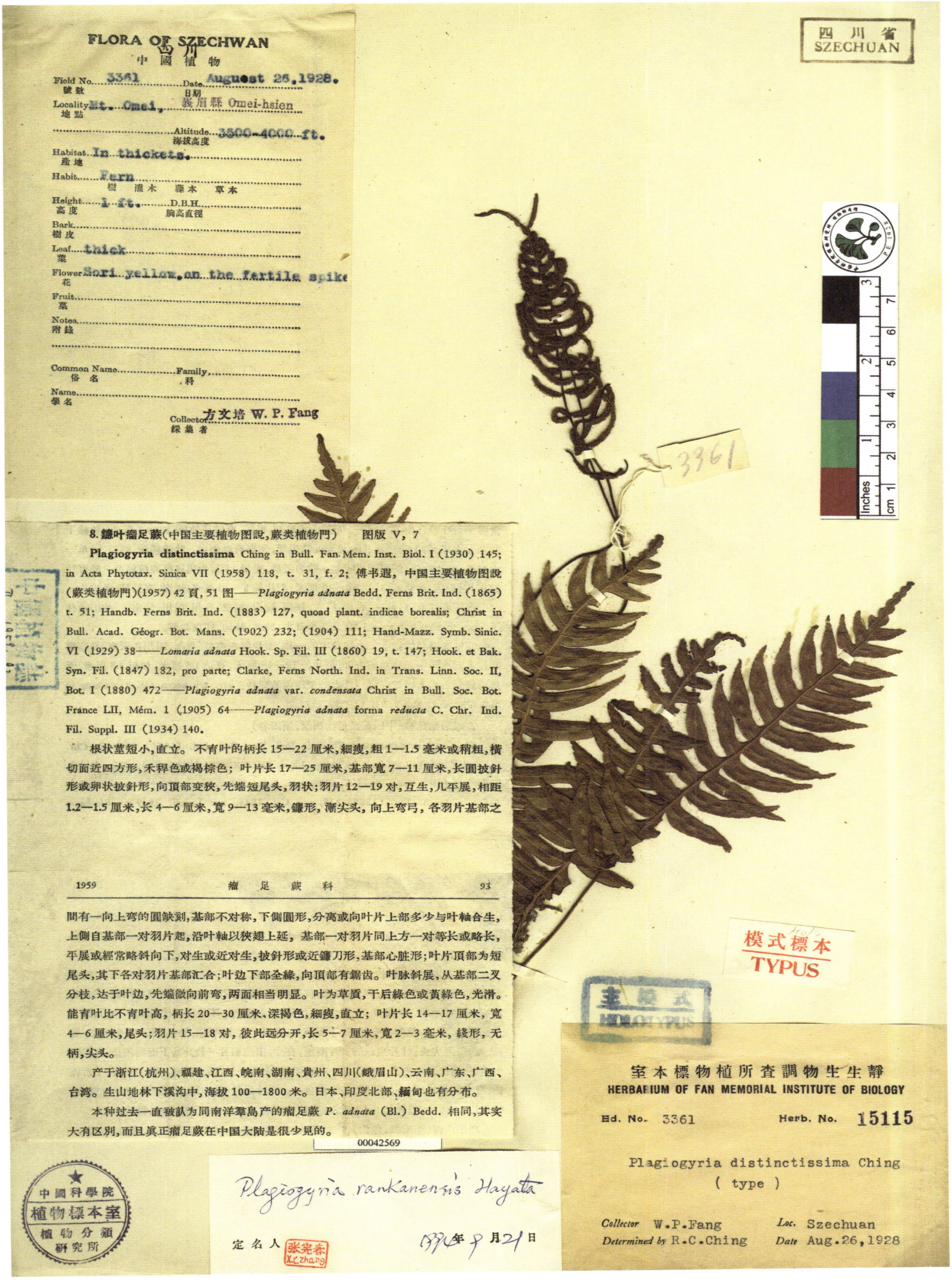

镰叶瘤足蕨 ***Plagiogyria distinctissima*** Ching in Bull. Fan Mem. Inst. Biol. 1(9) 145. 1930. **Holotype:** China. Sichuan: Emei, Emeishan, alt. 763~1 220 m, 1928-08-26, W. P. Fang 3361.

灰背瘤足蕨 ***Plagiogyria glaucescens*** Ching in Acta Phytotax. Sin. 7(2): 124, 150, pl. 38: 2. 1958. **Holotype:** China. Yunnan: Gongshan, alt. 2 500~3 100 m, 1940-08-30, K. M. Feng 7157.

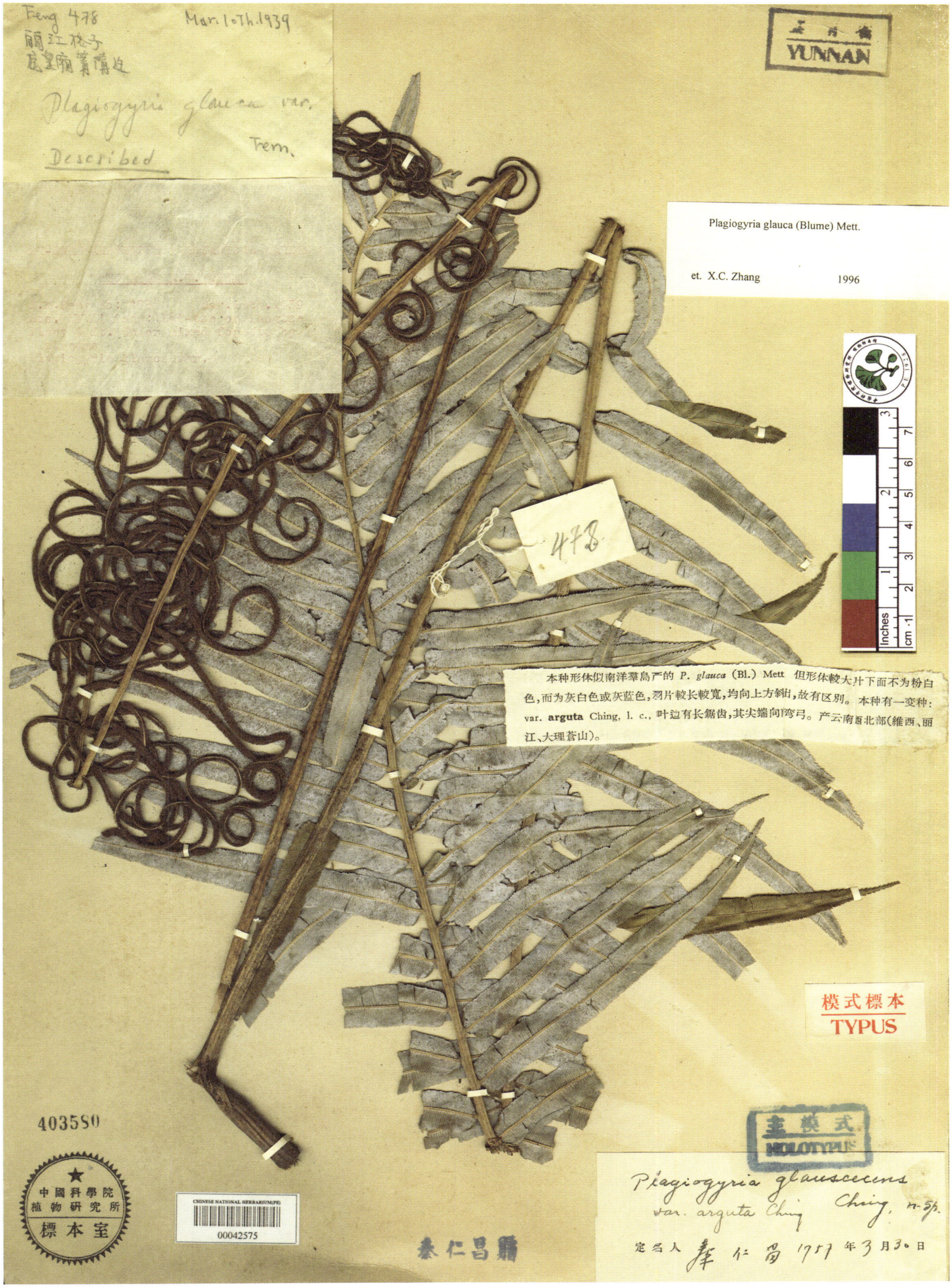

尖锯灰背瘤足蕨 ***Plagiogyria glaucescens*** Ching var. ***arguta*** Ching in Acta Phytotax. Sin. 7(2): 151. 1958. **Holotype:** China. Yunnan: Lijiang, 1939-03-10, K. M. Feng 478.

海南瘤足蕨 ***Plagiogyria hainanensis*** Ching in Acta Phytotax. Sin. 7(2): 119, 143, pl. 32: 2. 1958. **Holotype:** China. Hainan: Precise locality not known, 1933-12-18, C. Wang 35550.

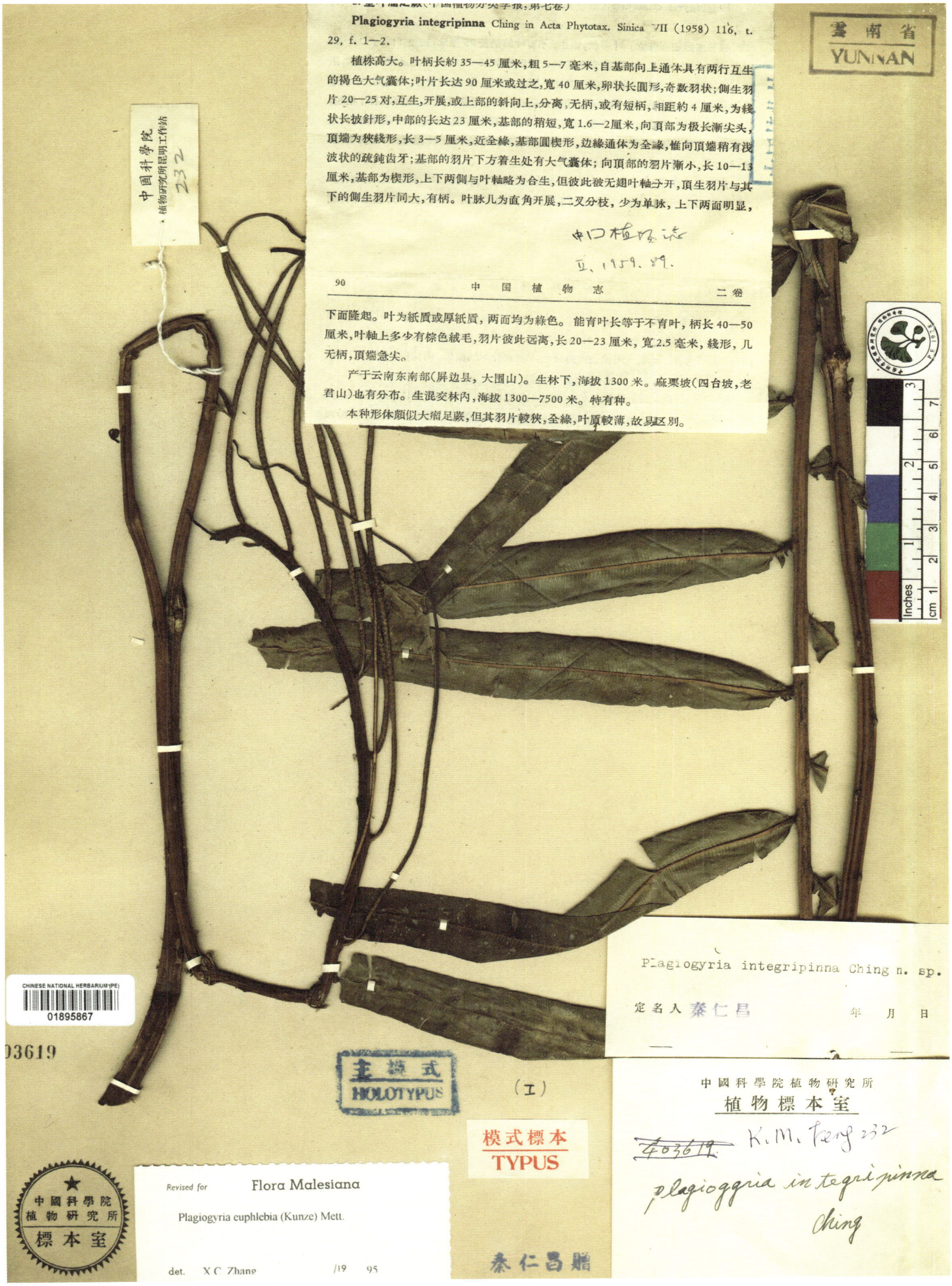

全叶瘤足蕨 ***Plagiogyria integripinna*** Ching in Acta Phytotax. Sin. 7(2): 116, 139, pl. 29: 1~2. 1958. **Holotype:** China. Yunnan: Pingbian, K. M. Feng 232.

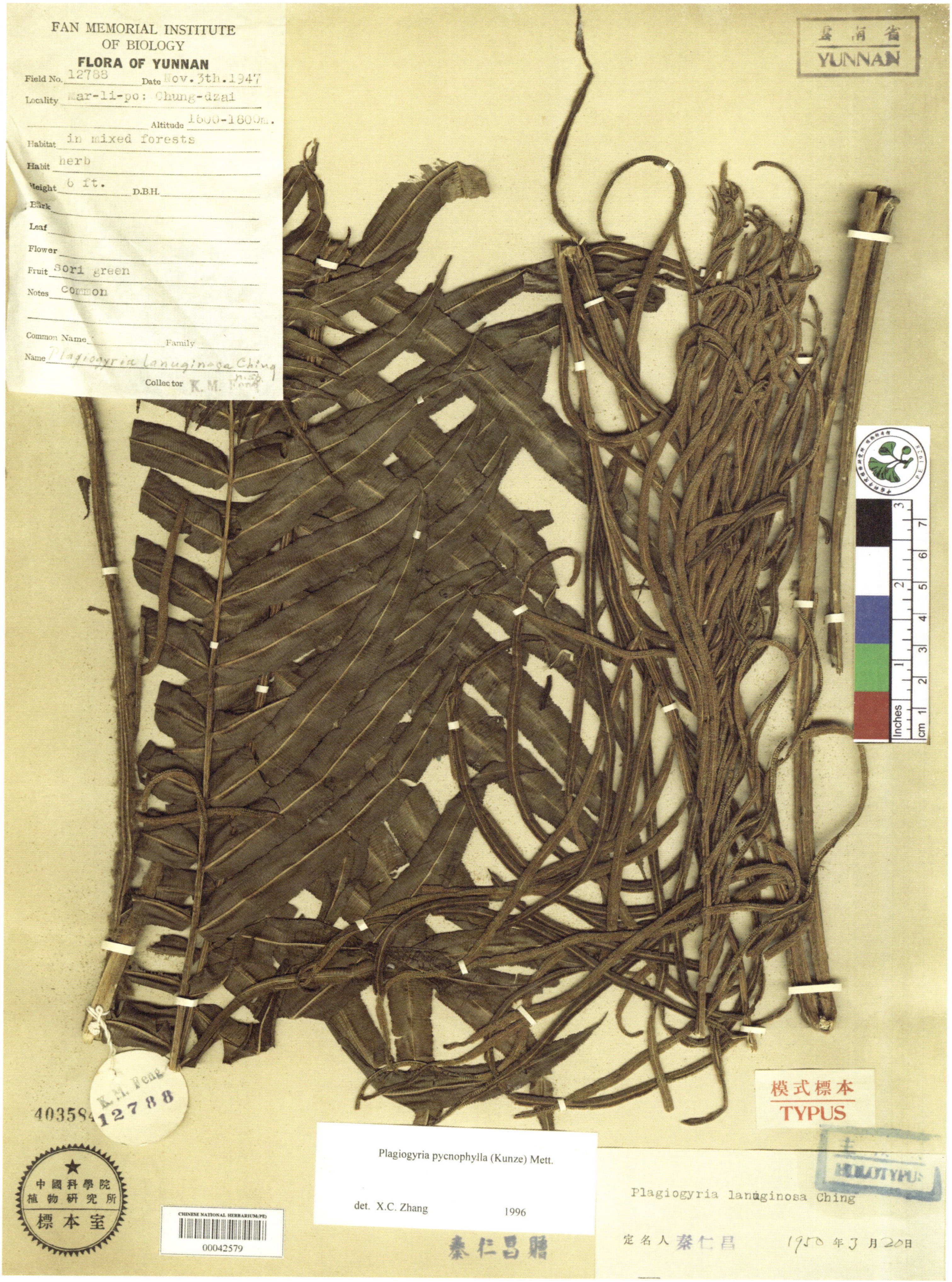

绒毛瘤足蕨 ***Plagiogyria lanuginosa*** Ching in Acta Phytotax. Sin. 7(2): 121, 147, pl. 35: 1. 1958. **Holotype:** China. Yunnan: Malipo, alt. 1 600~1 800 m, 1947-11-03, K. M. Feng 12788.

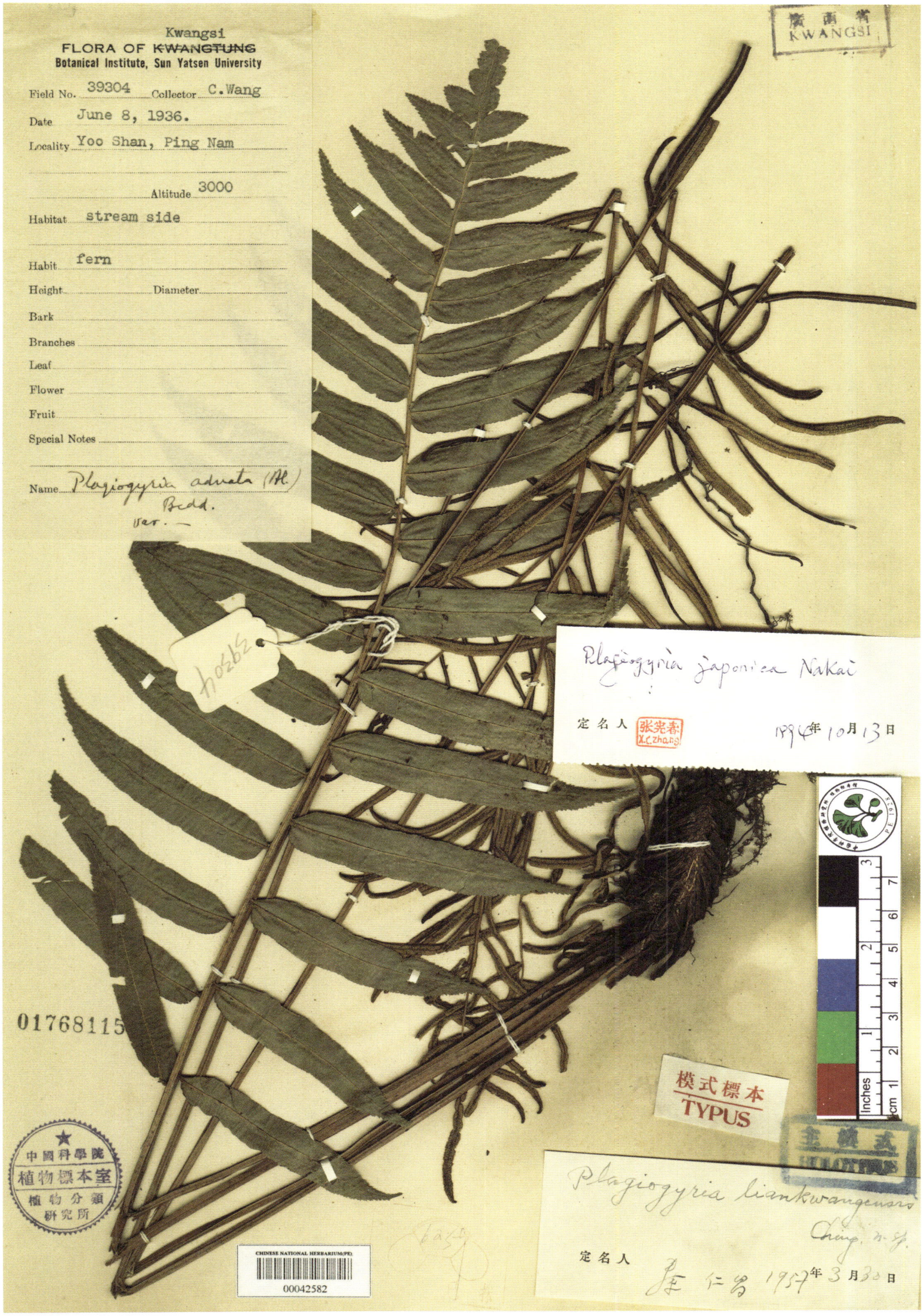

两广瘤足蕨 ***Plagiogyria liankwangensis*** Ching in Acta Phytotax. Sin. 7(2): 118, 142, pl. 32: 1. 1958. **Holotype:** China. Guangxi: Pingnan, alt. 915 m, 1936-06-08, C. Wang 39304.

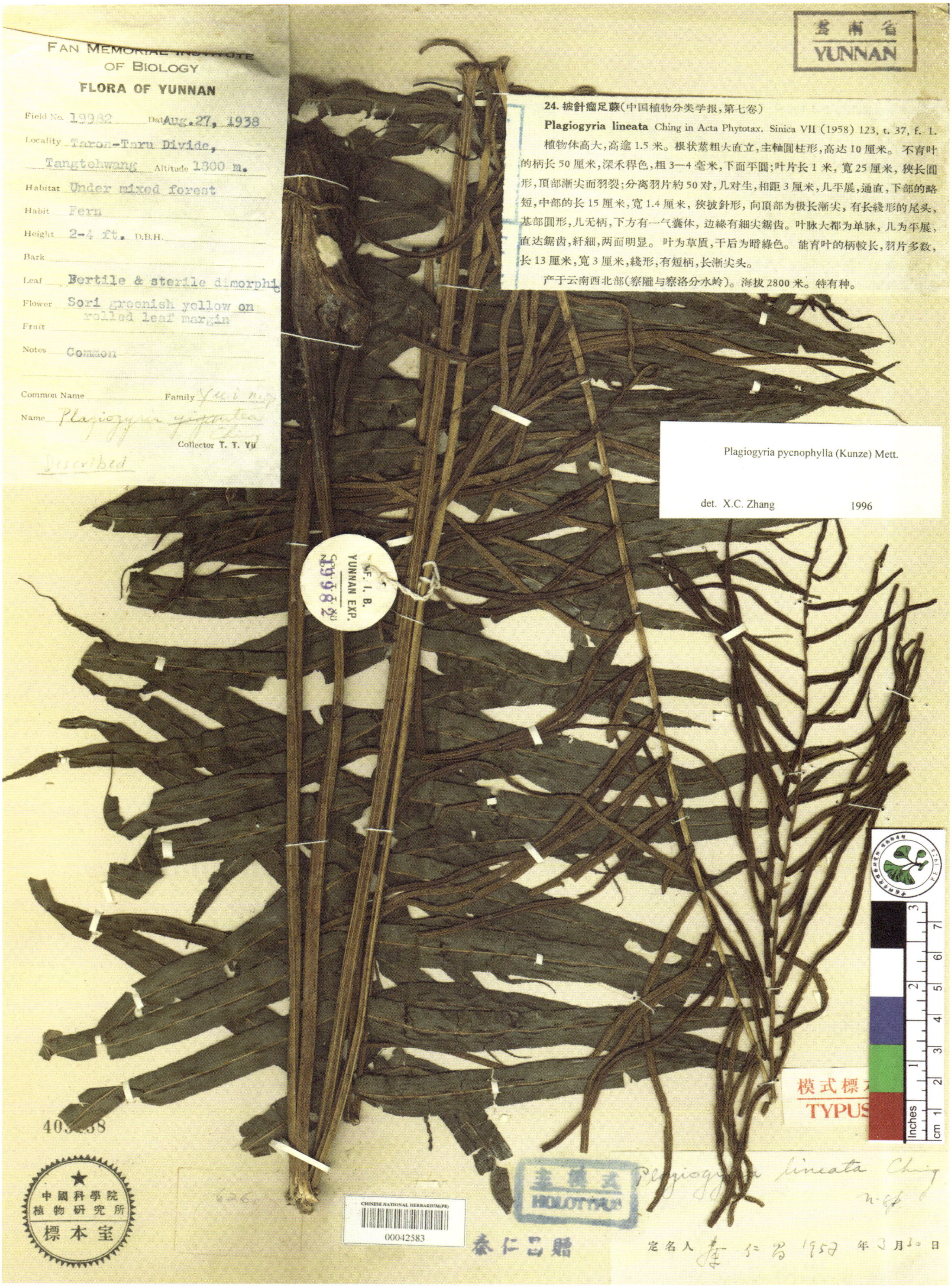

拔针瘤足蕨 ***Plagiogyria lineata*** Ching in Acta Phytotax. Sin. 7(2): 123, 149, pl. 37: 1. 1958. **Holotype:** China. Yunnan: Gongshan, Dulongjiang, alt. 1 800 m, 1938-08-27, T.T. Yu 19982.

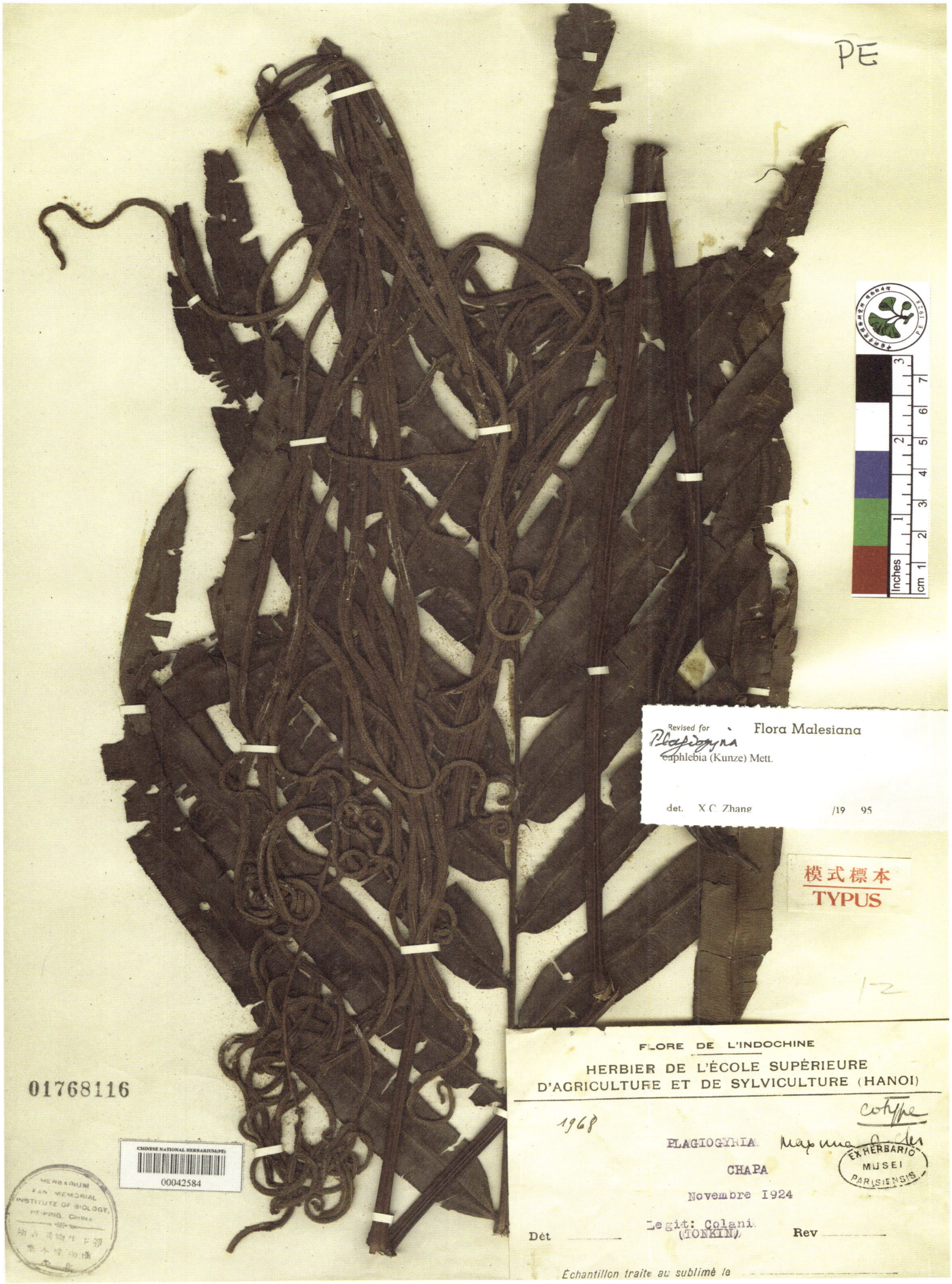

大瘤足蕨 ***Plagiogyria maxima*** C. Chr. in Bull. Mus. Hist. Nat., Ser. 2, 6(1): 105. 1934. **Isotype:** Vietnam. Tonkin: Chapa, 1924-11-??, Colani 1968.

粉背瘤足蕨 ***Plagiogyria media*** Ching in Acta Phytotax. Sin. 7(2): 124, 149, pl. 38: 1. 1958. **Holotype:** China. Yunnan: Gongshan, Dulongjiang, alt. 3 000 m, 1938-11-01, T.T. Yu 20914.

尖齿瘤足蕨 ***Plagiogyria simulans*** Ching in Acta Phytotax. Sin. 7(2): 121, 146, pl. 34: 2. 1958. **Holotype:** China. Yunnan: Precise locality not known, 1939-??-??, M. K. Li 1052-A.

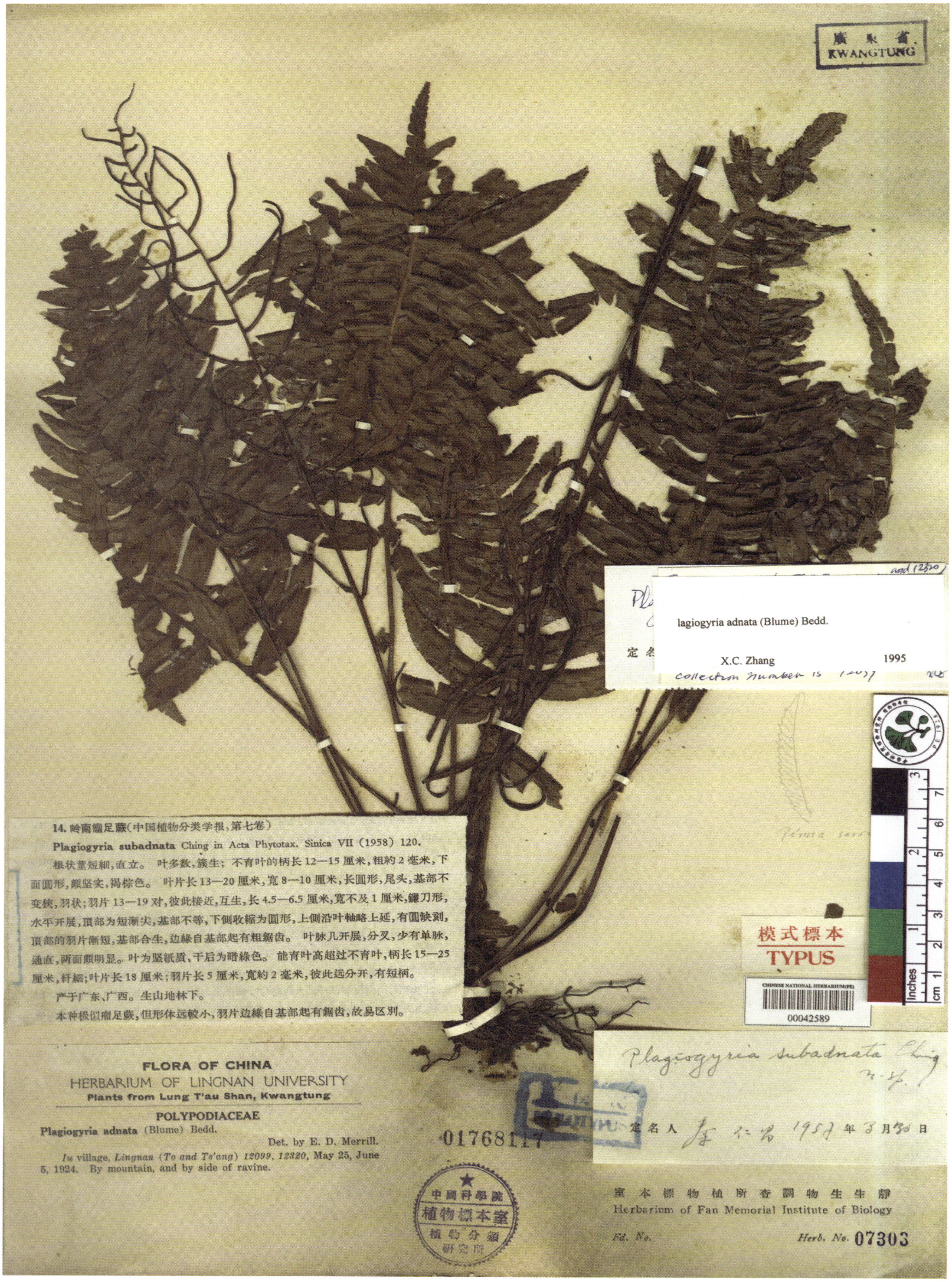

岭南瘤足蕨 ***Plagiogyria subadnata*** Ching in Acta Phytotax. Sin. 7(2): 120, 145. 1958. **Holotype:** China. Guangdong: Longtoushan, 1924-06-05, C. L. Tso & W. T. Tsang 12320.

Lygodiaceae

海金沙科

haijinshake

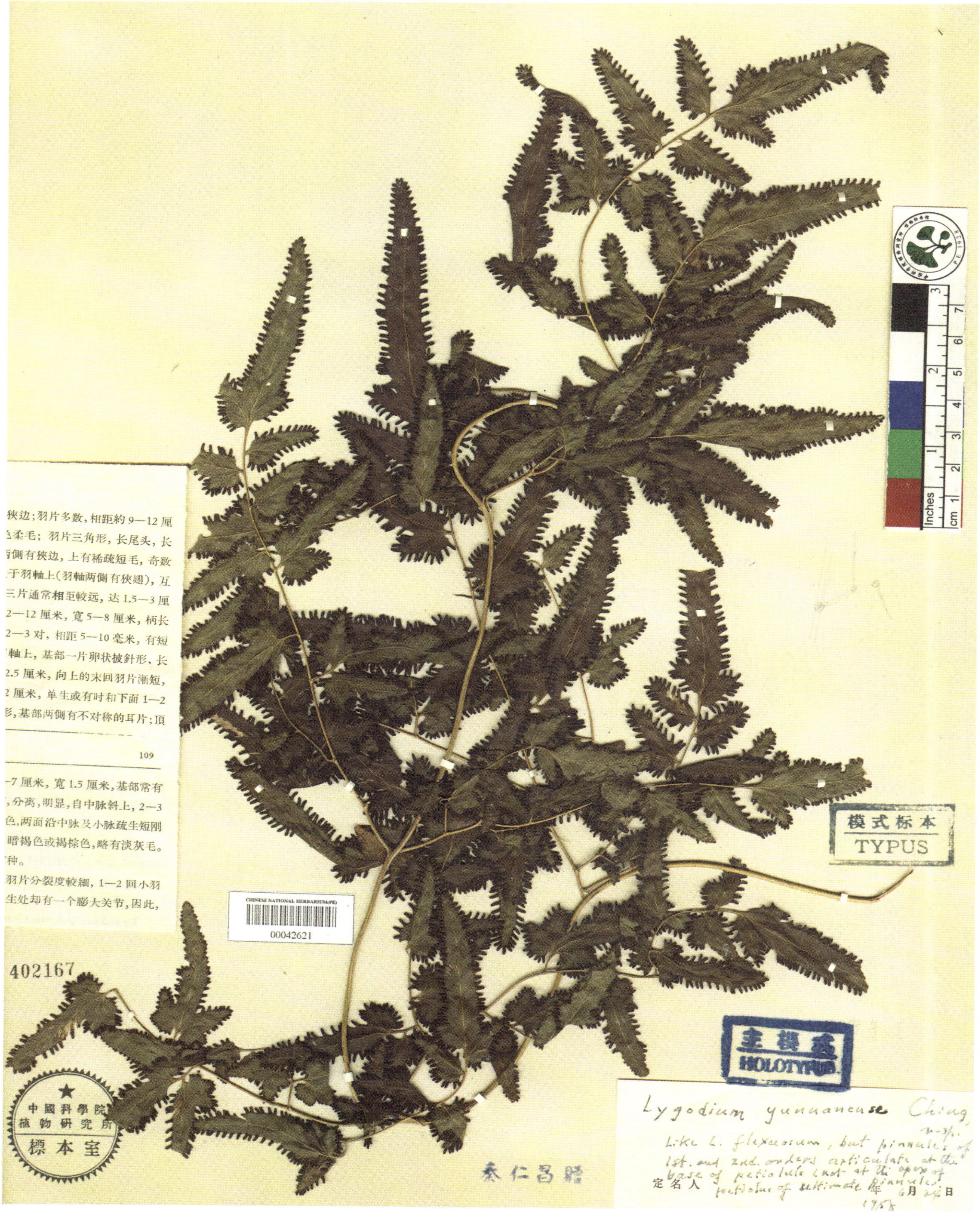

云南海金沙 ***Lygodium yunnanense*** Ching, Fl. Reip. Pop. Sin. 2: 108, 345. 1959. **Holotype:** China. Yunnan: Ruili, alt. 1 000 m, 1952-12-??, R. C. Ching s. n.

Gleicheniaceae

里白科

libaike

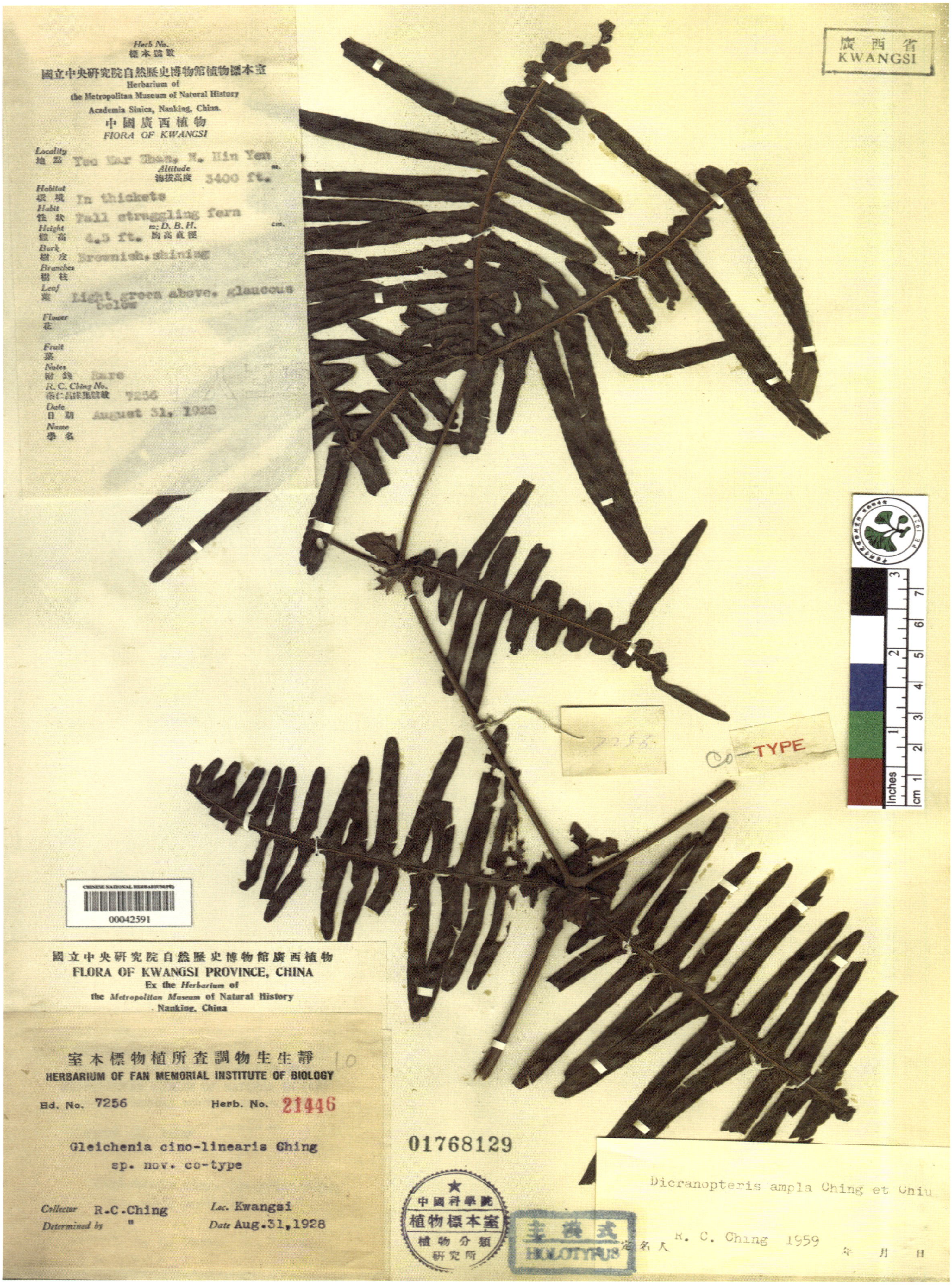

大芒萁 ***Dicranopteris ampla*** Ching & P. S. Chiu in Acta Phytotax. Sin. 8(2): 132, 161. 1959. **Holotype:** China. Guangxi: Lingyun, alt. 1037 m, 1928-08-31, R. C. Ching 7256.

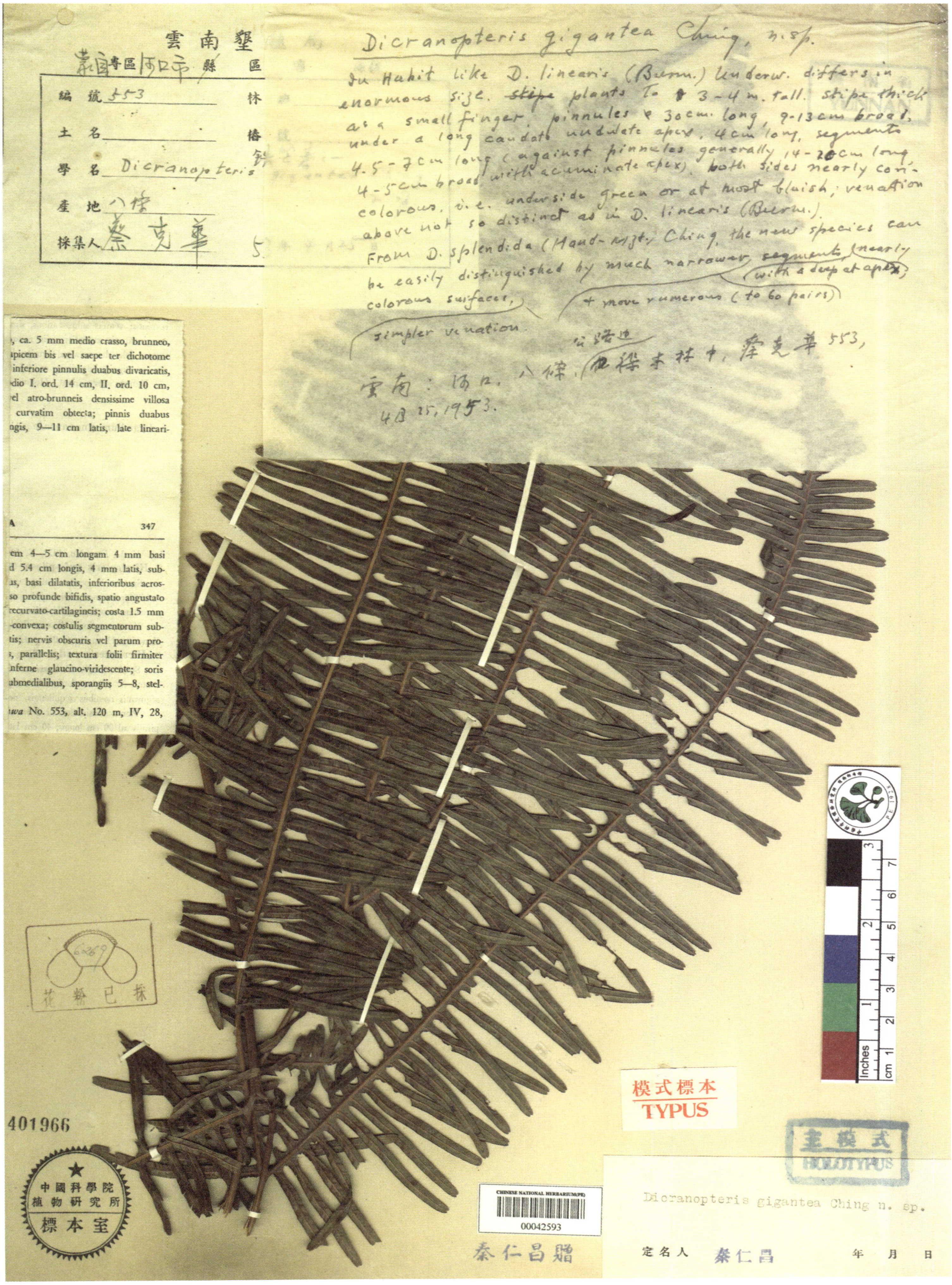

乔芒萁 ***Dicranopteris gigantea*** Ching, Fl. Reip. Pop. Sin. 2: 119, 346. 1959. **Holotype:** China. Yunnan: Hekou, alt. 100~300 m, 1953-04-25, K. H. Tsai 553.

台湾芒萁 ***Dicranopteris taiwanensis*** Ching & P. S. Chiu, Fl. Reip. Pop. Sin. 2: 118, 346. 1959. **Holotype:** China. Taiwan: Precise locality not known, 1948-??-??, Y. C. Tsu s. n.

粤里白 ***Gleichenia cantonensis*** Ching in Lingnan Sci. Journ. 15(3): 391. 1936. **Holotype:** China. Guangdong: Suni (=Xinyi), 1931-07-17, Y. K. Wang 30965.

正里白 ***Hicriopteris critica*** Ching & P.S. Chiu, Fl. Reip. Pop. Sin. 2: 128, 348. 1959. **Holotype:** China. Yunnan: Pingbian, 1952-07-20, R. C. Ching 55.

假里白 ***Hicriopteris glaucoides*** Ching, Fl. Reip. Pop. Sin. 2: 130, 349. 1959. **Holotype:** China. Yunnan: Precise locality not known, H. T. Tsai 52531.

绿里白 ***Hicriopteris maxima*** Ching, Fl. Reip. Pop. Sin. 2: 129, 348. 1959. **Holotype:** China. Sichuan: Emei, Emeishan, alt. 3 500~4 000 m, 1928-08-26, W. P. Fang 3367.

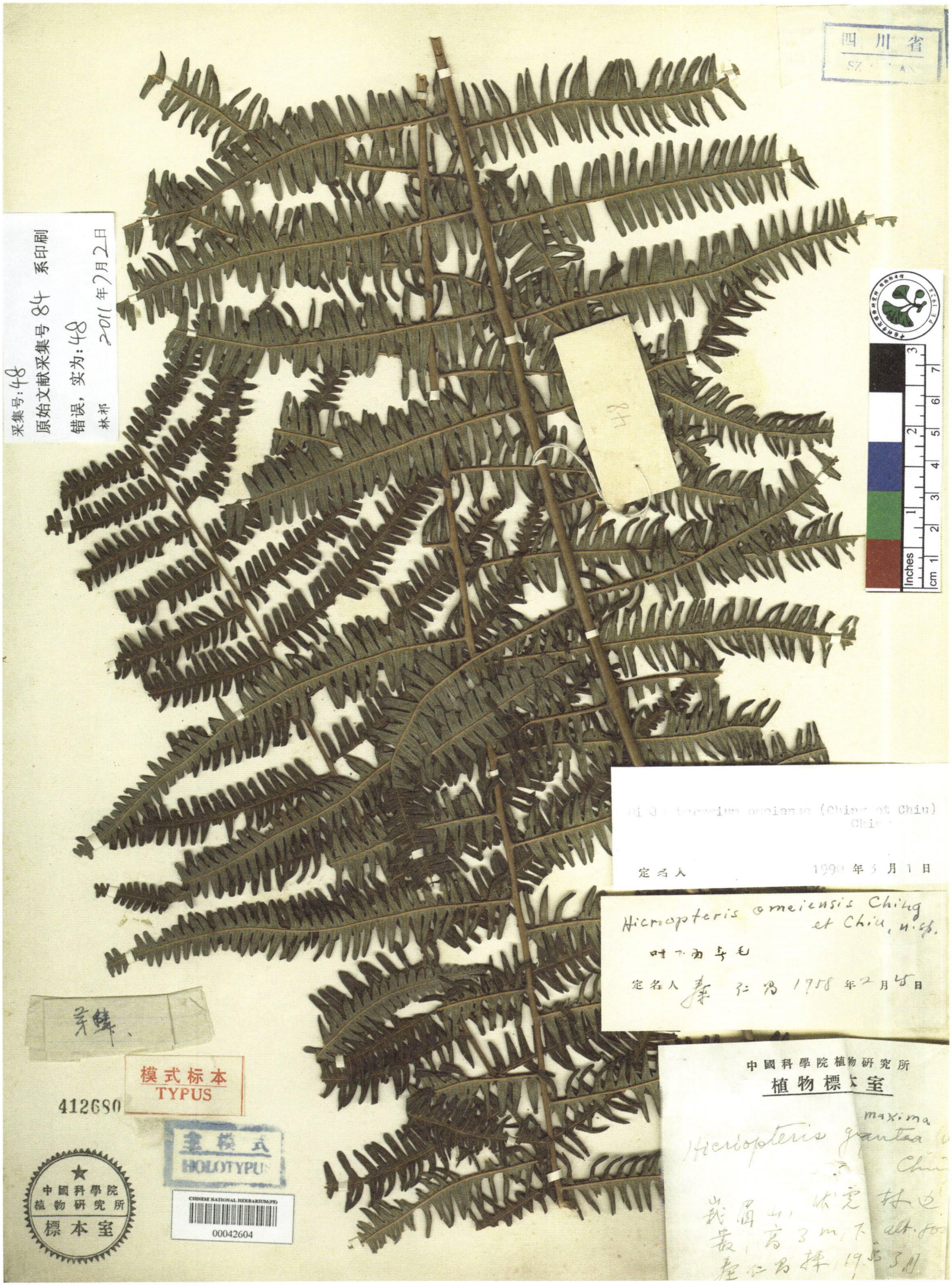

峨眉里白 ***Hicriopteris omeiensis*** Ching & P. S. Chiu, Fl. Reip. Pop. Sin. 2: 131, 349. 1959. **Holotype:** China. Sichuan: Emei, Emeishan, alt. 800 m, 1956-03-28, R. C. Ching 48.

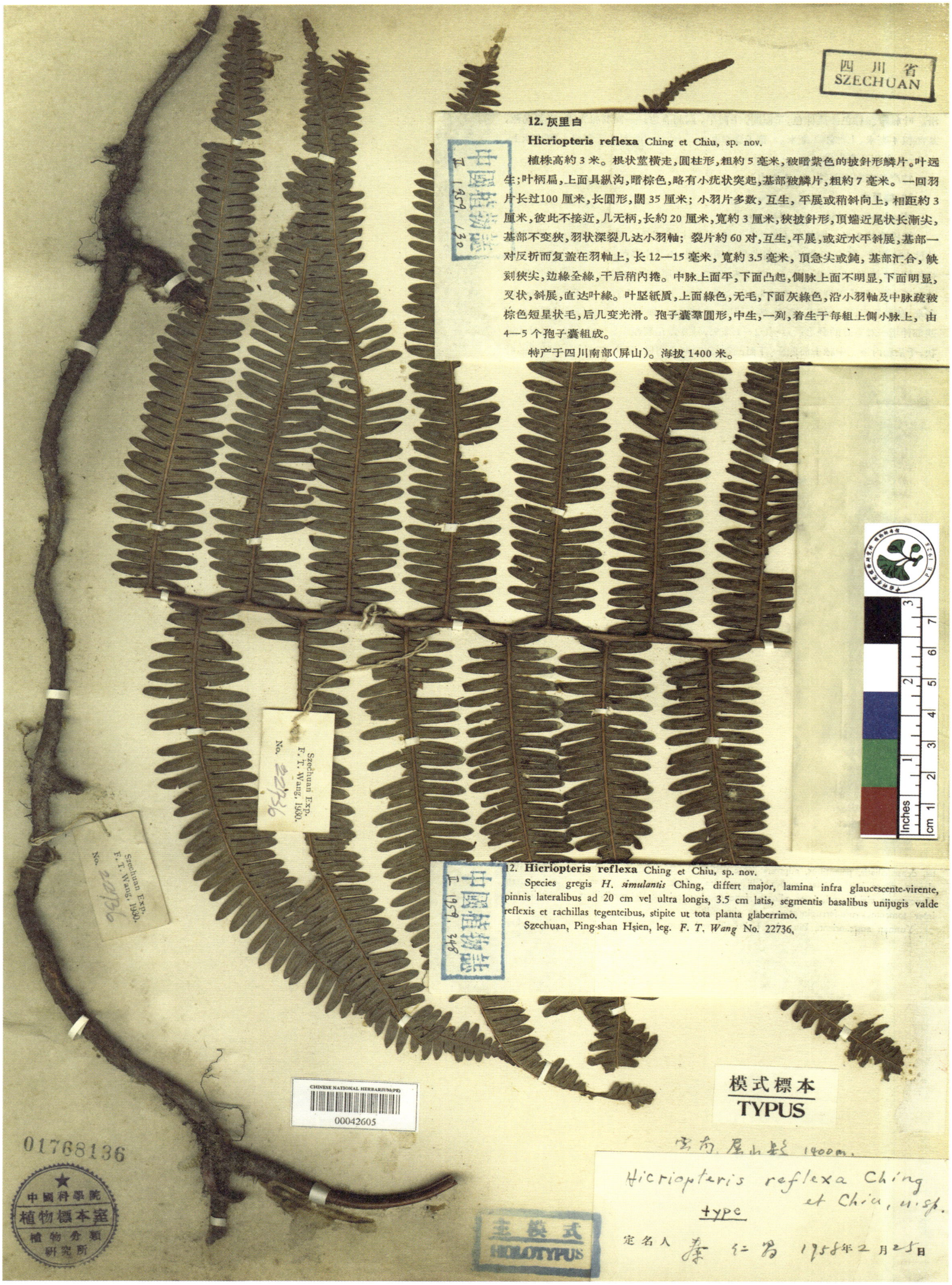

灰里白 ***Hicriopteris reflexa*** Ching & P. S. Chiu, Fl. Reip. Pop. Sin. 2: 130, 348. 1959. **Holotype:** China. Sichuan: Pingshan, alt. 1 400 m, 1930-??-??, F. T. Wang 22736.

远羽里白 ***Hicriopteris remota*** Ching, Fl. Reip. Pop. Sin. 2: 131, 349. 1959. **Holotype:** China. Sichuan: Emei, Emeishan, 1955-06-30, S. C. Cheng 30005.

厚毛里白 ***Hicriopteris rufa*** Ching, Fl. Reip. Pop. Sin. 2: 126, 347. 1959. **Holotype:** China. Yunnan: Pingbian, alt. 2 180 m, 1954-10-10, K. M. Feng 4823.

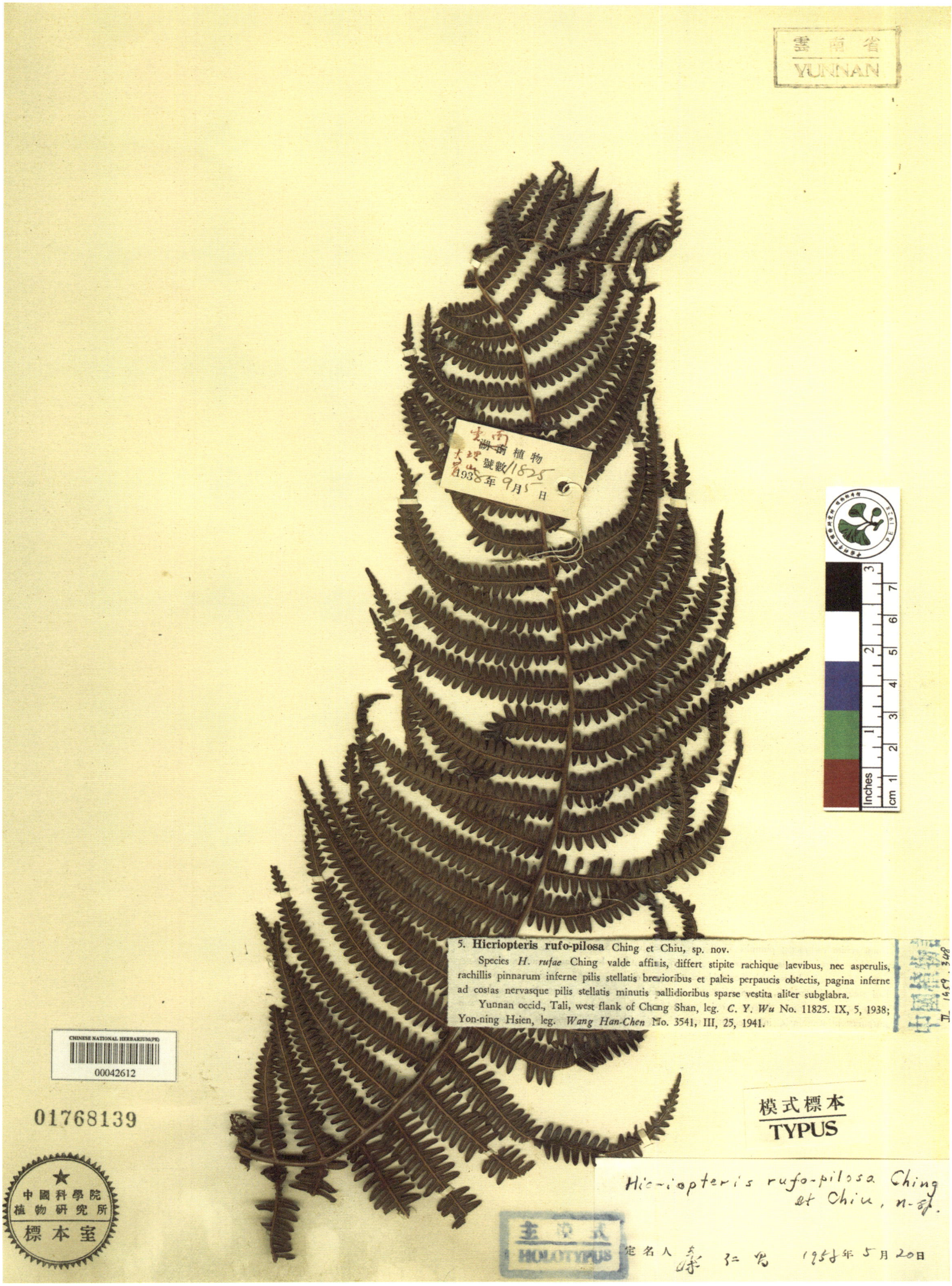

红毛里白 ***Hicriopteris rufopilosa*** Ching & P. S. Chiu, Fl. Reip. Pop. Sin. 2: 126, 348 1959. **Holotype:** China. Yunnan: Dali, 1938-09-05, C. Y. Wu 11825.

海南里白 ***Hicriopteris simulans*** Ching in Acta Phytotax. Sin. 8(2): 133, 161. 1959. **Holotype:** China. Hainan: Dingan, 1933-12-17, C. Wang 35496.

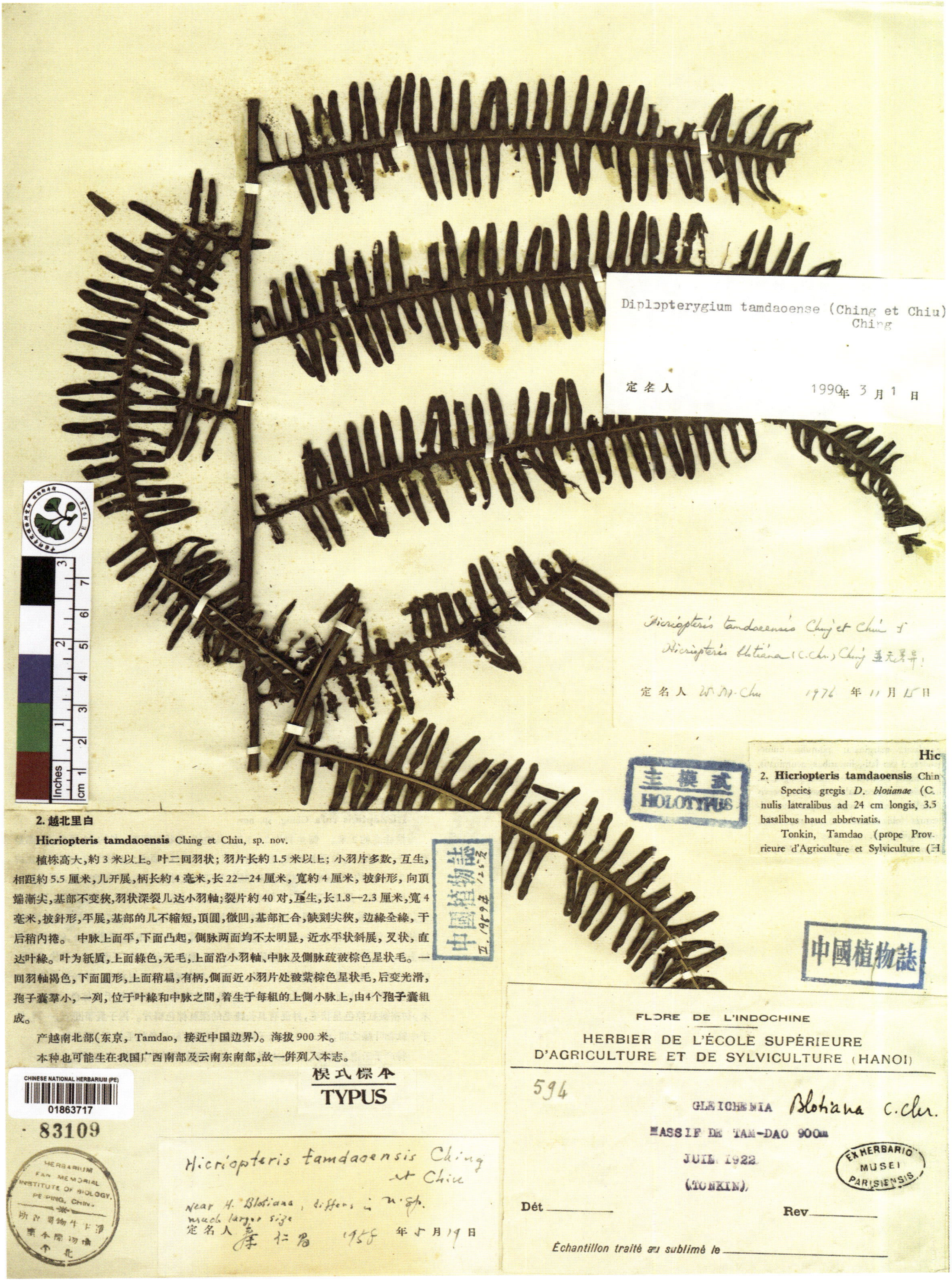

越北里白 ***Hicriopteris tamdaoensis*** Ching & P.S. Chiu, Fl. Reip. Pop. Sin. 2: 125, 347. 1959. **Holotype:** Vietnam. Tonkin: Tamdao, alt. 900 m, 1922-07-??, Anonymous 594.

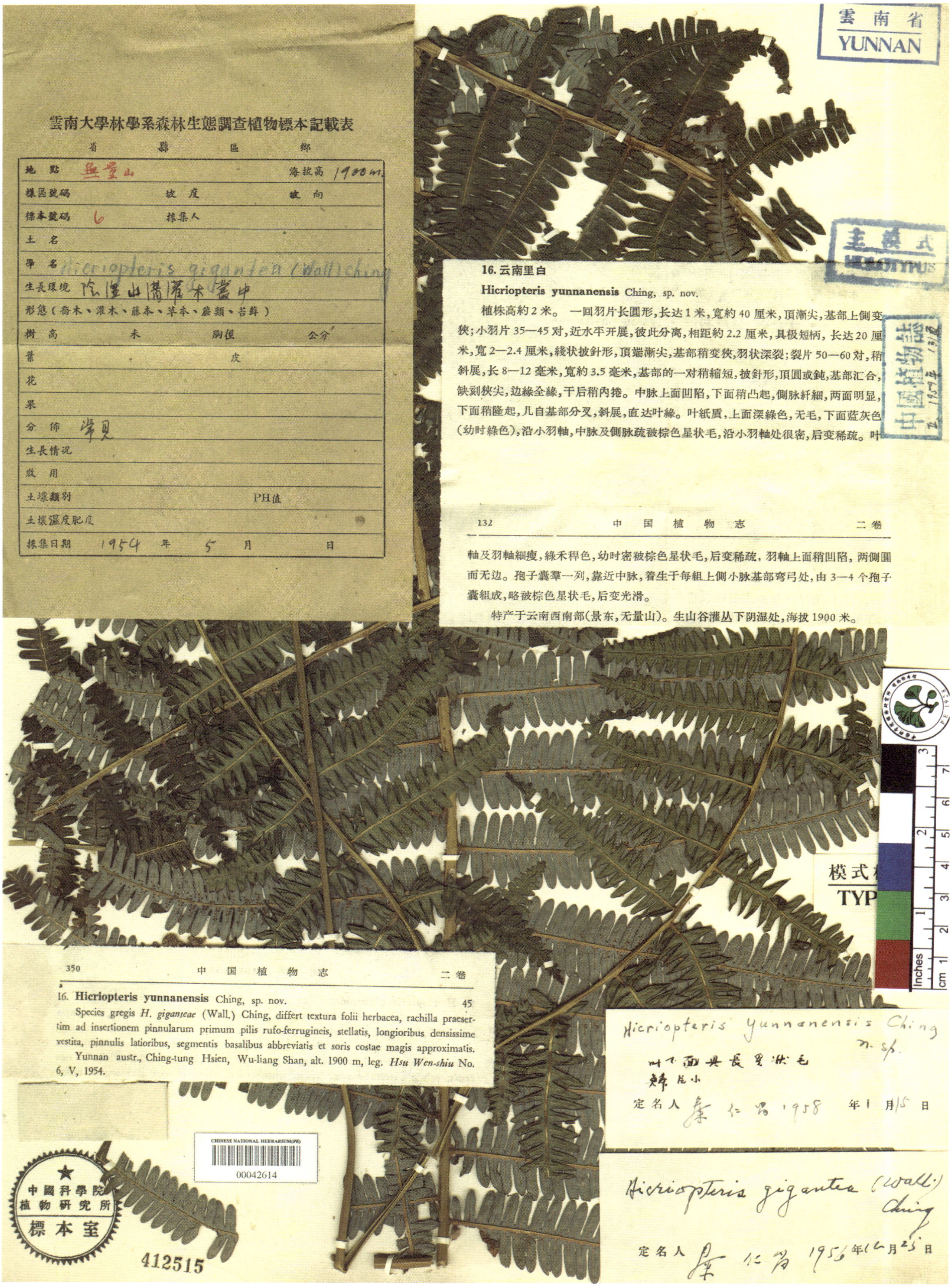

云南里白 ***Hicriopteris yunnanensis*** Ching, Fl. Reip. Pop. Sin. 2: 131, 350. 1959. **Holotype:** China. Yunnan: Jingdong, alt. 1 900 m, 1954-05-06, W. S. Hsu 6.

Hymenophyllaceae

膜蕨科

mojueke

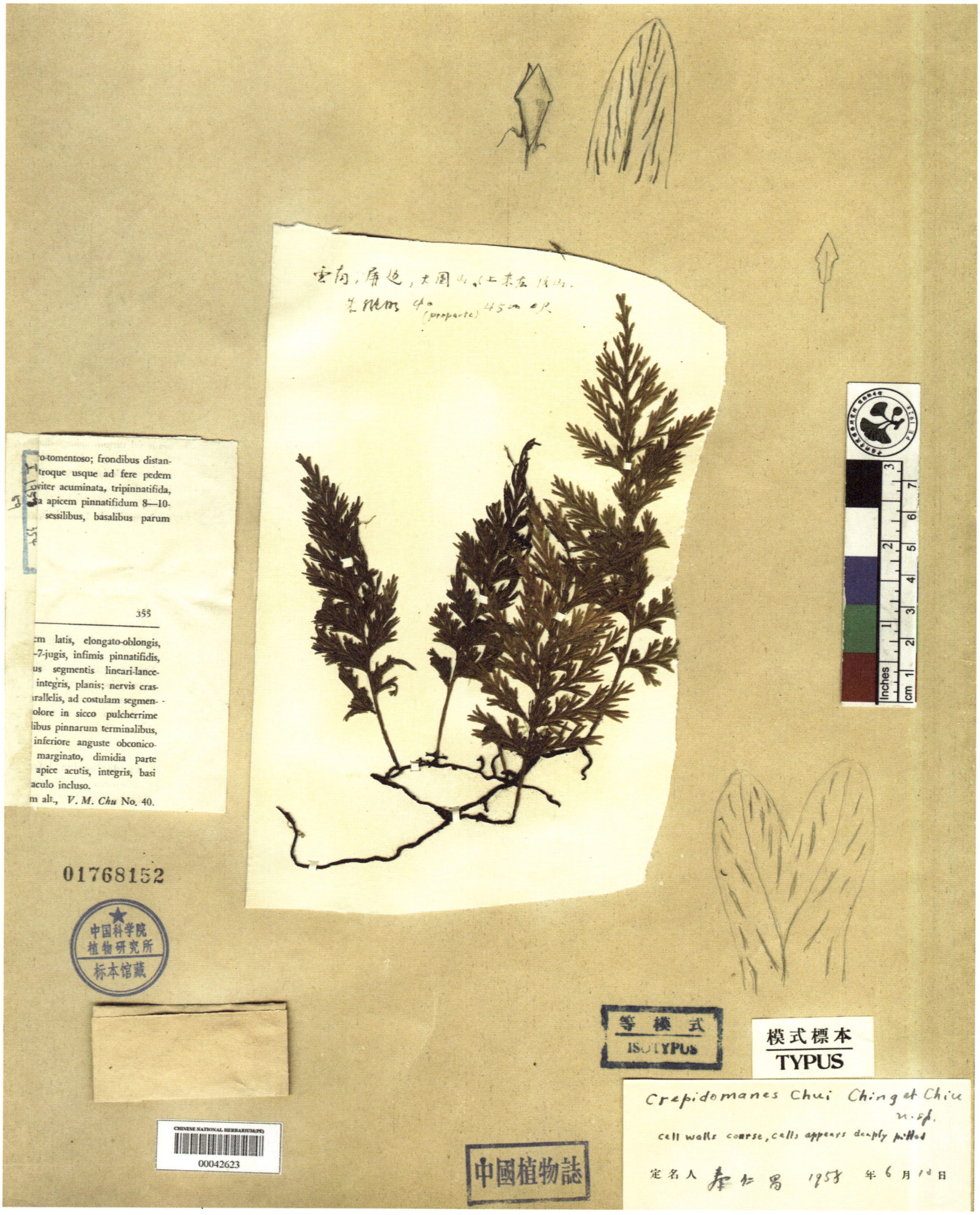

朱氏假脉蕨 ***Crepidomanes chui*** Ching & P. S. Chiu, Fl. Reip. Pop. Sin. 2: 166, 354. 1959, ‘*chuii*’ . **Isotype:** China. Yunnan: Pingbian, 1372.5 m, W. M. Chu 40.

大唇假脉蕨 ***Crepidomanes dilatatum*** Ching & C. H. Wang in Acta Phytotax. Sin. 8(2): 137, 163, pl. 19: 13. 1959. **Holotype:** China. Hainan: Danzhou, 1928-05-30, W. T. Tsang 598.

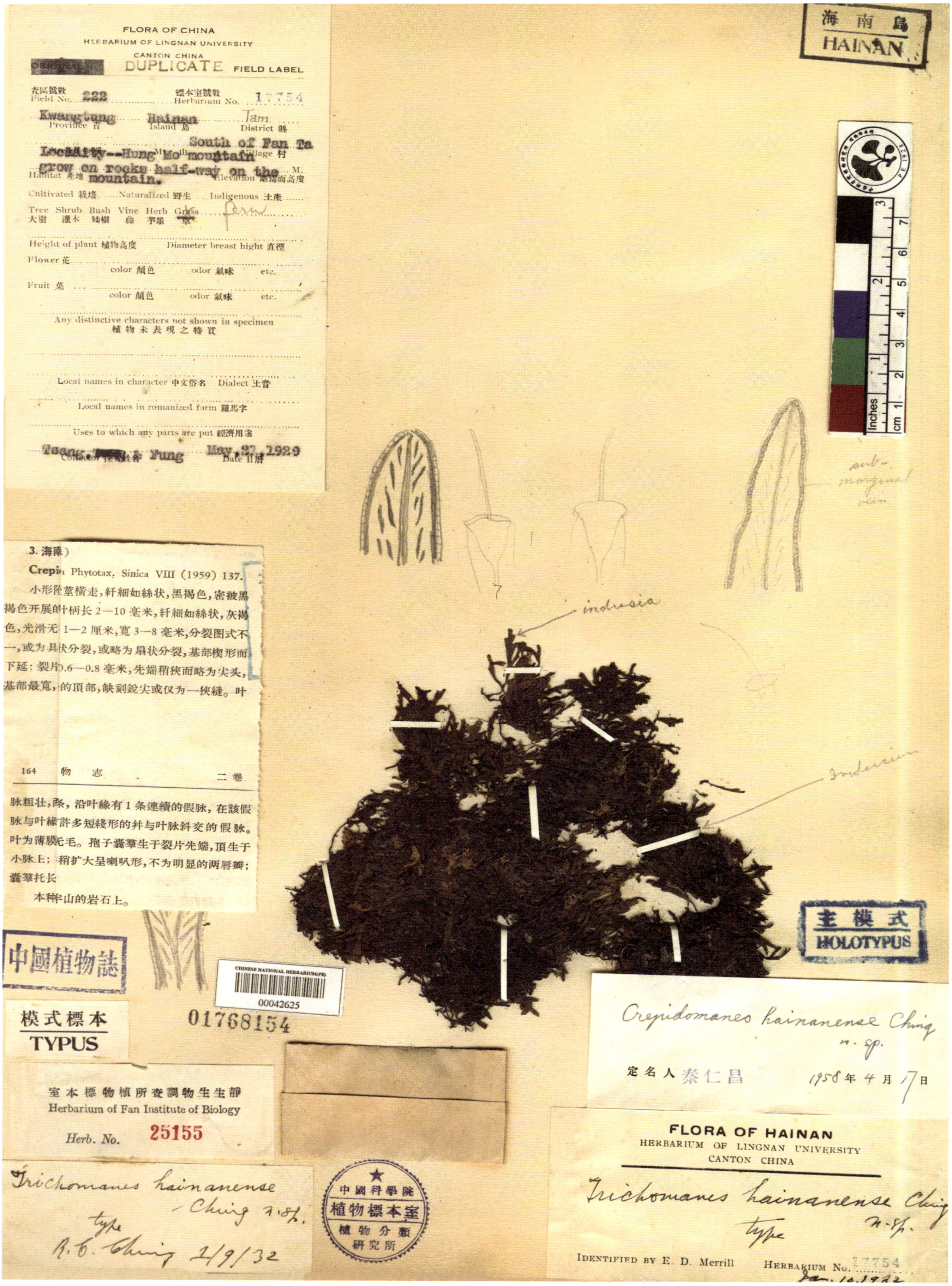

海南假脉蕨 ***Crepidomanes hainanense*** Ching in Acta Phytotax. Sin. 8(2): 137, 164. 1959. **Holotype:** China. Hainan: Danzhou, 1929-05-21, W. T. Tsang & al. 222.

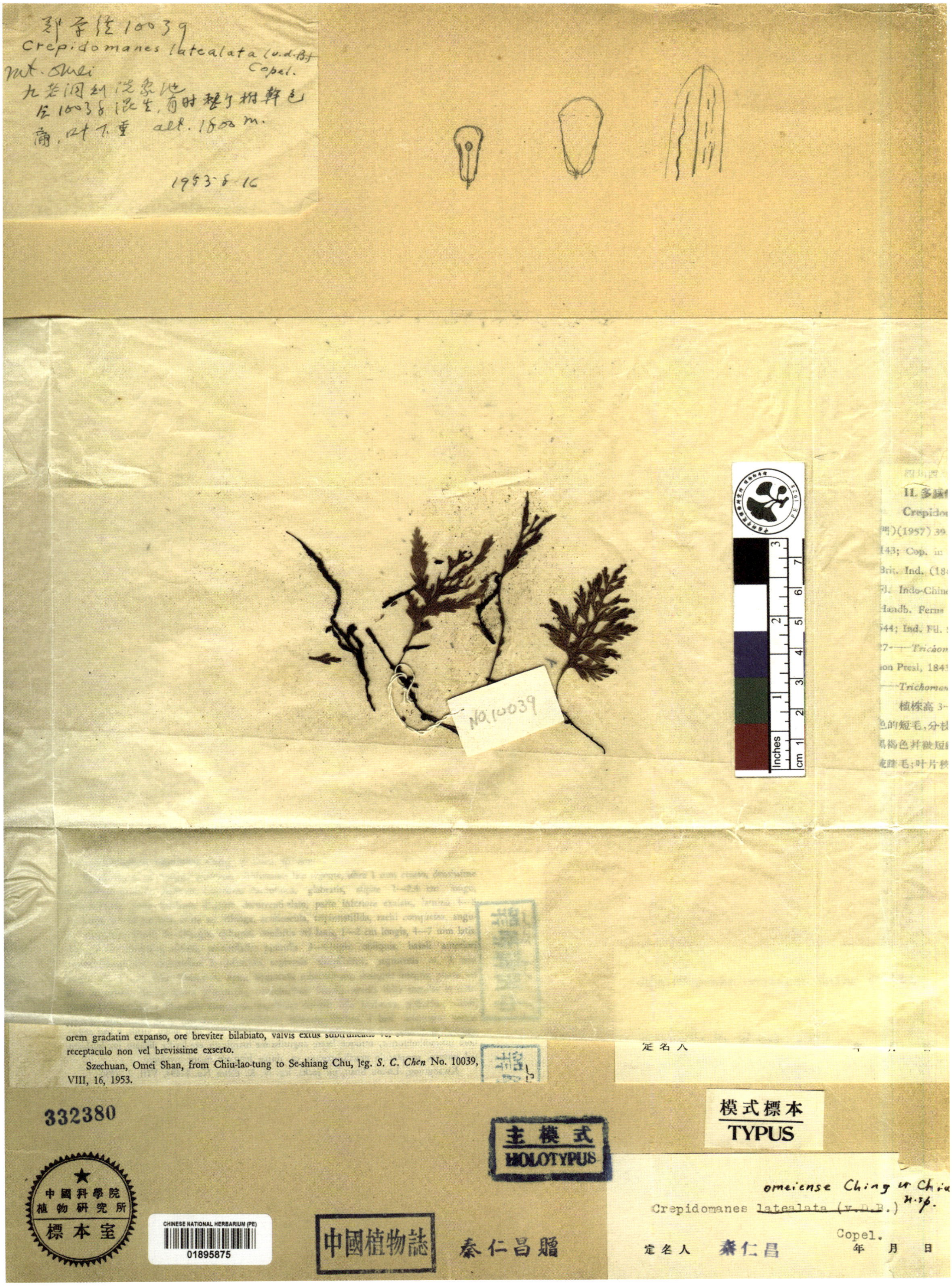

峨眉假脉蕨 ***Crepidomanes omeiense*** Ching & P. S. Chiu, Fl. Reip. Pop. Sin. 2: 167, 355. 1959. **Holotype:** China. Sichuan: Emei, Emeishan, alt. 1 800 m, 1953-08-16, S. C. Chen 10039.

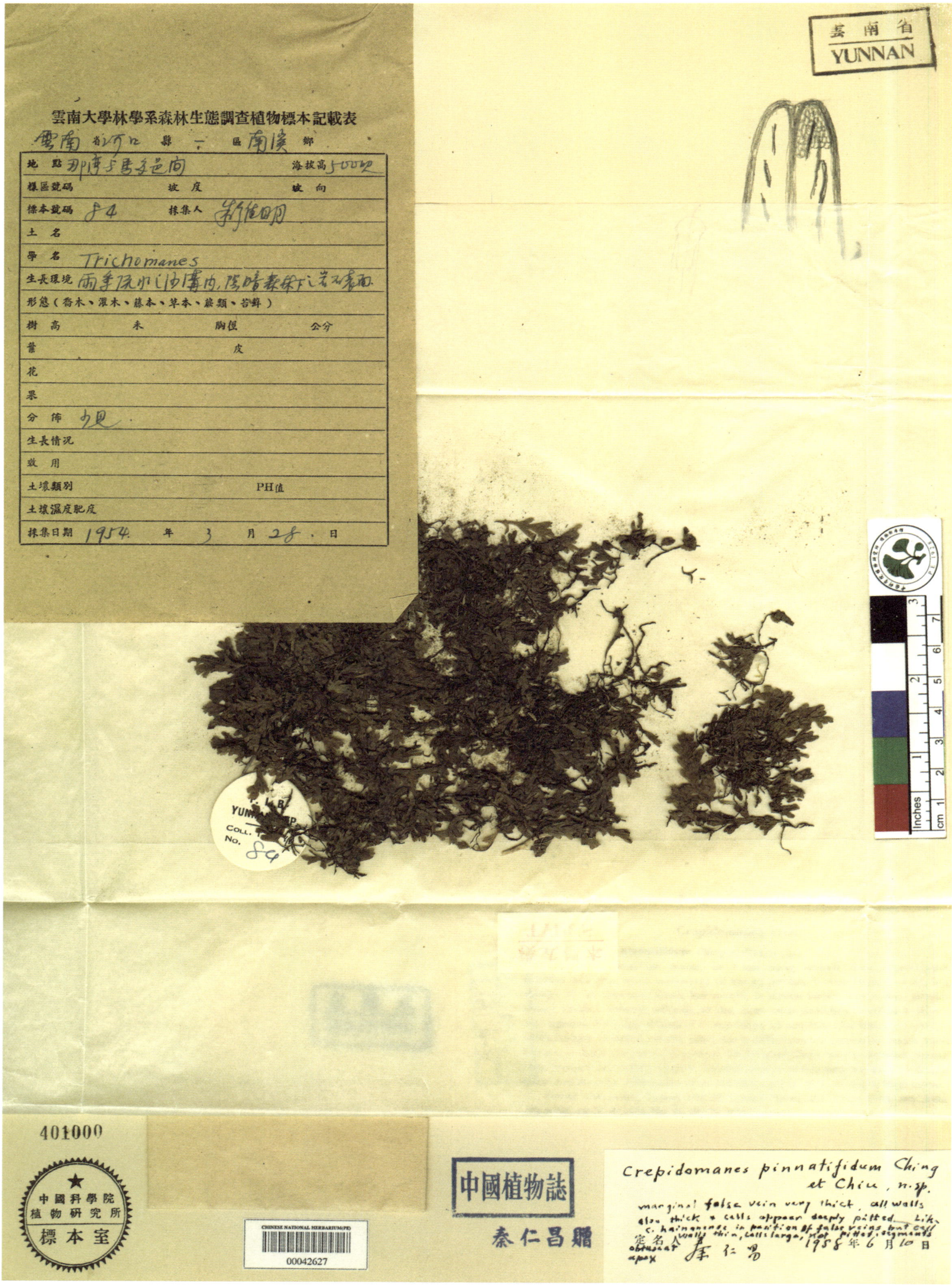

边上假脉蕨 ***Crepidomanes pinnatifidum*** Ching & P. S. Chiu, Fl. Reip. Pop. Sin. 2: 165, 354. 1959. **Holotype:** China. Yunnan: Hekou, alt. 153 m, 1954-03-28, W. M. Chu 84.

天童假脉蕨 ***Crepidomanes tiendongense*** Ching & C. F. Zhang in Bull. Bot. Res., Harbin 3(3): 39. 1983. **Holotype:** China. Zhejiang: Yin Xian, Tiantongshan, alt. 100 m, 1981-08-11, C. F. Zhang 6842.

云南假脉蕨 ***Crepidomanes yunnanense*** Ching & P. S. Chiu, Fl. Reip. Pop. Sin. 2: 169, 355. 1959. **Holotype:** China. Yunnan: Hekou, alt. 200 m, 1955-??-??, W. M. Chu 2741.

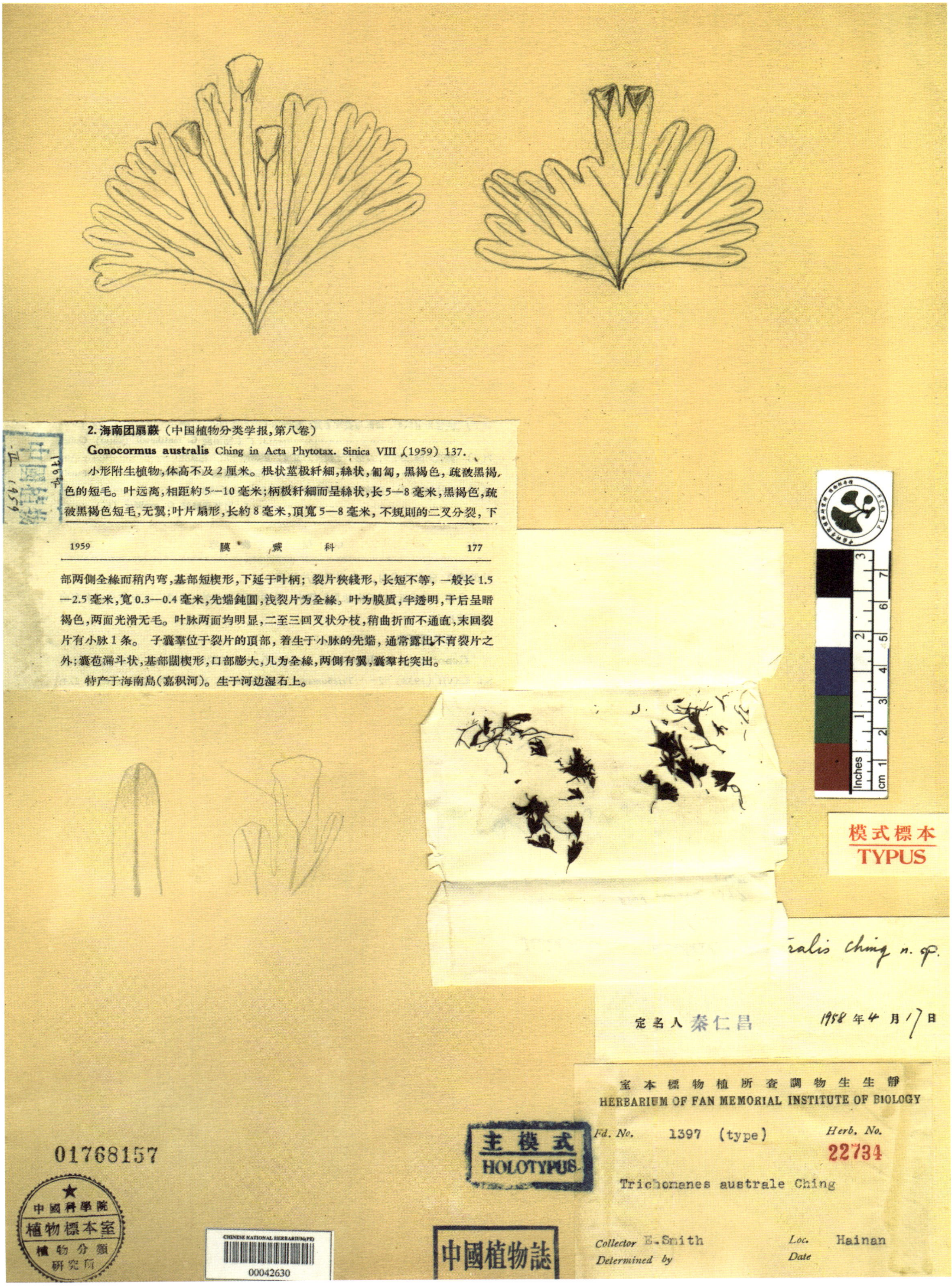

海南团扇蕨 ***Gonocormus australis*** Ching in Acta Phytotax. Sin. 8(2): 137, 163. 1959. **Holotype:** China. Hainan: Precise locality not known, E. Smith 1397.

长圆膜蕨 ***Hymenophyllum corrugatum*** Christ var. ***elongatum*** Christ in Bull. Acad. Int. Geogr. Bot. 16: 101. 1906.
Isosyntype: China. Sichuan: Precise locality not known, 1903-06-??, E. H. Wilson 5271a.

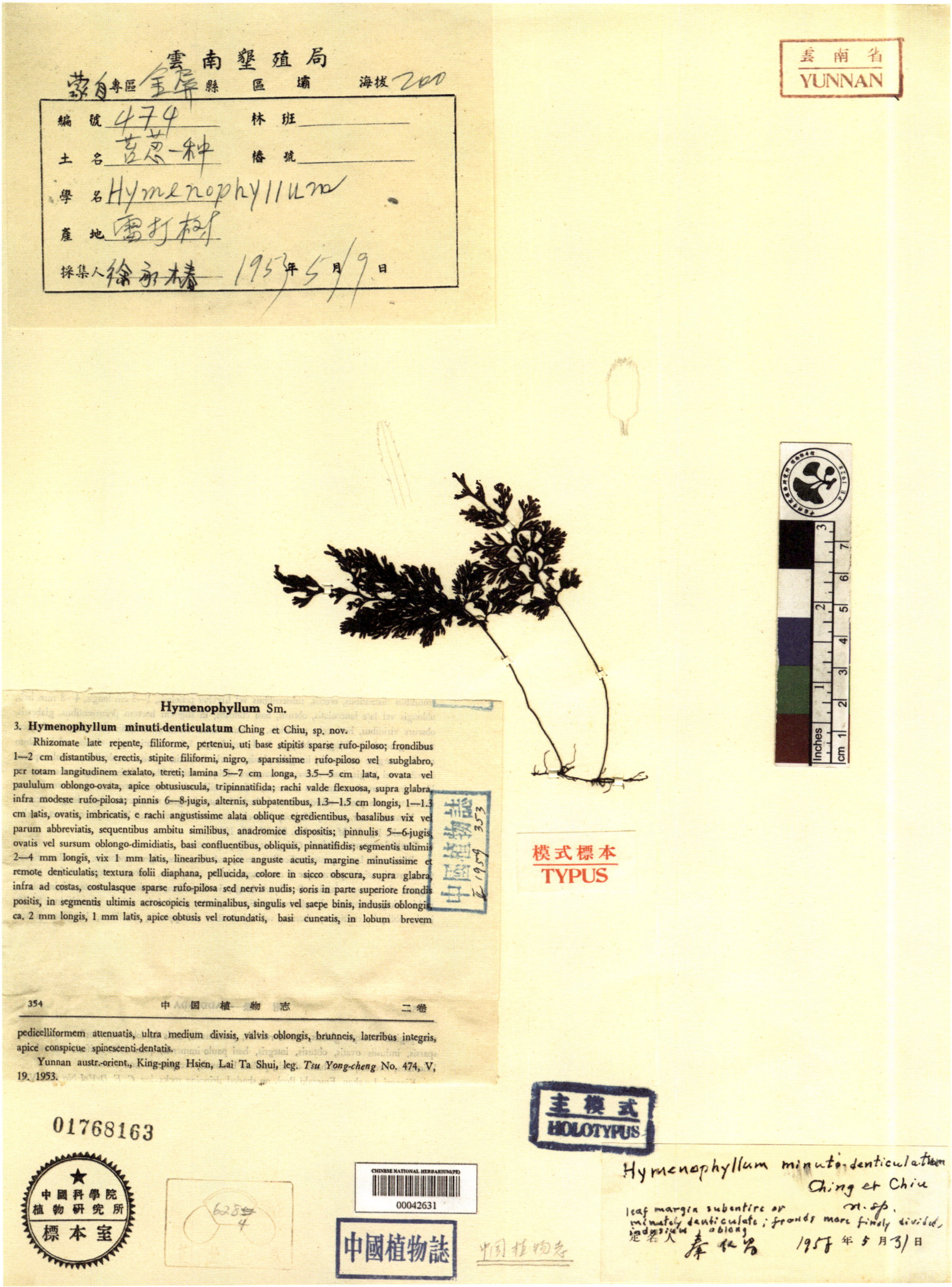

微齿膜蕨 ***Hymenophyllum minutidenticulatum*** Ching & P. S. Chiu, Fl. Reip. Pop. Sin. 2: 154, 353. 1959. **Holotype:** China. Yunnan: Jinping, alt. 200 m, 1953-05-19, Y. C. Tsu 474.

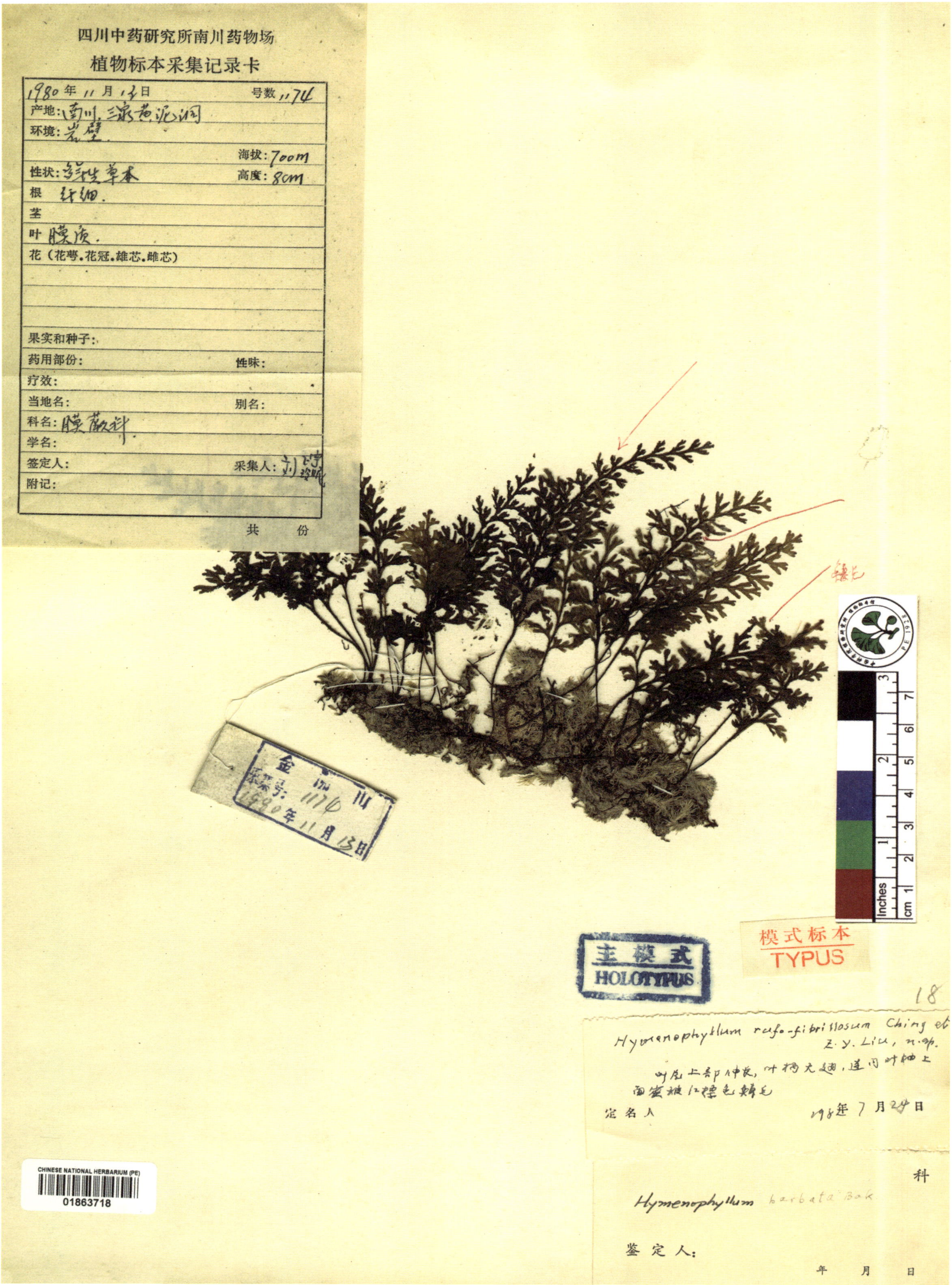

纤毛膜蕨 ***Hymenophyllum rufofibrillosum*** Ching & Z. Y. Liu in Bull. Bot. Res., Harbin 3(4): 8, photo. 7. 1983. **Holotype:** China. Chongqing: Nanchuan, Jinfoshan, alt. 700 m, 1980-11-13, Z. Y. Liu 1174.

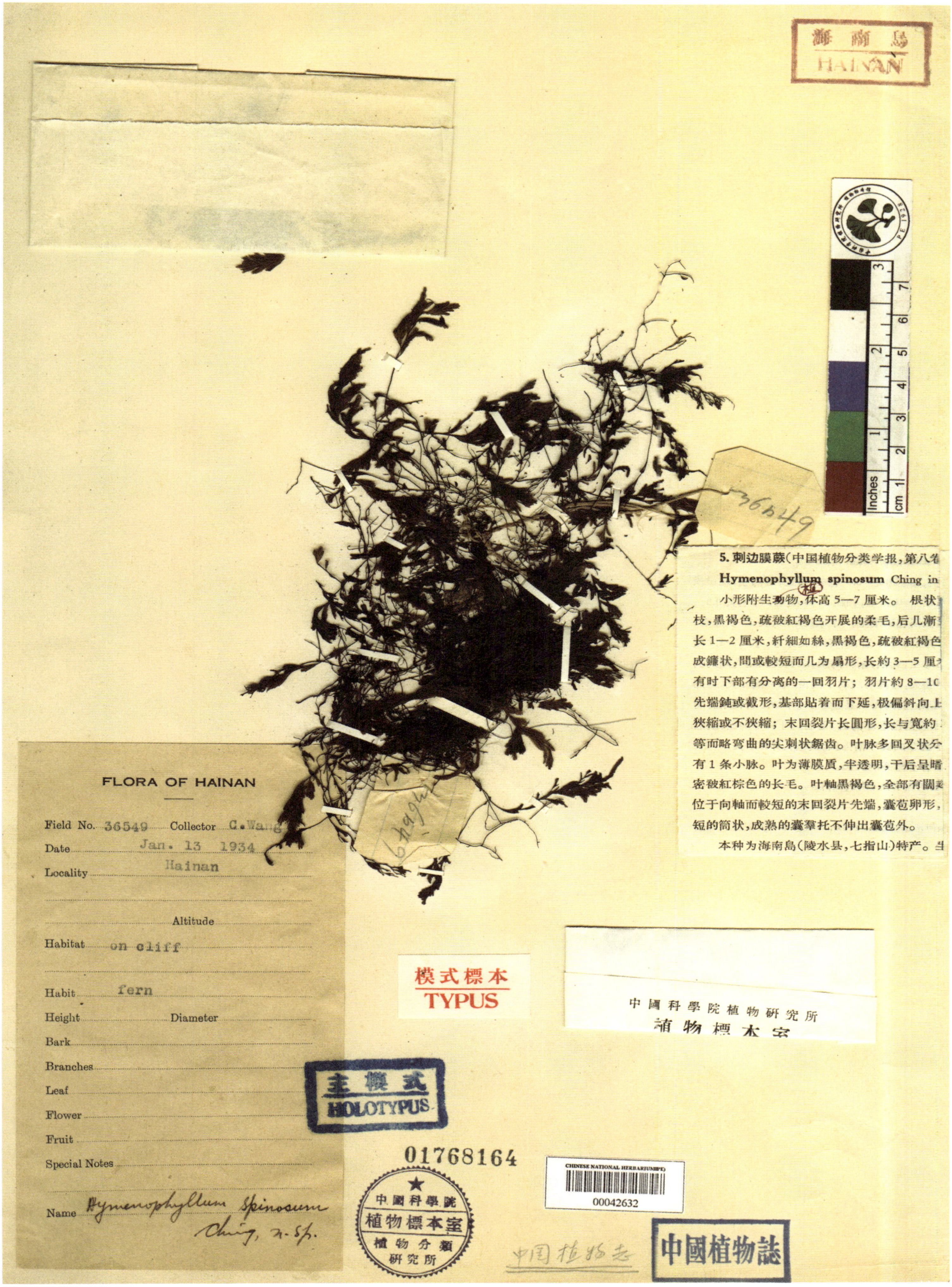

刺边膜蕨 ***Hymenophyllum spinosum*** Ching in Acta Phytotax. Sin. 8(2): 134, 162. 1959. **Holotype:** China. Hainan: Lingshui, 1934-01-13, C. Wang 36549.

毛叶膜蕨 ***Hymenophyllum suprapaleaceum*** Ching in Bull. Bot. Res., Harbin 3(4): 9, photo. 8. 1983. **Holotype:** China. Chongqing: Nanchuan, Jinfoshan, alt. 1 800 m, 1981-04-19, Z. Y. Liu 1395.

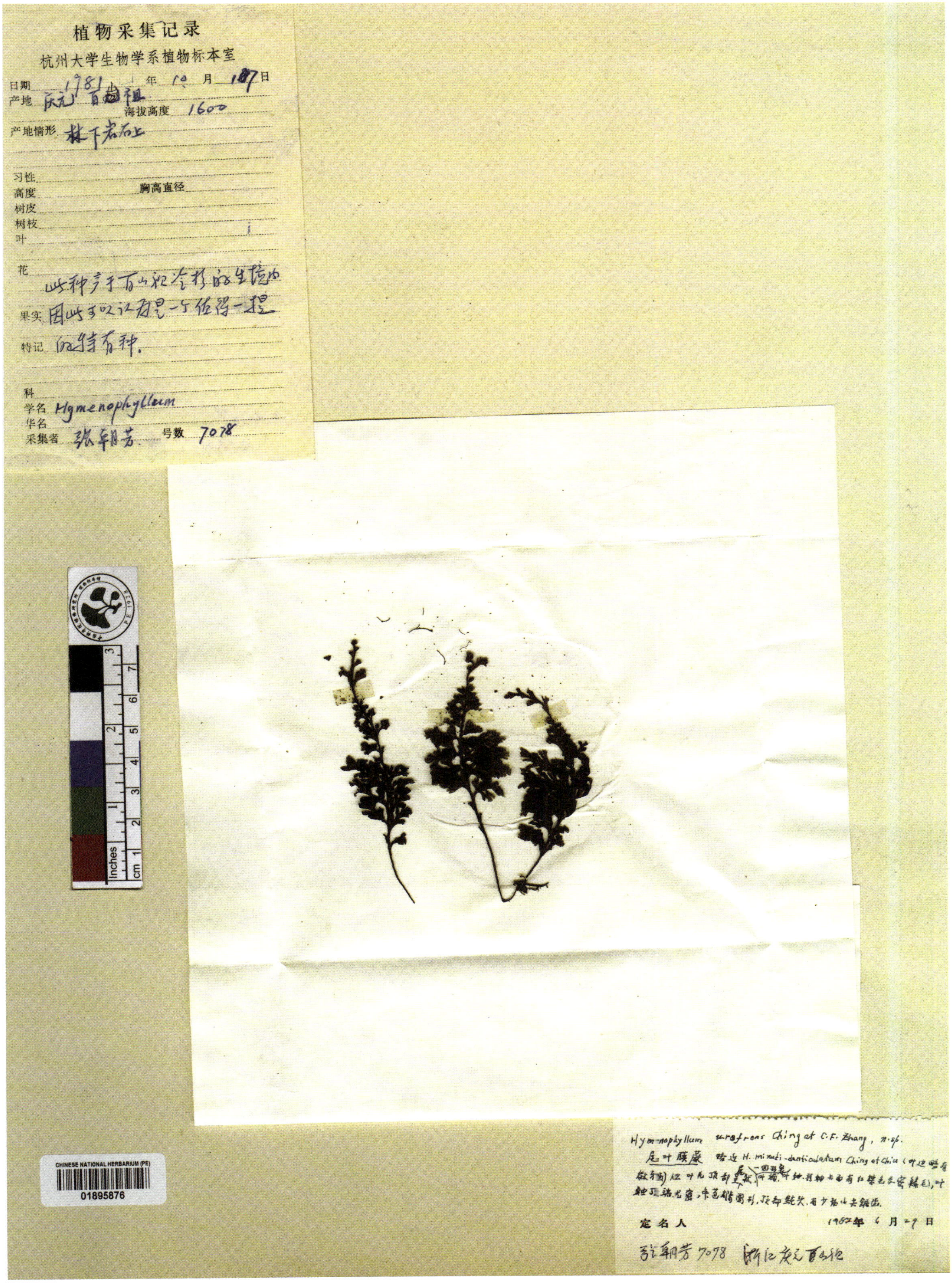

尾叶膜蕨 ***Hymenophyllum urofrons*** Ching & C. F. Zhang in Bull. Bot. Res., Harbin 3(3): 40. 1983. **Holotype:** China. Zhejiang: Qingyuan, alt. 1 600 m, 1981-10-17, C. F. Zhang 7078.

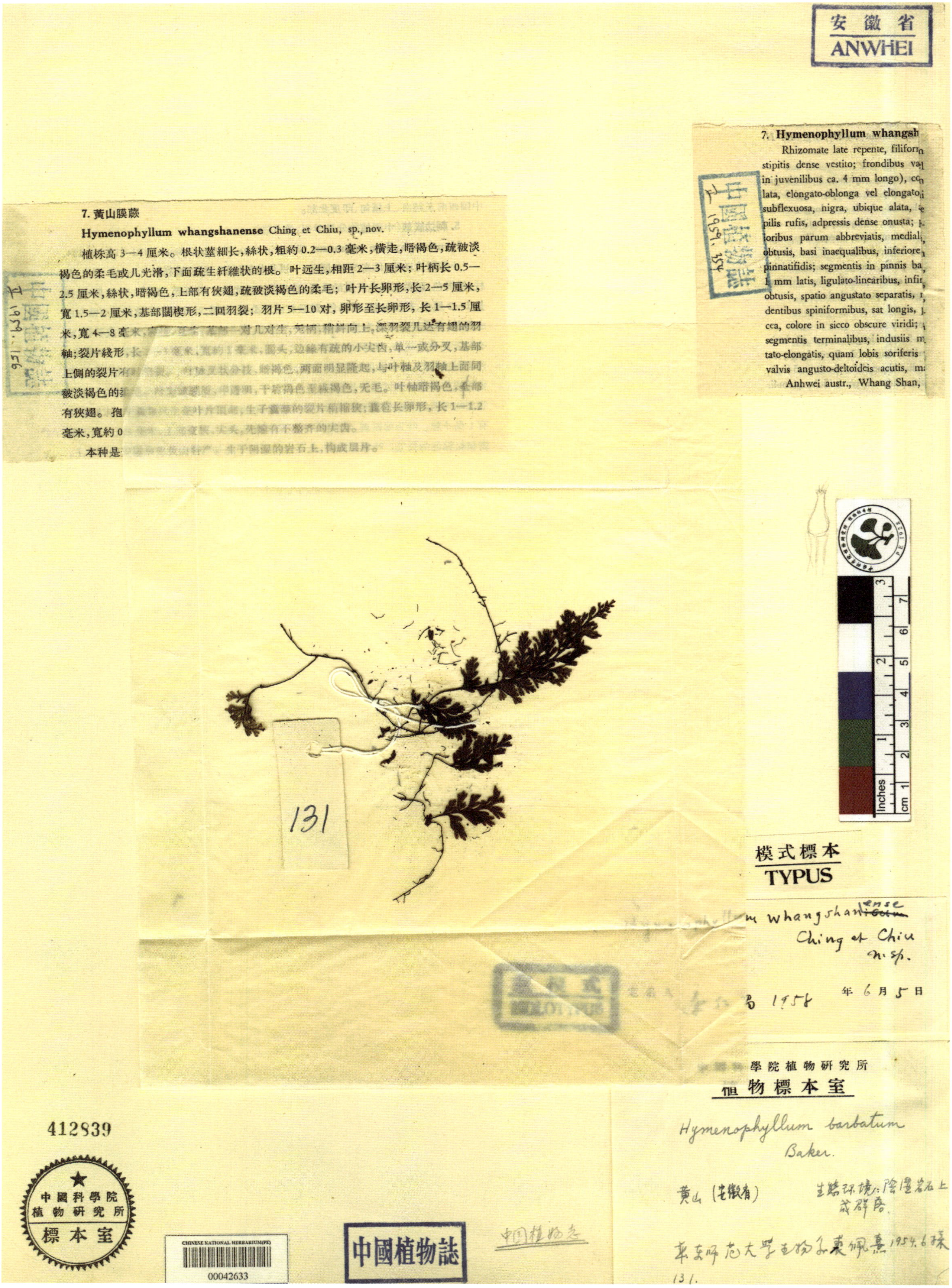

黄山膜蕨 ***Hymenophyllum whangshanense*** Ching & P. S. Chiu, Fl. Reip. Pop. Sin. 2: 156, 354. 1959. **Holotype:** China. Anhui: Huangshan, 1954-06-??, P. S. Chiu 131.

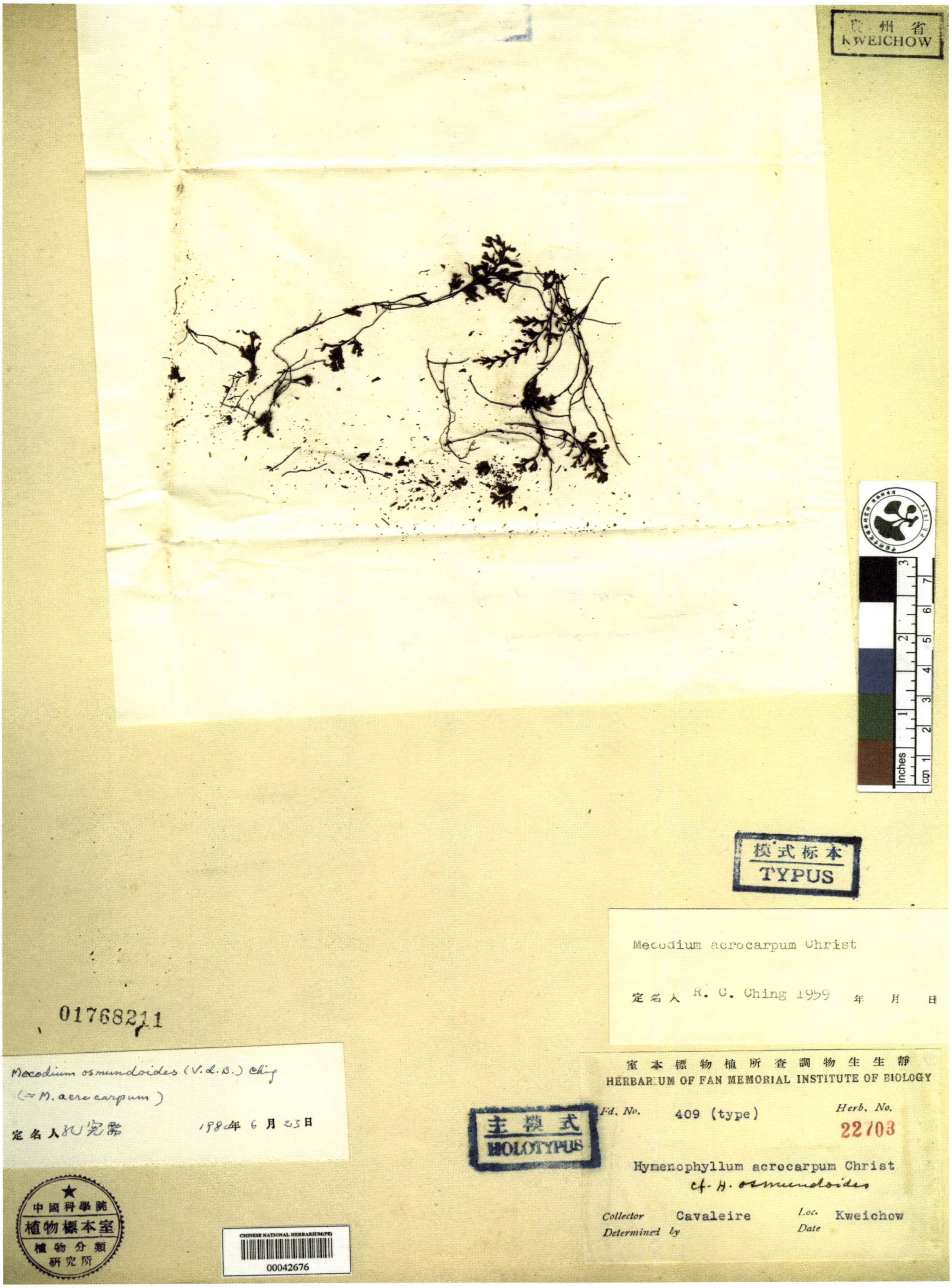

顶果蕗蕨 ***Mecodium acrocarpum*** Crist ex Ching, Fl. Reip. Pop. Sin. 2: 146, 379. 1959. **Holotype:** China. Guizhou: Pin-fa (=Guiding), Cavalerie 409.

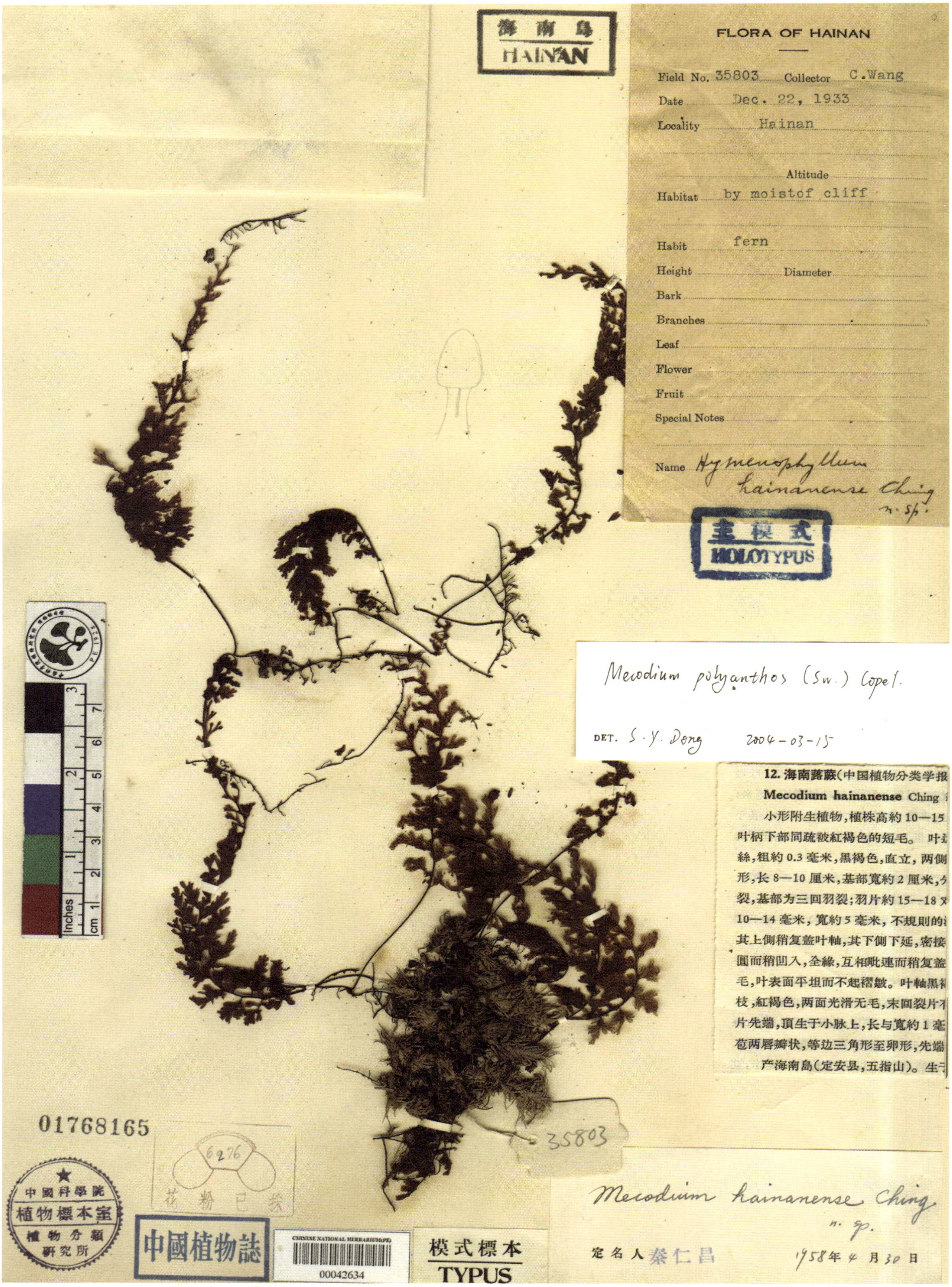

海南蕗蕨 ***Mecodium hainanense*** Ching in Acta Phytotax. Sin. 8(2): 134, 161. 1959. **Holotype:** China. Hainan: Dingan, 1933-12-22, C. Wang 35803.

丽江蕗蕨 ***Mecodium likiangense*** Ching & P. S. Chiu, Fl. Reip. Pop. Sin. 2: 145, 352. 1959. **Holotype:** China. Yunnan: Lijiang, alt. 2 700 m, 1942-08-23, K. M. Feng 9148.

线叶蕗蕨 ***Mecodium lineatum*** Ching & P. S. Chiu, Fl. Reip. Pop. Sin. 2: 141, 351. 1959. **Holotype:** China. Yunnan: Dêqên, alt. 3 400~3 600 m, 1940-07-14, K. M. Feng 5423.

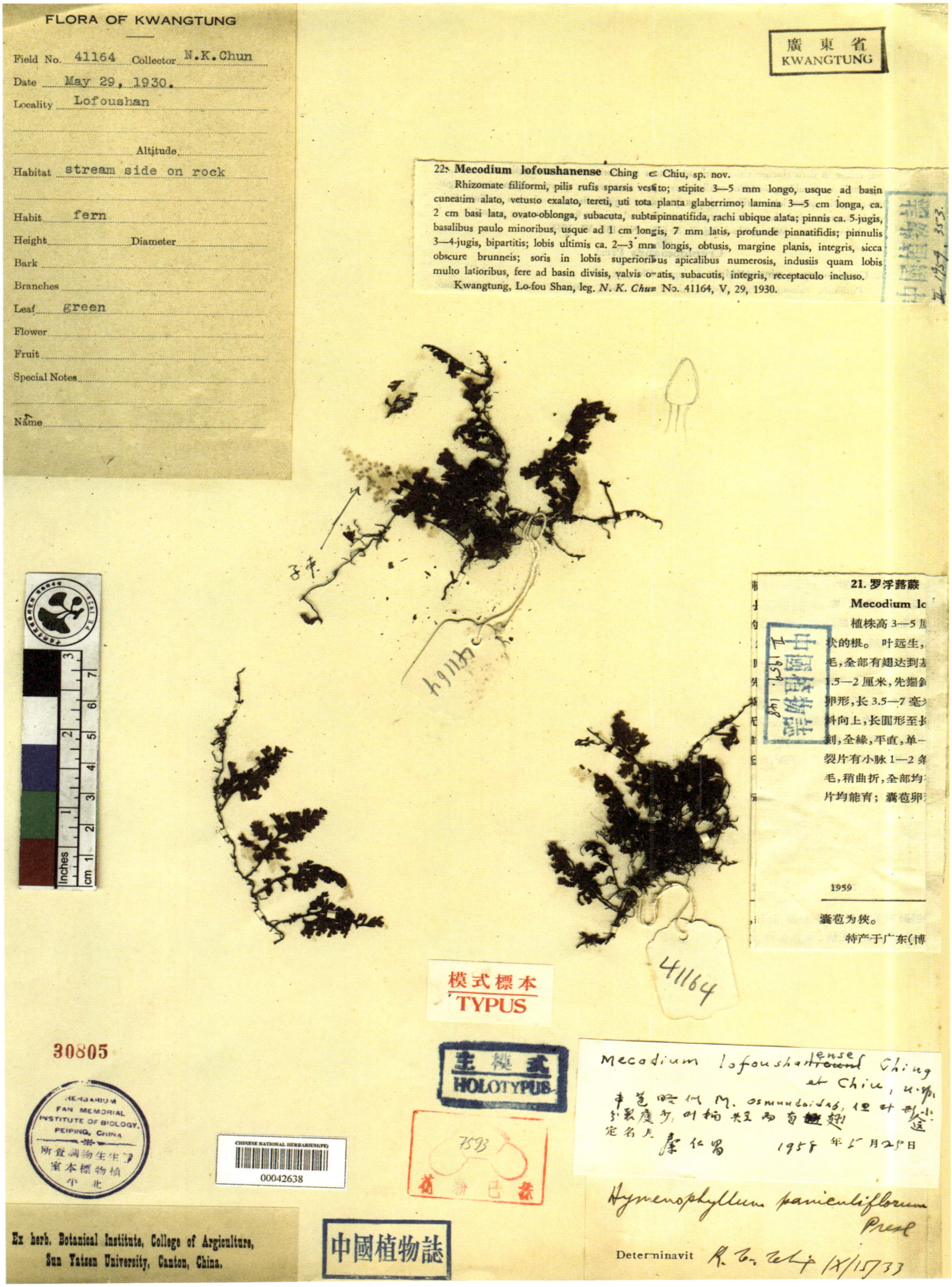

罗浮蕗蕨 ***Mecodium lofoushanense*** Ching & P. S. Chiu, Fl. Reip. Pop. Sin. 2: 148, 353. 1959. **Holotype:** China. Guangdong: Boluo, Luofushan, 1930-05-29, N. K. Chun 41164.

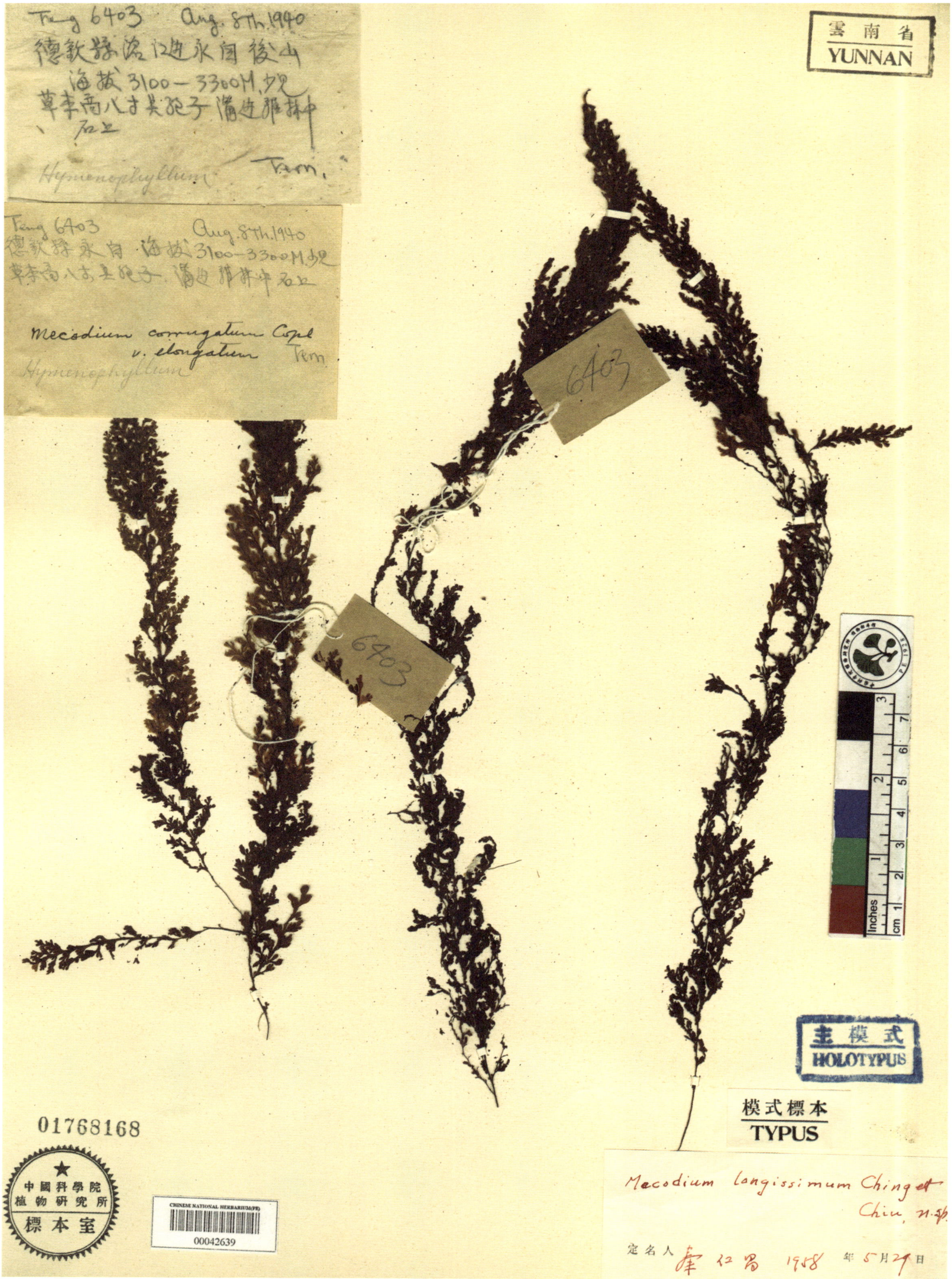

长叶蕗蕨 ***Mecodium longissimum*** Ching & P. S. Chiu, Fl. Reip. Pop. Sin. 2: 141, 350. 1959. **Holotype:** China. Yunnan: Dêqên, alt. 3 100~3 300 m, 1940-08-08, K. M. Feng 6403.

卵圆蕗蕨 ***Mecodium ovalifolium*** Ching & P. S. Chiu, Fl. Reip. Pop. Sin. 2: 146, 352. 1959. **Holotype:** China. Yunnan: Lijiang, alt. 2 700 m, 1942-08-23, K. M. Feng 9152.

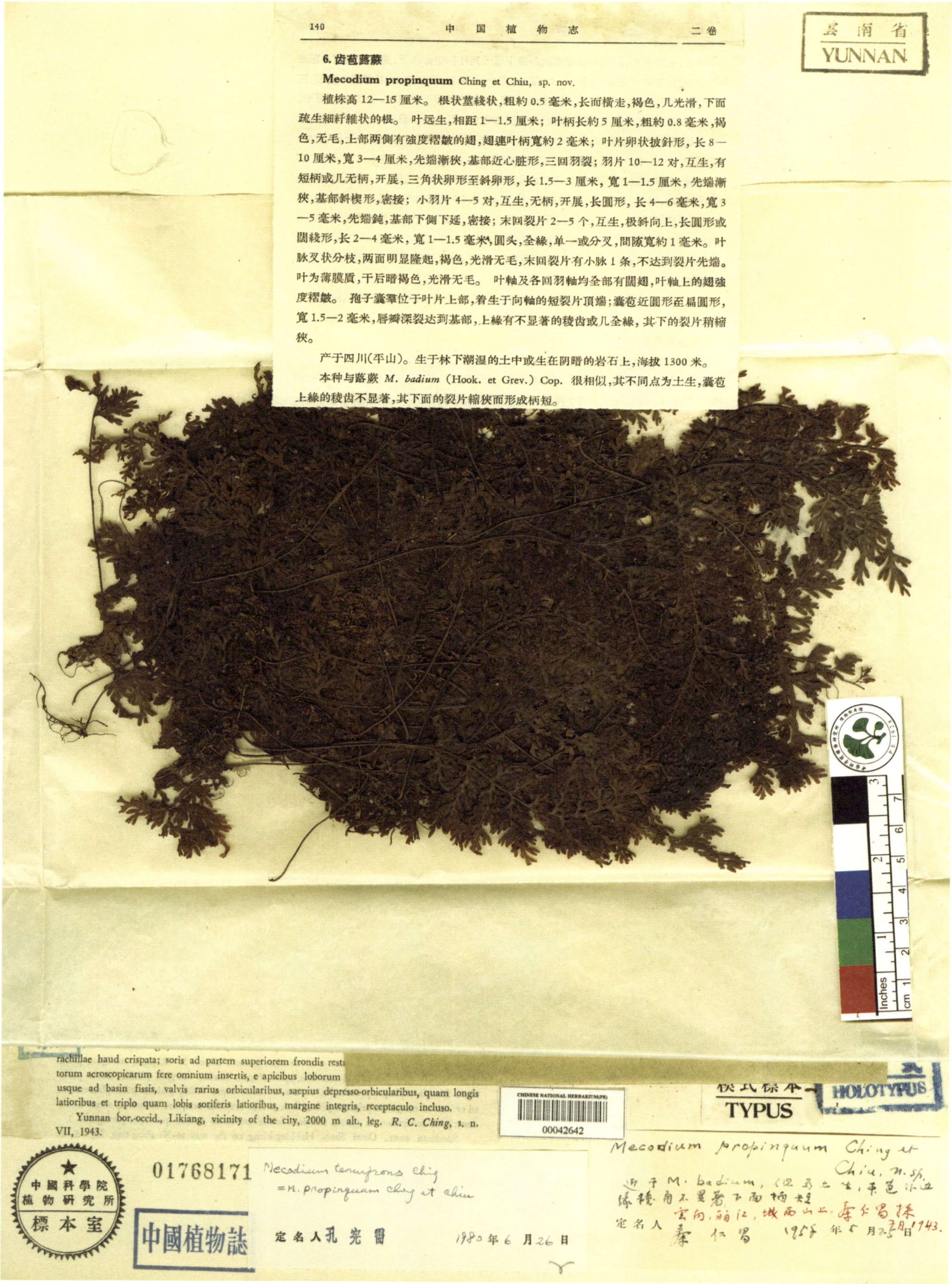

齿苞蕗蕨 ***Mecodium propinquum*** Ching & P. S. Chiu, Fl. Reip. Pop. Sin. 2: 140, 350. 1959. **Holotype:** China. Yunnan: Lijiang, alt. 2 000 m, 1943-07-??, R. C. Ching s. n.

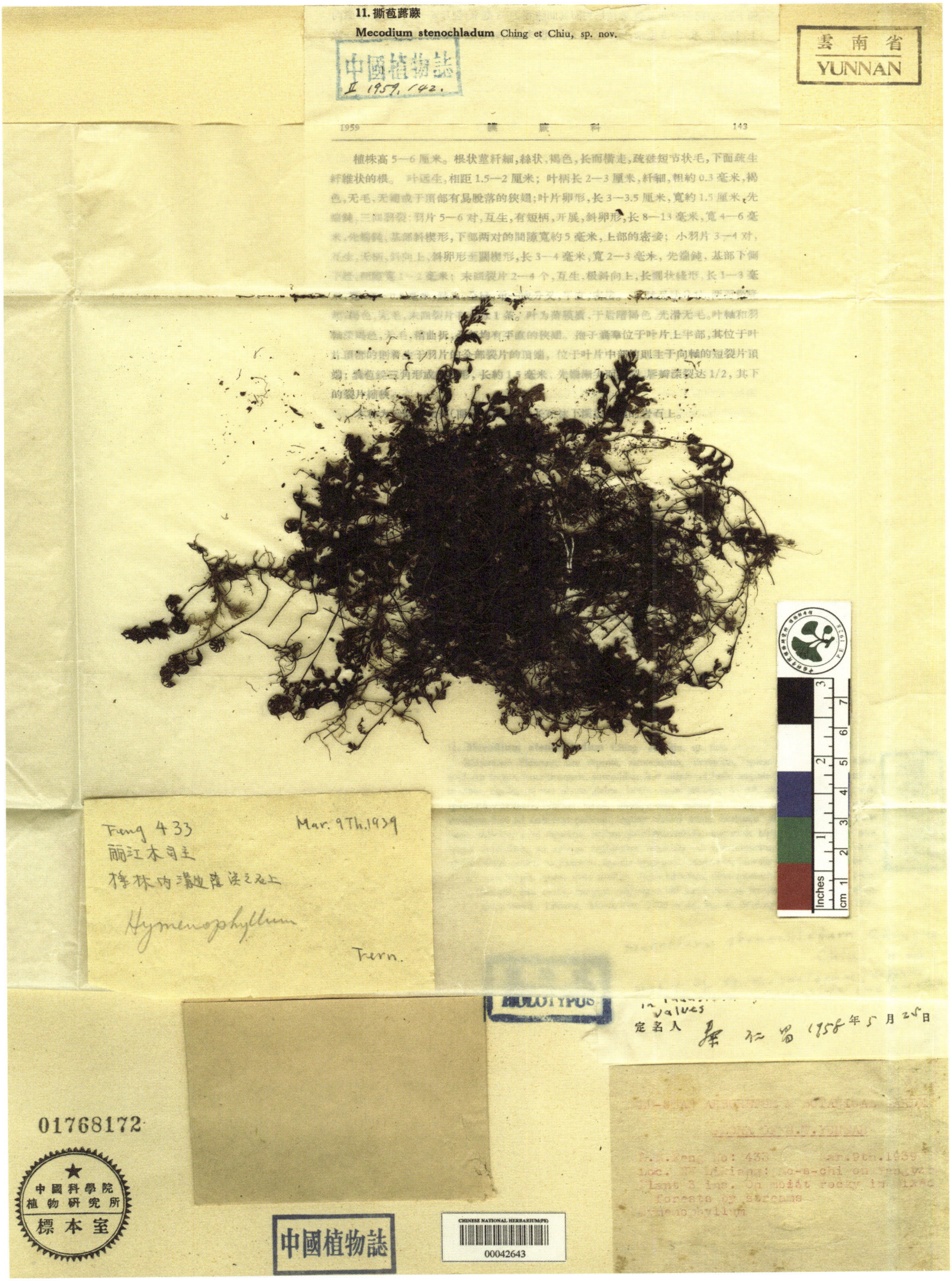

撕苞蕗蕨 ***Mecodium stenochladum*** Ching & P. S. Chiu, Fl. Reip. Pop. Sin. 2: 142, 351. 1959. **Holotype:** China. Yunnan: Lijiang, 1939-03-09, K. M. Feng 433.

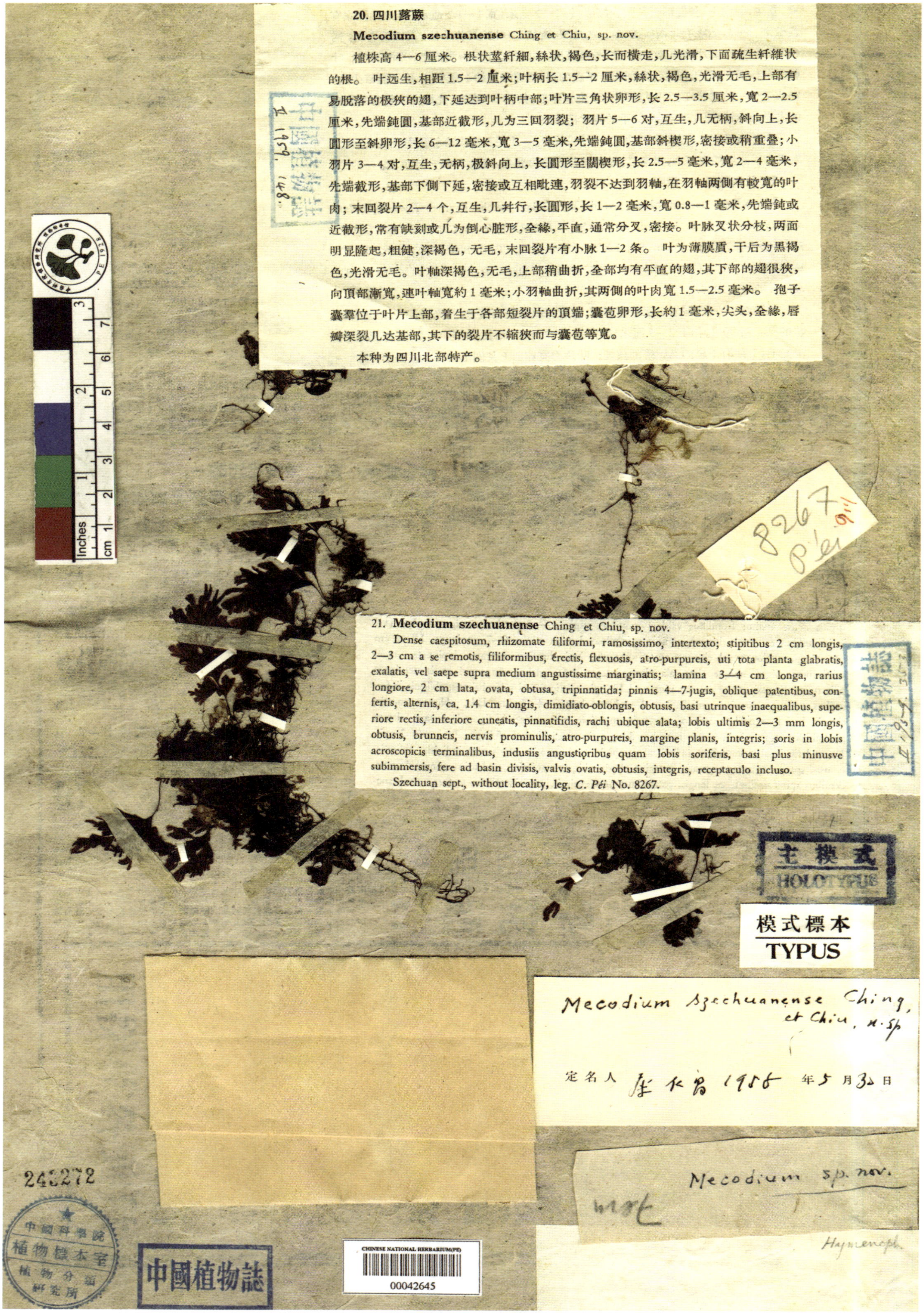

四川蕗蕨 ***Mecodium szechuanense*** Ching & P. S. Chiu, Fl. Reip. Pop. Sin. 2: 148, 353. 1959. **Holotype:** China. Sichuan: Precise locality not known, C. Pei 8267.

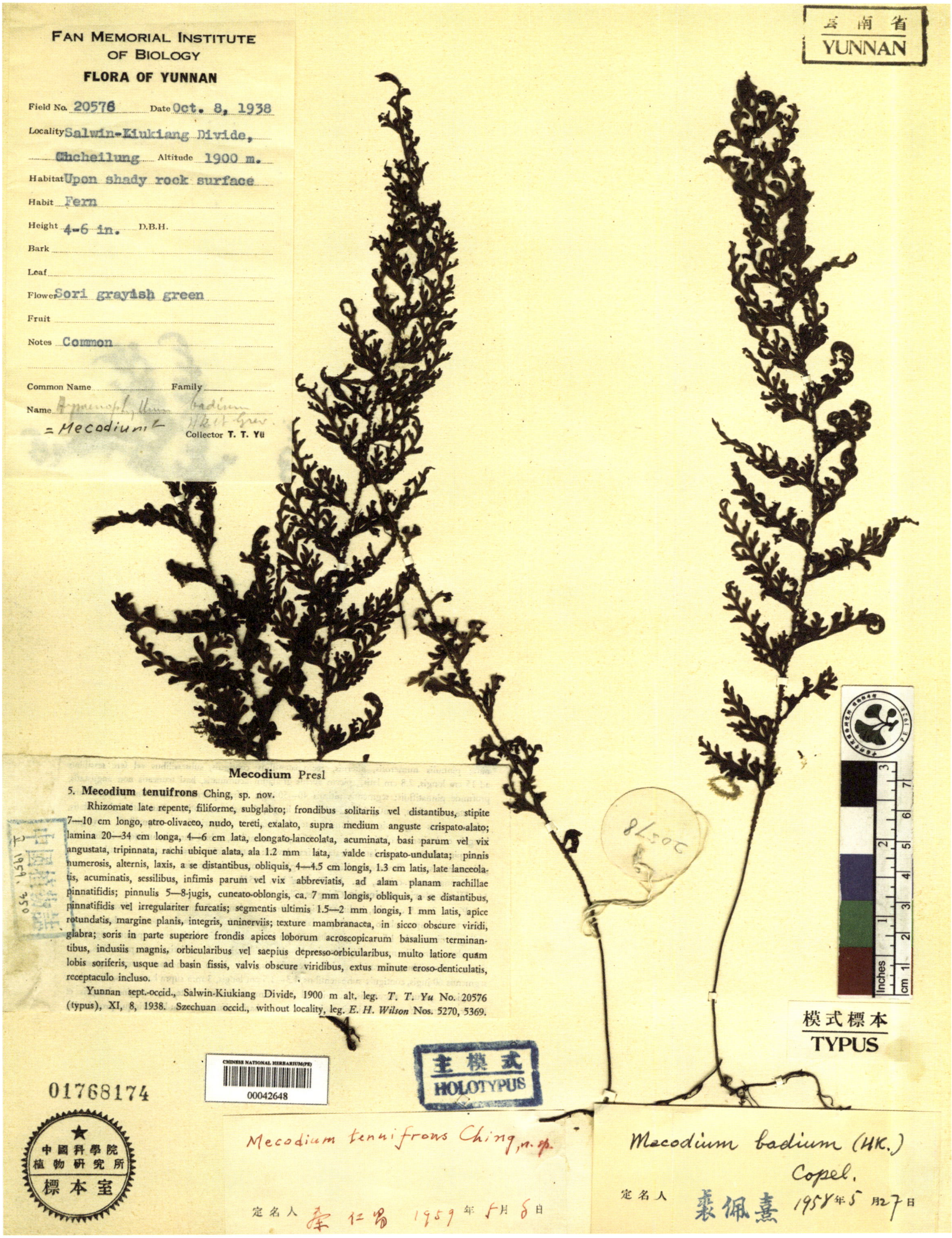

全苞蕗蕨 ***Mecodium tenuifrons*** Ching, Fl. Reip. Pop. Sin. 2: 139, 350. 1959. **Holotype:** China. Yunnan: Salwin-Kiukiang Divide, alt. 1 900 m, 1938-10-08, T. T. Yu 20576.

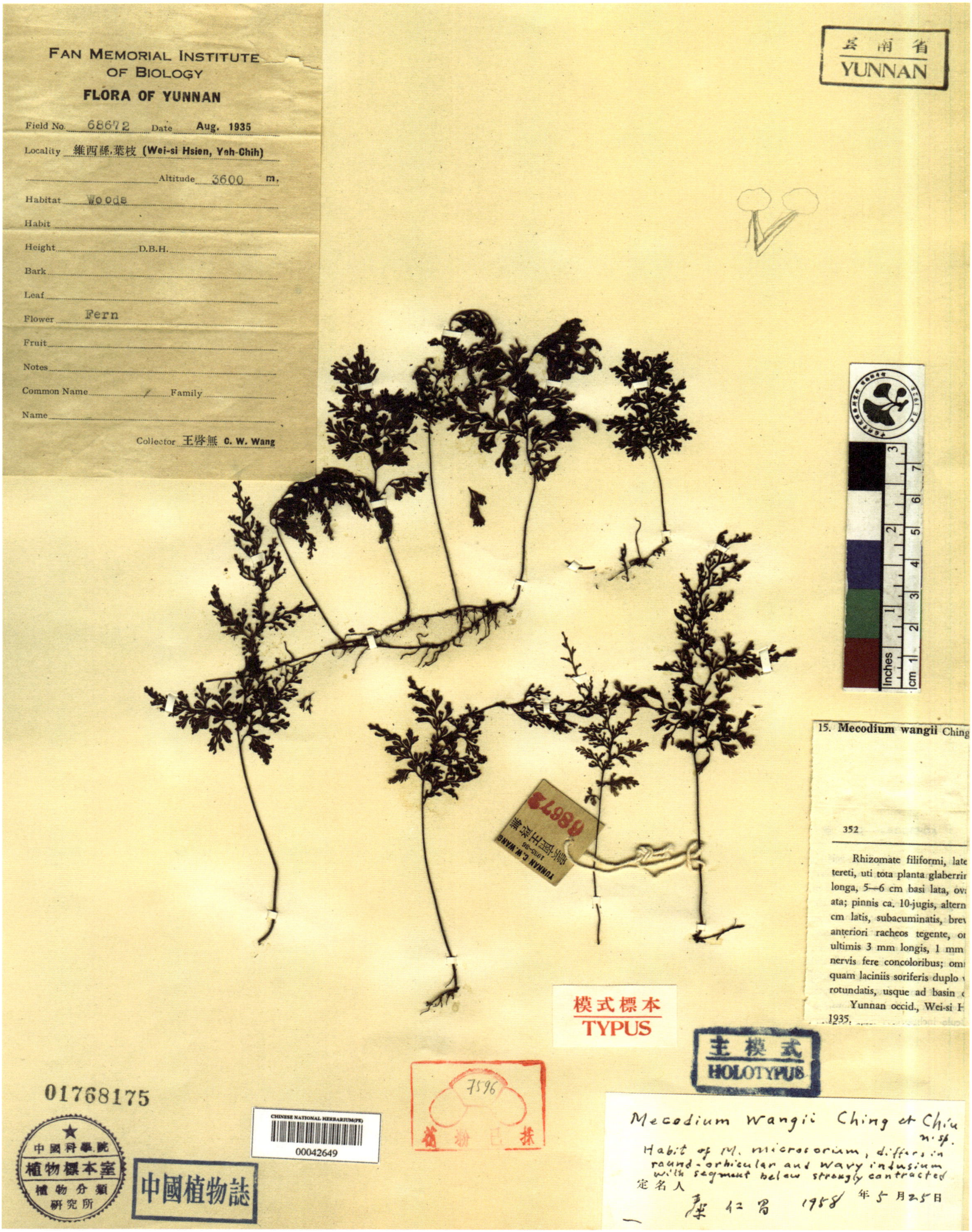

王氏蕗蕨 ***Mecodium wangii*** Ching & P. S. Chiu, Fl. Reip. Pop. Sin. 2: 145, 351. 1959. **Holotype:** China. Yunnan: Weixi, alt. 3 600 m, 1935-08-??, C. W. Wang 68672.

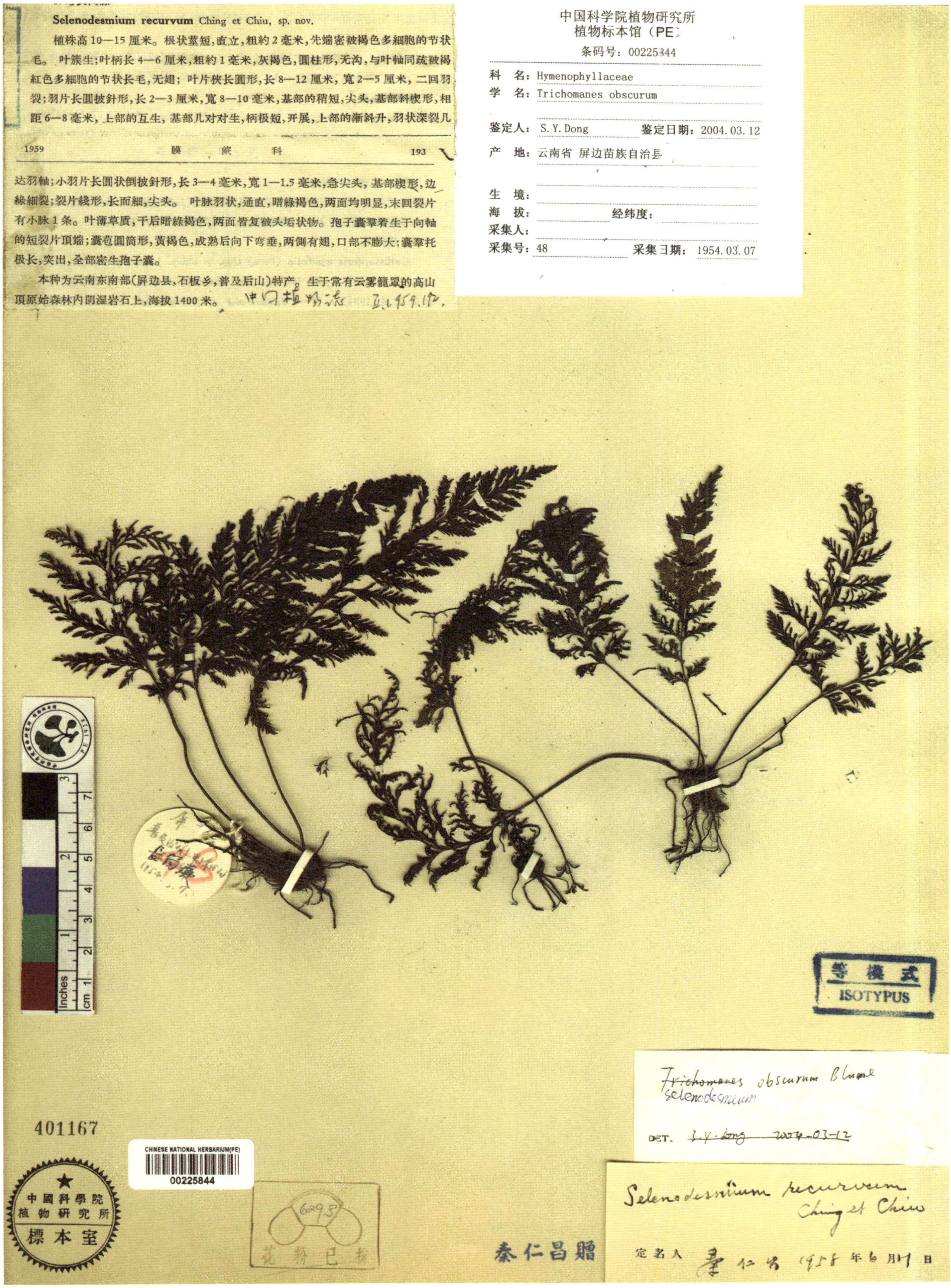

弯长筒蕨 ***Selenodesmium recurvum*** Ching & P. S. Chiu, Fl. Reip. Pop. Sin. 2: 192, 356. 1959. **Isotype:** China. Yunnan: Pingbian, alt. 1 400 m, 1954-03-07, W. M. Chu 48.

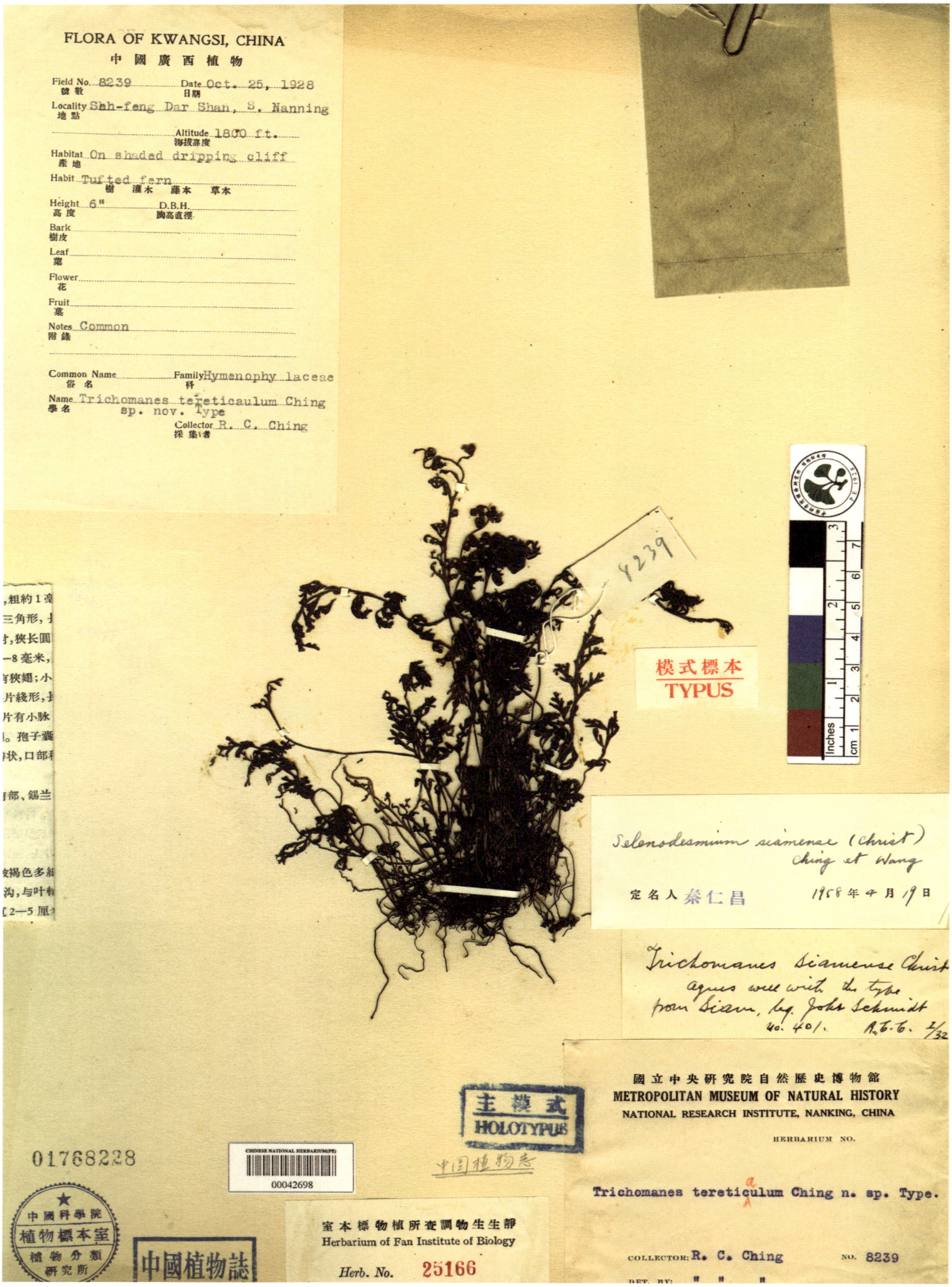

广西长筒蕨 ***Trichomanes tereticaulum*** Ching in Sinensia 1(1): 2. 1929. **Holotype:** China. Guangxi: Nanning, alt. 549m, 1928-10-25, R. C. Ching 8239.

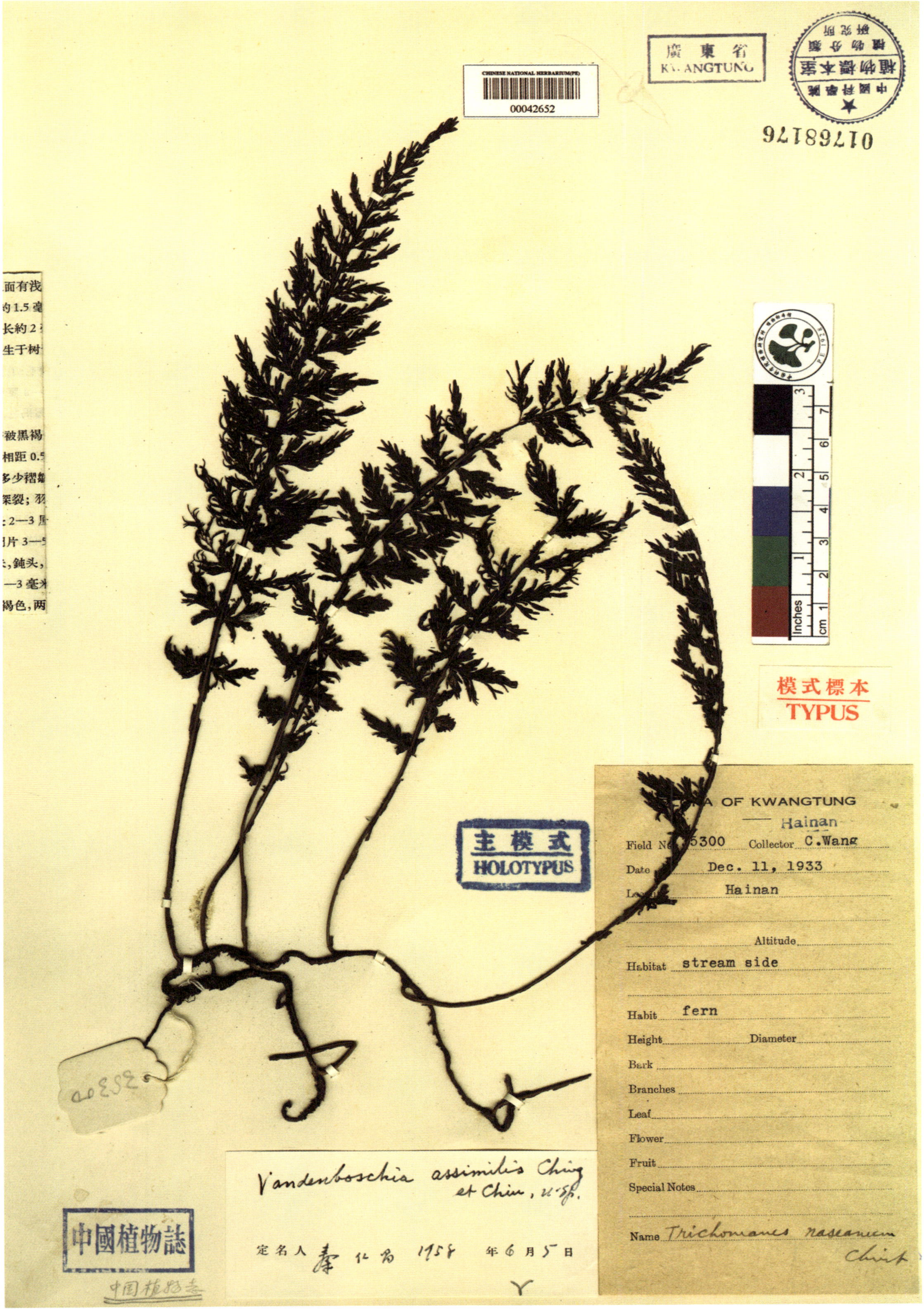

喇叭瓶蕨 ***Vandenboschia assimilis*** Ching & P. S. Chiu in Acta Phytotax. Sin. 8(2) 135, 162, pl. 18: 11. 1959. **Holotype:** China. Hainan: Dingan, 1933-12-11, C. Wang 35300.

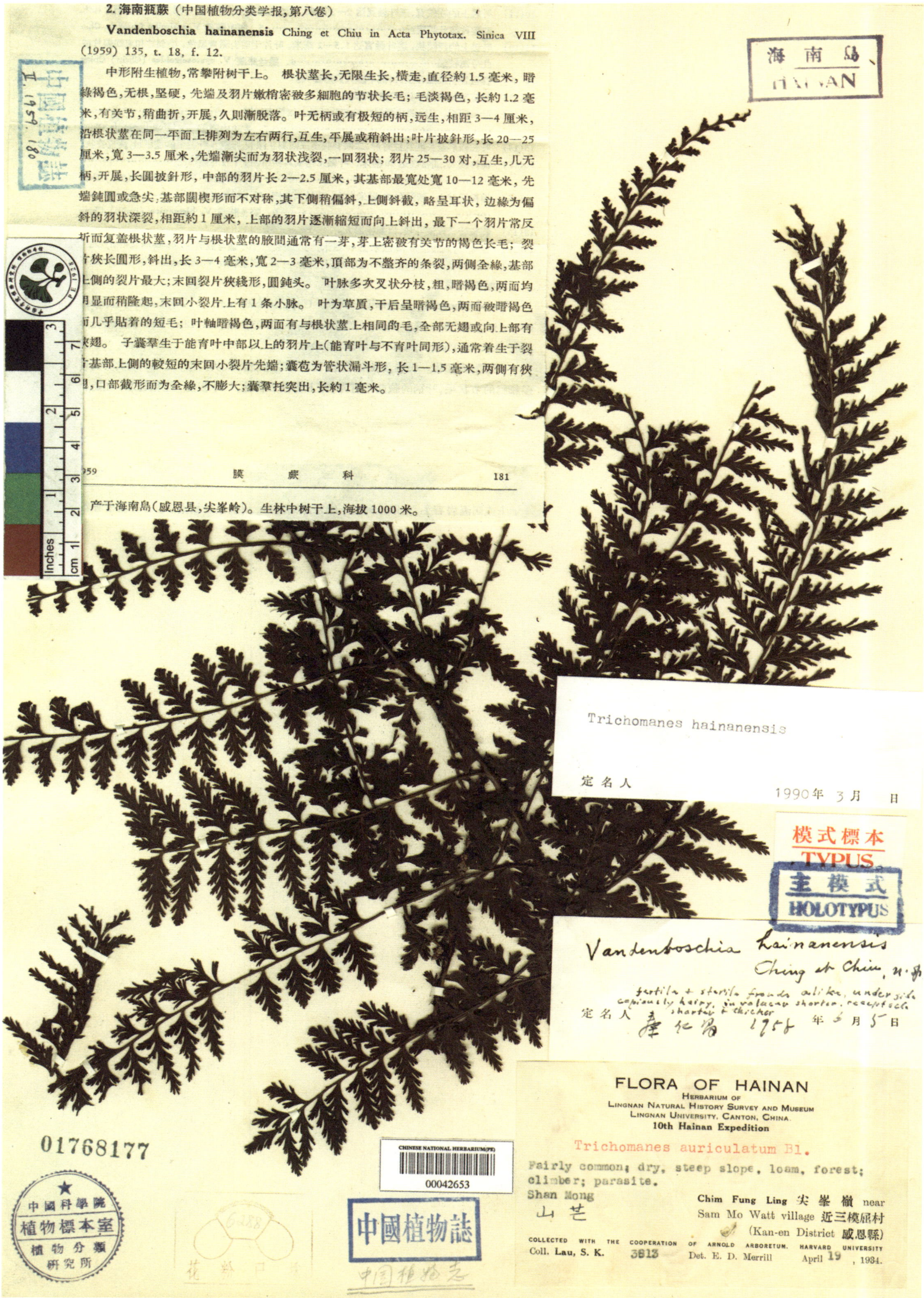

海南瓶蕨 ***Vandenboschia hainanensis*** Ching & P. S. Chiu in Acta Phytotax. Sin. 8(2): 135, 163, pl. 18: 12. 1959. **Holotype:** China. Hainan: Kan-en (=Dongfang), 1934-04-19, S. K. Lau 3813.

罗浮山瓶蕨 ***Vandenboschia lofoushanensis*** Ching, Fl. Reip. Pop. Sin. 2: 184, 356. 1959. **Holotype**: China. Guangdong: Boluo, Luofushan, 1930-08-02, N. K. Chun 41494.

Hypolepidaceae

姬蕨科

jijueke

乌柄碗蕨 ***Dennstaedtia melanostipes*** Ching, Fl. Reip. Pop. Sin. 2: 203, 357. 1959. **Holotype:** China. Yunnan: Pingbian, 1952-07-18, R. C. Ching 9.

大姬蕨 ***Hypolepis gigantea*** R. C. Ching in Acta Phytotax. Sin. 8(2): 165. 1959. **Lectotype** [designated by Yun Lin & al. in Bull. Bot. Res., Harbin 33(5): 517. 2013]: China. Hainan: Lingshui, 1932-05-(03~20), H. Fung 20220.

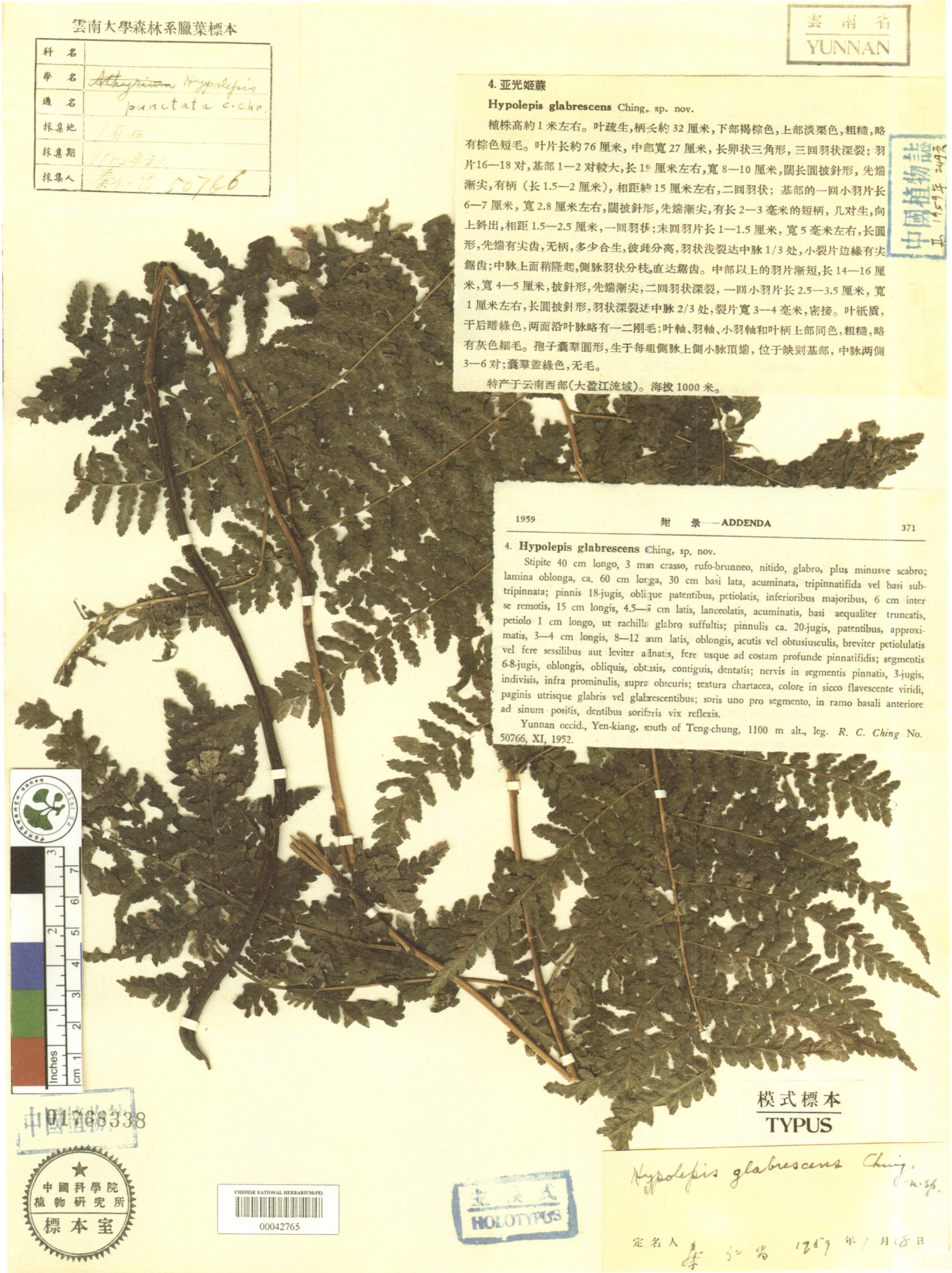

亚光姬蕨 ***Hypolepis glabrescens*** Ching, Fl. Reip. Pop. Sin. 2: 249, 371. 1959. **Holotype:** China. Yunnan: Yingjiang, alt. 1 000 m, 1952-11-??, R. C. Ching 50766.

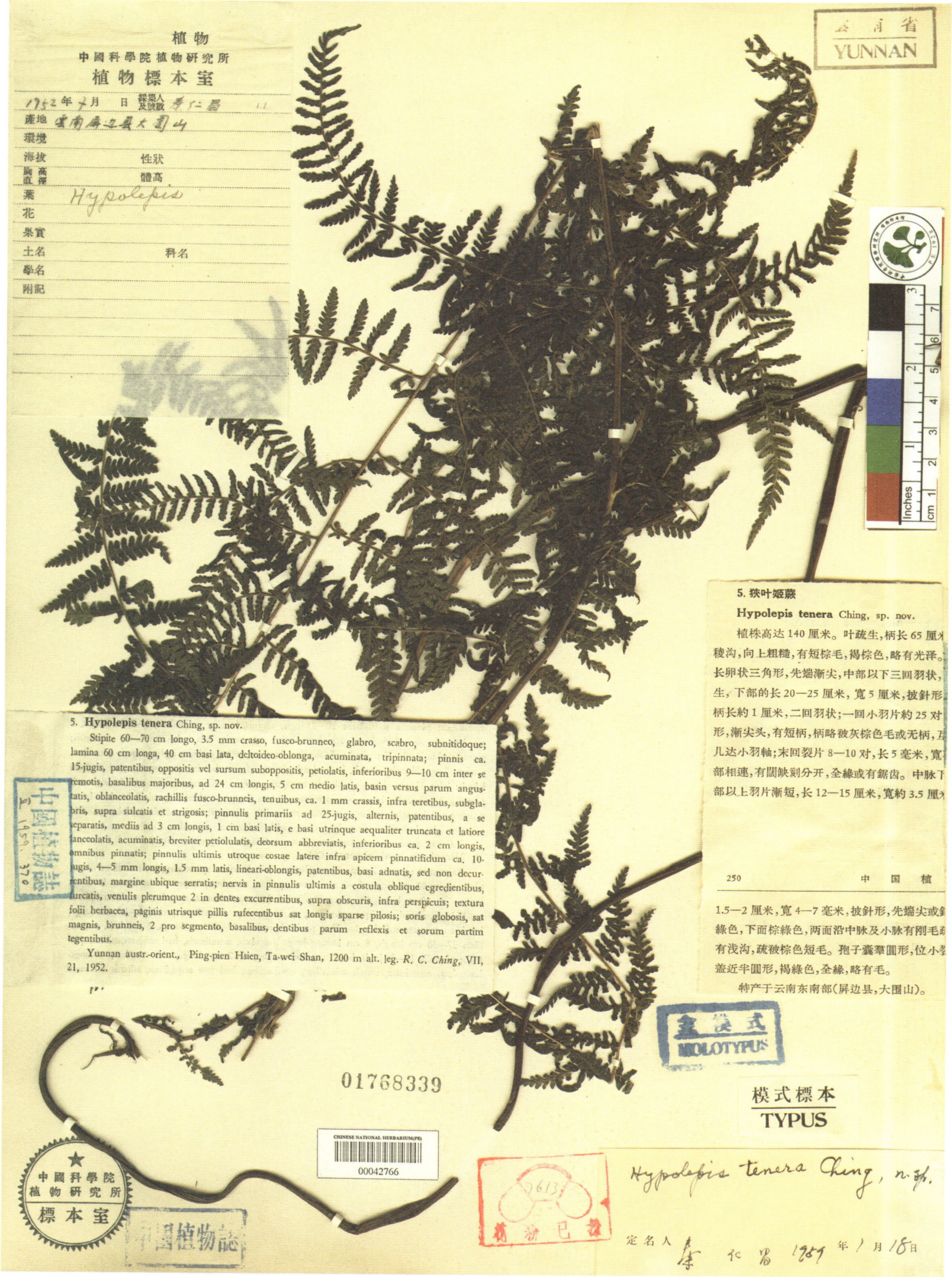

狭叶姬蕨 ***Hypolepis tenera*** Ching, Fl. Reip. Pop. Sin. 2: 249, 370. 1959. **Holotype:** China. Yunnan: Pingbian, alt. 1 200 m, 1952-07-21, R. C. Ching 11.

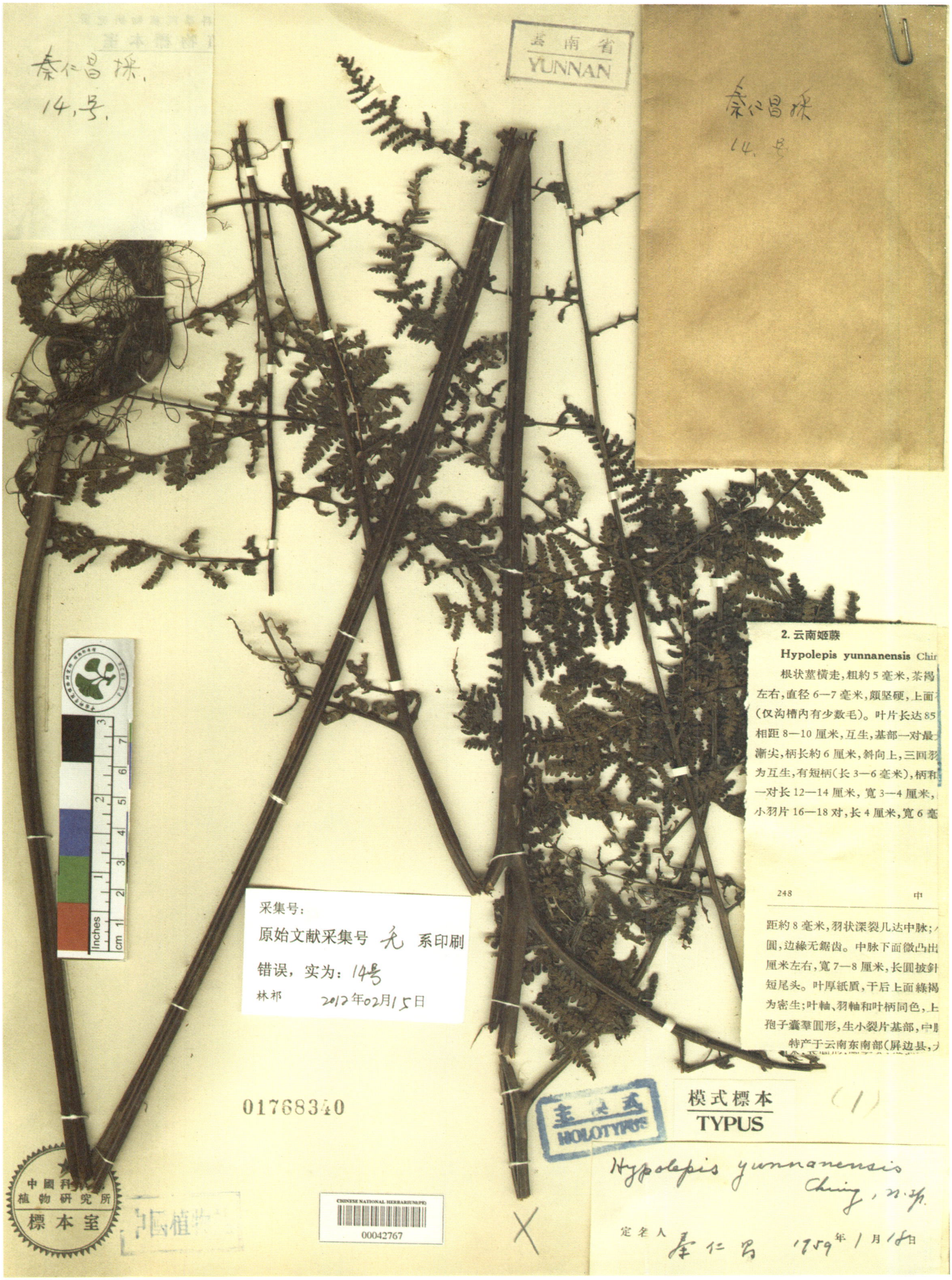

云南姬蕨 ***Hypolepis yunnanensis*** Ching, Fl. Reip. Pop. Sin. 2: 247, 370. 1959. **Holotype:** China. Yunnan: Pingbian, 1952-07-17, R. C. Ching 14.

尾羽鳞盖蕨 ***Microlepia caudipinnata*** B. S. Wang in Acta Sci. Nat. Univ. Sunyatseni 1961(2): 43. 1961.**Isotype:** China. Guangdong: Dapu, 1932-07-15, W. T. Tsang 21185.

正鳞盖蕨 ***Microlepia critica*** Ching, Fl. Reip. Pop. Sin. 2: 226, 361. 1959. **Holotype:** China. Guangdong: Huiyang, 1932-04-13, W. T. Tsang 20005.

光盖鳞盖蕨 ***Microlepia glabra*** Ching, Fl. Reip. Pop. Sin. 2: 224, 361. 1959. **Holotype:** China. Chongqing: Geleshan, 1939-07-??, T. Y. Chow 844.

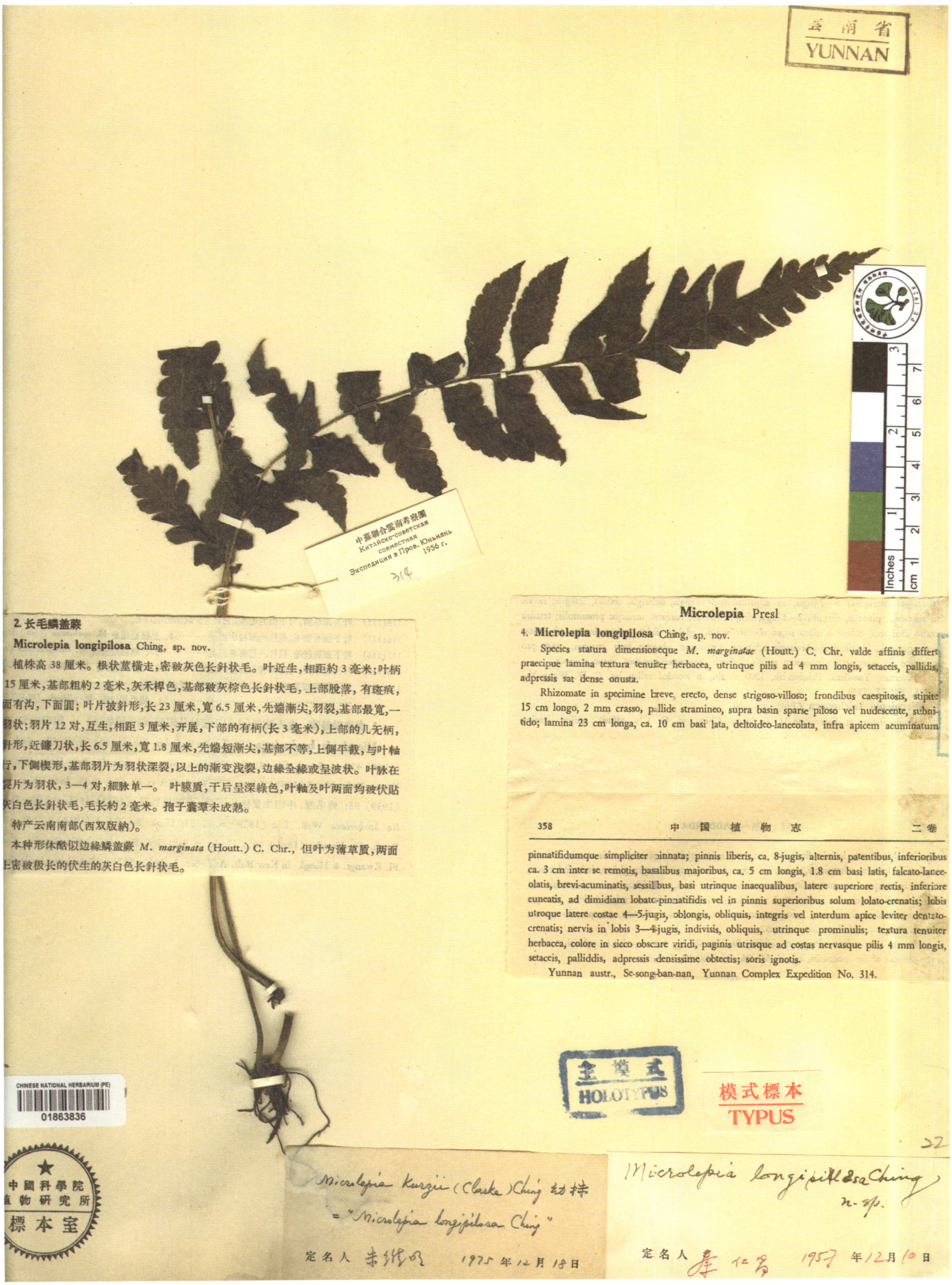

长毛鳞盖蕨 ***Microlepia longipilosa*** Ching, Fl. Reip. Pop. Sin. 2: 212, 357. 1959. **Holotype:** China. Yunnan: Xishuangbanna, 1956-??-??, Sino-Russia Yunnan Exped. 314.

金佛山鳞盖蕨 ***Microlepia marginata*** (Panzer) C. Chr. var. ***jinfoshanensis*** R. C. Ching & Z.Y. Liu in Bull. Bot. Res., Harbin 3(4): 23, photo. 20. 1983. **Holotype:** China. Chongqing: Nanchuan, Jinfoshan, alt. 1 100 m, 1981-04-06, Z. Y. Liu & al. 1256.

墨脱鳞盖蕨 ***Microlepia Mêdogensis*** Ching & Y.X. Ling in Acta Phytotax. Sin. 22(3): 197, pl. 1: 4. 1984. **Holotype:** China. Xizang: Mêdog, alt. 1 800 m, 1980-12-29, W. L. Chen & al. 11477.

新粗毛鳞盖蕨 ***Microlepia neostrigosa*** Ching, Fl. Reip. Pop. Sin. 2: 225, 361. 1959. **Holotype:** China. Yunnan: Xishuangbanna, 1956-??-??, Sino-Russia Yunnan Exped. 2536.

多毛鳞盖蕨 ***Microlepia pilosissima*** Ching, Fl. Reip. Pop. Sin. 2: 216, 358. 1959. **Holotype:** China. Yunnan: Yanshan, alt. 1 200 m, 1939-10-27, C. W. Wang 84728.

中华鳞盖蕨 ***Microlepia sinostrigosa*** Ching, Fl. Reip. Pop. Sin. 2: 220, 360. 1959. **Holotype:** China. Sichuan: Tianquan, alt. 763～915 m, 1928-09-08, W. P. Fang 3473.

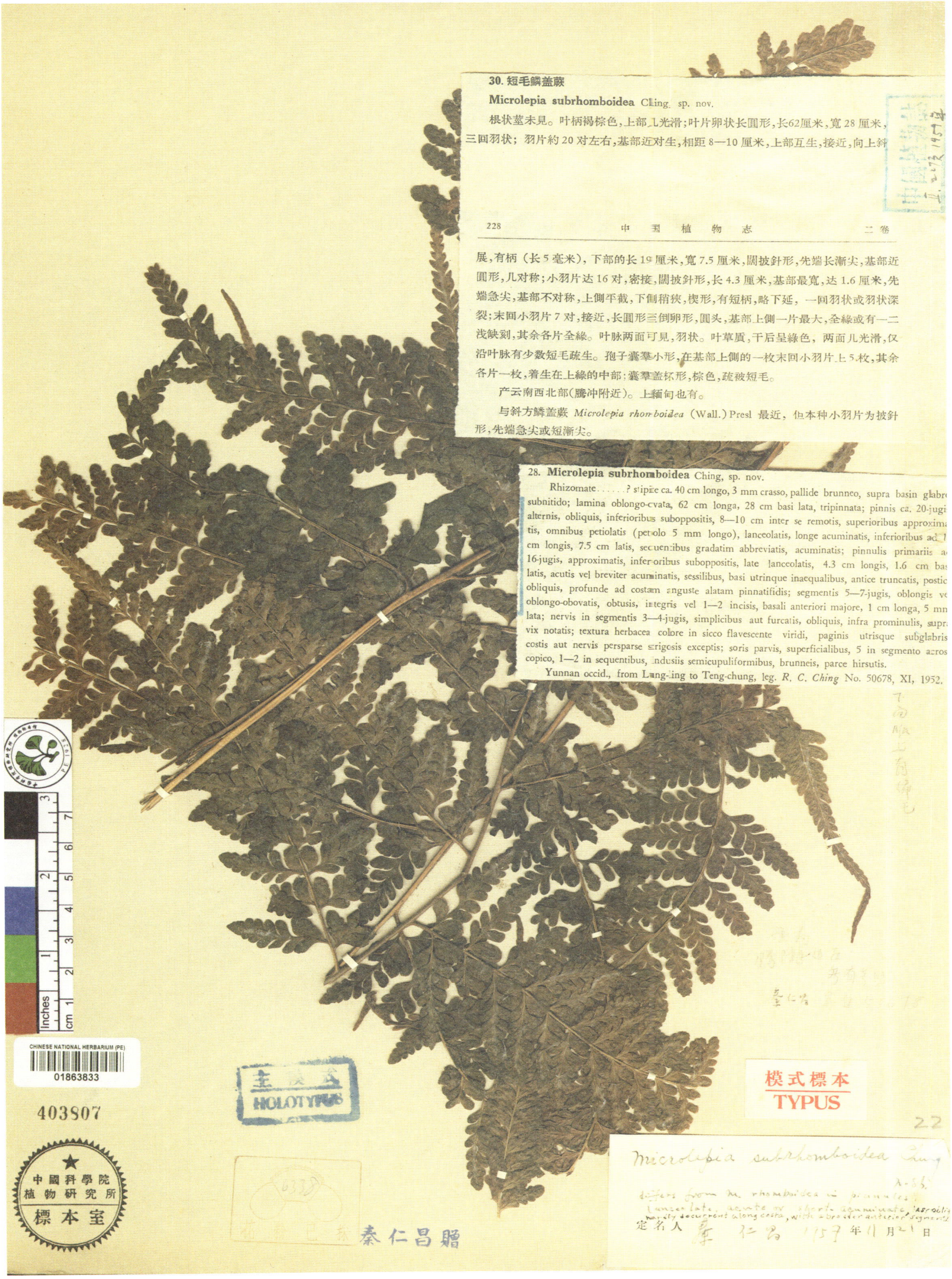

短毛鳞盖蕨 ***Microlepia subrhomboidea*** Ching, Fl. Reip. Pop. Sin. 2: 227, 362. 1959. **Holotype:** China. Yunnan: Tengchong, 1952-11-??, R. C. Ching 50678.

四川鳞盖蕨 ***Microlepia szechuanica*** Ching, Fl. Reip. Pop. Sin. 2: 231, 363. 1959. **Holotype:** China. Sichuan: Emei, Emeishan, 1956-03-??, R. C. Ching 210.

Monachosoraceae

稀子蕨科

xizijueke

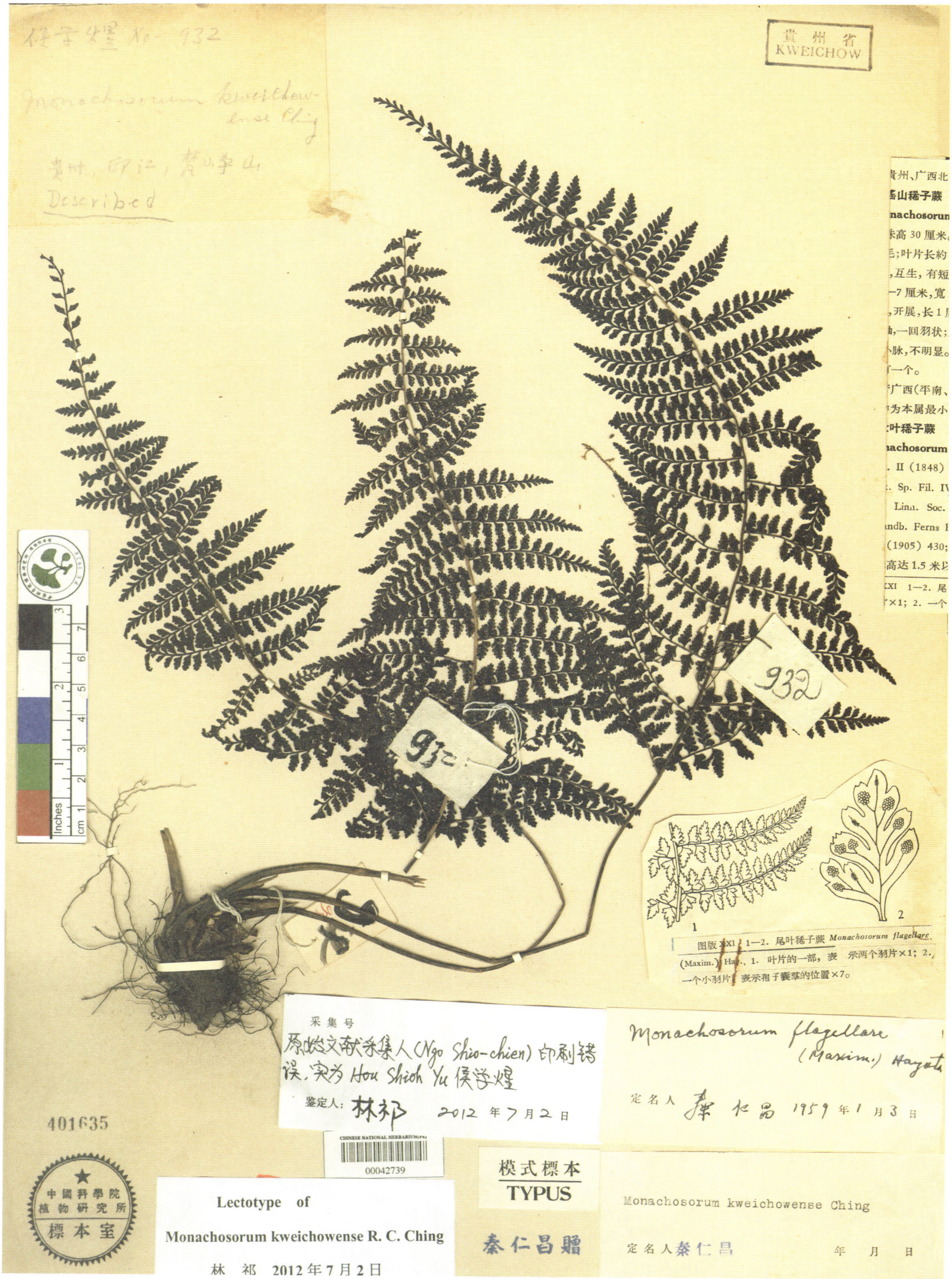

贵州稀子蕨 ***Monachosorum kweichowense*** Ching in Bull. Fan Mem. Inst. Biol., New Ser. 1(3): 303. 1949. **Lectotype** [designated by L. Song & al. in Acta Bot. Bor.-Occ. Sin. 33(6): 1265. 2013.] : China. Guizhou: Yinjiang, Fanjingshan, S. Y. Hou 932.

Lindsaeaceae

鳞始蕨科

linshijueke

狭叶陵齿蕨 ***Lindsaea changii*** C. Chr. in Ind. Fil. Suppl. 3: 121. 1934.—*Lindsaya minina* Ching in Sinensia 1(4): 52. 1930, non Cop. 1929. **Isotype:** China. Kiangsi (=Jiangxi): Kuling (=Lushan), C. C. Chang s. n.

啮蚀陵齿蕨*Lindsaea conformis* Ching, Fl. Reip. Pop. Sin. 2: 268, 372. 1959. **Holotype:** China. Kwangtung (=Guangdong): Conghua, 1936-03-(01～16), W. T. Tsang 24950.

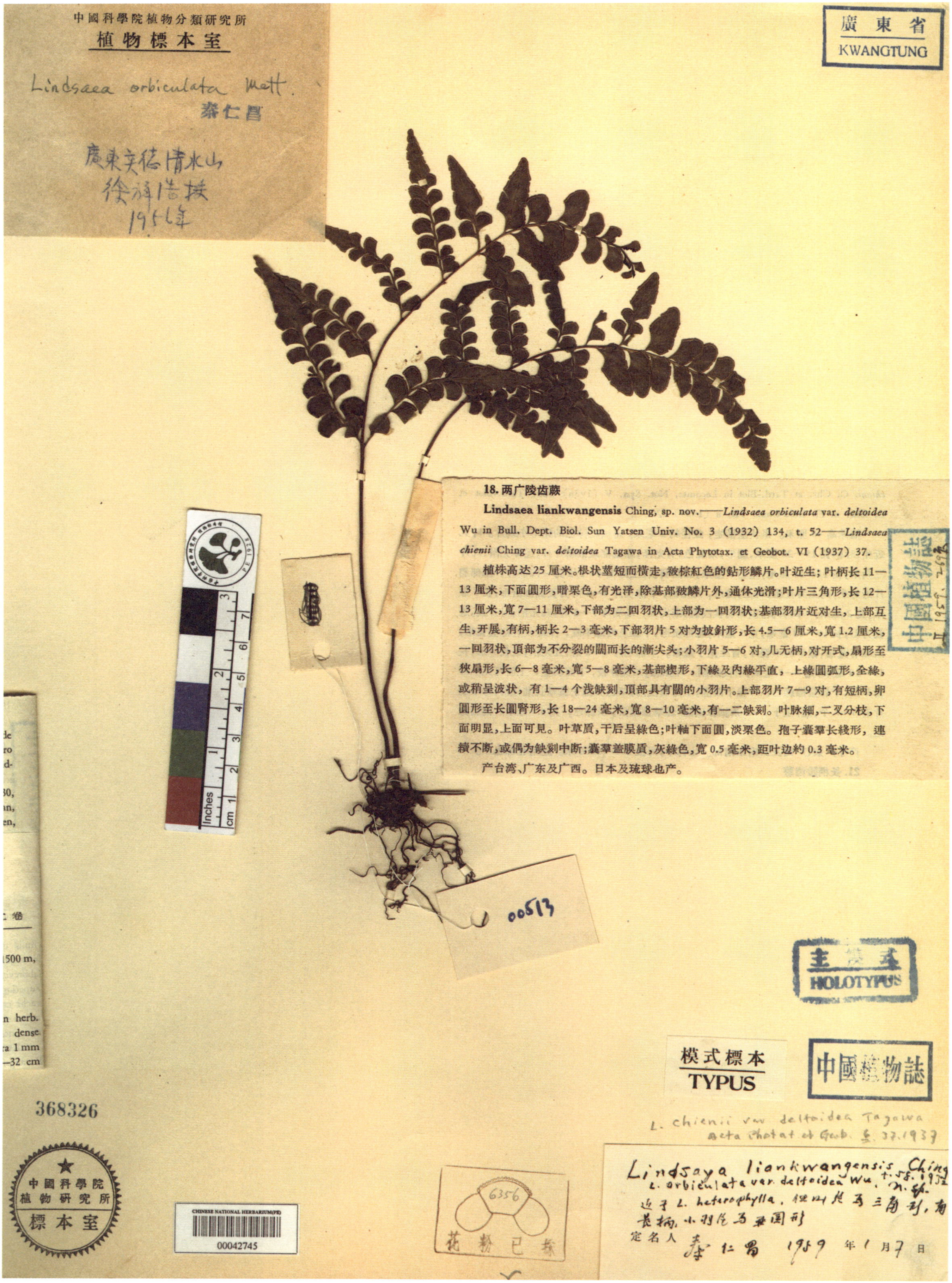

两广陵齿蕨 ***Lindsaea liankwangensis*** Ching, Fl. Reip. Pop. Sin. 2: 269, 372. 1959. **Holotype:** China. Guangdong: Yingde, 1956-??-??, H. H. Hsue 00813.

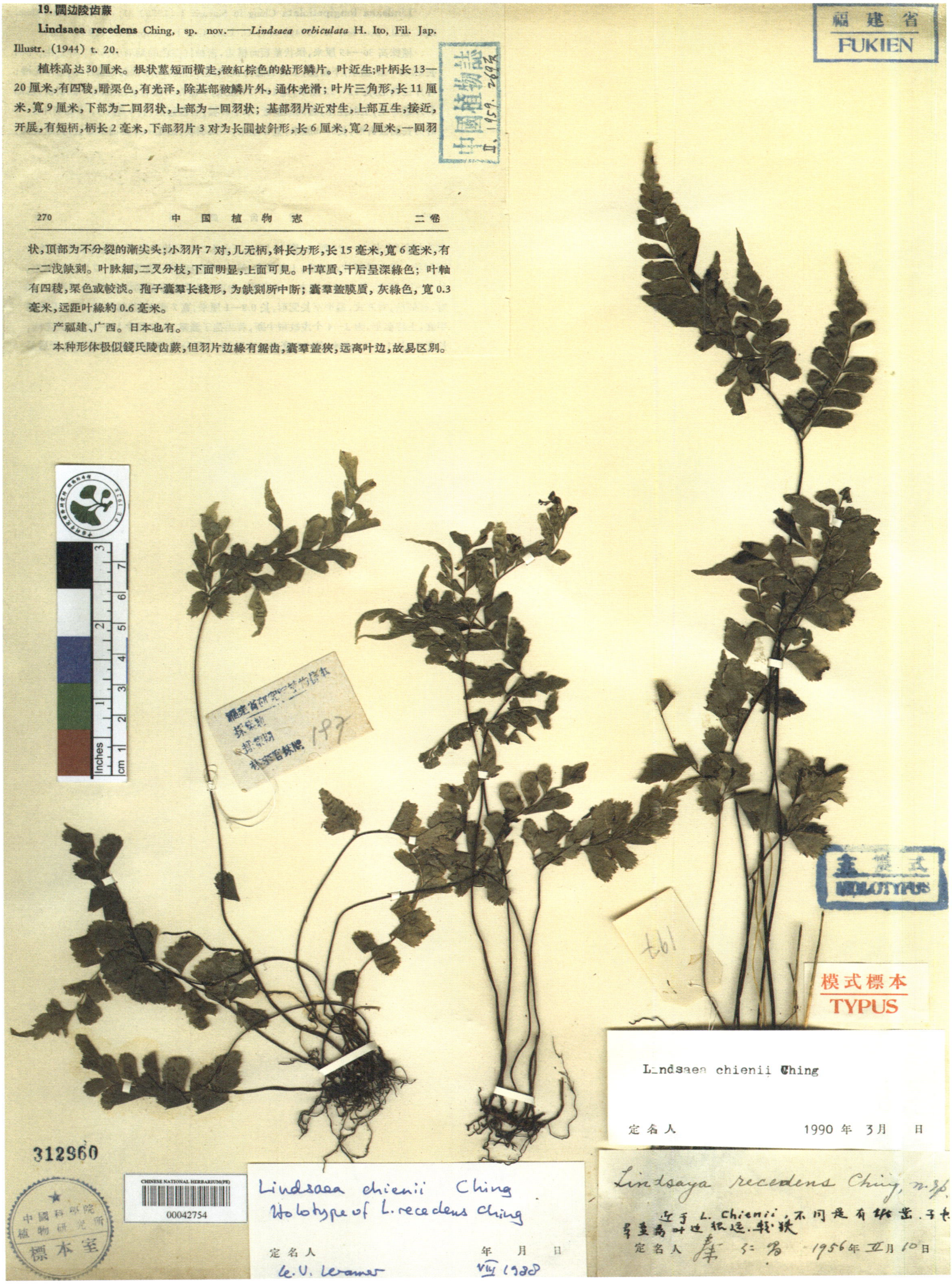

阔边陵齿蕨 ***Lindsaea recedens*** Ching, Fl. Reip. Pop. Sin. 2: 269, 373. 1959. **Holotype:** China. Fujian: Precise locality not known, L. K. Ling 197.

台湾陵齿蕨 ***Lindsaea taiwaniana*** Ching, Fl. Reip. Pop. Sin. 2: 267, 372. 1959. **Holotype:** China. Taiwan: Precise locality not known, W. Hancock 10.

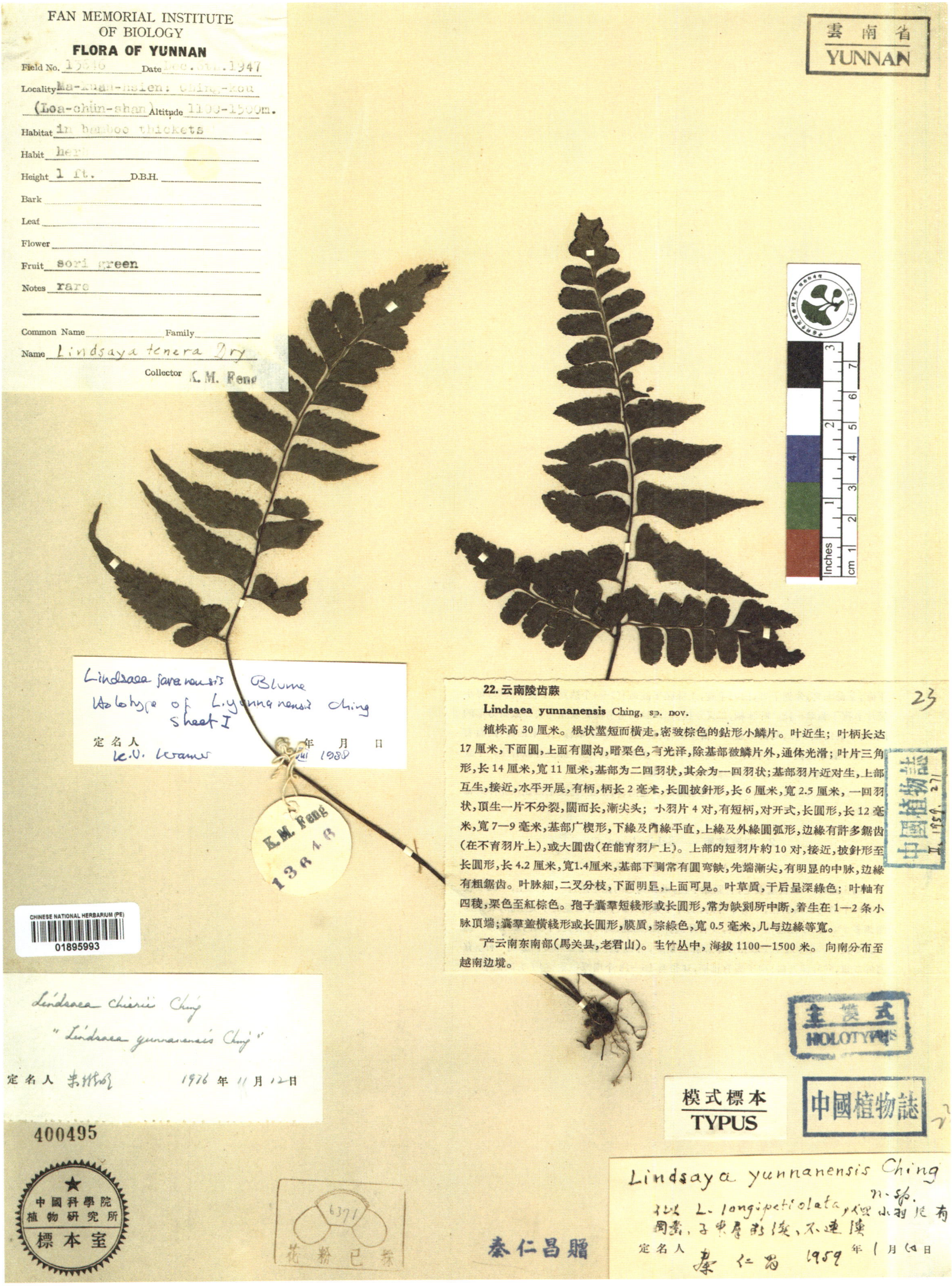

云南陵齿蕨 ***Lindsaea yunnanensis*** Ching, Fl. Reip. Pop. Sin. 2: 271, 373. 1959. **Holotype:** China. Yunnan: Maguan, alt. 1 100～1 500 m, 1947-12-05, K. M. Feng 13646.

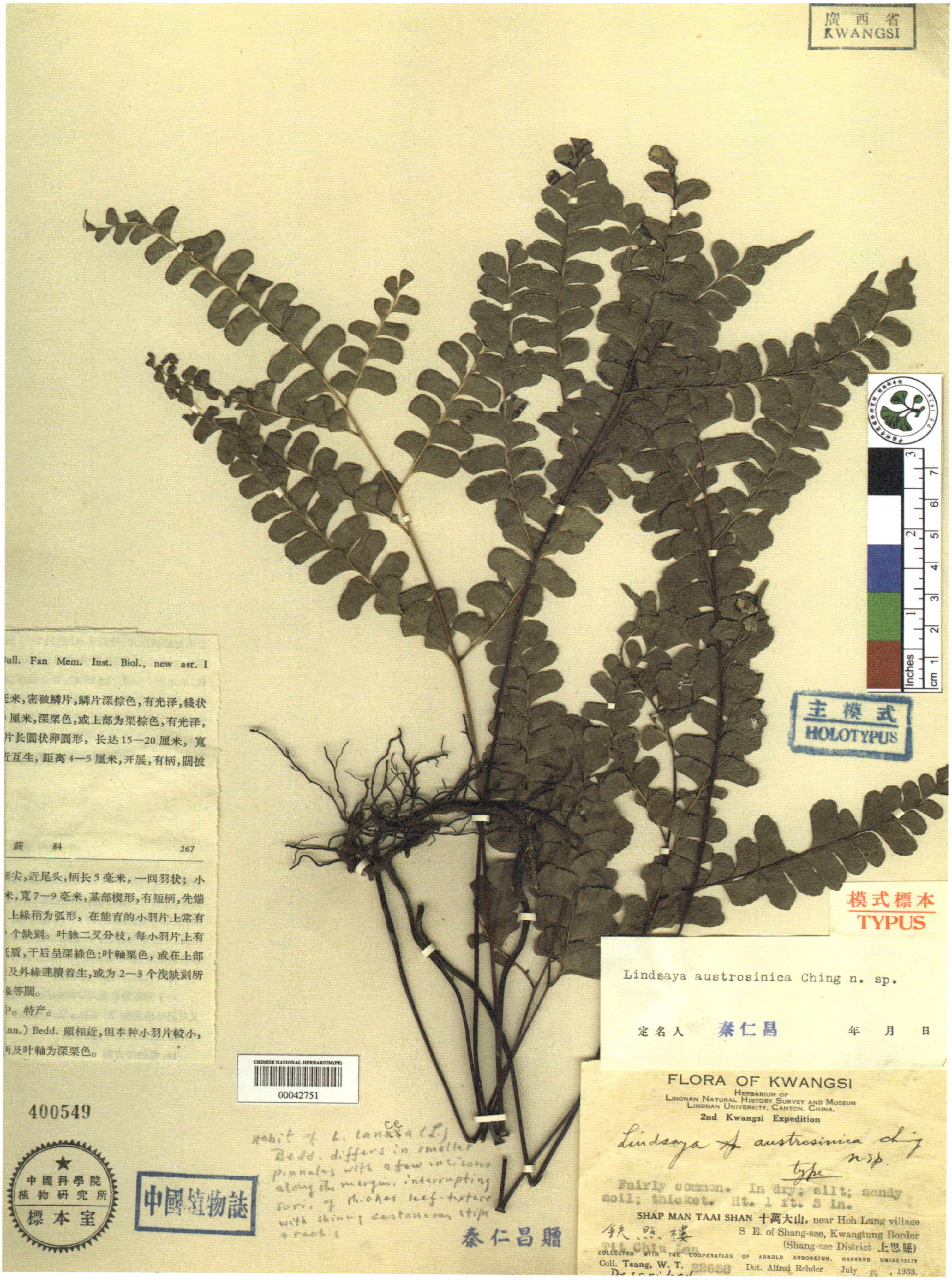

华南陵齿蕨 ***Lindsaya austrosinica*** Ching in Bull. Fan Mem. Inst. Biol., New Ser. 1(3): 297. 1949. **Holotype:** China. Guangxi: Shangsi, 1933-07-05, W. T. Tsang 22638.

钱氏陵齿蕨 ***Lindsaya chienii*** Ching in Sinensia 1(1): 4. 1929. **Holotype:** China. Guangxi: Linyun, 1 464 m, 1928-08-27, R. C. Ching 7184.

海南陵齿蕨 ***Lindsaya hainanensis*** Ching in Bull. Fan Mem. Inst. Biol., New Ser. 1(3): 298. 1949. **Holotype:** China. Hainan: Yai Hsien (=Sanya), 1935-05-(04-24), S. K. Lau 6149.

长柄陵齿蕨 ***Lindsaya longipetiolata*** Ching in Sinensia 1(4): 51. 1930. **Isotype:** China. Kiangsi (=Jiangxi): Kuling (=Lushan), C. C. Chang s. n.

长叶陵齿蕨 ***Lindsaya neocultrata*** Ching & C. H. Wang in Acta Phytotax. Sin. 8(2): 140, 165. pl. 19, f. 15. 1959.
Holotype: China. Hainan: Baoting, alt. 800～850 m, 1954-12-08, Eastern Hainan Exped. 893.

卵叶双唇蕨 ***Schizoloma intertextum*** Ching, Fl. Reip. Pop. Sin. 2: 274, 374. 1959.**Holotype:** China. Guangxi: Precise locality not known, Anonymous 50.

Pteridiaceae

蕨科

jueke

镰蕨 ***Pteridium falcatum*** Ching ex S. H. Wu in Acta Bot. Austr. Sin. 2: 2. 1986. **Holotype:** China. Guangxi: He Xian, 1958-09-19, Y. K. Li 401651.

长羽蕨 ***Pteridium lineare*** Ching ex S. H. Wu in Acta Bot. Austr. Sin. 2: 3. 1986. **Holotype:** China. Yunnan: Mangshi (=Luxi), alt. 1 000 m, 1952-??-??, R. C. Ching 50686.

糙轴蕨 ***Pteridium revolutum*** (Bl.) Nakai var. ***muricatulum*** Ching & S.H. Wu in Acta Bot. Austr. Sin. 2: 2. 1986.
Holotype: China. Yunnan: Jinping, 1953-05-25, J. S. Chang & G. S. Chang 0133.

Pteridaceae

凤尾蕨科

fengweijueke

高原凤尾蕨 ***Pteris aspericaulis*** Wall. var. ***cuspigera*** Ching ex R. C. Ching & S. H. Wu in Acta Bot. Aust. Sin. 1: 8. 1983. **Holotype:** China. Yunnan: Gongshan, alt. 1 900～2 000 m, 1940-09-04, K. M. Feng 7328.

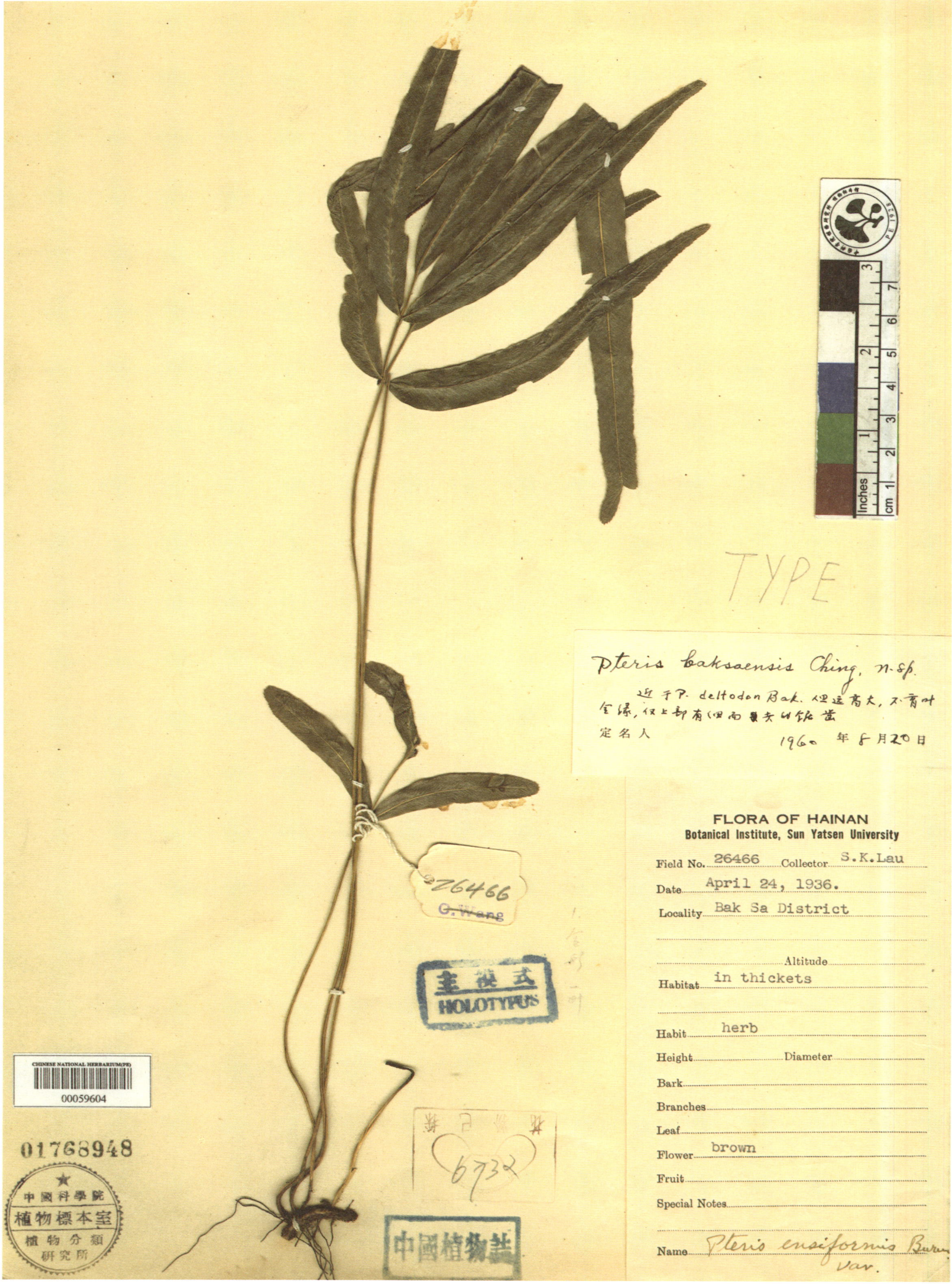

白沙凤尾蕨 ***Pteris baksaensis*** Ching in Acta Phytotax. Sin. 9(4): 348. 1964. **Holotype:** China. Hainan: Baisha, 1936-04-24, S. K. Lau 26466.

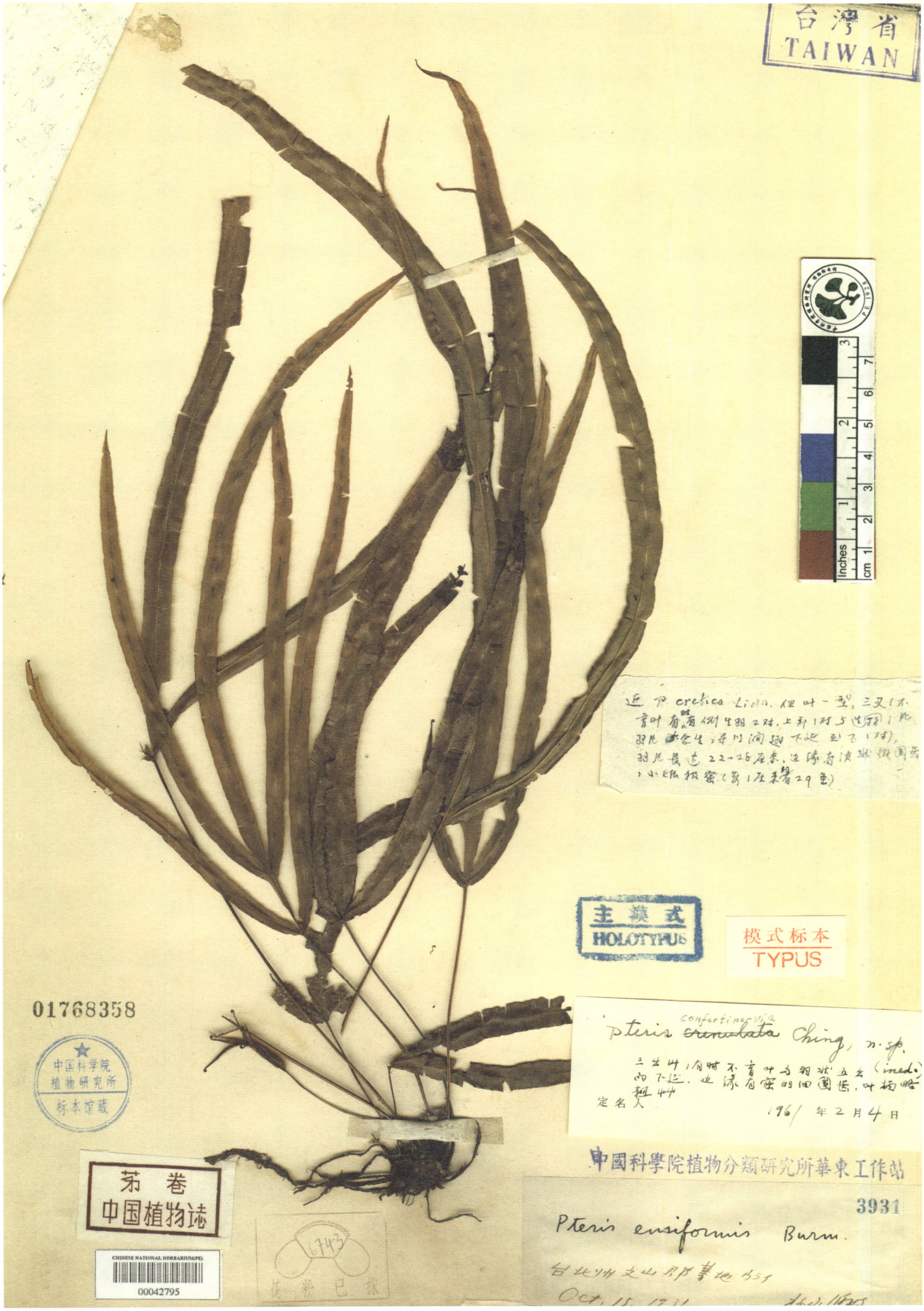

密脉凤尾蕨 ***Pteris confertinervia*** Ching ex Ching & S. H. Wu in Acta Bot. Aust. Sin. 1: 4. 1983. **Holotype:** China. Taiwan: Taibei, 1931-10-15, Fushan-Bomin 3931.

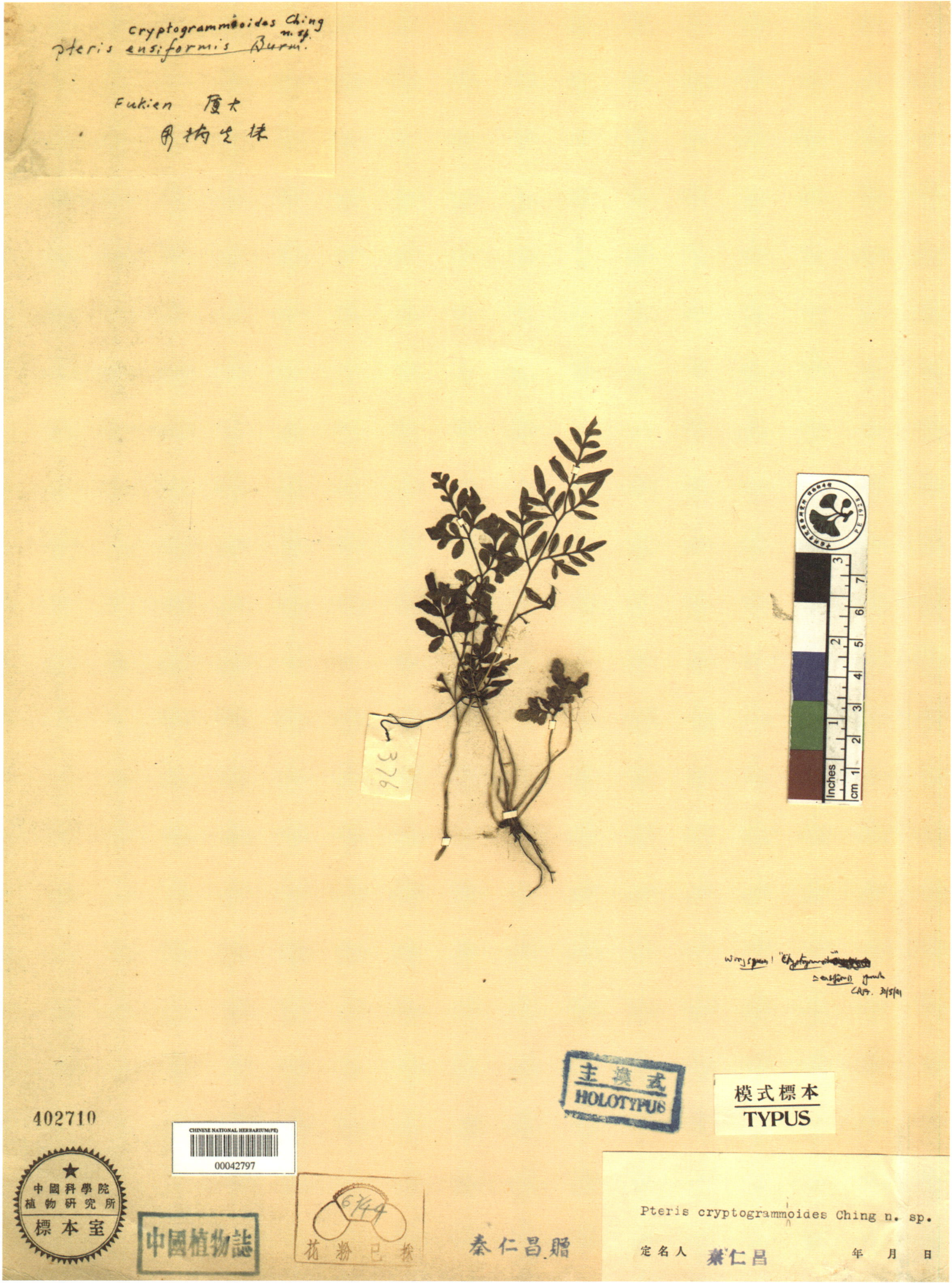

珠叶凤尾蕨 ***Pteris cryptogrammoides*** Ching ex Ching & S. H. Wu in Acta Bot. Aust. Sin. 1: 7. 1983. **Holotype:** China. Fujian: Xiamen, N. S. Chow 376.

百越凤尾蕨 ***Pteris fauriei*** Hieron. var. ***chinensis*** Ching ex Ching & S. H. Wu in Acta Bot. Aust. Sin. 1: 10. 1983.
Holotype: China. Guangdong: Qujiang, 1931-12-19, C. Wang 31659.

鸡爪凤尾蕨 ***Pteris gallinopes*** Ching ex Ching & S. H. Wu in Acta Bot. Aust. Sin. 1: 4. 1983. **Holotype:** China. Guizhou: Precise locality not known, 1913-09-09, Cavalerie 2899.

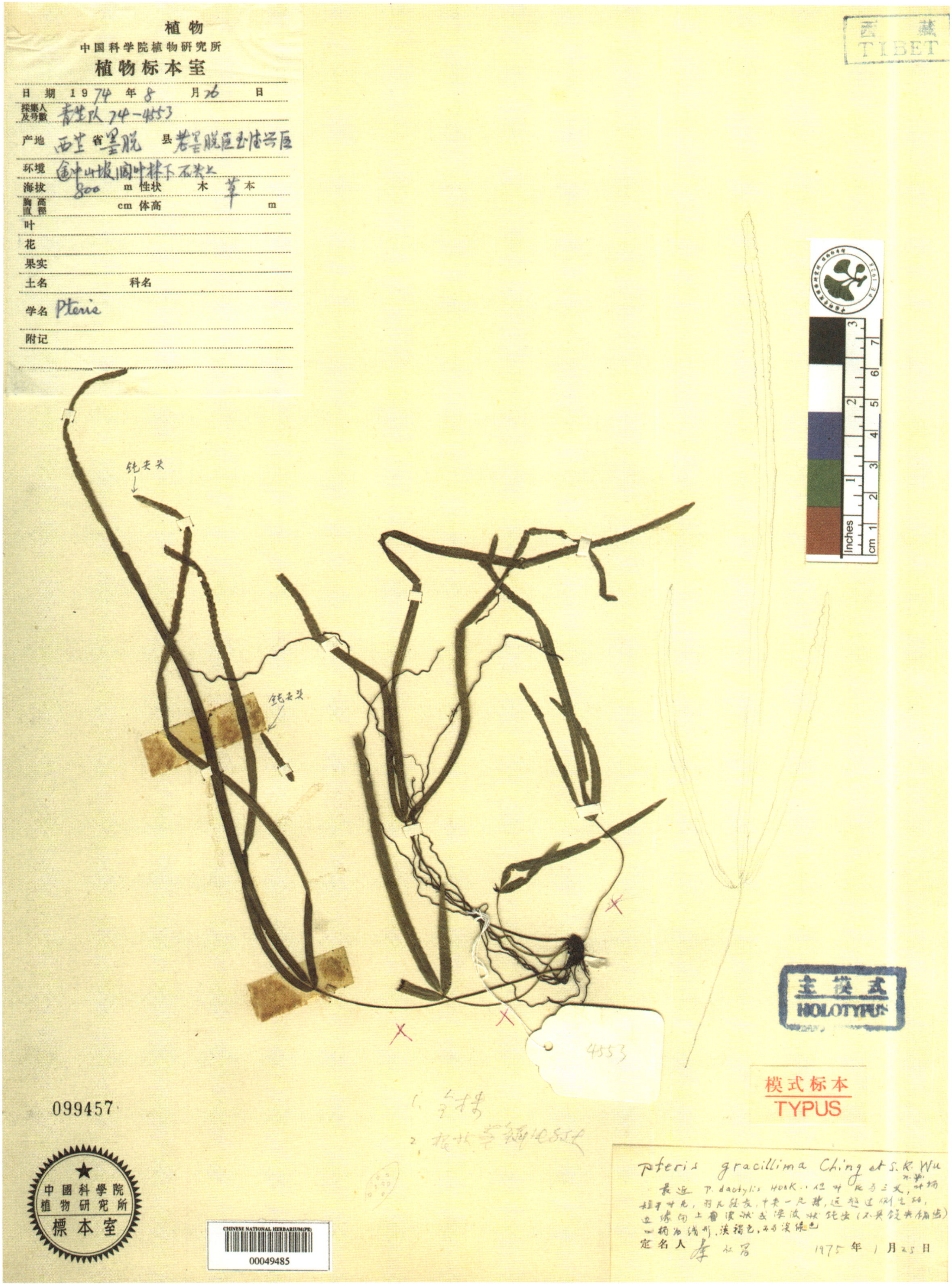

细弱凤尾蕨 ***Pteris gracillima*** Ching & S. K. Wu, Fl. Xizang. 1: 65, f. 16: 7-8. 1983. **Holotype:** China. Xizang: Mêdog, alt. 800 m, 1974-08-26, Qinghai-Xizang Exped. 74-4553.

广东凤尾蕨 ***Pteris guangdongensis*** Ching ex Ching & S. H. Wu in Acta Bot. Aust. Sin. 1: 5. 1983. **Paratype:** China. Guangdong: Yunfu, 1928-01-24. C. T. Wang 494.

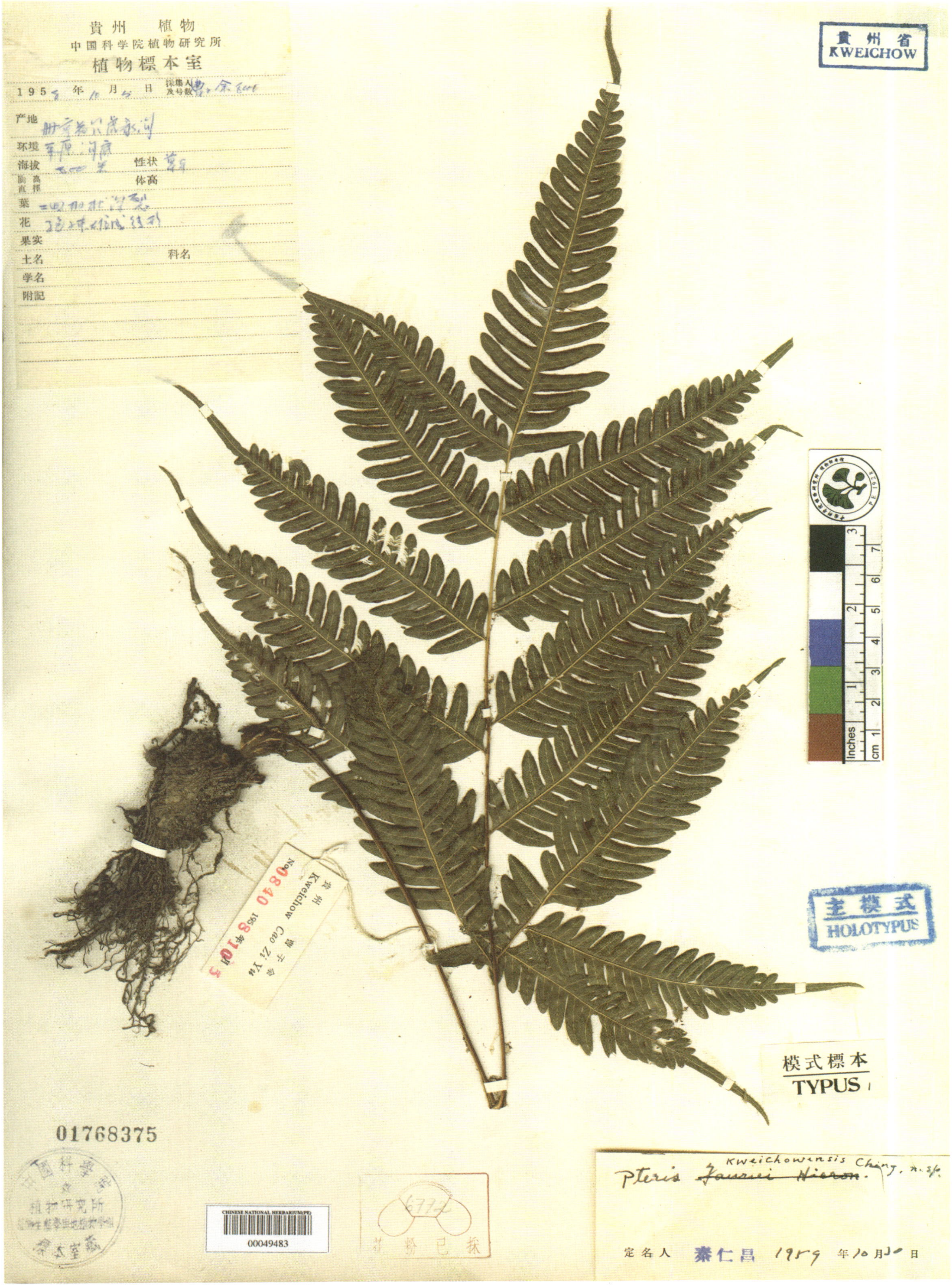

贵州凤尾蕨 ***Pteris guizhouensis*** Ching ex Ching & S. H. Wu in Acta Bot. Aust. Sin. 1: 10. 1983. **Holotype:** China. Guizhou: Ceheng, alt. 800 m, 1958-10-05, Z. Y. Cao 840.

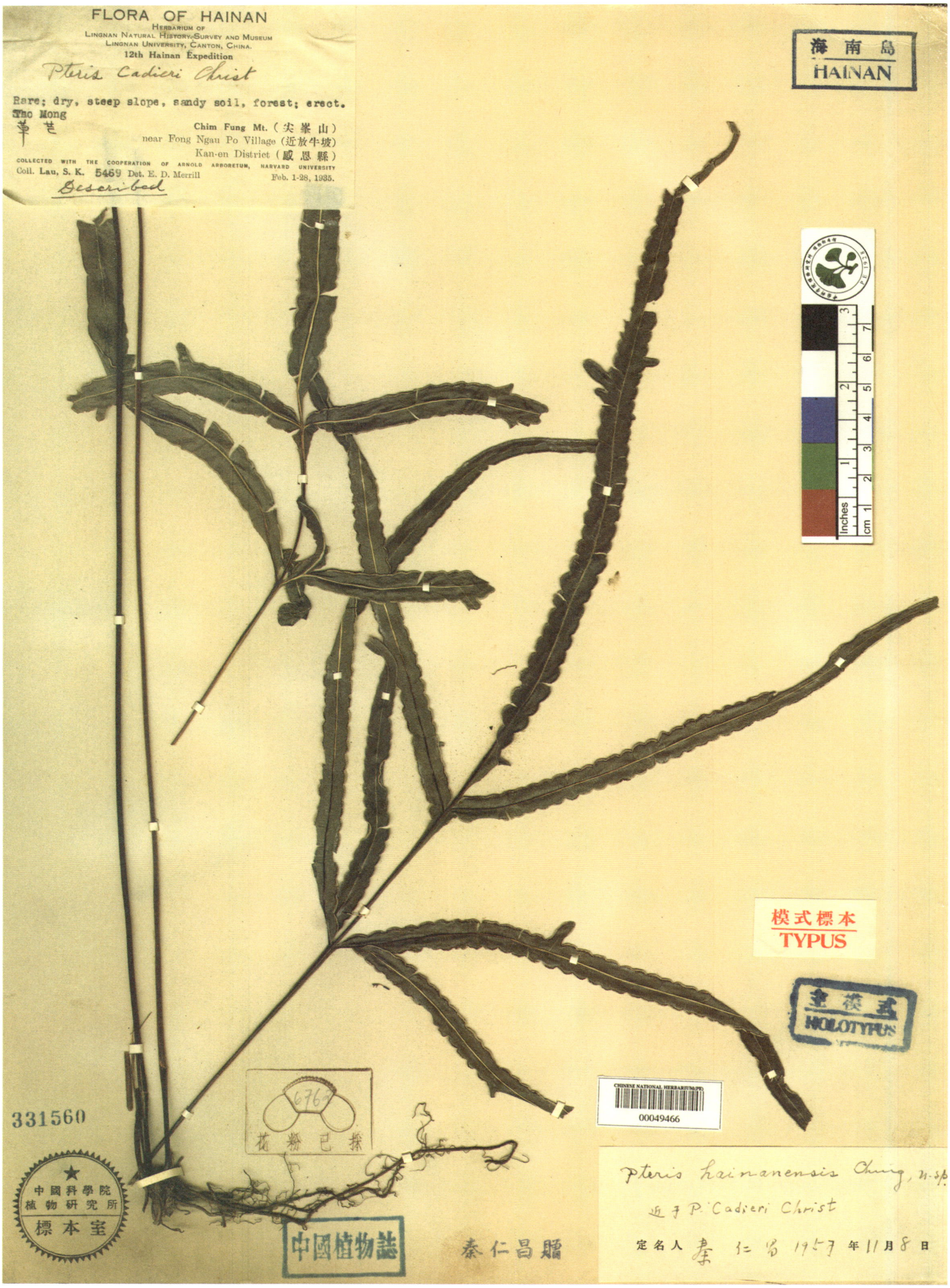

海南凤尾蕨 ***Pteris hainanensis*** Ching in Acta Phytotax. Sin. 8(2): 142, 166, pl. 20: 19. 1959. **Holotype:** China. Hainan: Kan-en (=Dongfang), 1935-02-(01～28), S. K. Lau 5469.

毛叶凤尾蕨 ***Pteris hekouensis*** Ching ex Ching & S. H. Wu in Acta Bot. Aust. Sir. 1: 8. 1983. **Holotype:** China. Yunnan: Hekou, alt. 180 m, 1953-04-24, K. H. Tsai. 540.

微毛凤尾蕨 ***Pteris hirsutissima*** Ching ex Ching & S. H. Wu in Acta Bot. Aust. Sin. 1: 13. 1983. **Holotype:** China. Sichuan: Mianning, alt. 1 400 m, 1960-09-23, T. S. Yin 4366.

岭南凤尾蕨 ***Pteris maclurioides*** Ching ex Ching & S. H. Wu in Acta Bot. Aust. Sin. 1: 15. 1983. **Isotype:** China. Guangdong: Shixing, alt. 400 m, 1958-07-08, L. Tang 6650.

硕大凤尾蕨 ***Pteris majestica*** Ching ex Ching & S. H. Wu in Acta Bot. Aust. Sin. 1: 12. 1983. **Holotype:** China. Yunnan: Jingdong, 1954-??-??, W. S. Hsu 214.

大羽半边旗 **Pteris malipoensis** Ching ex Ching & S. H. Wu in Acta Bot. Aust. Sin. 1: 7. 1983. **Holotype:** China. Yunnan: Malipo, alt. 1 200～1 500 m, 1947-11-22, K. M. Feng 13537.

墨脱凤尾蕨 ***Pteris Mêdogensis*** Ching & S. K. Wu, Fl. Xizang. 1: 71, f. 16: 1-4. 1983. **Holotype:** China. Xizang: Mêdog, alt. 1 600 m, 1974-08-06, Qinghai-Xizang Exped. 74-4141.

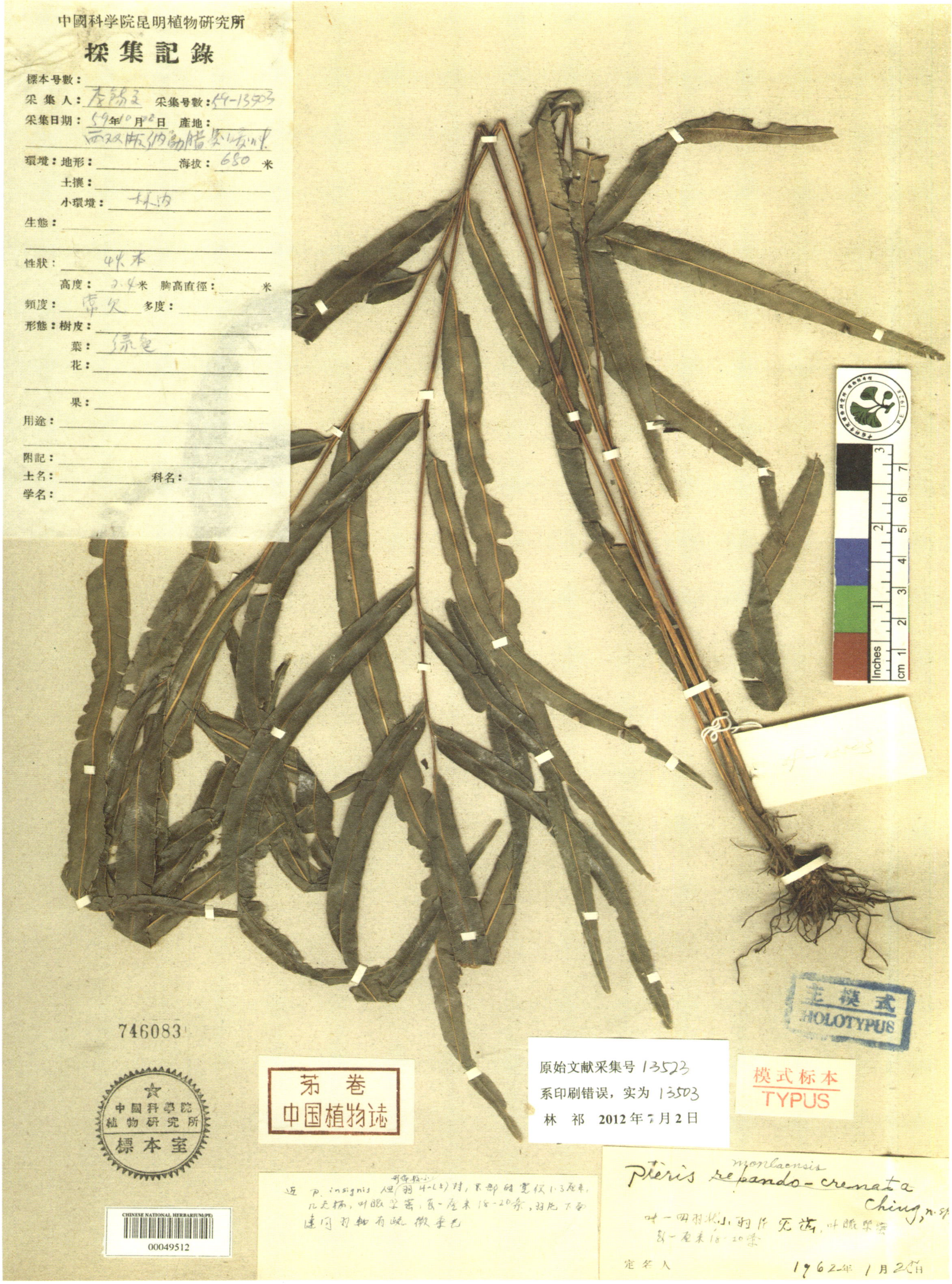

勐腊凤尾蕨 ***Pteris menglaensis*** Ching ex Ching & S. H. Wu in Acta Bot. Aust. Sin. 1: 6. 1983. **Holotype:** China. Yunnan: Mengla, alt. 680 m, 1959-10-22, S. W. Li 13503.

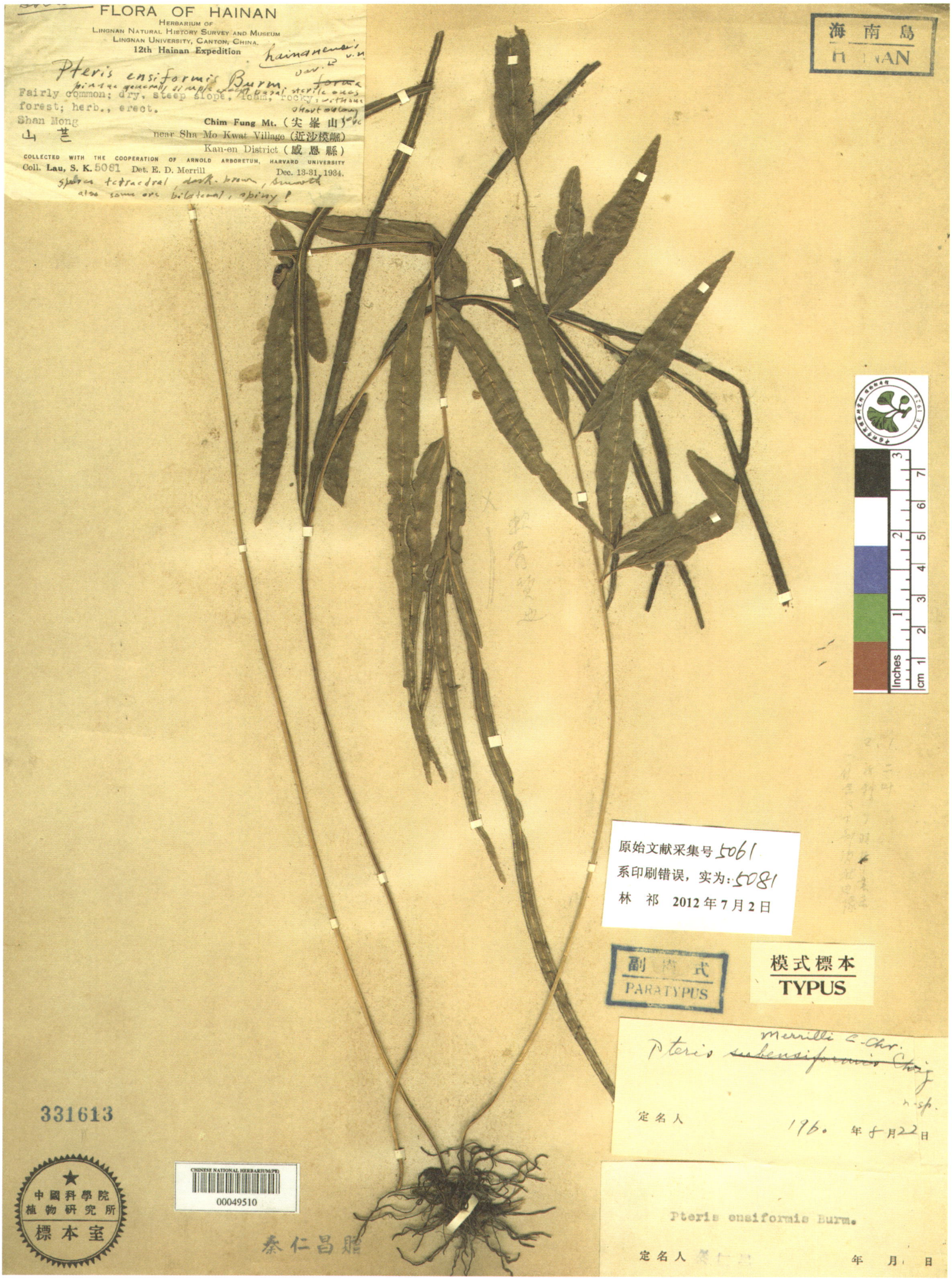

假剑叶凤尾蕨 ***Pteris merrilli*** C. Chr. ex Ching in Acta Phytotax. Sin. 9(4): 348. 1964. **Paratype:** China. Hainan: Kan-en (=Dongfang), 1934-12-(13～31), S. K. Lau 5081.

本州凤尾蕨 ***Pteris natiensis*** Tagawa in Journ. Jap. Bot. 14(2): 109. 1938. **Isotype:** Japan. Honshu: Kii, Mt. Nati, 1922-08-03, G. Koidzumi s. n.

长羽凤尾蕨 ***Pteris olivacea*** Ching ex Ching & S. H. Wu in Acta Bot. Aust. Sin. 1: 5. 1983. **Holotype:** China. Yunnan: Pingbian, alt. 1 100～1 300 m, 1956-06-17, Yunnan Exped. 3616.

峨眉凤尾蕨 ***Pteris omeiensis*** Ching in Bull. Fan Mem. Inst. Biol., New Ser. 1(3): 312. 1949. **Lectotype:** [designated by L. Song & al. in Acta Bot. Bor.-Occ. Sin. 33(6): 1266. 2013.] : China. Sichuan: Emei, Emeishan, alt. 550 m, C. S. Chang 755.

尾头凤尾蕨 ***Pteris oshimensis*** Hieron. var. ***paraemeiensis*** Ching ex Ching & S. H. Wu in Acta Bot. Aust. Sin. 1: 10. 1983. **Holotype:** China. Sichuan: Emei, Emeishan, alt. 763~915 m, 1928-08-22, W. P. Fang 3270.

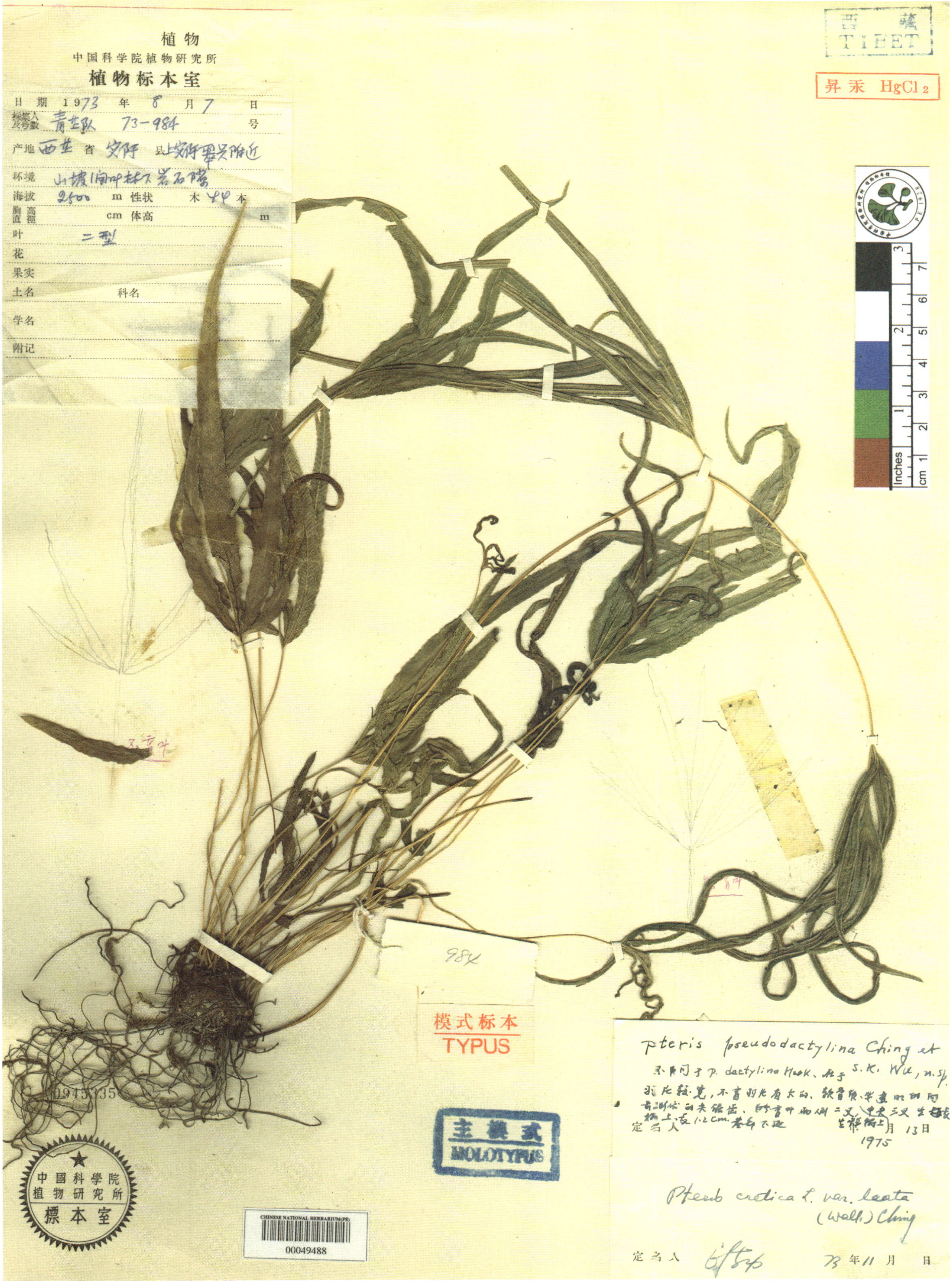

假指状凤尾蕨 ***Pteris pseudodactylina*** Ching & S. K. Wu, Fl. Xizang. 1: 66. 1983. **Holotype:** China. Xizang: Zayü, alt. 2 500 m, 1973-08-07, Qinghai-Xizang Complex Exped. 73-984.

柔毛凤尾蕨 ***Pteris puberula*** Ching in Bull. Fan Mem. Inst. Biol., Bot. Ser. 11: 52. 1941. **Holotype:** China. Yunnan: Yangbi, 1940-11-03, R. C. Ching 25452.

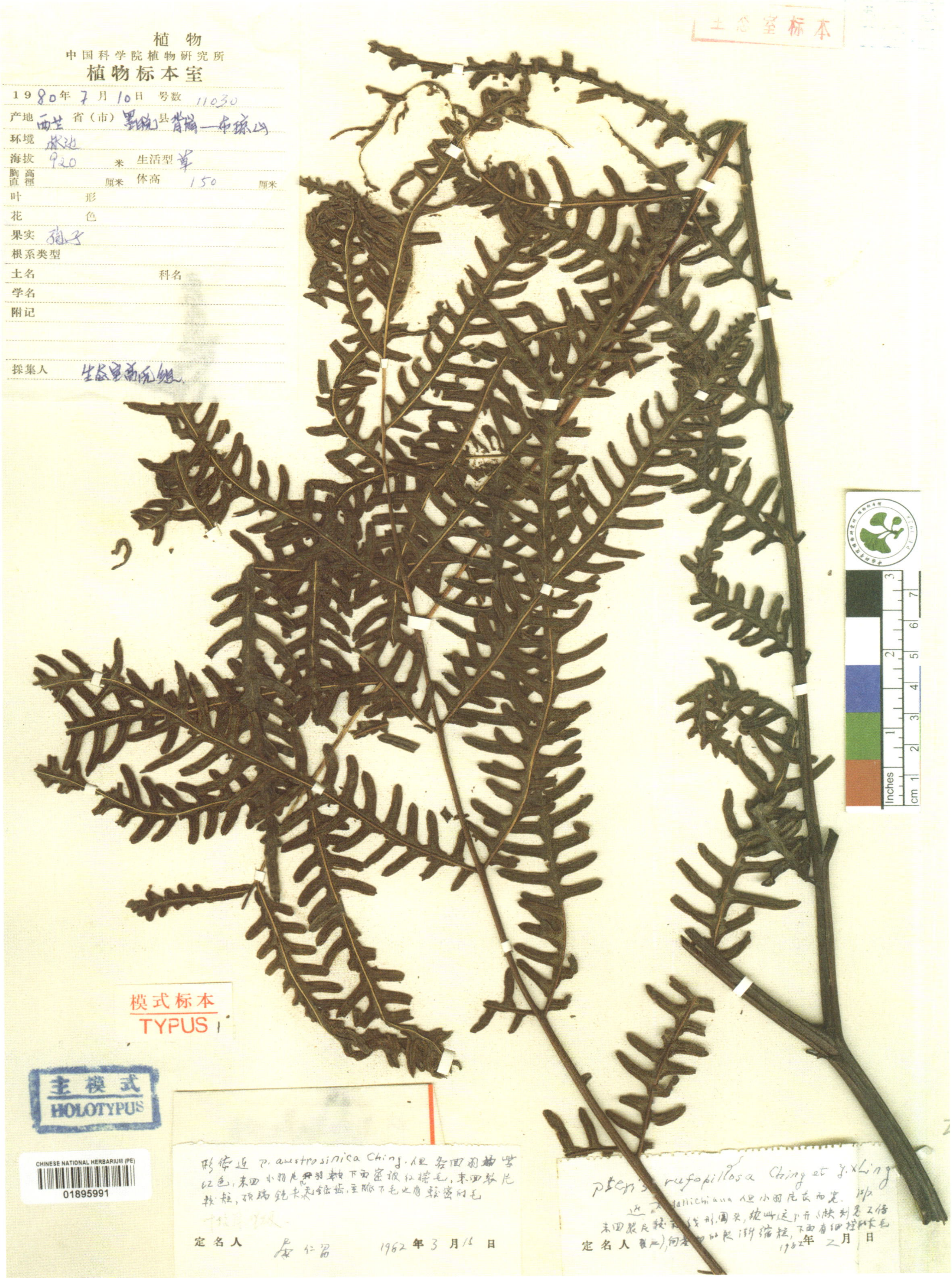

红毛凤尾蕨 ***Pteris rufopilosa*** Ching & Y. X. Ling in Acta Phytotax. Sin. 22(3): 197, pl. 2: 1. 1984. **Holotype:** China. Xizang: Mêdog, alt. 920 m, 1980-07-10, W. L. Chen & al. 11030.

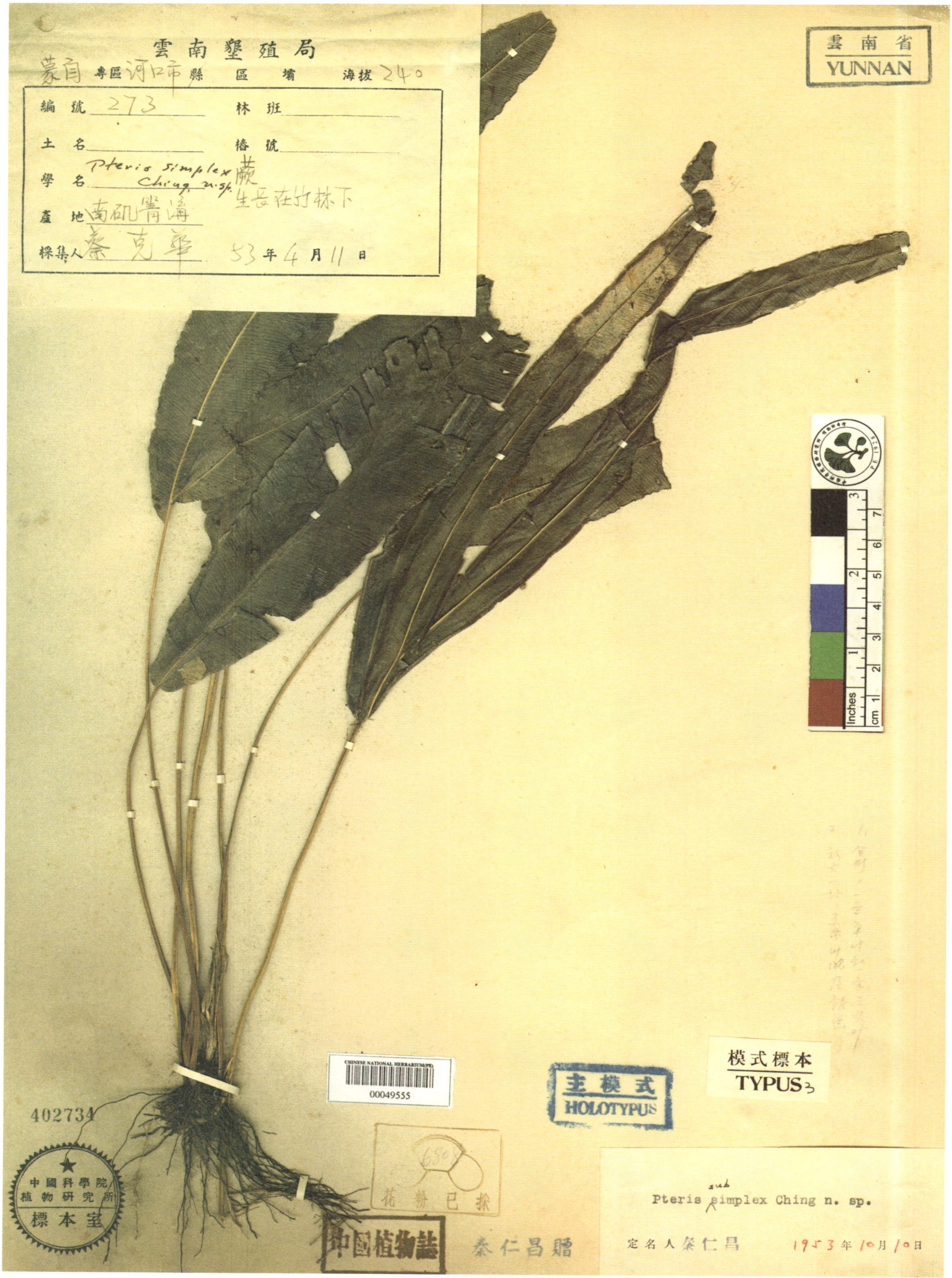

单叶凤尾蕨 ***Pteris subsimplex*** Ching ex Ching & S. H. Wu in Acta Bot. Aust. Sin. 1: 3. 1983. **Holotype:** China. Yunnan: Hekou, alt. 240 m, 1953-04-11, K. H. Tsai 273.

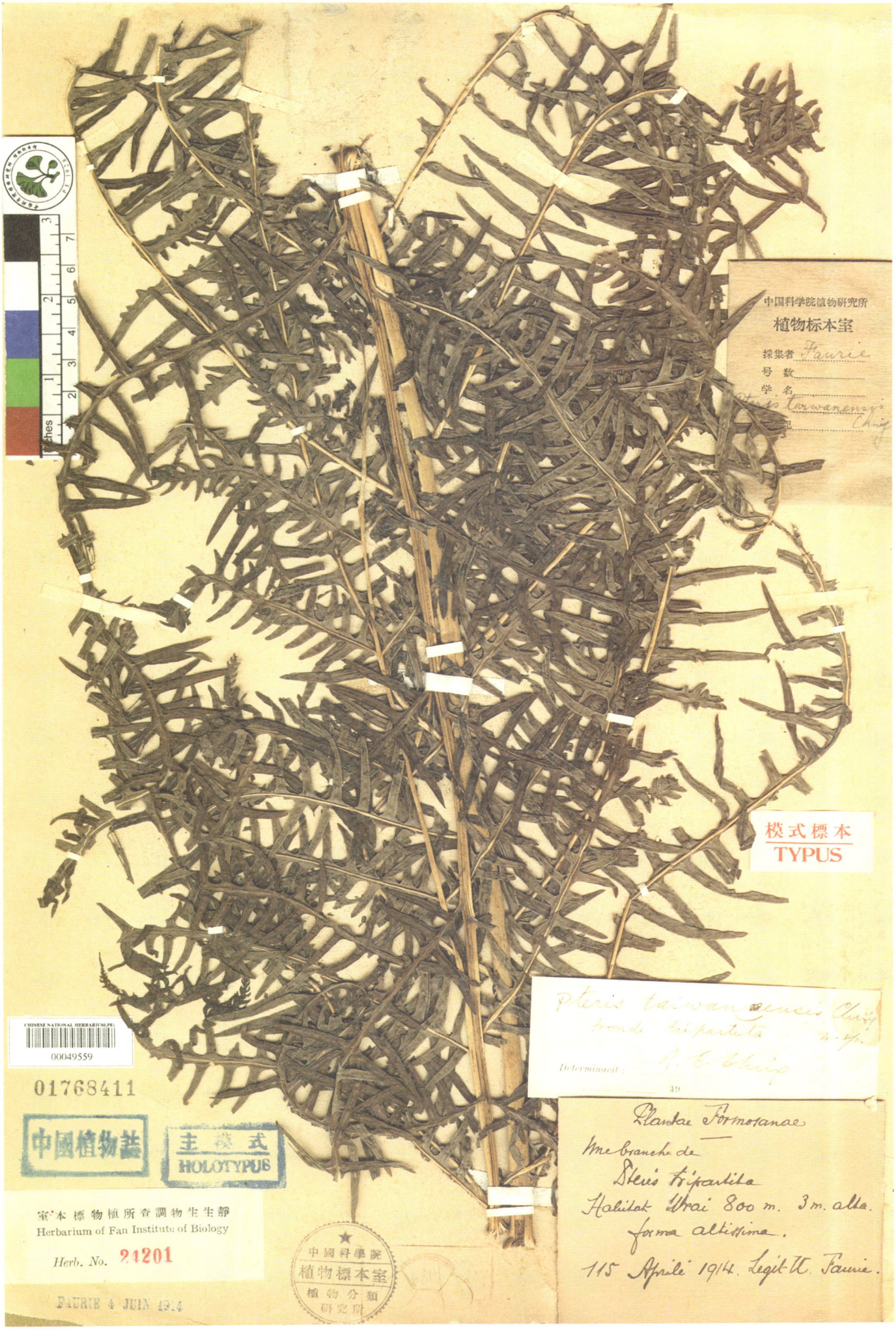

台湾凤尾蕨 ***Pteris taiwanensis*** Ching ex Ching & S. H. Wu in Acta Bot. Aust. Sin 1: 16. 1983. **Holotype:** China. Taiwan: Urai, alt. 800 m, 1914-04-??, U. Faurie 115.

西藏凤尾蕨 ***Pteris tibetica*** Ching, Fl. Xizang. 1: 68, f. 18: 1-4. 1983. **Holotype:** China. Xizang: Bomi, alt. 2 080 m, 1965-07-23, T. C. Ying & D. Y. Hong 786.

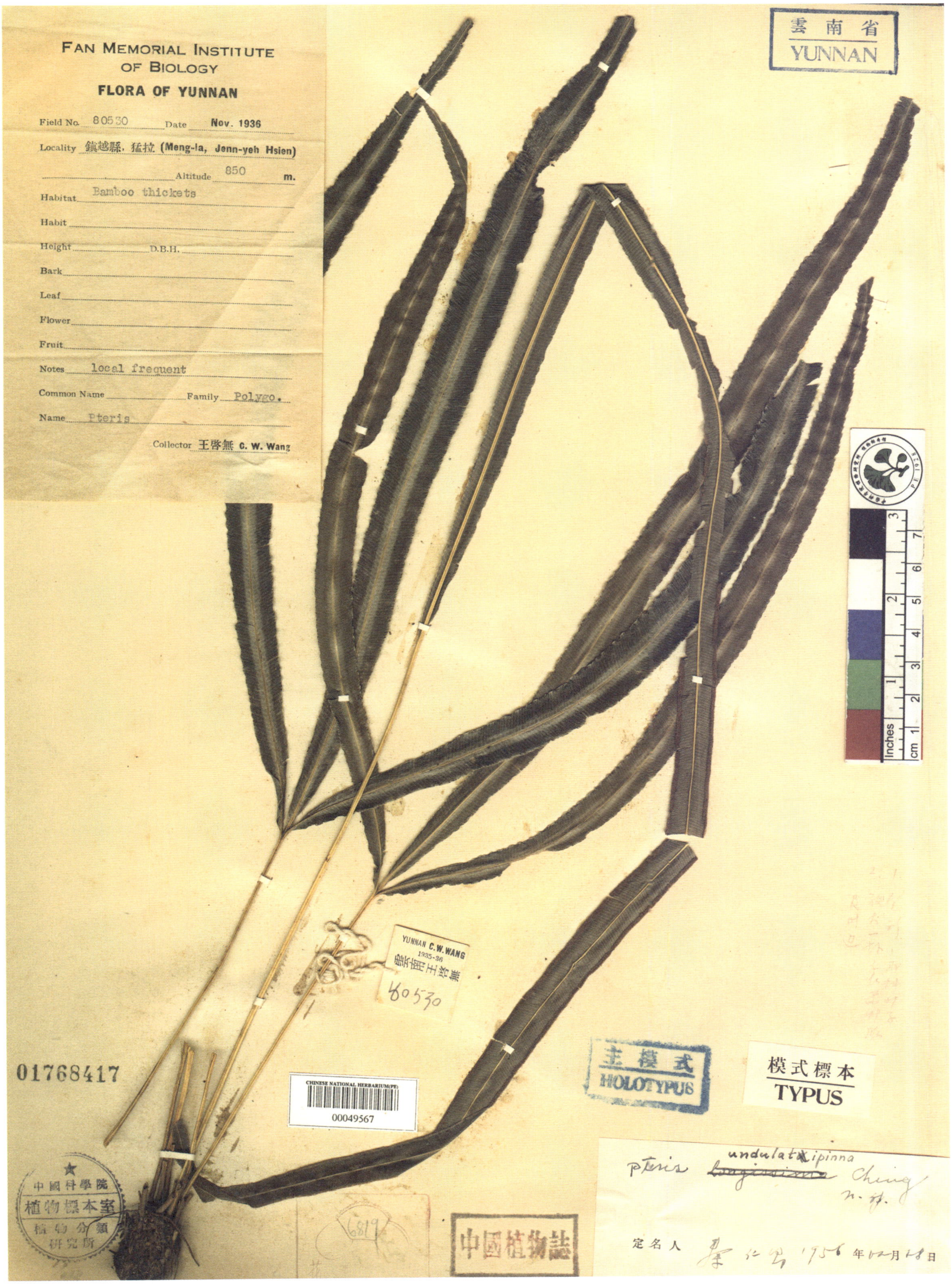

波叶凤尾蕨 ***Pteris undulatipinna*** Ching ex Ching & S. H. Wu in Acta Bot. Aust. Sin. 1: 3. 1983. **Holotype:** China. Yunnan: Mengla, alt. 850 m, 1936-11-??, C. W. Wang 80530.

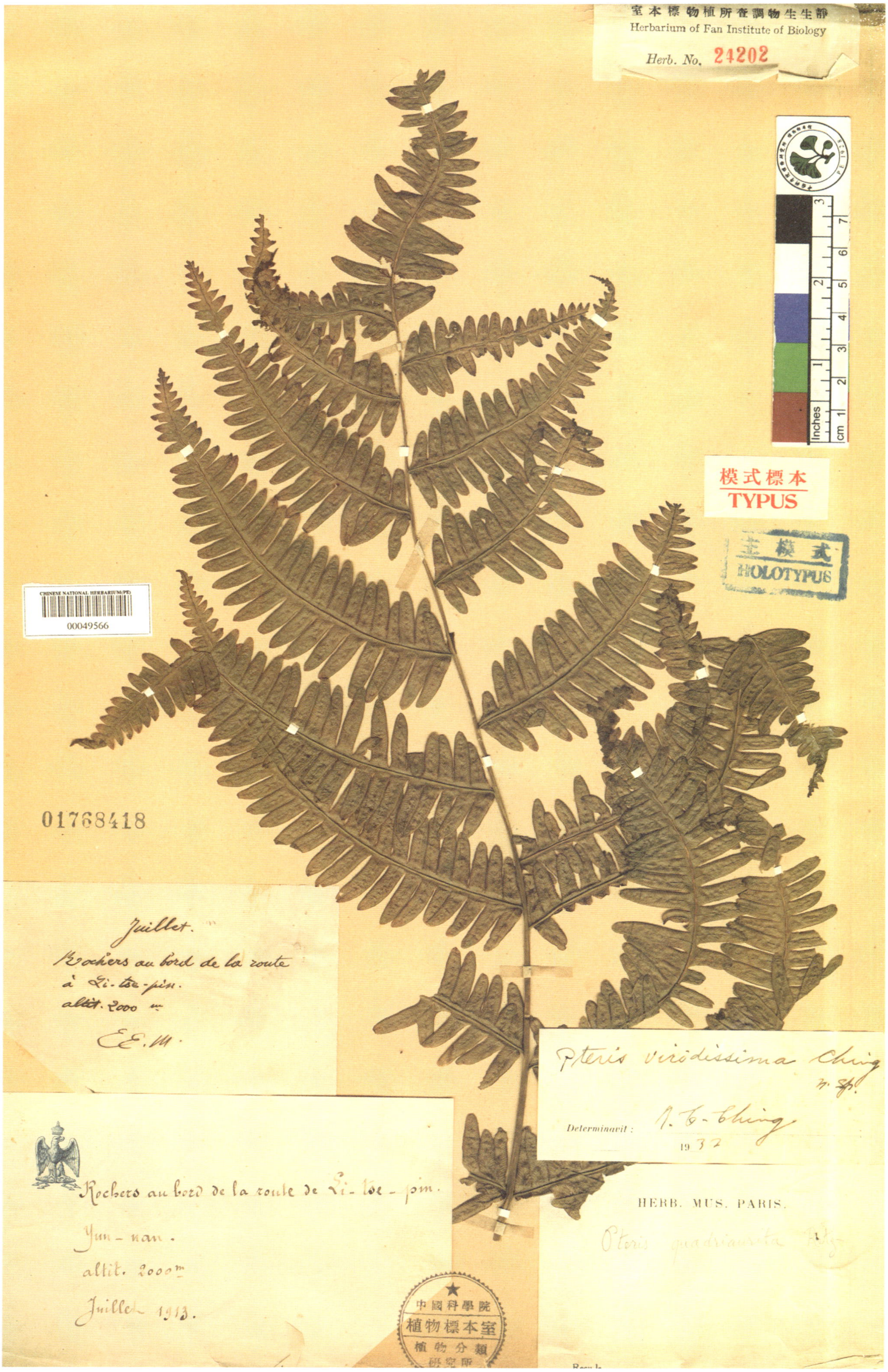

绿轴凤尾蕨 ***Pteris viridissima*** Ching ex Ching & S. H. Wu in Acta Bot. Aust. Sin. 1: 13. 1983. **Holotype:** China. Yunnan: Li-Tse-Pin, alt. 2 000 m, 1913-06-??, E. E. Maire s. n.

鸡冠凤尾蕨 ***Pteris vittata*** L. f. ***cristata*** Ching ex Ching & S. H. Wu in Acta Bot. Aust. Sin. 1983. 1: 4. **Holotype:** China. Guangdong: Wengyuan, 1933-11-07, S. K. Lau 2678.

栗轴凤尾蕨 ***Pteris wangiana*** Ching in Bull. Fan Mem. Inst. Biol., New Ser. 1(3): 311. 1949. **Holotype:** China. Yunnan: Precise locality not known, C. W. Wang & Y. Liu 82474.

Sinopteridaceae

中国蕨科

zhongguojueke

Aleuritopteris afra Pic. Serm. , Webbia 27: 415. 1972.

非洲粉背蕨 ***Aleuritopteris afra*** Pic. Serm. in Webbia 27: 415. 1972. **Isotype:** Tanzania. Kilimanjaro, alt. 2 750 m, 1956-07-08, R. Pichi Sermolli 5164.

裂叶粉背蕨 ***Aleuritopteris argentea*** (Gmel.) Fee var. ***geraniifolia*** Ching & S. K. Wu in Acta Phytotax. Sin. 19(1): 67. 1981. **Holotype:** China. Sichuan: Baoxing, alt. 2 175 m, 1959-07-20, T. P. Soong 39135.

金爪粉背蕨 ***Aleuritopteris cremea*** Ching in Acta Phytotax. Sin. 19(1): 65. 1981. **Holotype:** China. Sichuan: Baoxing, alt. 1 500 m, 1961-08-13, S. Jiang & al. 10170.

黑柄粉背蕨 ***Aleuritopteris ebenipes*** X. C. Zhang in Acta Phytotax. Sin. 32(1): 94, f. 1-2. 1994. **Holotype:** China. Guizhou: Danzhai, alt. 500 m, 1930-07-30, Y. Tsiang 6163.

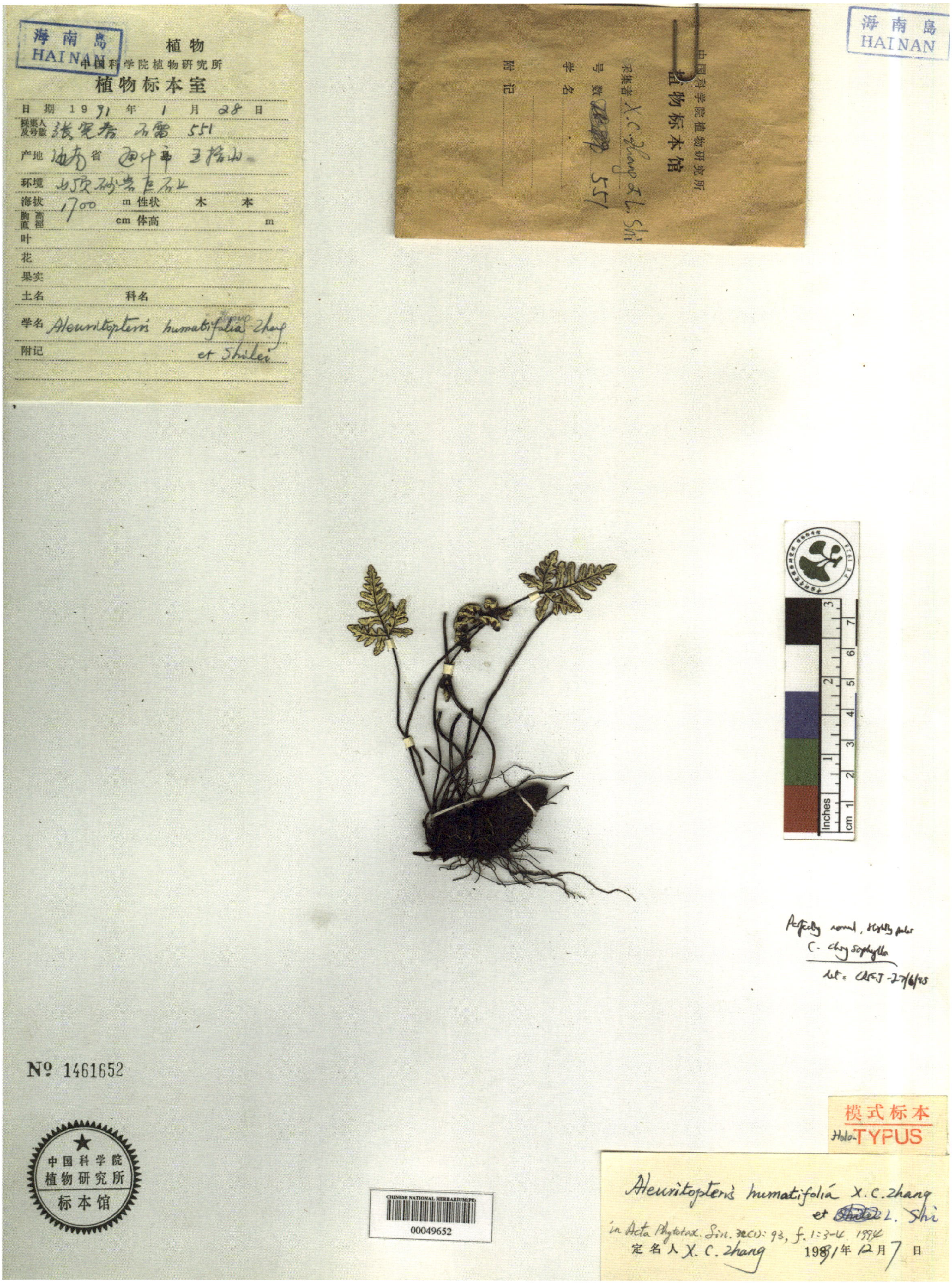

阴石粉背蕨 ***Aleuritopteris humatifolia*** X. C. Zhang & L. Shi in Acta Phytotax. Sin. 32(1): 93, f. 3-4. 1994. **Holotype:** China. Hainan: Wuzhishan, alt. 1 700 m, 1991-01-28, X. C. Zhang & L. Shi 551.

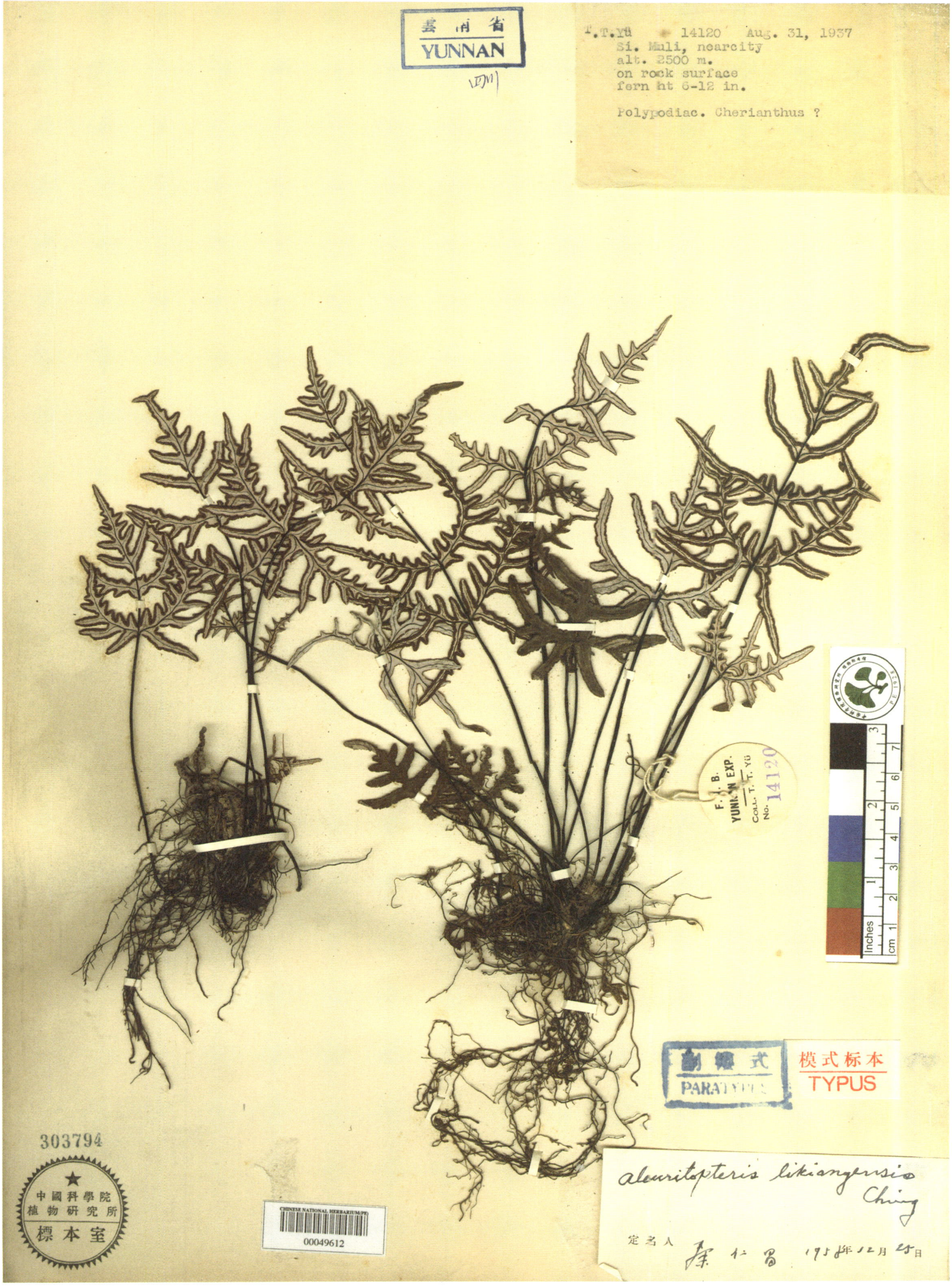

丽江粉背蕨 ***Aleuritopteris likiangensis*** Ching ex S. K. Wu in Acta Phytotax. Sin. 19(1): 64. 1981. **Paratype:** China. Sichuan: Muli, alt. 2 500 m, 1937-08-31, T. T. Yu 14120.

无粉雪白粉背蕨 ***Aleuritopteris niphobola*** (C. Chr.)Ching var. ***concolor*** Ching, Fl. Tsinling. 2: 66, 207. 348. 1974.
Holotype: China. Gansu: Zhouqu, alt. 1 300 m, 1951-07-11, T. P. Wang 14297.

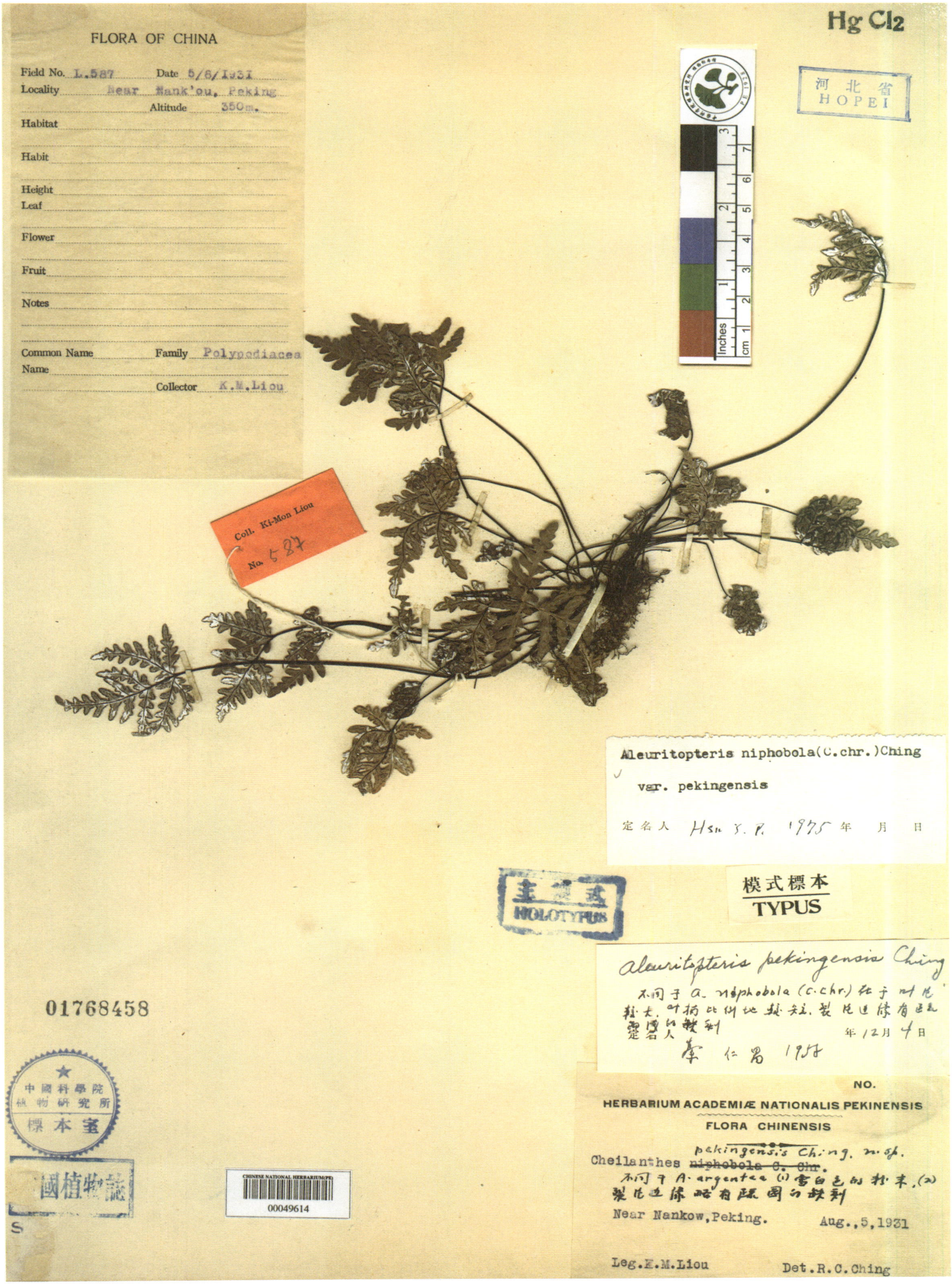

北京粉背蕨 ***Aleuritopteris niphobola*** (C. Chr.) Ching var. ***pekingensis*** Ching & Hsu ex S. K. Wu in Acta Phytotax. Sin. 19(1): 64. 1981. **Holotype:** China. Beijing: Nankou, alt. 380 m, 1931-08-05, K. M. Liou 587.

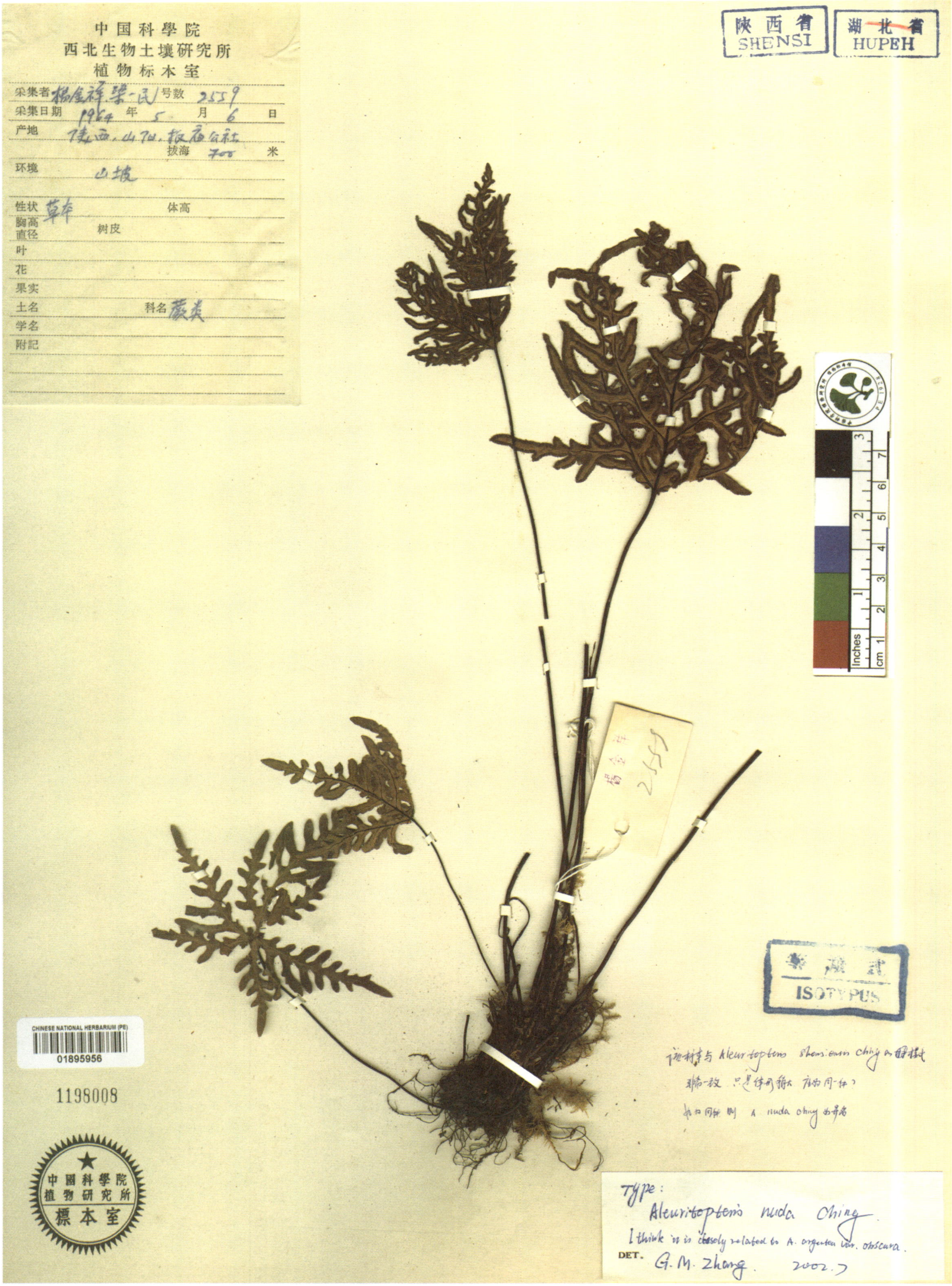

假裸叶粉背蕨 ***Aleuritopteris nuda*** Ching, Fl. Tsinling. 2: 67, 207. 1974. **Isotype:** China. Shaanxi: Shanyang, alt. 700 m, 1964-05-06, K. S. Yang & Y. M. Liang 2559.

阔盖粉背蕨 ***Aleuritopteris platychlamys*** Ching, Fl. Tsinling. 2: 68, 207, pl. 18: 3-6. 1974. **Holotype:** China. Yunnan: Lijiang, alt. 3 500 ～4 000m, 1939-10-20, H. C. Ho 21824.

高山粉背蕨 ***Aleuritopteris platychlamys*** Ching var. ***alpina*** Ching ex S. K. Wu in Acta Phytotax. Sin. 19(1): 71. 1974.
Holotype: China. Yunnan: Lijiang, alt. 3 500～4 000 m, 1942-08-12, K. M. Feng 8941.

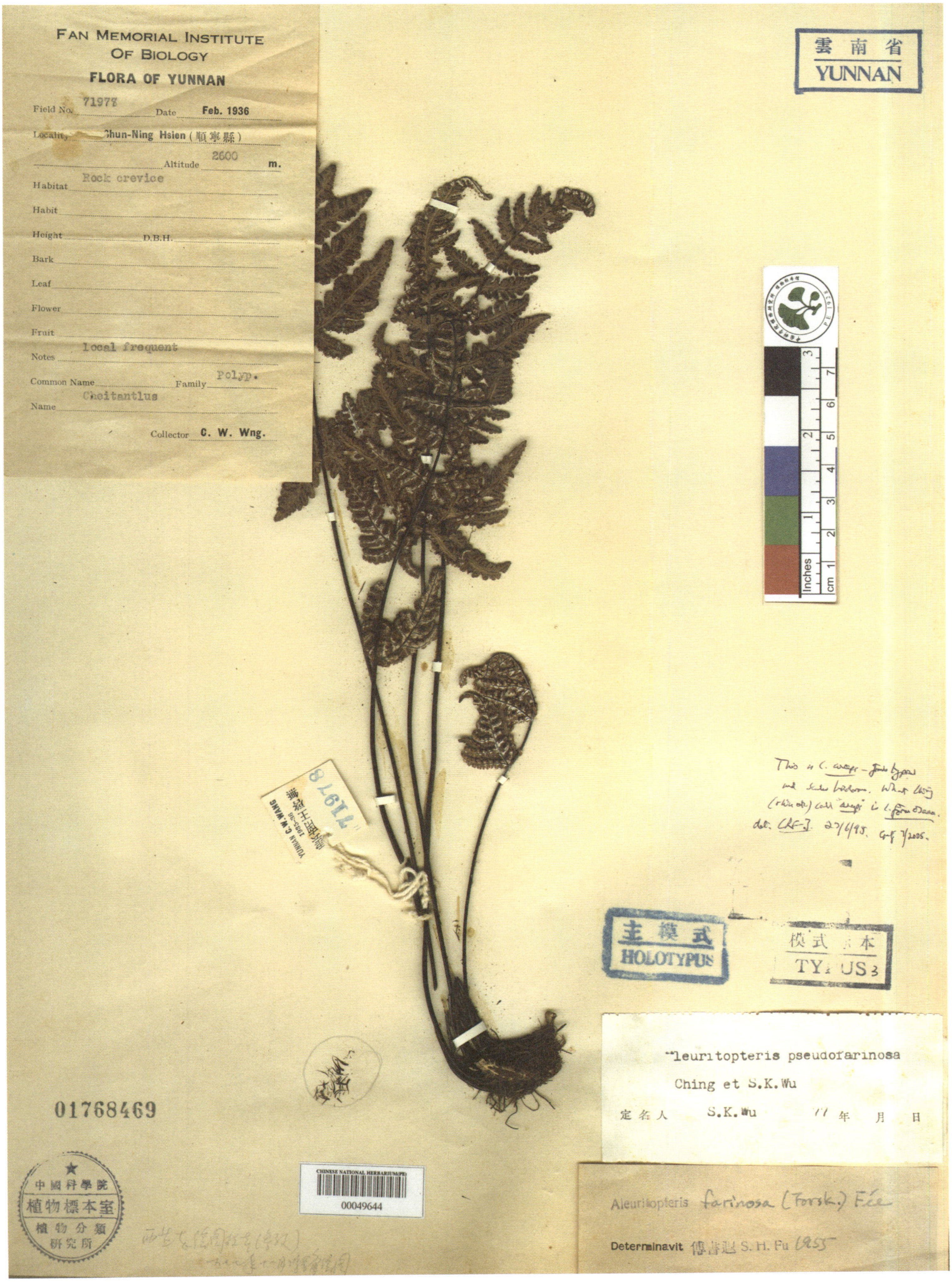

假粉背蕨 ***Aleuritopteris pseudofarinosa*** Ching & S. K. Wu in Acta Phytotax. Sin. 19(1): 72. 1981. **Holotype:** China. Yunnan: Fengqing, alt. 2 600 m, 1936-02-??, C. W. Wang 71978.

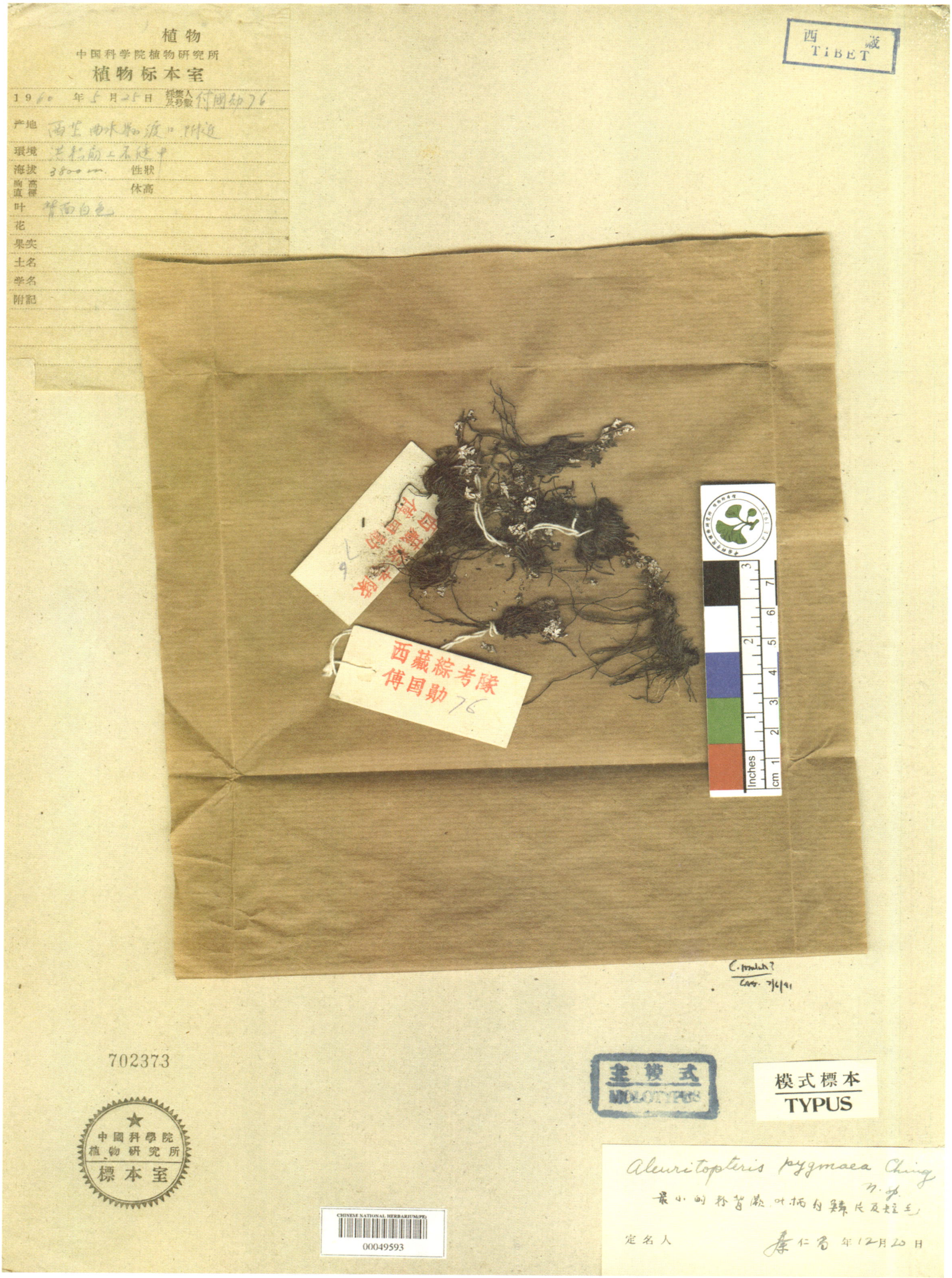

矮粉背蕨 ***Aleuritopteris pygmaea*** Ching ex S. K. Wu in Acta Phytotax. Sin. 19(1): 61, f. 2: 6-8. 1981, **Holotype:** China. Xizang: Qüxü, alt. 3 800 m, 1960-05-25, K. S. Fu 76.

陕西粉背蕨 ***Aleuritopteris shensiensis*** Ching, Fl. Tsinling. 2: 66, 207, pl. 18:1-2. 1974. **Holotype:** China. Shaanxi: Ningshan, alt. 900 m, 1933-07-19, H. W. Kung 3110.

美丽粉背蕨 ***Aleuritopteris speciosa*** Ching & S. K. Wu in Acta Phytotax. Sin. 19(1): 61, f.3: 4-6. 1981.**Holotype:** China. Xizang: Zayü, alt. 3 030 m, 1976-08-10, Qinghai-Xizang Exped. 9508.

狭盖粉背蕨 ***Aleuritopteris stenochlamys*** Ching ex S. K. Wu in Acta Phytotax. Sin. 19(1): 72, f. 3: 1-3. 1981.

Holotype: China. Yunnan: Dali, alt. 2 500 m, 1940-09-23, R. C. Ching 24849.

假银粉背蕨 ***Aleuritopteris subargentea*** Ching ex S. K. Wu in Acta Phytotax. Sin. 19(1): 65, f. 2: 4-5. 1981. **Holotype:** China. Yunnan: Dêqên, alt. 2 800～3 000 m, 1940-08-01, K. M. Feng 6059.

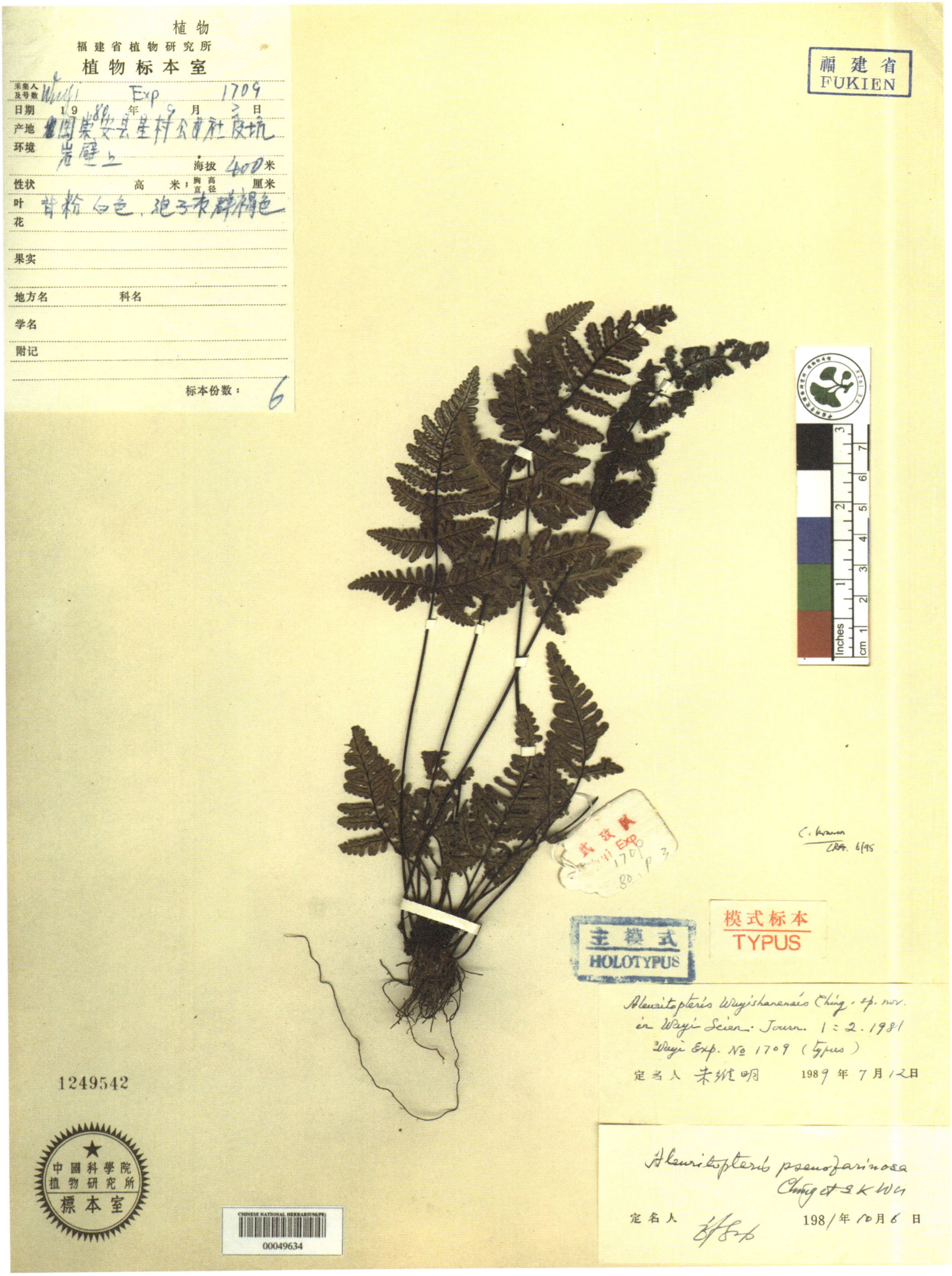

武夷粉背蕨 ***Aleuritopteris wuyishanensis*** Ching in Wuyi Sin. Journ. 1: 2. 1981. **Holotype:** China. Fujian: Chongan, alt. 400 m, 1980-09-03, Wuyi Exped. 1709.

小叶中国蕨 ***Cheilanthes albofusca*** Baker in in Kew Bull. 99: 54. 1895. **Isotype:** China. Yunnan: Mengzi, alt. 1 739 m, 1893-05-??, Hancock 126.

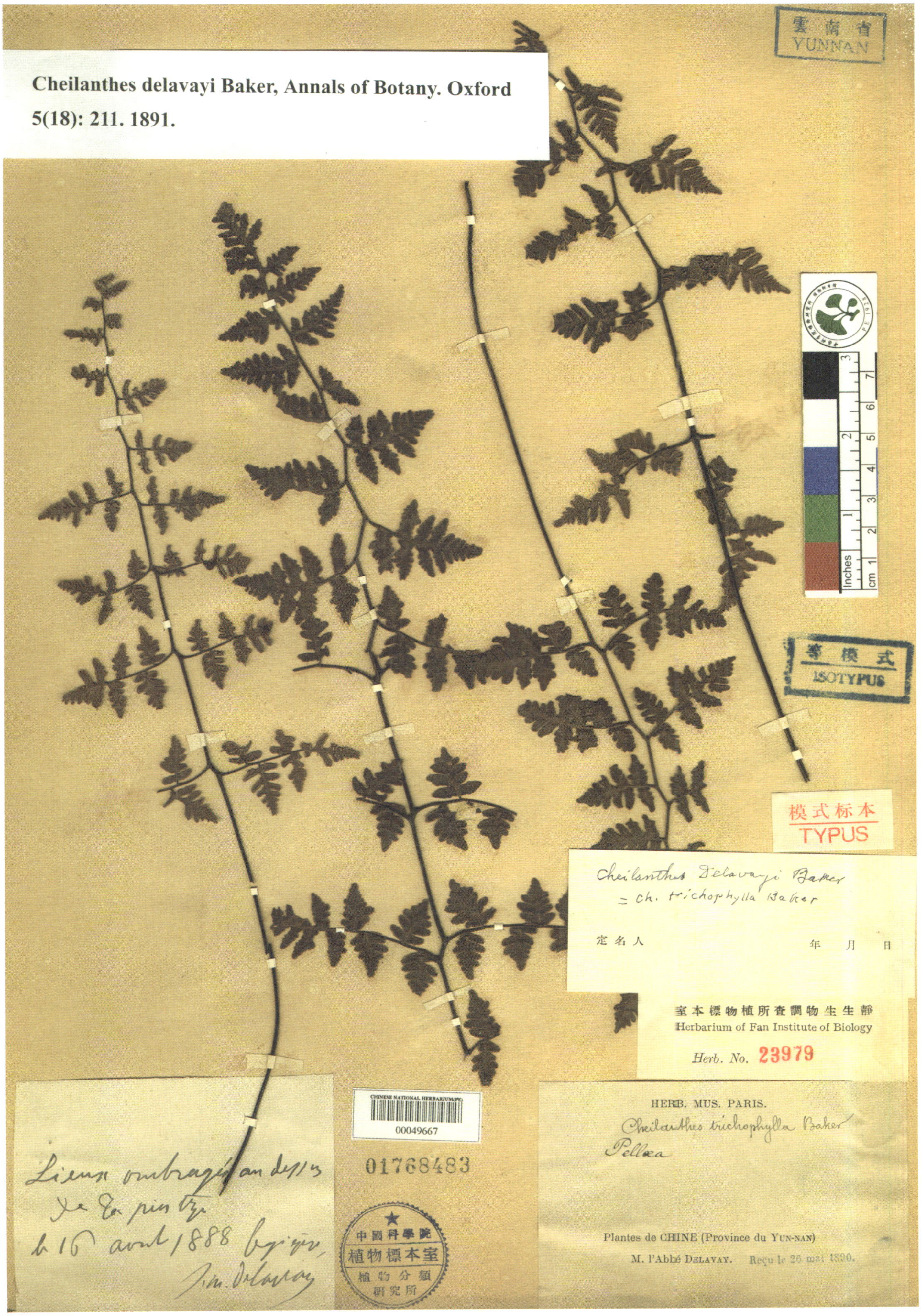

德氏粉背蕨 ***Cheilanthes delavayi*** Baker in Ann. Bot. 5(18): 211. 1891. **Isotype:** China. Yunnan: Precise locality not known, 1890-05-26, Delavay s. n.

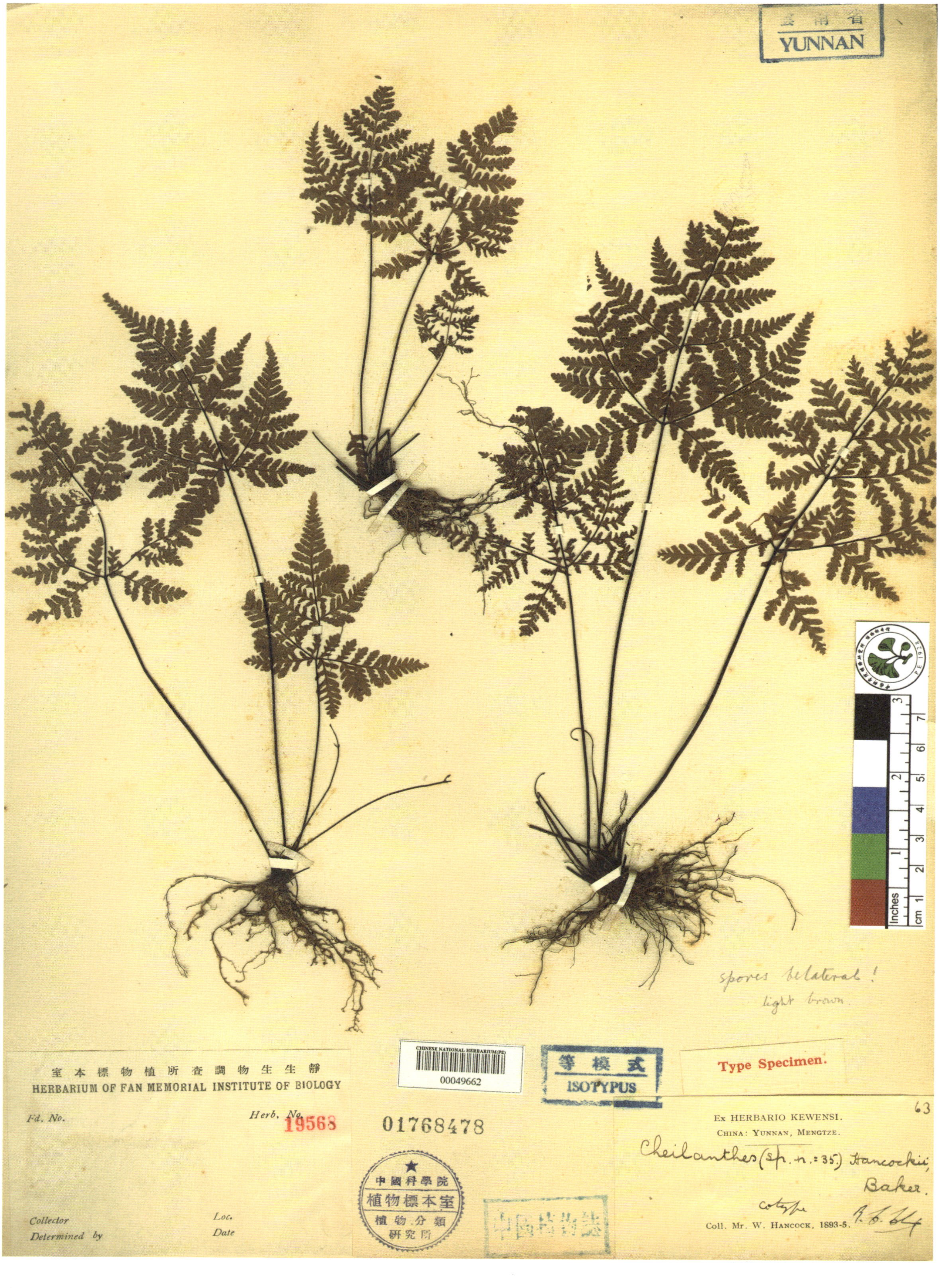

大理碎米蕨 ***Cheilanthes hancockii*** Baker in Kew Bull. 99: 54. 1895. **Isotype:** China. Yunnan: Mengzi, 1893-05-??, Hancock 63.

厚叶碎米蕨 ***Cheilanthes insignis*** Ching, Fl. Tsinling. 2: 72, 208, pl. 18: 7-9. 1974. **Paratype:** China. Sichuan: Puge, alt. 2 750 m, 1958-06-14, C. T. Kuan 2446.

Cheilanthes trichophylla Baker, Annals of Botany. Oxford 5(18): 211. 1891.

毛粉背蕨 ***Cheilanthes trichophylla*** Baker in Ann. Bot. 5(18): 211. 1891. **Isotype:** China. Yunnan: Precise locality not known,（1883～1885）-??-??, Delavay s. n.

峨眉珠蕨 ***Cryptogramma emeiensis*** Ching & K. H. Shing in Acta Phytotax. Sin. 20(2): 234. 1982. **Holotype:** China. Sichuan: Emei, Emeishan, alt. 3 000 m, 1963-08-10, K. H. Shing & K. Y. Lang 117.

陕西珠蕨 ***Cryptogramma shensiensis*** Ching, Fl. Tsinling. 2: 60, 206, pl. 15: 4-6. 1974. **Holotype:** China. Shaanxi: Taibaishan, alt. 2 670 m, 1957-08-27, C. Wang 2394.

裸叶粉背蕨 ***Doryopteris duclouxii*** Christ in Bull. Acad. Int. Geogr. Bot. 17: 139 1907. **Isotype:** China. Yunnan: Precise locality not known, 1905-10-18, F. Ducloux 82.

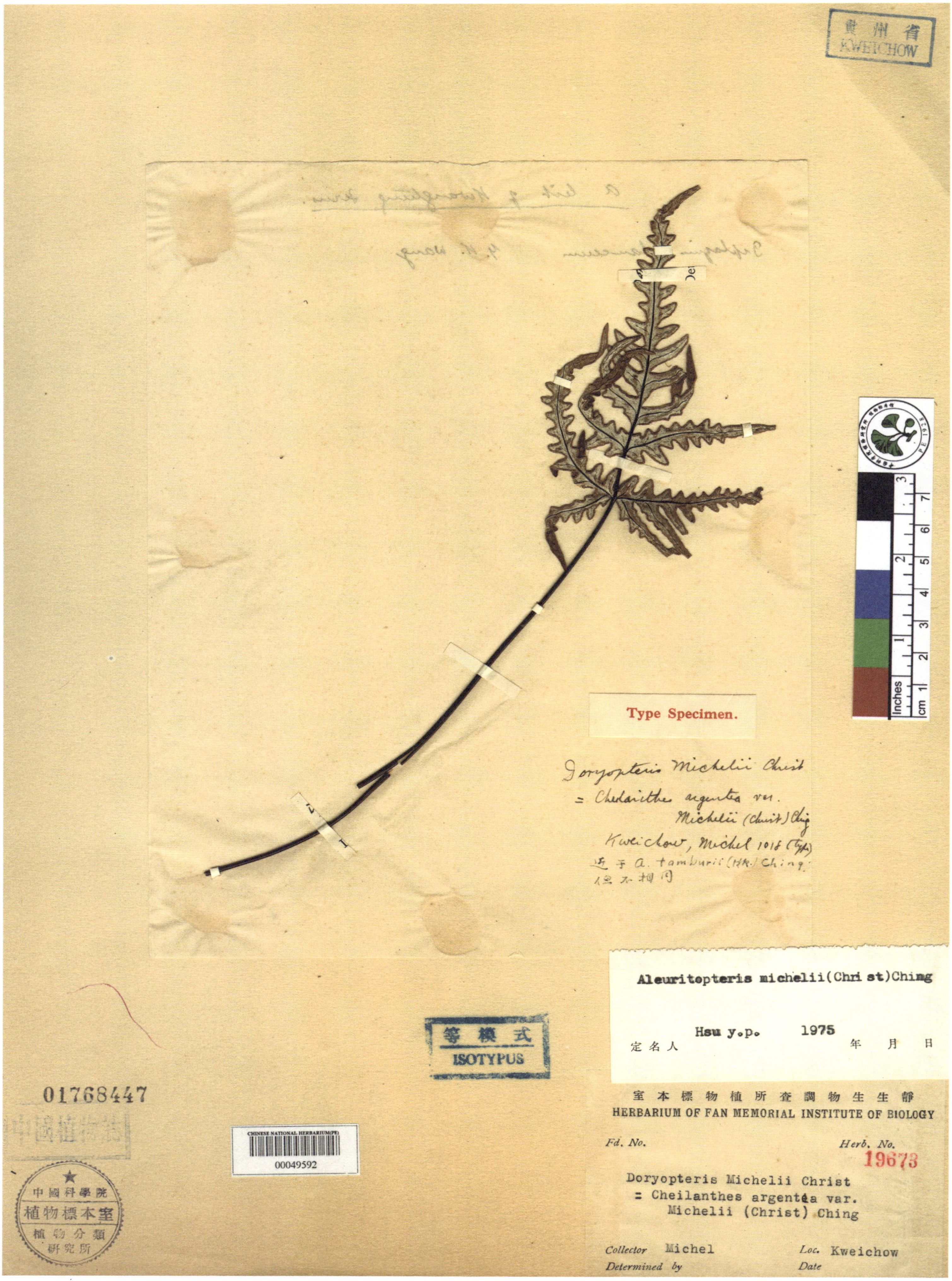

长尾粉背蕨 ***Doryopteris michelii*** Christ in Bull. Acad. Int. Geogr. Bot. 20: 14. 1910. **Isotype:** China. Guizhou: Precise locality not known, 1908-??-??, Michel 1018.

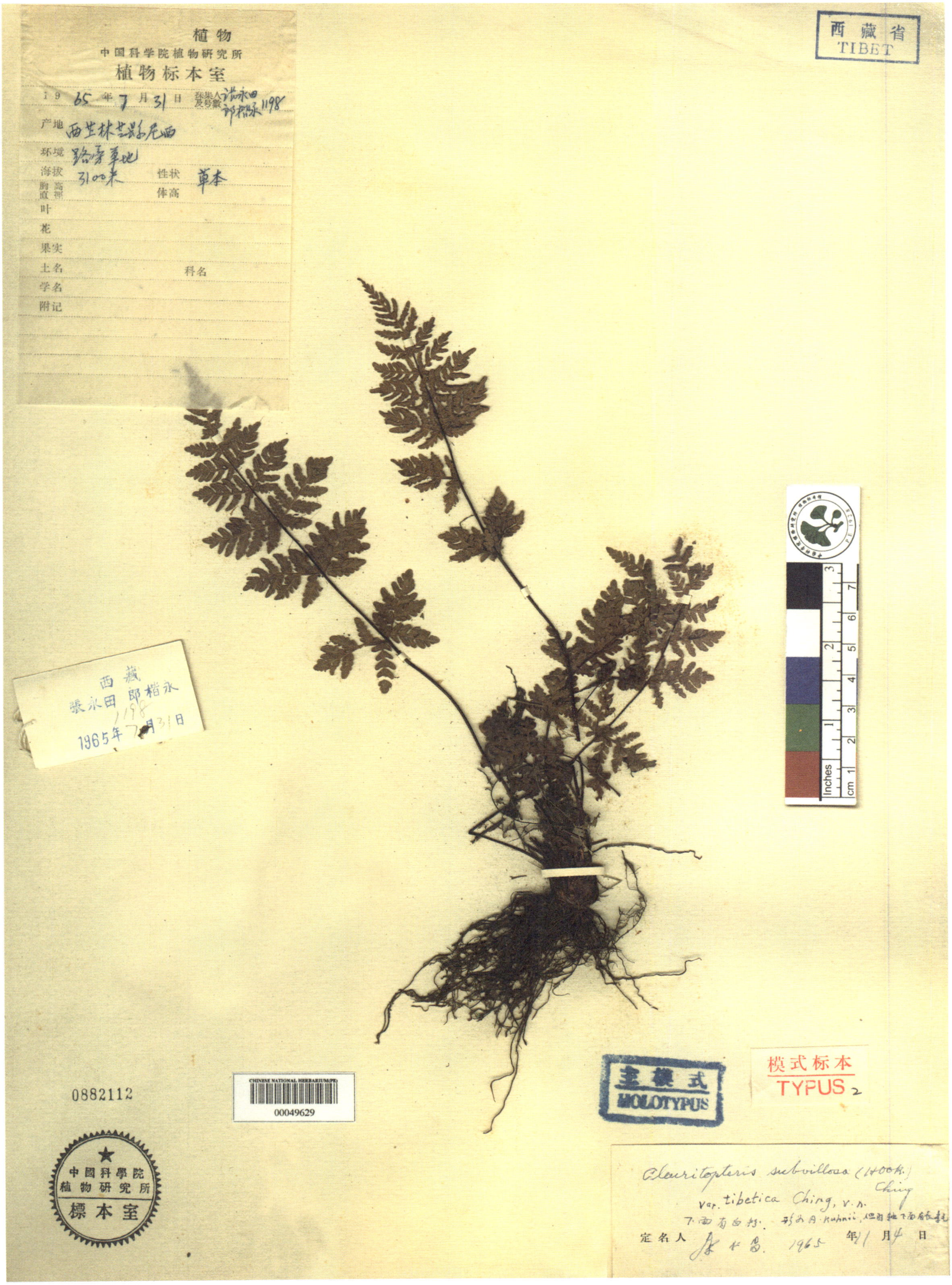

西藏薄鳞蕨 ***Lepetolepidium subvillosum*** (Hook.) K. H. Shing & S. K. Wu var. ***tibeticum*** Ching & S. K. Wu in Acta Bot. Yunnan. 1(1): 116. 1979. **Holotype:** China. Xizang: Nyingchi, alt. 3 100 m, 1965-07-31. Y. T. Chang & K. Y. Lang 1198.

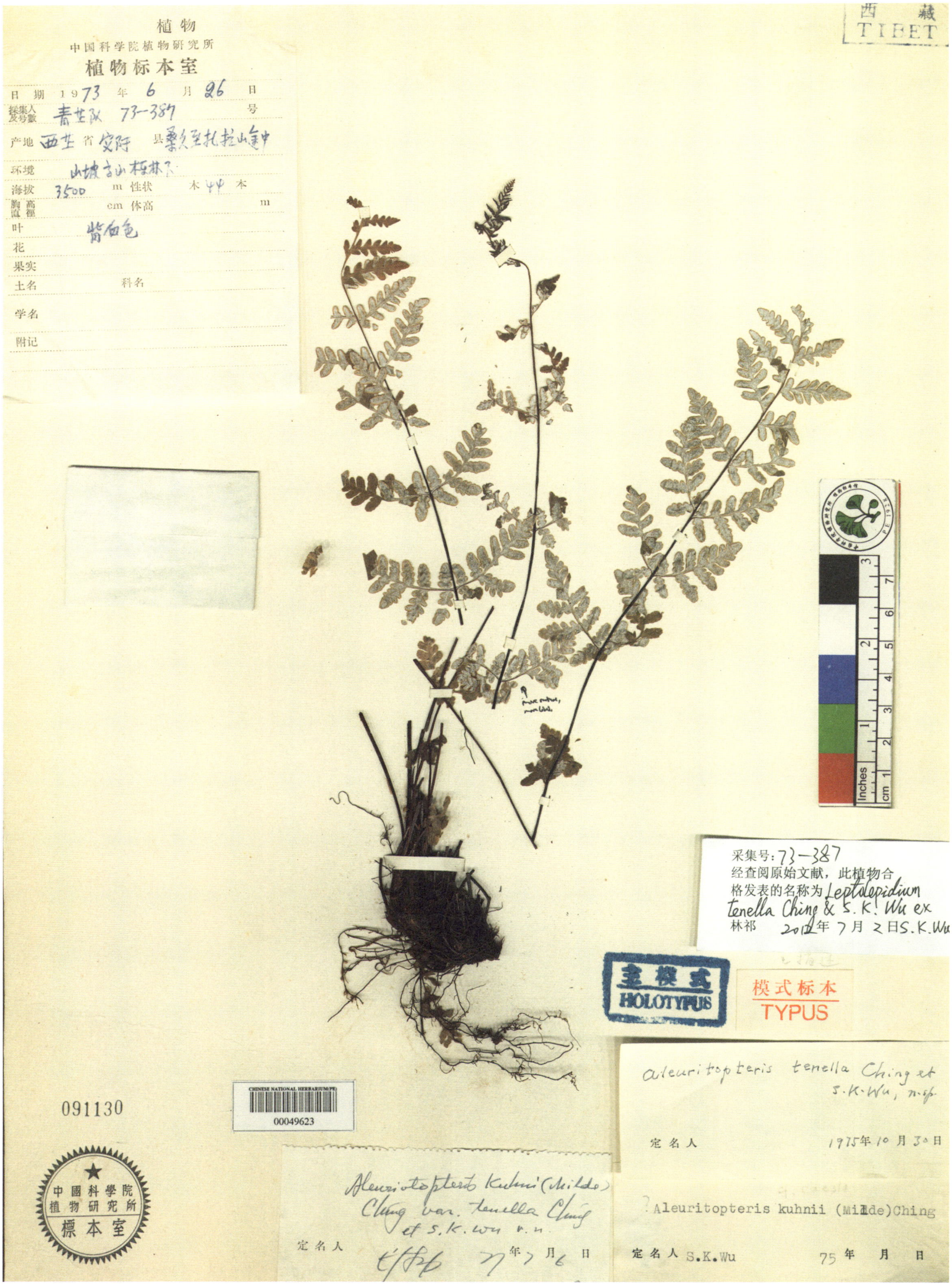

察隅薄鳞蕨 ***Lepetolepidium tenella*** Ching & S. K. Wu in Acta Bot. Yunnan. 1(1): 117, pl. 1. 1979. **Holotype:** China. Xizang: Zayü, alt. 3 500 m, 1973-06-26, Qinghai-Xizang Exped. 73-387.

狭叶金粉蕨 ***Onychium angustifolium*** Ching in Acta Phytotax. Sin. 20(2): 233. 1982. **Holotype:** China. Sichuan: Guan Xian（=Dujiangyan）, 1939-11-16, H. C. Chow 1188.

湖北金粉蕨 ***Onychium ipii*** Ching in Lingnan Sci. Journ. 15(2): 282. 1936. **Holotype:** China. Hubei: Gucheng, 1935-10-14, K. C. Chow 3982.

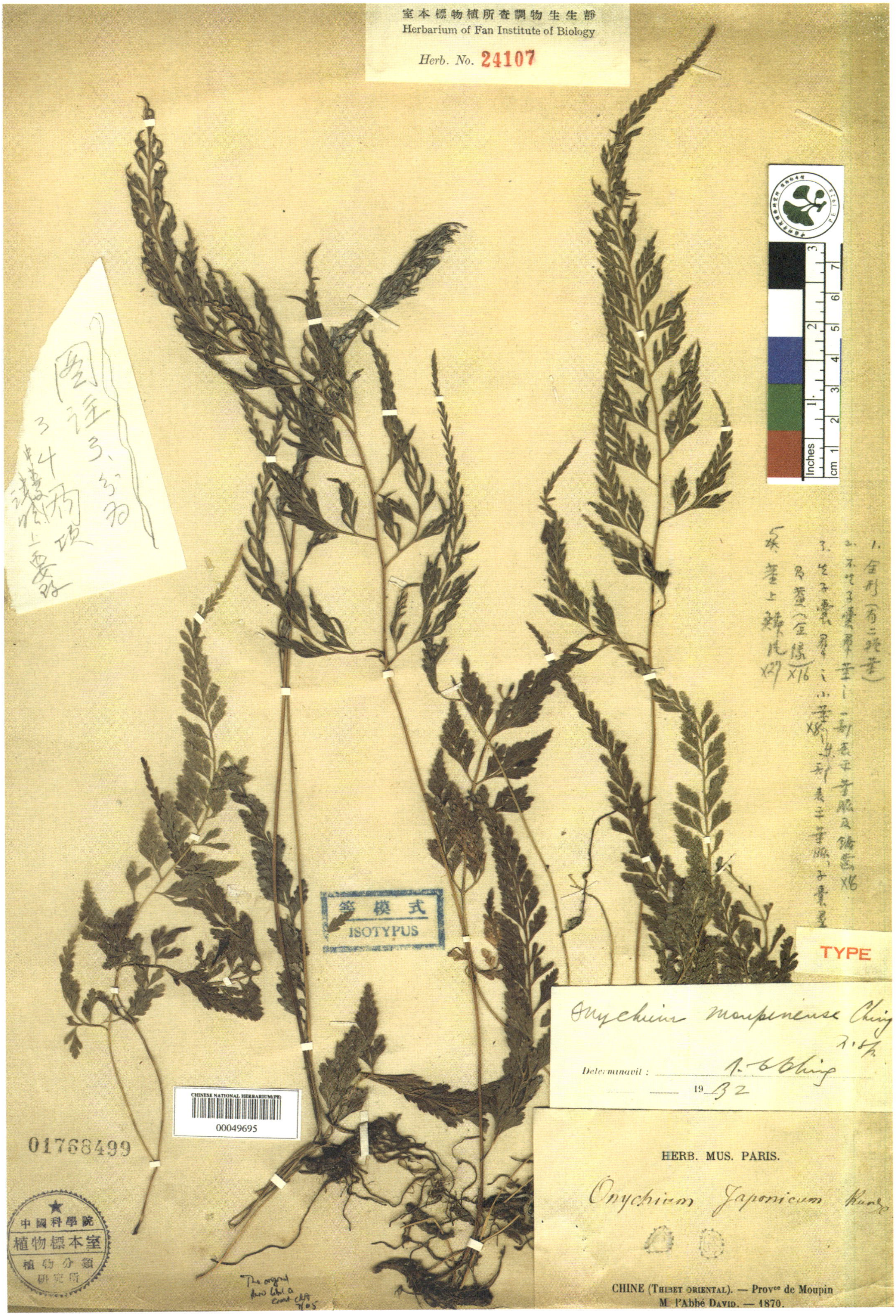

木坪金粉蕨 ***Onychium moupinense*** Ching in Lingnan Sci. Journ. 13(3): 500. 1934. **Isotype:** China. Sichuan: Baoxing, 1870-??-??, David s. n.

西藏金粉蕨 ***Onychium tibeticum*** Ching & S. K. Wu, Fl. Xizang. 1: 77. 1983. **Holotype:** China. Xizang: Bomi, alt. 2 300 m, 1974-06-28, Qinghai-Xizang Exped. 1531.

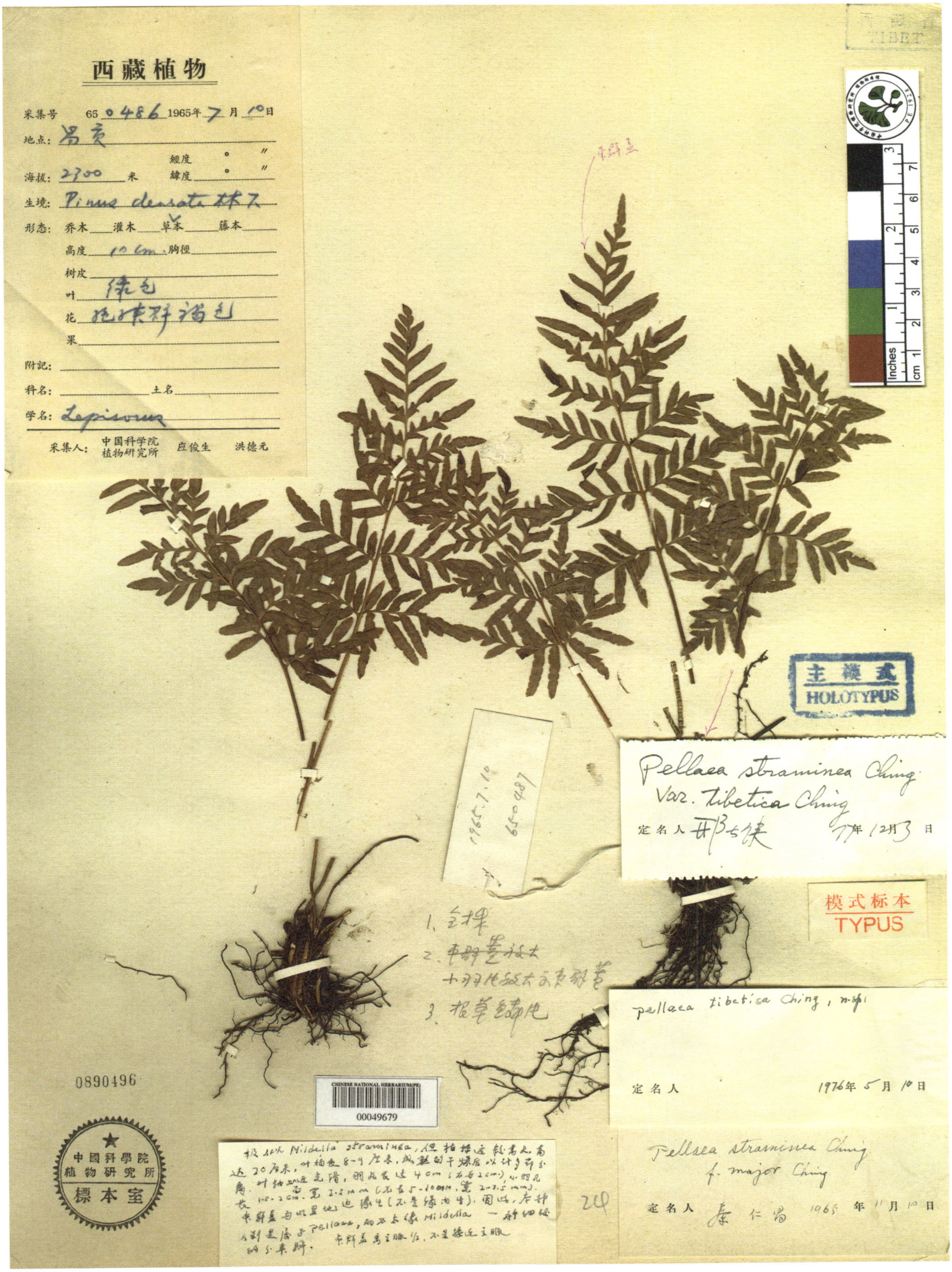

西藏旱蕨 ***Pellaea straminea*** Ching var. ***tibetica*** Ching, Fl. Xizang. 1: 91, f. 22. 1983. **Holotype:** China. Xizang: Yigong (=Bomi), alt. 2 300 m, 1965-07-10, T. S. Ying & D. Y. Hong 650486.

云南旱蕨 ***Pellaea yunnanensis*** Ching in Acta Phytotax. Sin. 20(2): 235. 1982. **Holotype:** China. Yunnan: Precise locality not known, 1938-06-27, C. Y. Wu 10590.

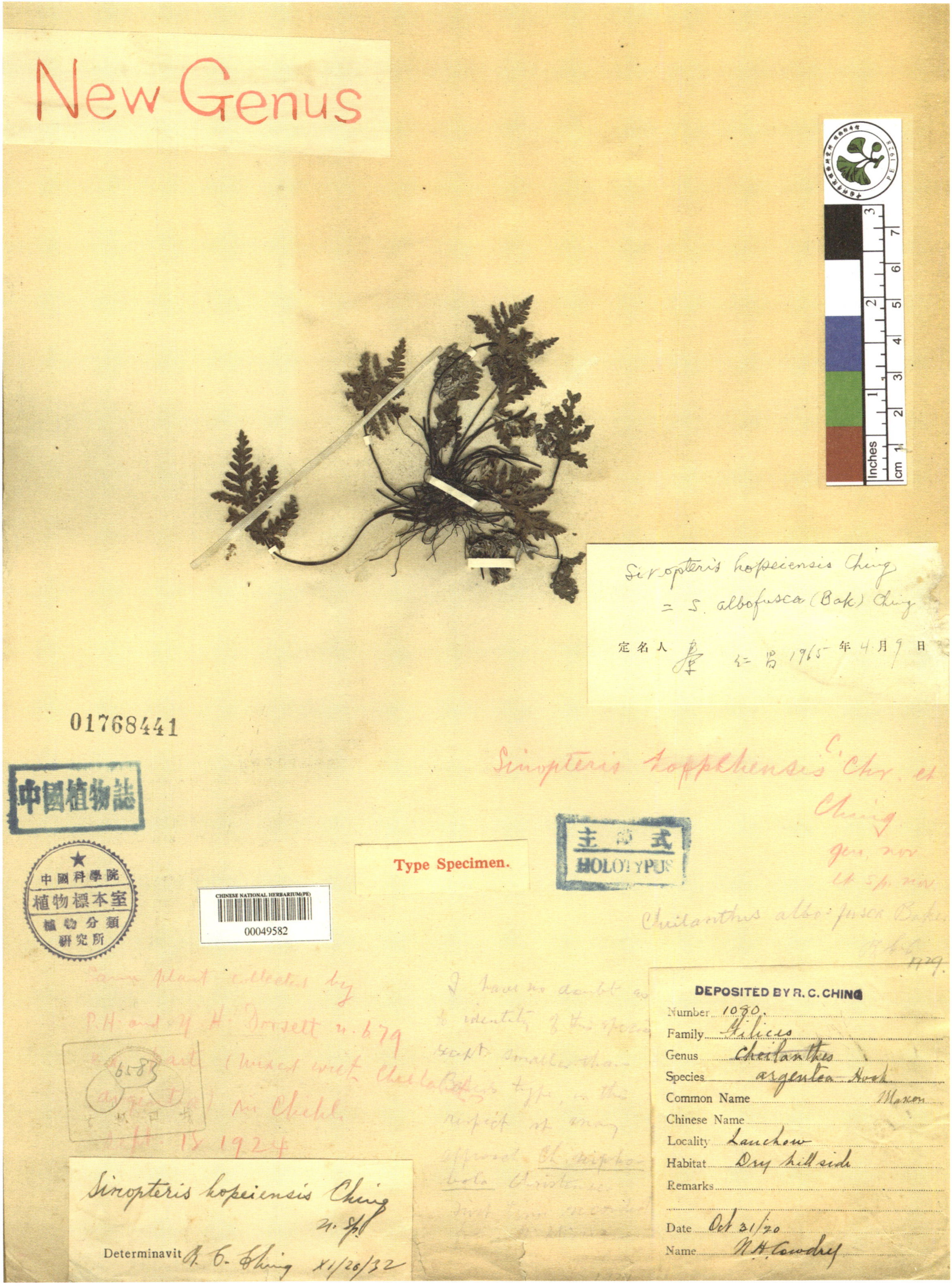

河北中国蕨 ***Sinopteris hopeiensis*** C. Christ. & Ching in Bull. Fan Mem. Inst. Biol. 4: 361. 1933. **Holotype:** China. Hebei: Lanchow (=Laiyuan), 1920-10-31, N. H. Cowdry 1080.

Adiantaceae

铁线蕨科

tiexianjueke

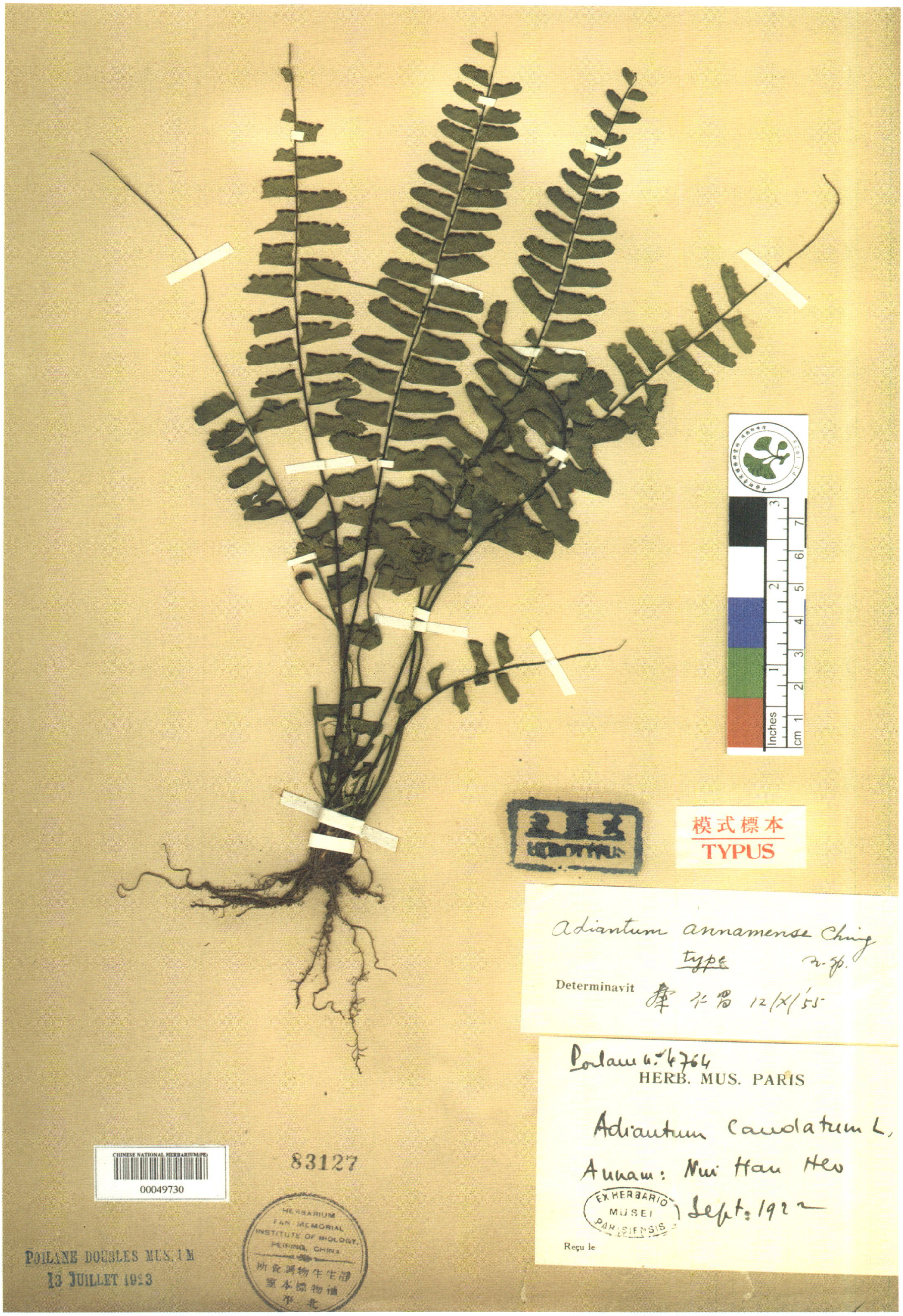

安南铁线蕨 ***Adiantum annamense*** Ching in Acta Phytotax. Sin. 6(4): 315. 1957. **Holotype:** Vietnam. Annam: Nui Han Heo, 1922-09-??, Boilane 4764.

无芒铁线蕨 ***Adiantum bonatianum*** Brause var. ***subaristatum*** Ching in Acta Phytotax. Sin. 6(4): 338. 1957. **Holotype:** China. Sichuan: Emei, Emeishan, SZ Herb. No. 5199.

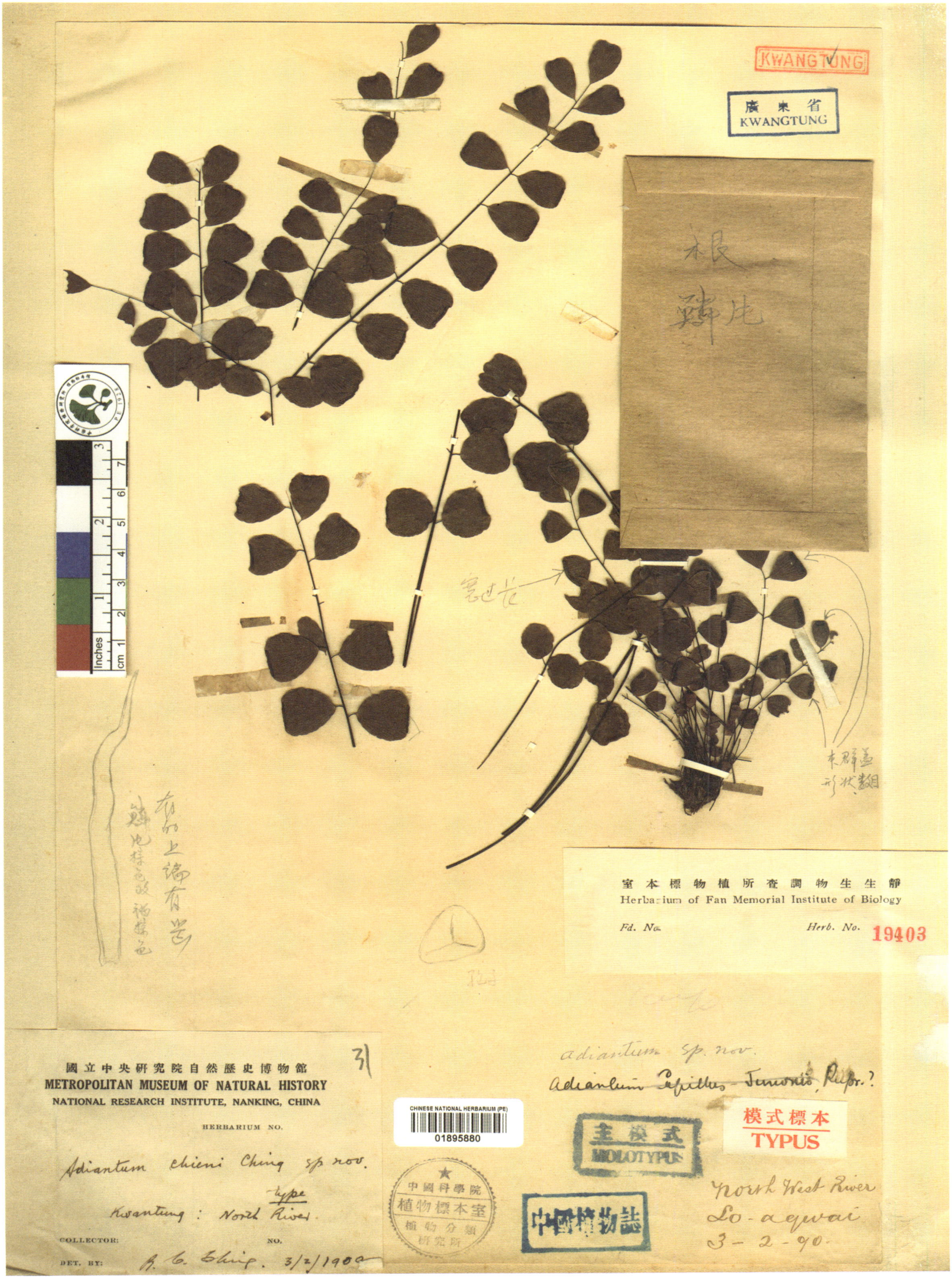

北江铁线蕨 ***Adiantum chienii*** Ching in Sinensia 1(4): 50. 1930. **Holotype:** China. Guangdong: North River, 1900-02-03, Lo-aqwai s. n.

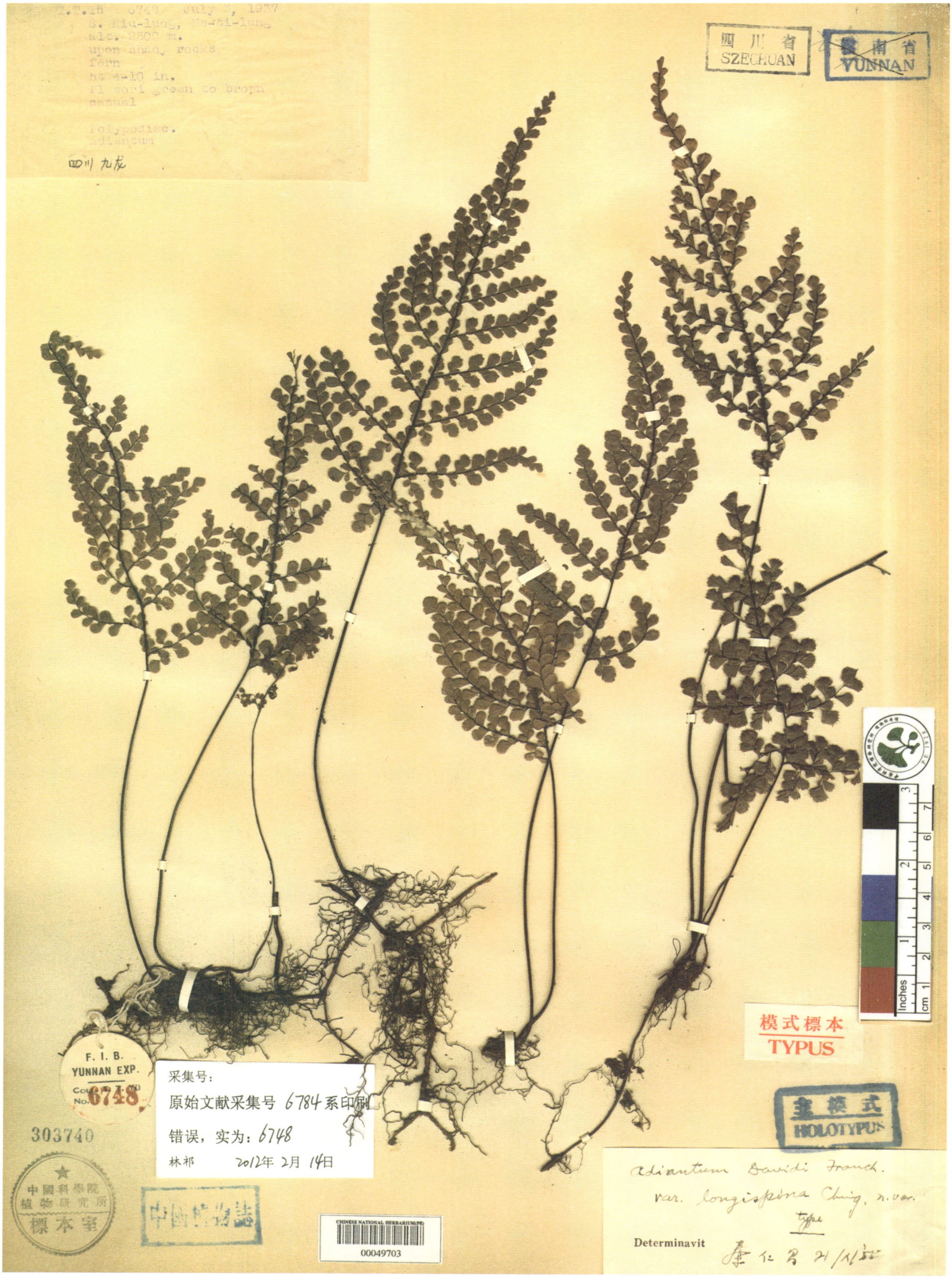

长刺铁线蕨 ***Adiantum davidii*** Franch. var. ***longispinum*** Ching in Acta Phytotax. Sin. 6(4): 333. 1957, ‘*longispina*’.
Holotype: China. Sichuan: Jiulong, alt. 2 500 m, 1937-07-03, T. T. Yu 6748.

冯氏铁线蕨 ***Adiantum fengianum*** Ching in Bull. Fan Mem. Inst. Biol., New Ser. 1: 267. 1949. **Holotype:** China. Yunnan: Lijiang, alt. 3 400 m, 1942-08-29, K. M. Feng 9206.

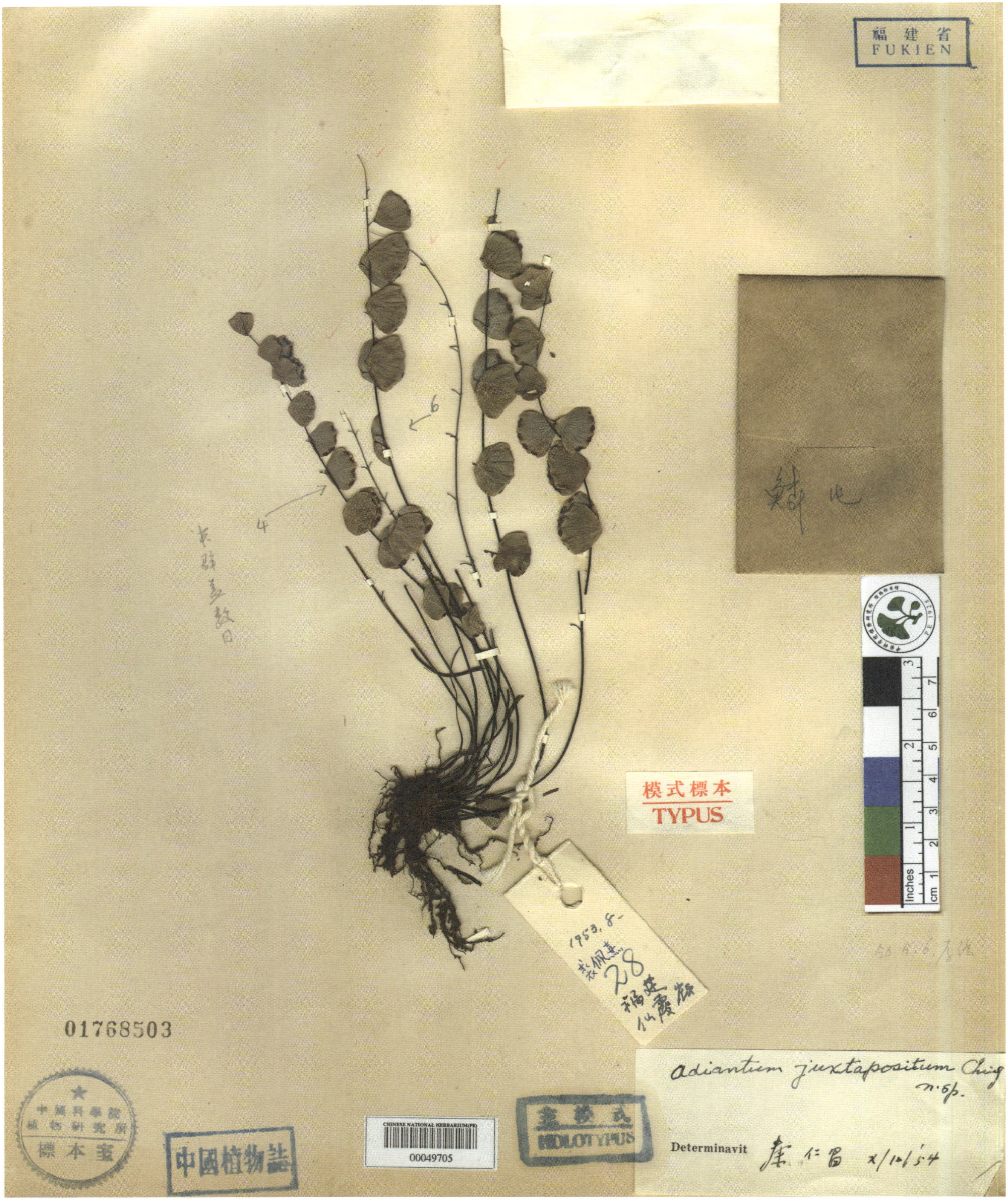

仙霞铁线蕨 ***Adiantum juxtapositum*** Ching in Acta Phytotax. Sin. 6(4): 312. 1957. **Holotype:** China. Fujian: Xianxialing, 1953-08-??, P. X. Qiu 28.

白垩铁线蕨 ***Adiantum levingei*** Baker in Ann. Bot. 5: 207. 1890-1891. **Isotype:** India. Sikkim: Chingtang, alt. 915 m, 1882-11-??, H. C. Levinge s. n.

缙云铁线蕨 ***Adiantum lingii*** Ching in Acta Phytotax. Sin. 6(4): 341. 1957. **Holotype:** China. Chongqing: Jinyunshan, 1929-07-??, L. Y. Lin 1502.

钝叶铁线蕨 ***Adiantum muticum*** Ching in Bull. Fan Mem. Inst. Biol., New Ser. 1 268. 1949. **Holotype:** China. Yunnan: Heqing, 1940-07-27, R. C. Ching 23383.

荷叶铁线蕨 ***Adiantum reniforme*** L. var. ***sinense*** Y. X. Lin in Acta Phytotax. Sin. 18(1): 102, f. 1: 1–5. 1980. **Holotype:** China. Sichuan: Wanxian, alt. 350 m, 1976-07-19, Y. X. Lin 52.

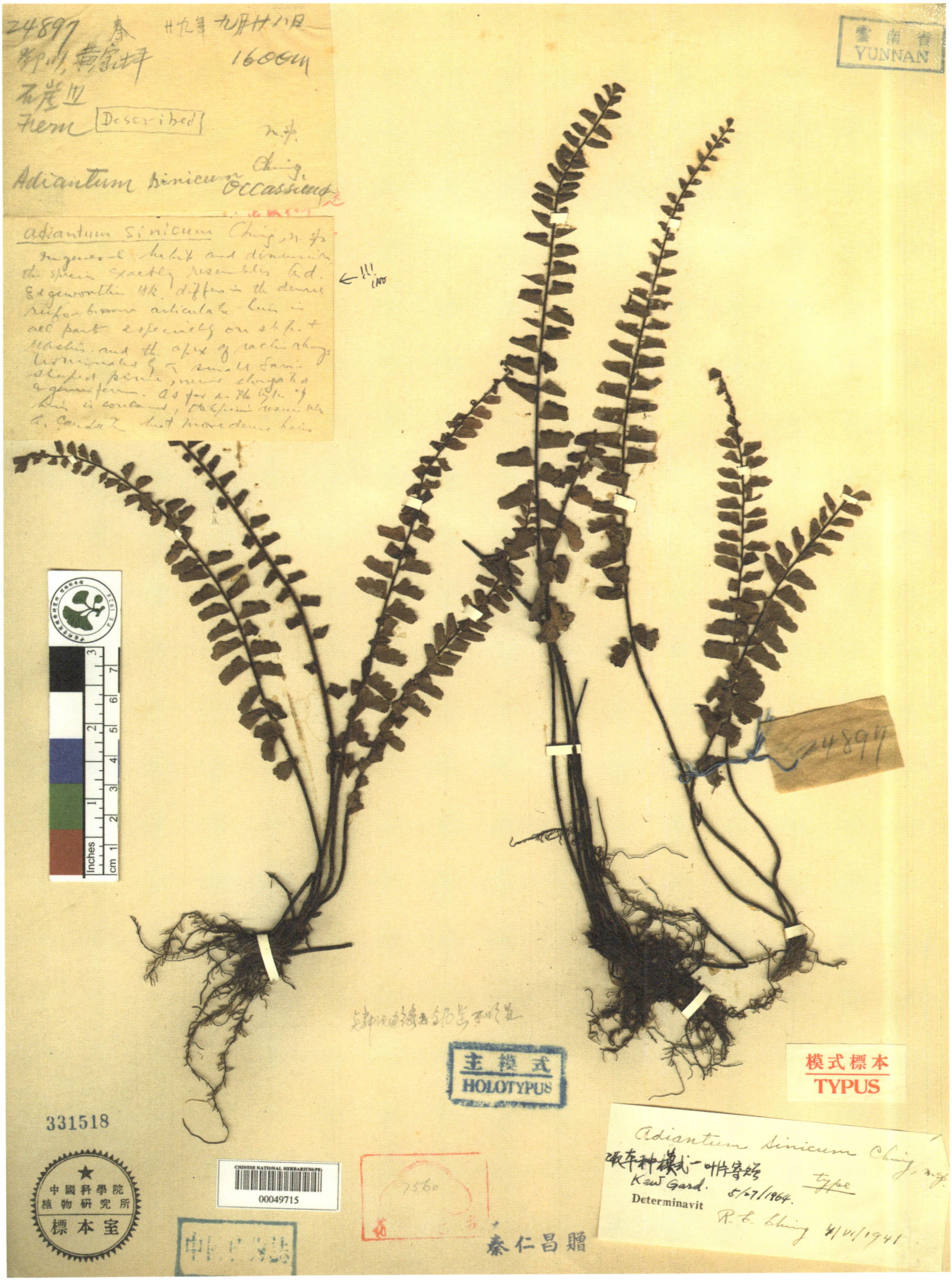

苍山铁线蕨 ***Adiantum sinicum*** Ching in Bull. Fan Mem. Inst. Biol., New Ser. 1: 268. 1949. **Holotype:** China. Yunnan: Tengchong, alt. 1 600 m, 1940-09-28, R. C. Ching 24897.

昌化铁线蕨 ***Adiantum subpedatum*** Ching in Bull. Bot. Res., Harbin 3(3): 2, photo. 2. 1983. **Holotype:** China. Zhejiang: Changhua, alt. 950 m, 1981-06-18, C. F. Zhang 6716.

西藏铁线蕨 ***Adiantum tibeticum*** Ching, Fl. Xizang. 1: 95, f. 23: 1-2. 1983. **Holotype:** China. Xizang: Gyirong, alt. 3 200 m, 1972-06-05, Xizang Medicinal Herb. Exped. 133.

圆齿铁线蕨 ***Adiantum venustum*** Don var. ***breviserratum*** Ching in Acta Phytotax. Sin. 6(4): 335. 1980. **Holotype:** China. Yunnan: Chengkang, alt. 3 500 m, 1935-08-03, T. T. Yu 17150.

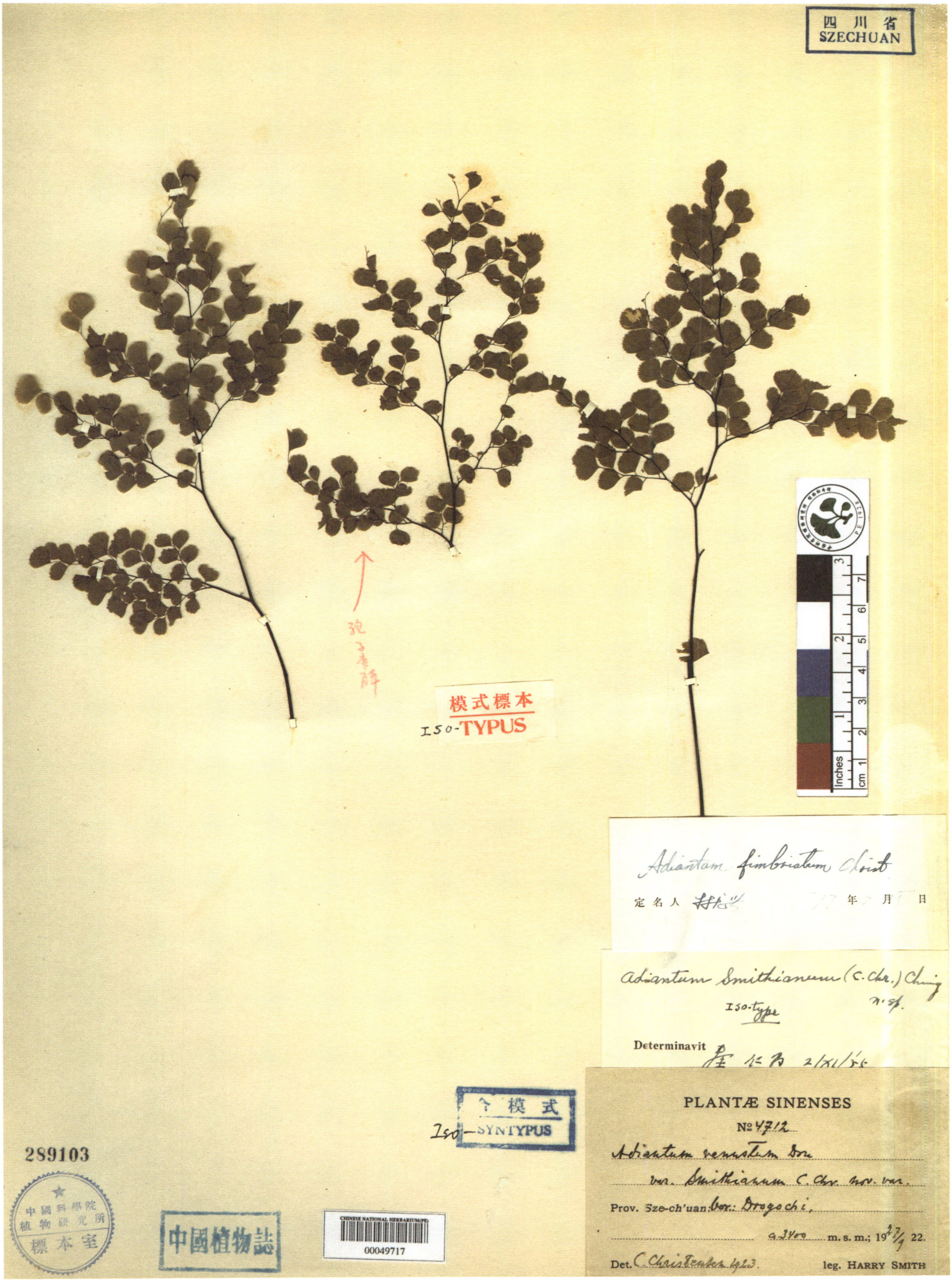

长盖铁线蕨 ***Adiantum venustum*** Don var. ***smithianum*** C. Chr. in Acta Horti Gothob. 1(2): 93. 1924. **Isosyntype:** China. Sichuan: Drogochi (=Barkam) , alt. 3 400 m, 1922-09-27, H. Smith 4712.

钝齿铁线蕨 ***Adiantum venustum*** Don var. ***wuliangense*** Ching & Y. X. Lin in Acta Phytotax. Sin. 18(1): 104, f. 1: 16. 1980. **Holotype:** China. Yunnan: Jingdong, Wuliangshan, alt. 2 400 m, 1959-05-05, S. G. Xu 4857.

Hemionitidaceae

裸子蕨科

luozijueke

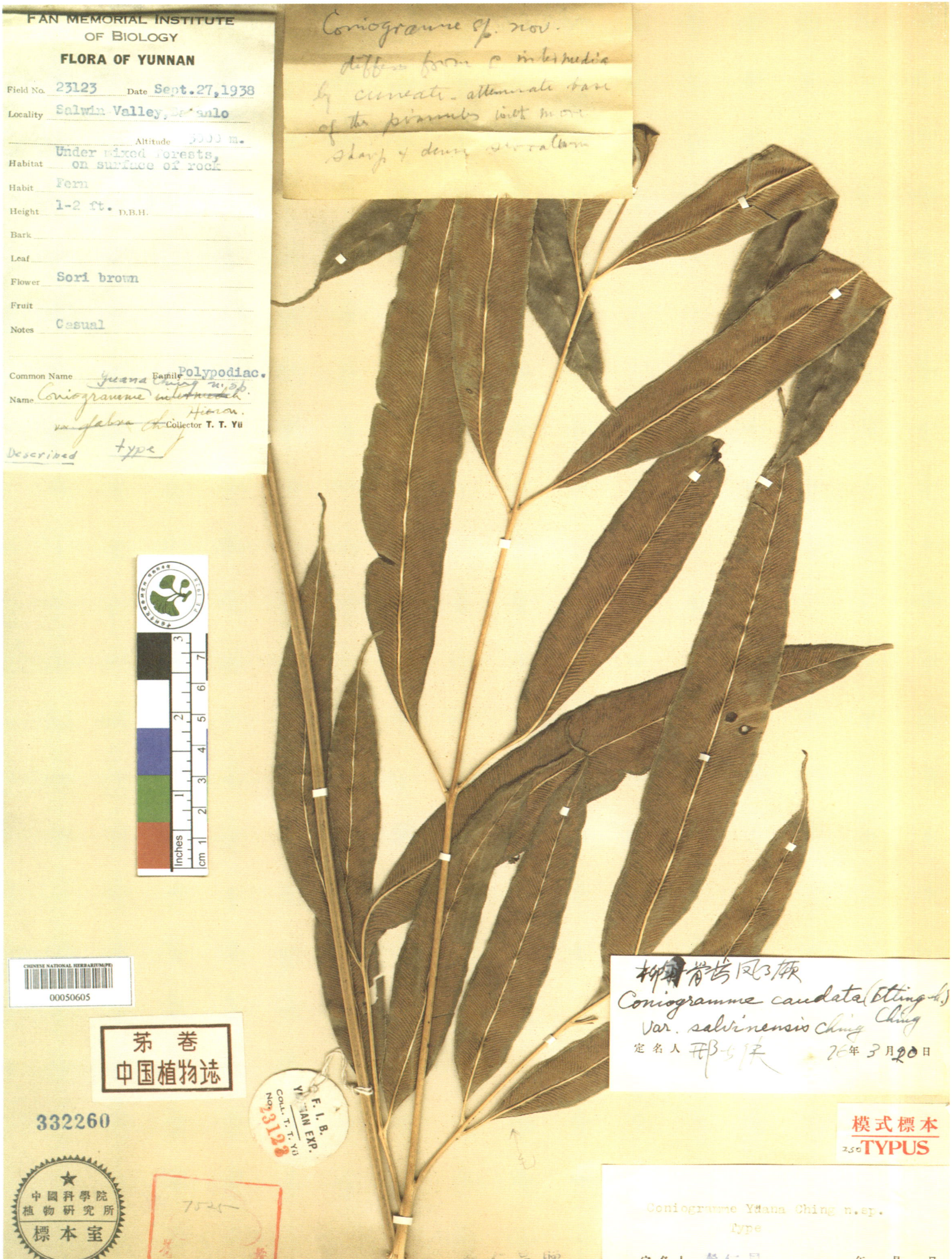

怒江凤丫蕨 ***Coniogramme caudate*** (Ettingsh.) Ching var. ***salwinensis*** Ching & K. H. Shing in Acta Bot. Yunnan. 3(2): 227. 1981. **Isotype:** China. Yunnan: Salwin valley, alt. 3 000 m, 1938-09-27, T. T. Yu 23123.

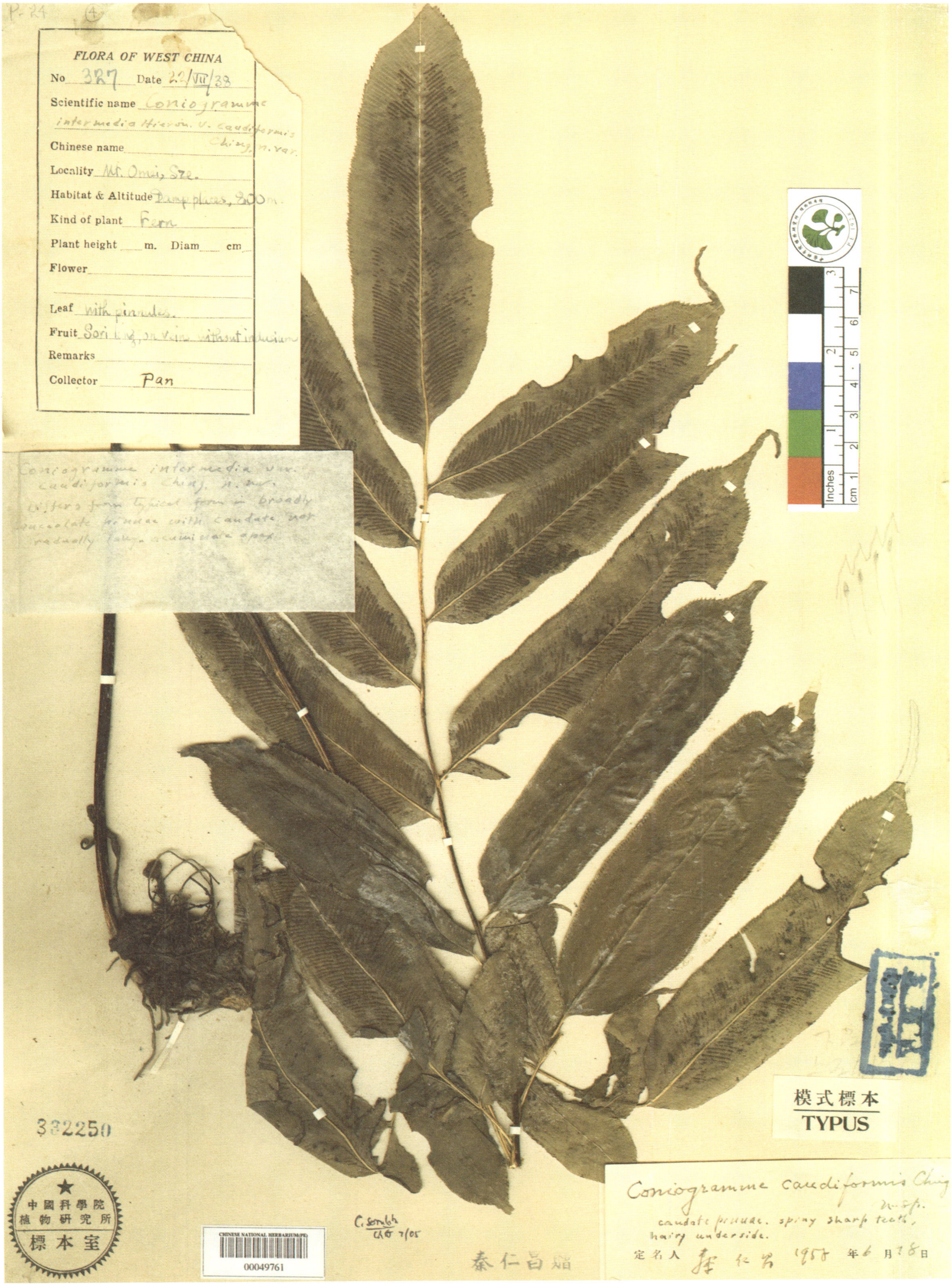

尾尖凤丫蕨 ***Coniogramme caudiformis*** Ching & K. H. Shing in Acta Bot. Yunnan. 3(2): 233. 1981. **Holotype:** China. Sichuan: Emei, Emeishan, alt. 800 m, 1938-07-22, Pan 327.

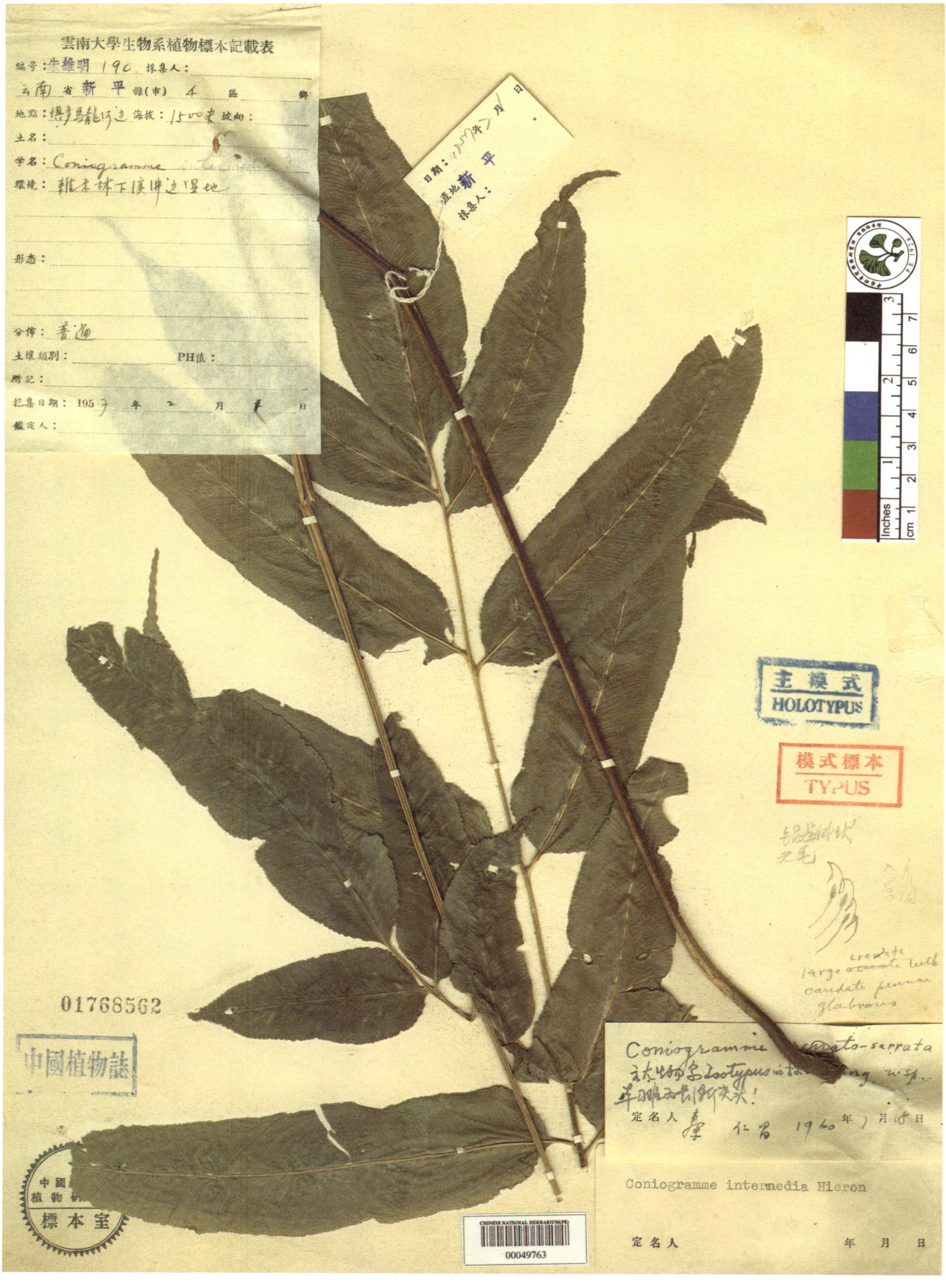

圆齿凤丫蕨 ***Coniogramme crenatoserrata*** Ching & K. H. Shing in Acta Bot. Yunnan. 3(2): 230. 1981. **Holotype:** China. Yunnan: Xinping, alt. 1 500 m, 1957-02-01, W. M. Chu 190.

镰羽凤丫蕨 ***Coniogramme falcipinna*** Ching & K. H. Shing in Acta Bot. Yunnan. 3(2): 224. 1981. **Holotype:** China. Sichuan, Emei, Emeishan, alt. 1 050 m, 1963-08-31, K. H. Shing & K. Y. Lang 1072.

微齿凤丫蕨 ***Coniogramme fraxinea*** (Don) Diels f. ***connexa*** Ching in Acta Phytotax. Sin. 20(2): 235. 1982. **Holotype:** China. Yunnan: Mengyang, alt. 950 m, 1957-??-??, Sino-Russia Yunnan Exped. 7235.

澜沧凤丫蕨 ***Coniogramme lancangensis*** Ching & K. H. Shing in Acta Bot. Yunnan. 3(2): 221. 1981. **Holotype:** China. Yunnan: Lancang, alt. 1 300 m, 1936-05-??, C. W. Wang 76740.

披针凤丫蕨 ***Coniogramme lanceolata*** Ching ex K. H. Shing in Acta Bot. Yunnan. 3(2): 218. 1981. **Holotype:** China. Yunnan: Longling to Tengchong, alt. 1 400 m, 1952-11-24, R. C. Ching 50431.

阔基凤丫蕨 ***Coniogramme latibasis*** Ching ex K. H. Shing in Acta Bot. Yunnan. 3(2): 234. 1981. **Holotype:** China. Yunnan: Dengchuan, 1940-09-22, R. C. Ching 24821.

宽羽凤丫蕨 ***Coniogramme latipinna*** Ching & K. H. Shing in Bull. Bot. Res., Harbin 4(3): 5, photo. 6. 1984. **Holotype:** China. Chongqing: Nanchuan, Jinfoshan, alt. 750 m, 1983-04-28, Z. Y. Liu 4048.

长羽凤丫蕨 ***Coniogramme longissima*** Ching & H. S. Kung ex K. H. Shing in Acta Bot. Yunnan. 3(2): 225. 1981.
Holotype: China. Sichuan, Emei, Emeishan, alt. 1 500 m, 1963-08-26, K. H. Shing & K. Y. Lang 914.

闊带凤丫蕨 ***Coniogramme maxima*** Ching & K. H. Shing in Acta Bot. Yunnan. 3(2): 232. 1981. **Holotype:** China. Sichuan: Emei, Emeishan, alt. 1 520 m, 1963-09-02, K. H. Shing & K. Y. Lang 1171.

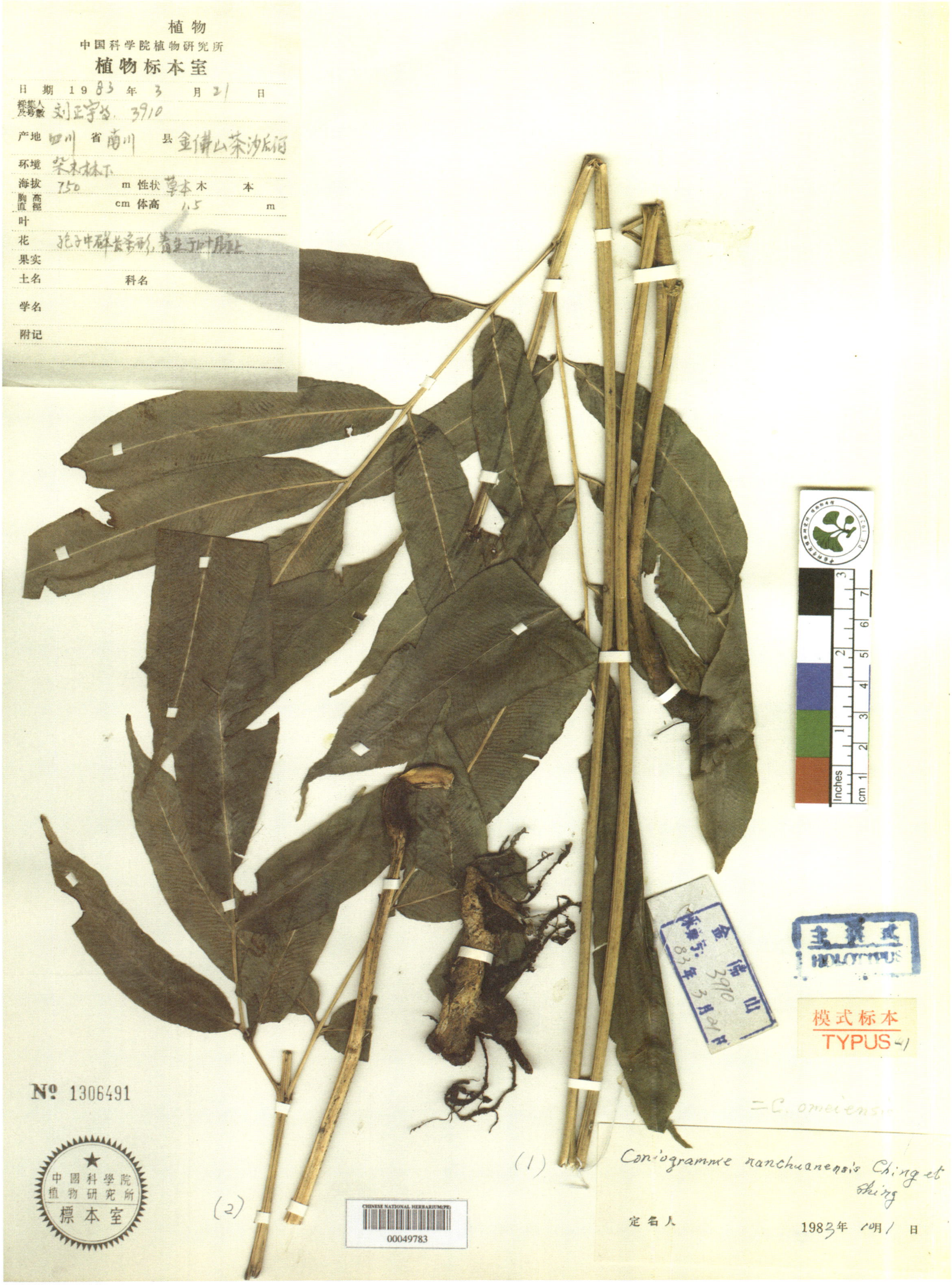

南川凤丫蕨 ***Coniogramme nanchuanensis*** Ching & K. H. Shing in Bull. Bot. Res., Harbin 4(3): 4, photo. 4–5. 1984.
Holotype: China. Chongqing: Nanchuan, Jinfoshan, alt. 750 m, 1983-03-21, Z. Y. Liu 3910.

新黑轴凤丫蕨 ***Coniogramme neorobusta*** Ching & K. H. Shing in Bull. Bot. Res., Harbin 4(3): 2, photo. 2. 1984.
Holotype: China. Chongqing: Nanchuan, Jinfoshan, alt. 750 m, 1983-03-21, Z. Y. Liu 3908.

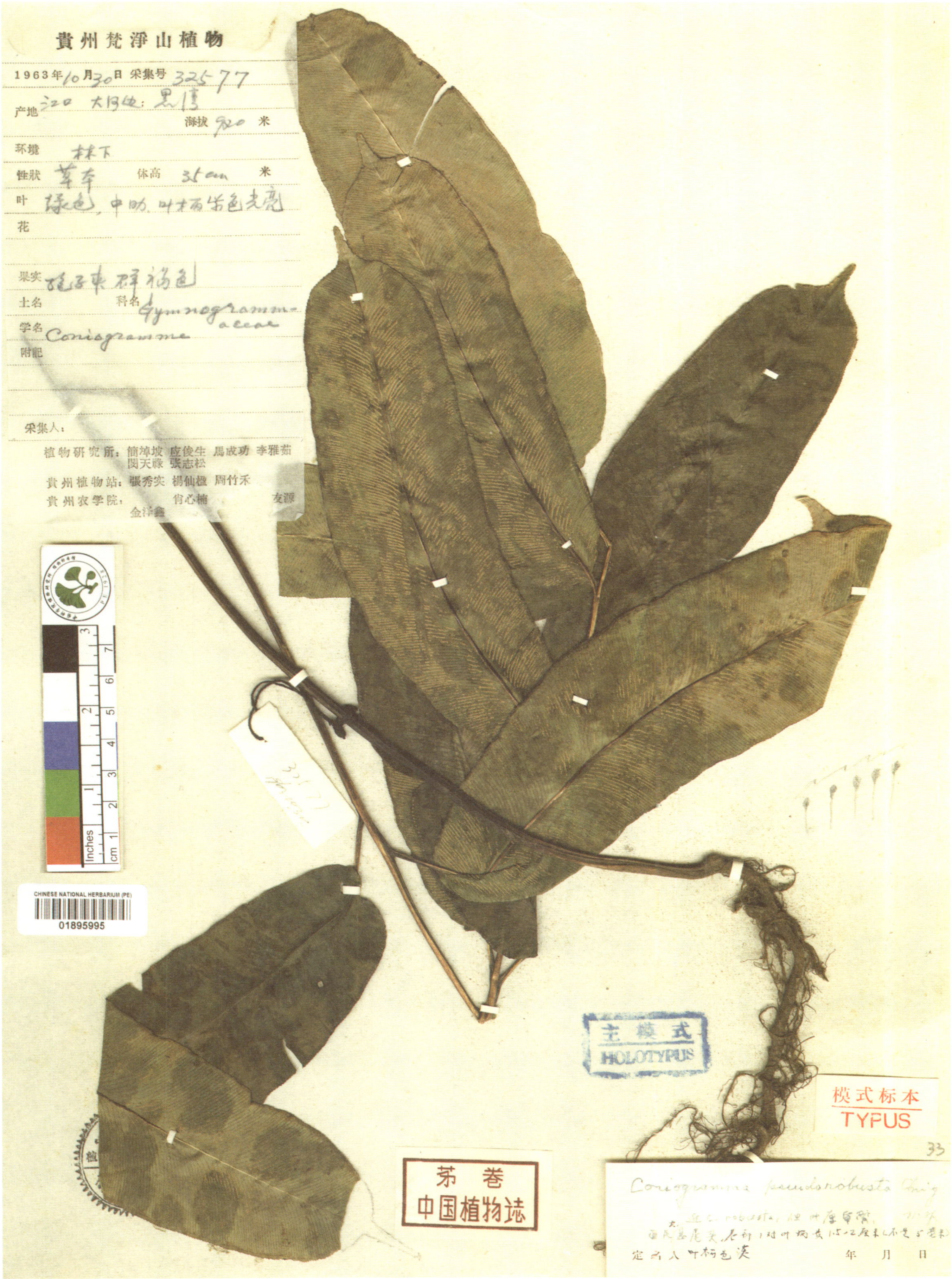

假黑轴凤丫蕨 ***Coniogramme pseudorobusta*** Ching & K. H. Shing in Acta Bot Yunnan. 3(2): 221. 1981. **Holotype:** China. Guizhou: Jiangkou, alt. 920 m, 1963-10-30, C. P. Tsien & al. 32577.

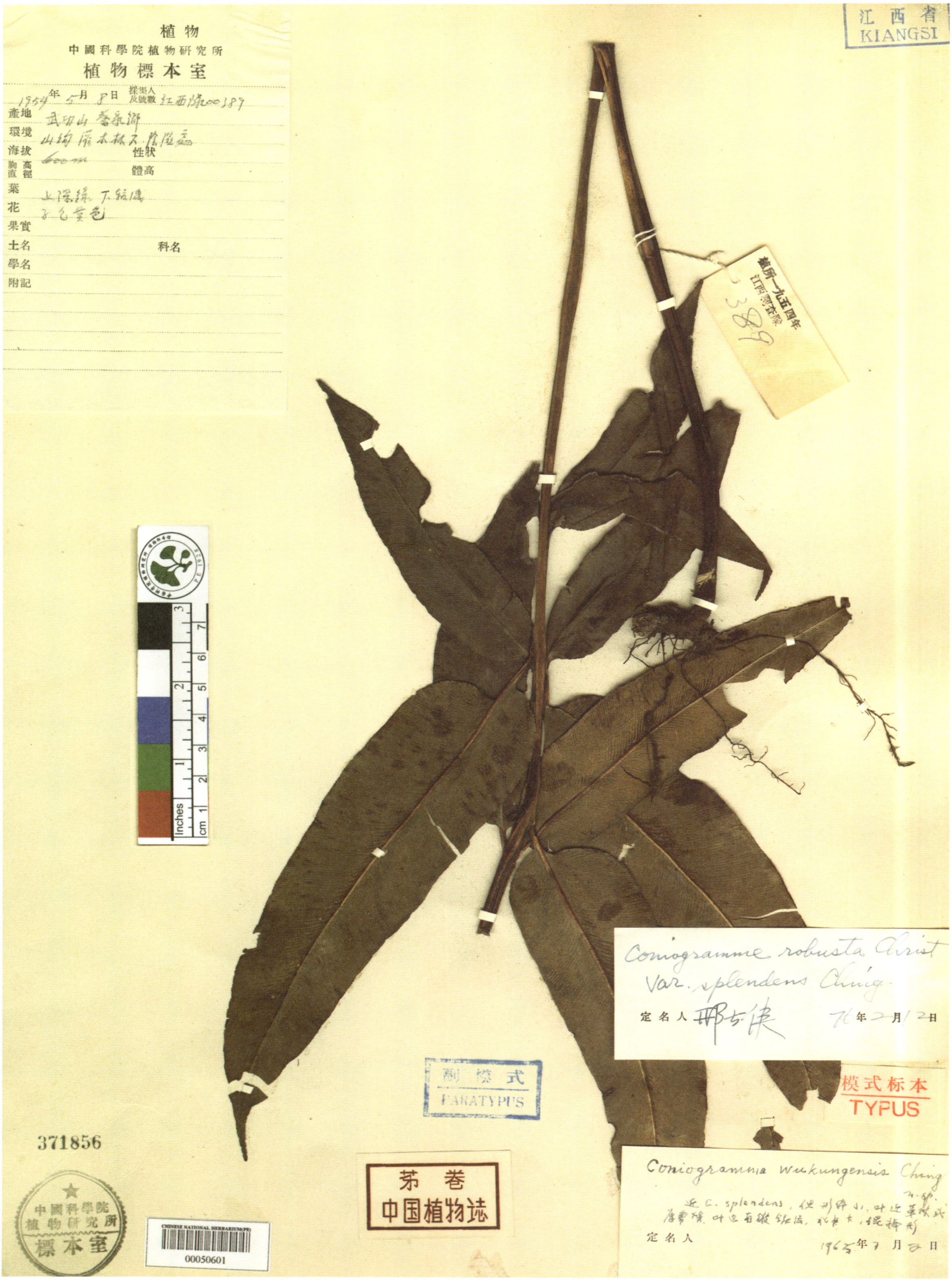

黄轴凤丫蕨 ***Coniogramme robusta*** Christ var. ***splendens*** Ching & K. H. Shing, Fl. Reip. Pop. Sin. 3(1): 240, 279. 1990. **Paratype:** China. Jiangxi: Anfu, Wugongshan, alt. 600 m, 1954-05-08, Jiangxi Exped. 389.

红杆凤丫蕨 ***Coniogramme rubescens*** Ching & K. H. Shing in Acta Bot. Yunnan. 3(2): 227. 1981. **Holotype:** China. Yunnan: Lincang, alt. 1 300～1 500 m, 1957-08-28, K. S. Sin 517.

紫杆凤丫蕨 ***Coniogramme rubicaulis*** Ching ex K. H. Shing in Acta Bot. Yunnan. 3(2): 219. 1981. **Holotype:** China. Guangxi: Luocheng, Jiuwanshan, alt. 732 m, 1928-06-08, R. C. Ching 5809.

带羽凤丫蕨 ***Coniogramme simileima*** Ching ex K. H. Shing in Acta Bot. Yunnan. 3(2): 228. 1981. **Holotype:** China. Guizhou: Qingzhen, alt. 1 600 m, 1956-10-10, Sichuan-Guizhou Exped. 1667.

单网凤丫蕨 ***Coniogramme simplicior*** Ching ex K. H. Shing in Acta Bot. Yunnan. 3(2): 237. 1981. **Holotype:** China. Yunnan: Binchuan, Jizushan, alt. 2 300 m, 1954-08-??, Anonymous s. n.

紫柄凤丫蕨 ***Coniogramme sinensis*** Ching, Fl. Tsinling. 2: 210, pl. 21: 6–8. 1974. **Holotype:** China. Shaanxi: Taibaishan, alt. 1 300～1 600 m, 1937-08-23, T. N. Liou & P. C. Tsoong 187.

上毛凤丫蕨 ***Coniogramme suprapilosa*** Ching, Fl. Tsinling. 2: 209. 1974. **Holotype:** China. Chongqing: Chengkou, alt. 1 450 m, 1958-09-05, T. L. Tai 102453.

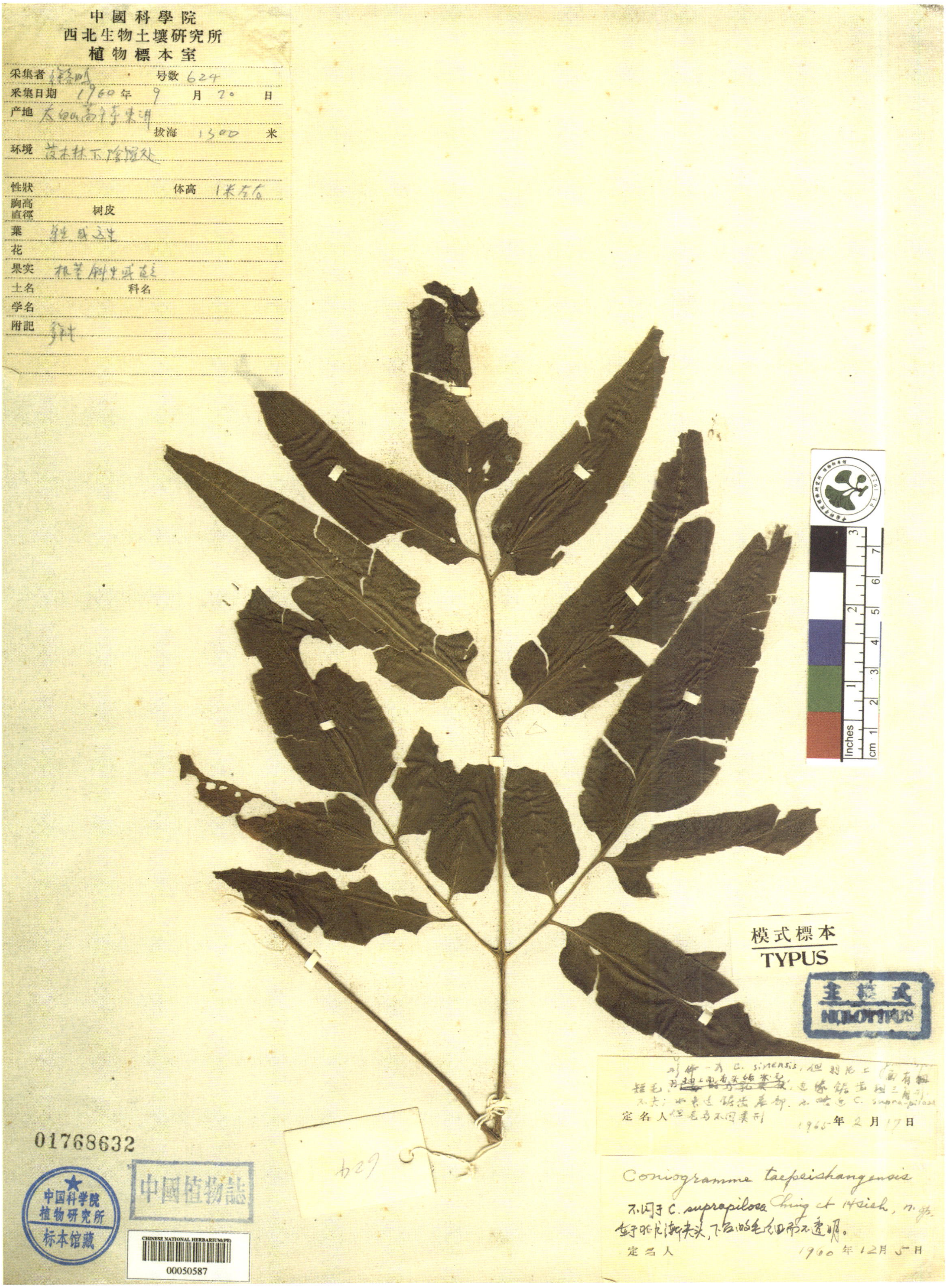

太白山凤丫蕨 ***Coniogramme taipaishanensis*** Ching & Y. T. Hsieh, Fl. Tsinling. 2: 82, 209. 1974. **Holotype:** China. Shaanxi: Taibaishan, alt. 1 300 m, 1960-09-20, Y. P. Hsu 624.

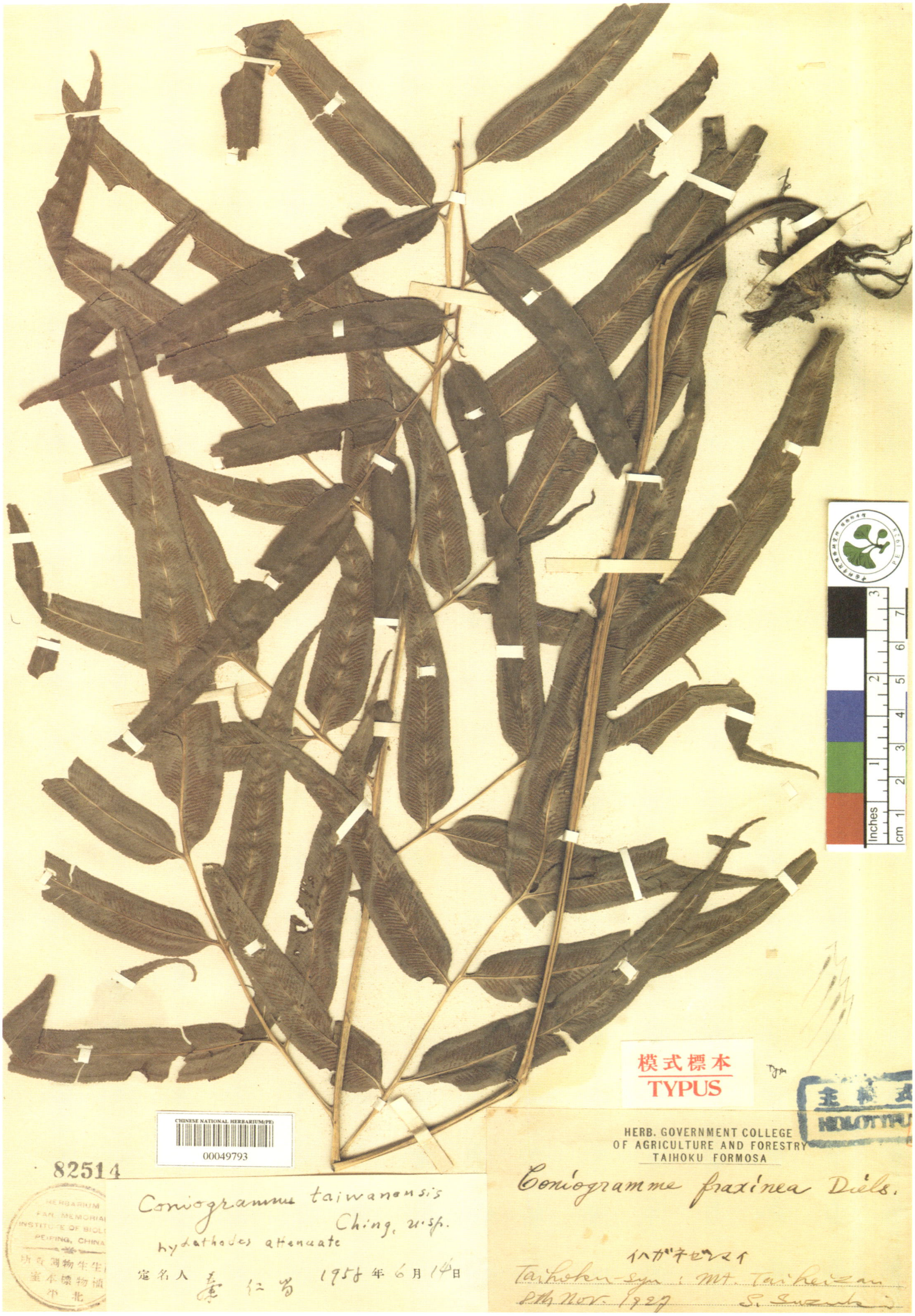

台湾凤丫蕨 ***Coniogramme taiwanensis*** Ching ex K. H. Shing in Acta Bot. Yunnan. 3(2): 236. 1981. **Holotype:** China. Taiwan: Taibei, Mt. Taiheizan, 1927-11-08, S. Suzuki s. n.

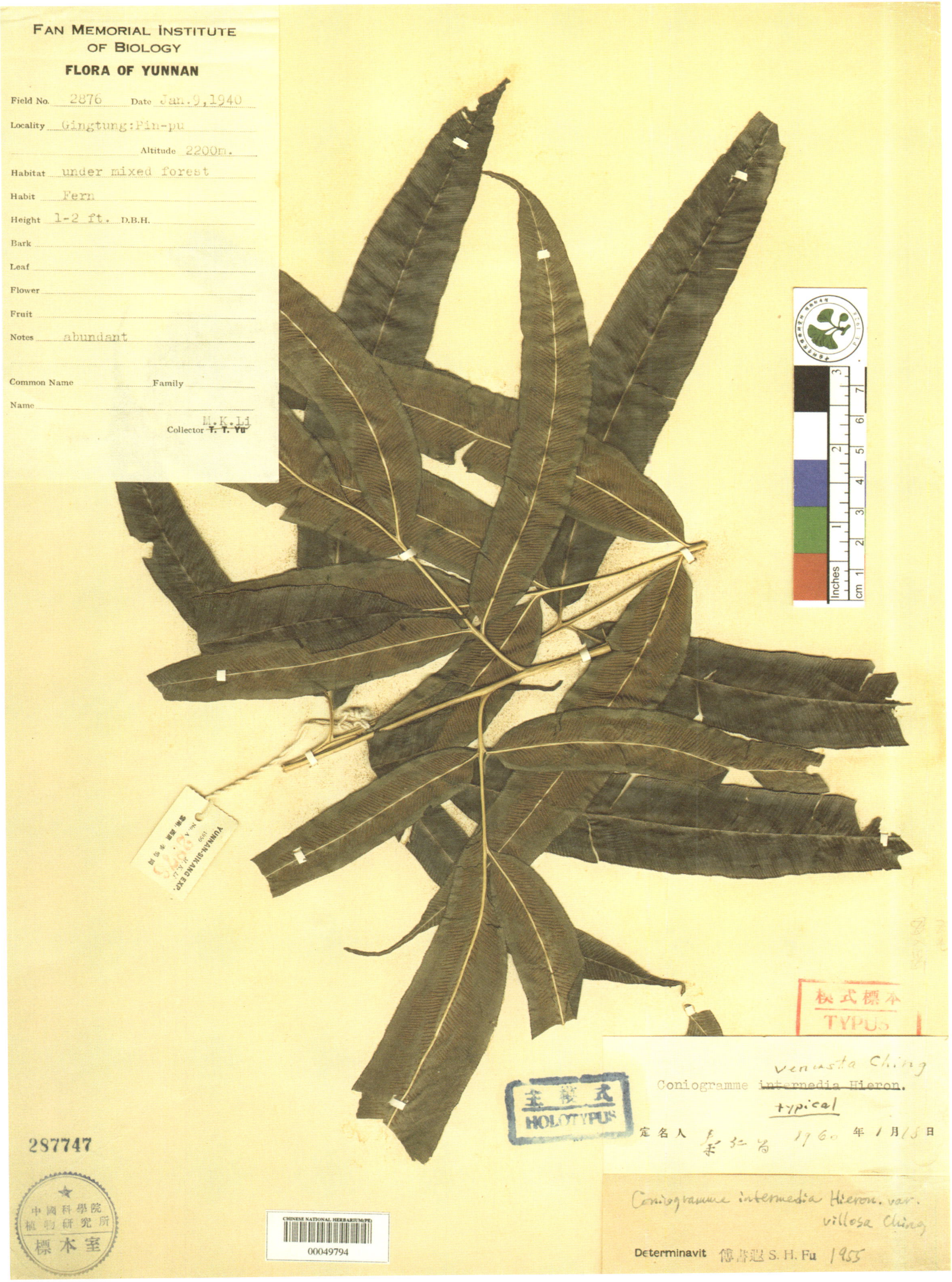

美丽凤丫蕨 ***Coniogramme venusta*** Ching ex K. H. Shing in Acta Bot. Yunnan. 3(2): 222. 1981. **Holotype:** China. Yunnan: Jingdong, alt. 2 200 m, 1940-01-09, M. K. Li 2876.

中间金毛裸蕨 ***Gymnopteris marantae*** (Li) Ching var. ***intermedia*** Ching in Acta Phytotax. Sin. 20(2): 233. 1982.
Holotype: China. Beijing: Baihuashan, 1957-08-03, Chu B5.

Antrophyaceae

车前蕨科

cheqianjueke

安南车前蕨 ***Antrophyum annamense*** Tardieu & C. Chr. in Not. Syst. 7(1): 13. 1938. **Isotype:** Vietnam. Annam: Bana, 1923-07-??, Poilane 7299.

Vittariaceae

书带蕨科

shudaijueke

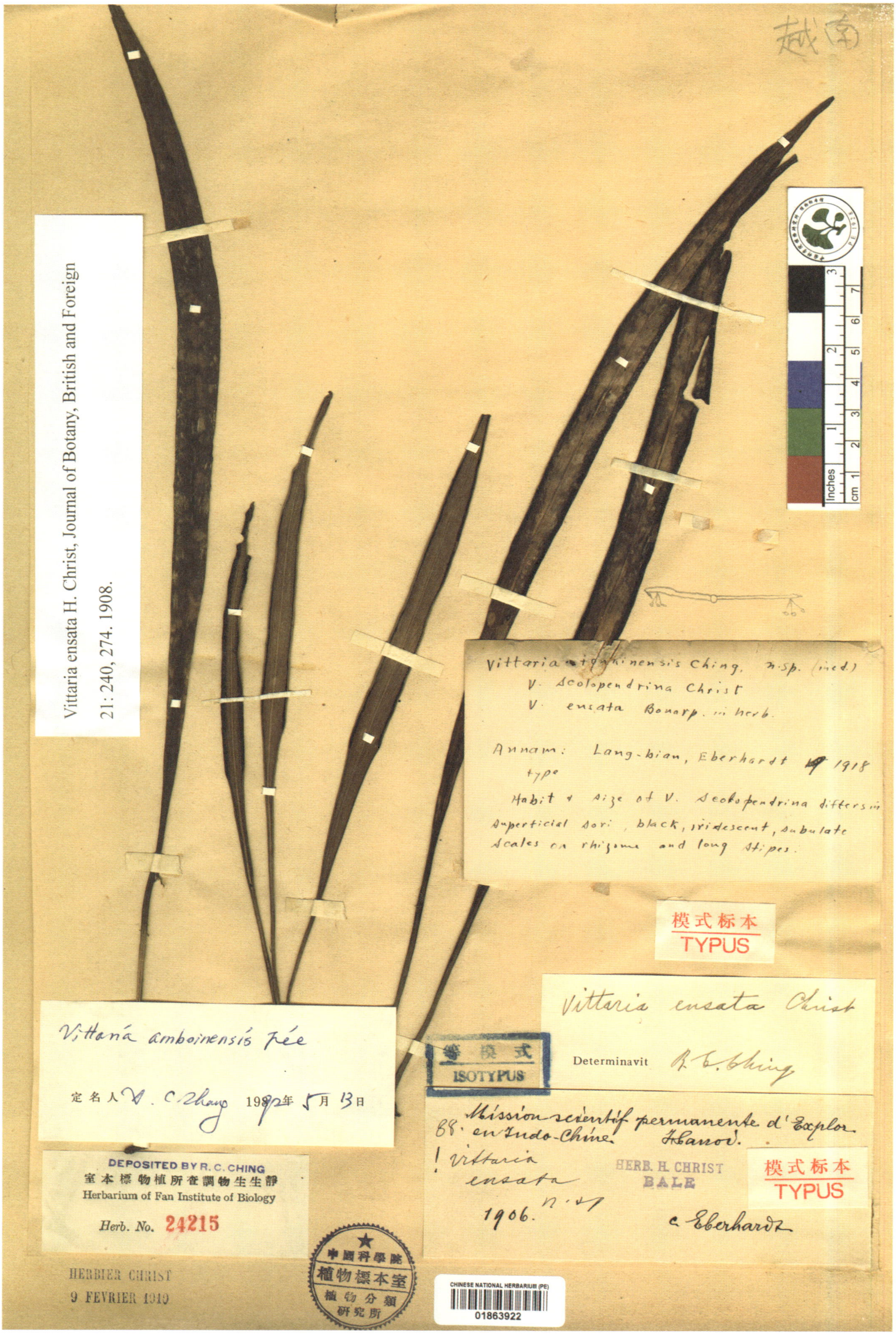

剑叶书带蕨 ***Vittaria ensata*** H. Christ in Journ. Bot. 21: 240, 274. 1908. **Isotype:** Vietnam. Annam: Lang-bian, 1906-??-??, Eberhardt 1918.

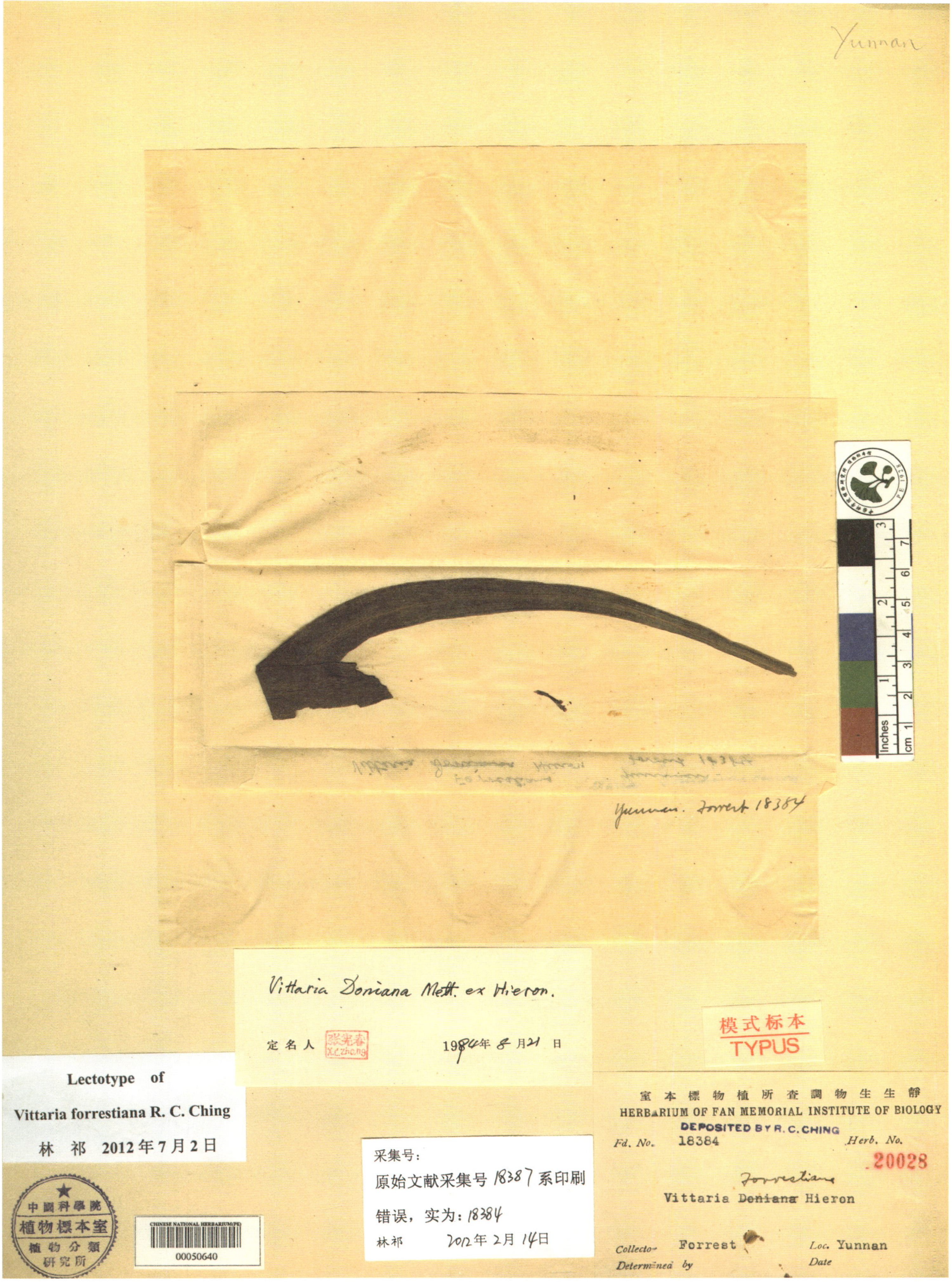

宽书带蕨 ***Vittaria forrestiana*** Ching in Sinensia 1(12): 191. 1931. **Lectotype** [designated by L. Song & al. in Acta Bot. Bor.-Occ. Sin. 33(6): 1266. 2013.] : China. Yunnan: Salwin Divide, G. Forrest 18384.

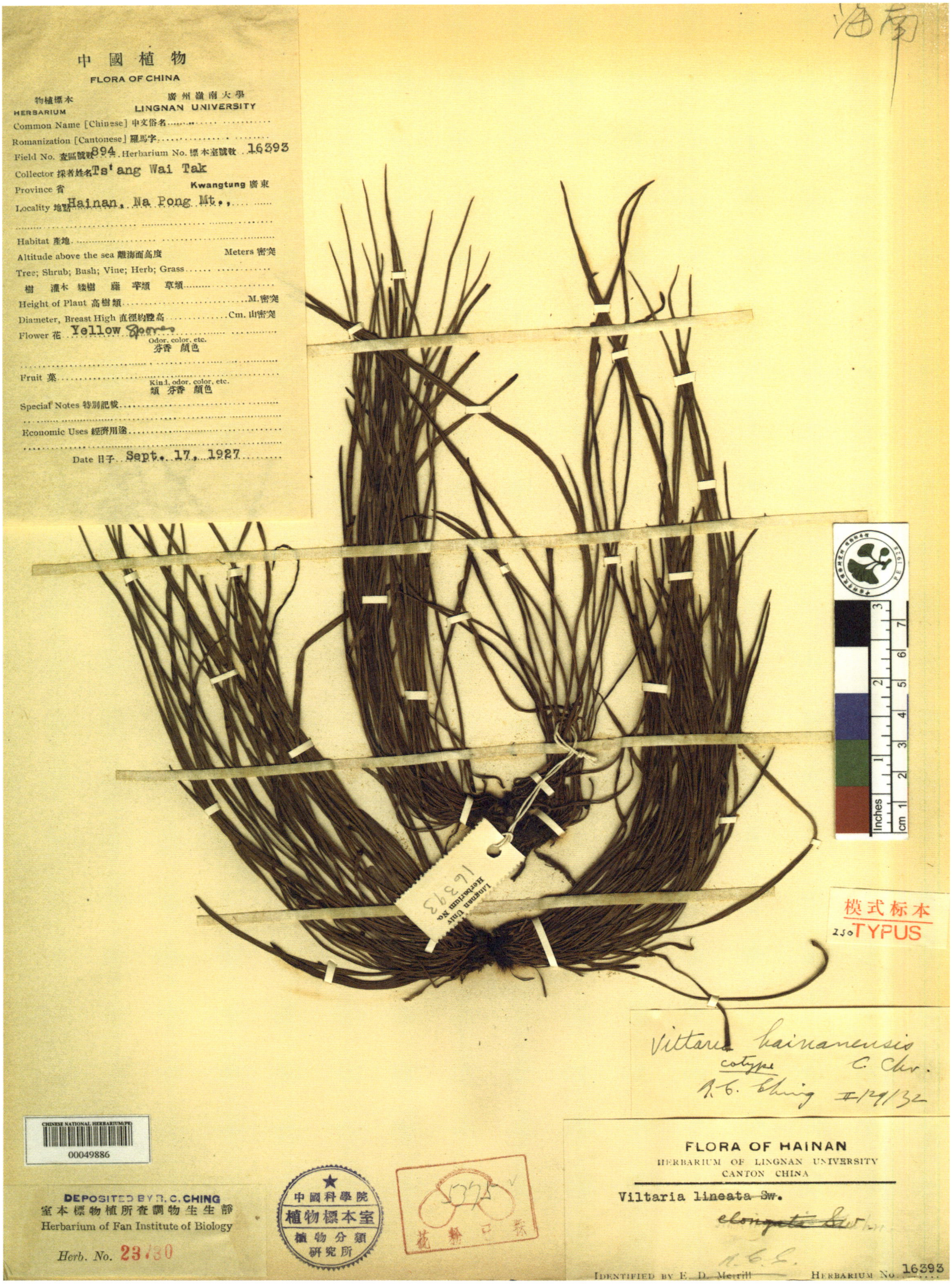

海南书带蕨 ***Vittaria hainanensis*** C. Chr. ex Ching in Sinensia 1(12): 182, pl. 1. 1931. **Isotype:** China. Hainan: Na Pong Mt., 1927-09-17, W. T. Tsang 16393.

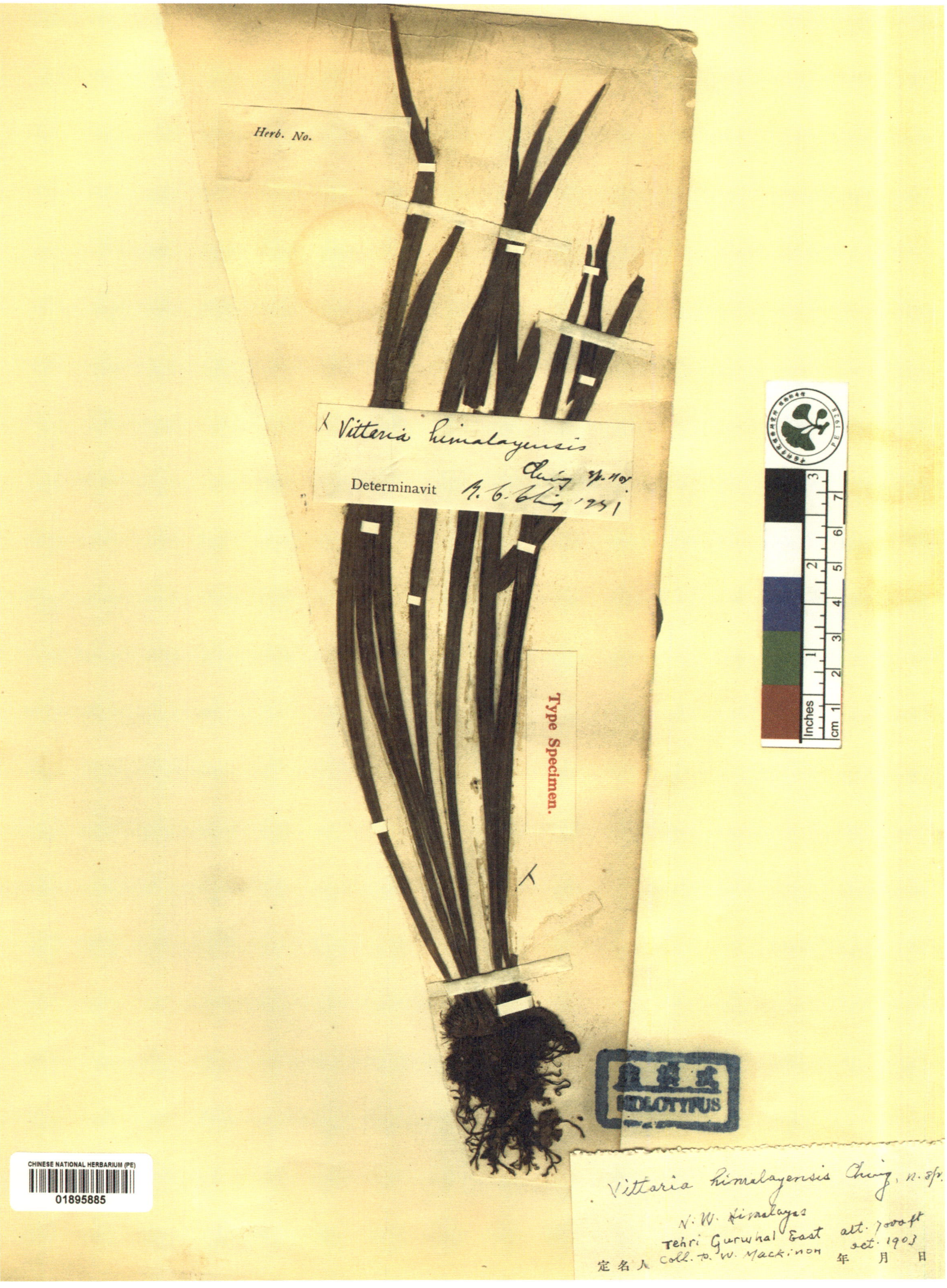

喜马拉雅书带蕨 ***Vittaria himalayensis*** Ching in Sinensia 1(12): 190, pl. 5B. 1931. **Holotype:** China. N. W. Himalaya, alt. 2135 m, 1903-10-??, P. W. Mackinnon s. n.

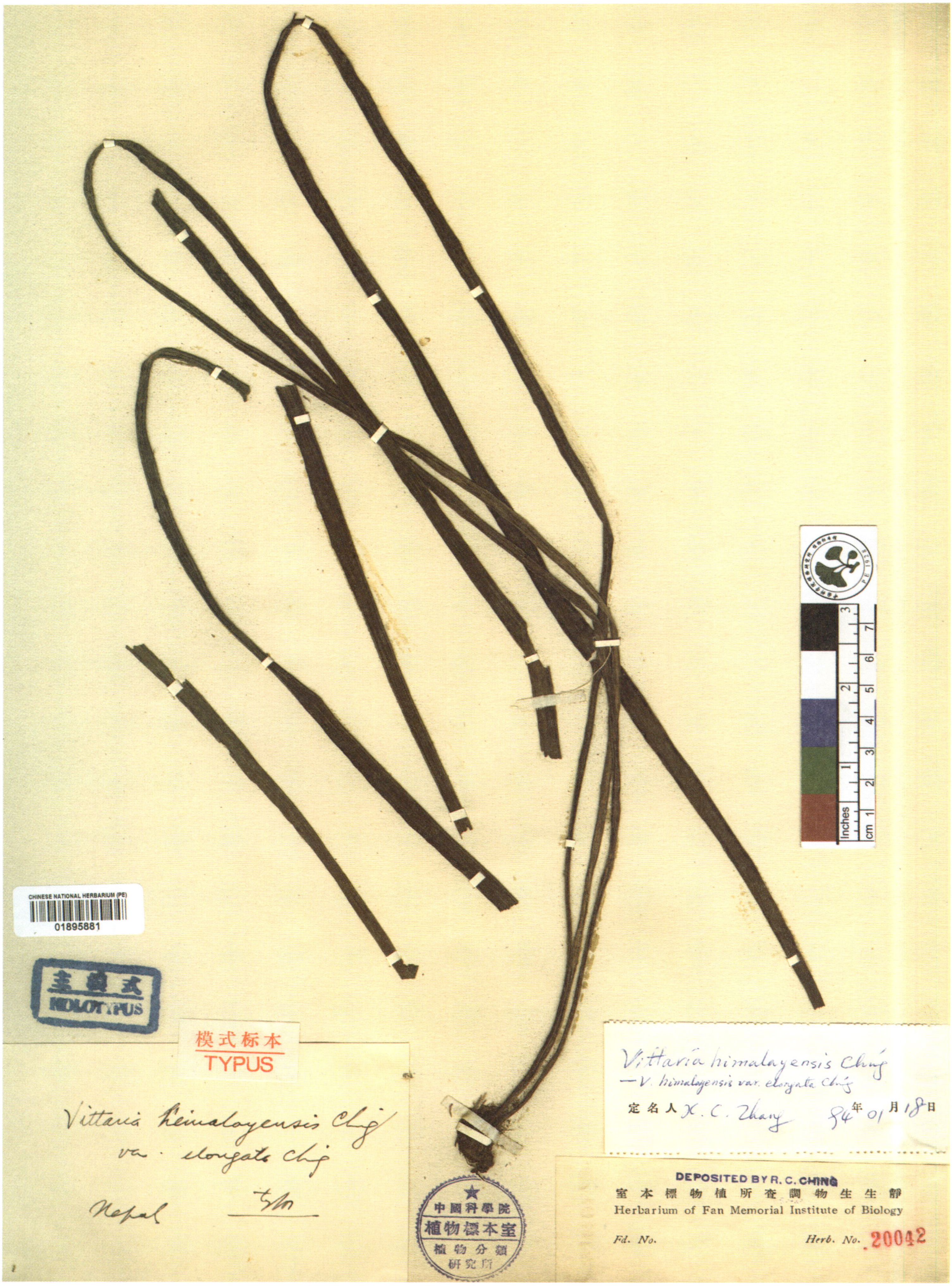

长圆书带蕨 ***Vittaria himalayensis*** Ching var. ***elongata*** R. C. Ching in Sinensia 1(12): 190. 1931. **Holotype:** Nepal. Capt. Llal Dhwoj 566.

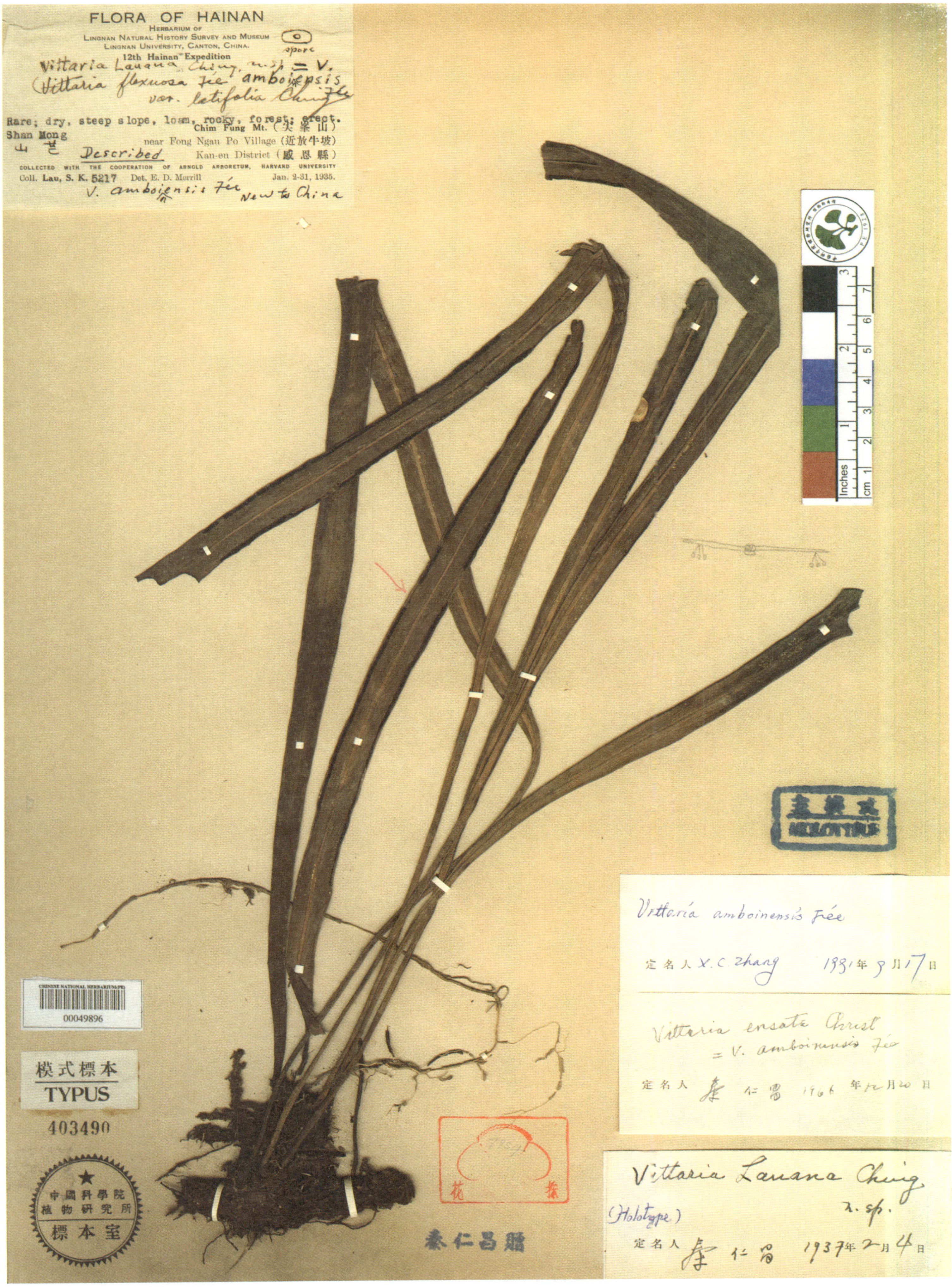

刘氏书带蕨 ***Vittaria lauana*** Ching in Lingnan Sci. Journ. 21(1–4): 35. 1945. **Holotype:** China. Hainan: Kan-en (=Changjiang), 1935-01-(02～31), S. K. Lau 5217.

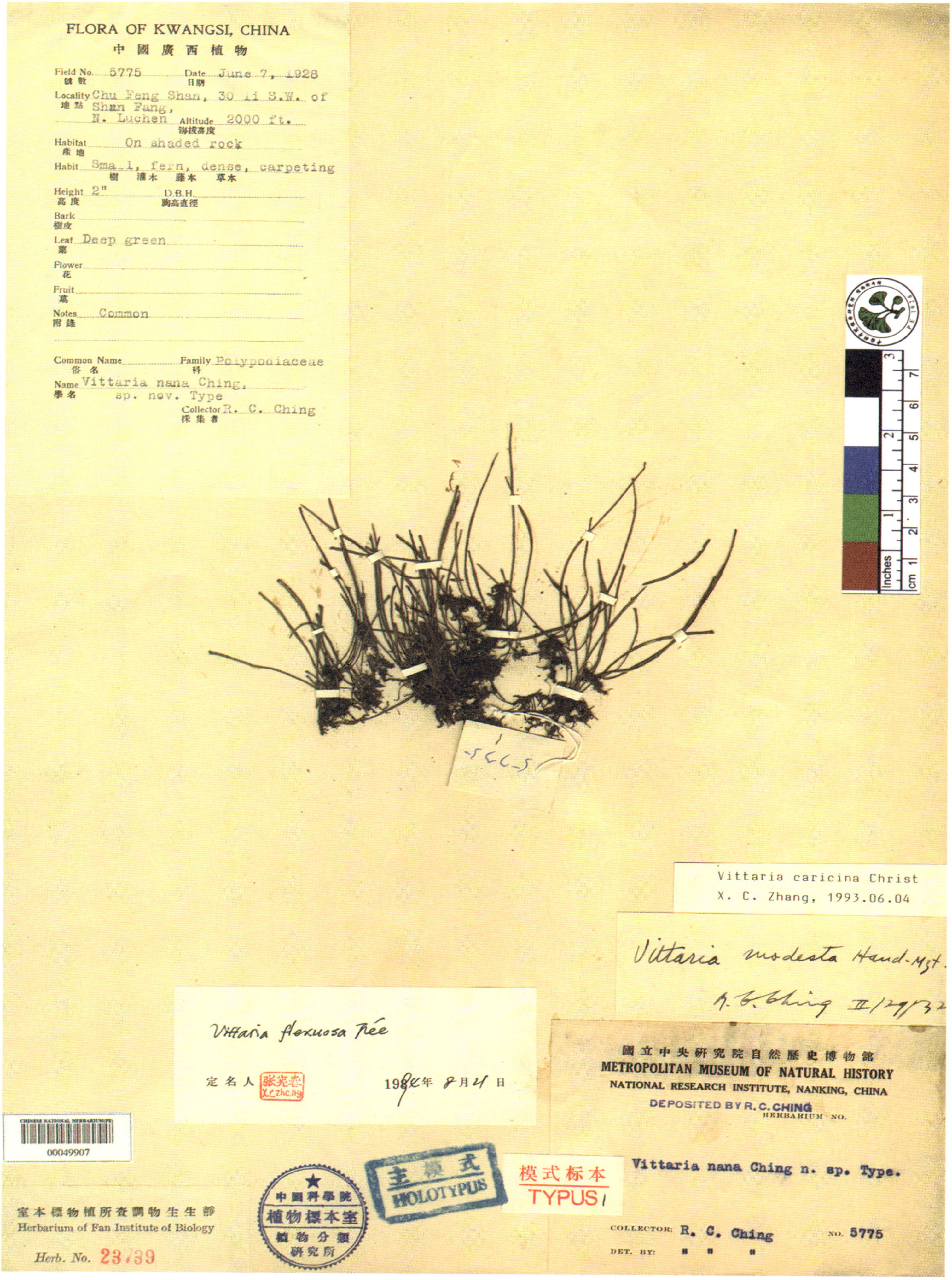

矮叶书带蕨 ***Vittaria nana*** Ching in Sinensia 1: 11. 1929. **Holotype:** China. Guangxi: Luocheng, alt. 610 m, 1928-06-07, R. C. Ching 5775.

拟沿阶草叶书带蕨 ***Vittaria ophiopogonoides*** Ching in Sinensia 1(12): 186. 1931. **Lectotype** [designated by L. Song & al. in Acta Bot. Bor.-Occ. Sin. 33(6): 1266. 2013.] : China. Yunnan: Shweli-Salwin Divide, 1917-09-??, G. Forrest 15984.

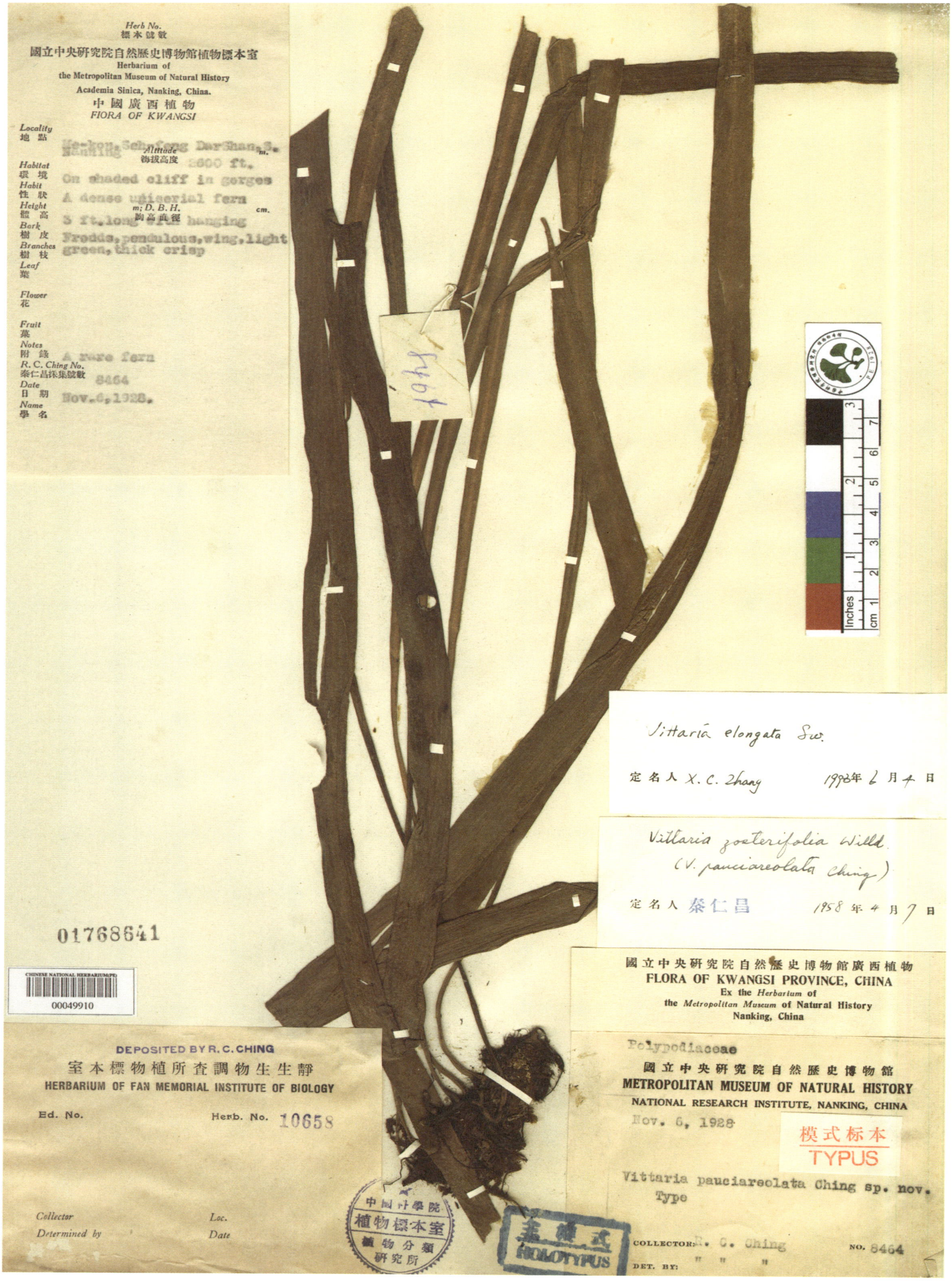

阔叶书带蕨 ***Vittaria pauciareolata*** Ching in Sinensia 1: 11. 1929. **Holotype:** China. Guangxi: Nanning, Seh-feng Dar Shan, alt. 793 m, 1928-11-06, R. C. Ching 8464.

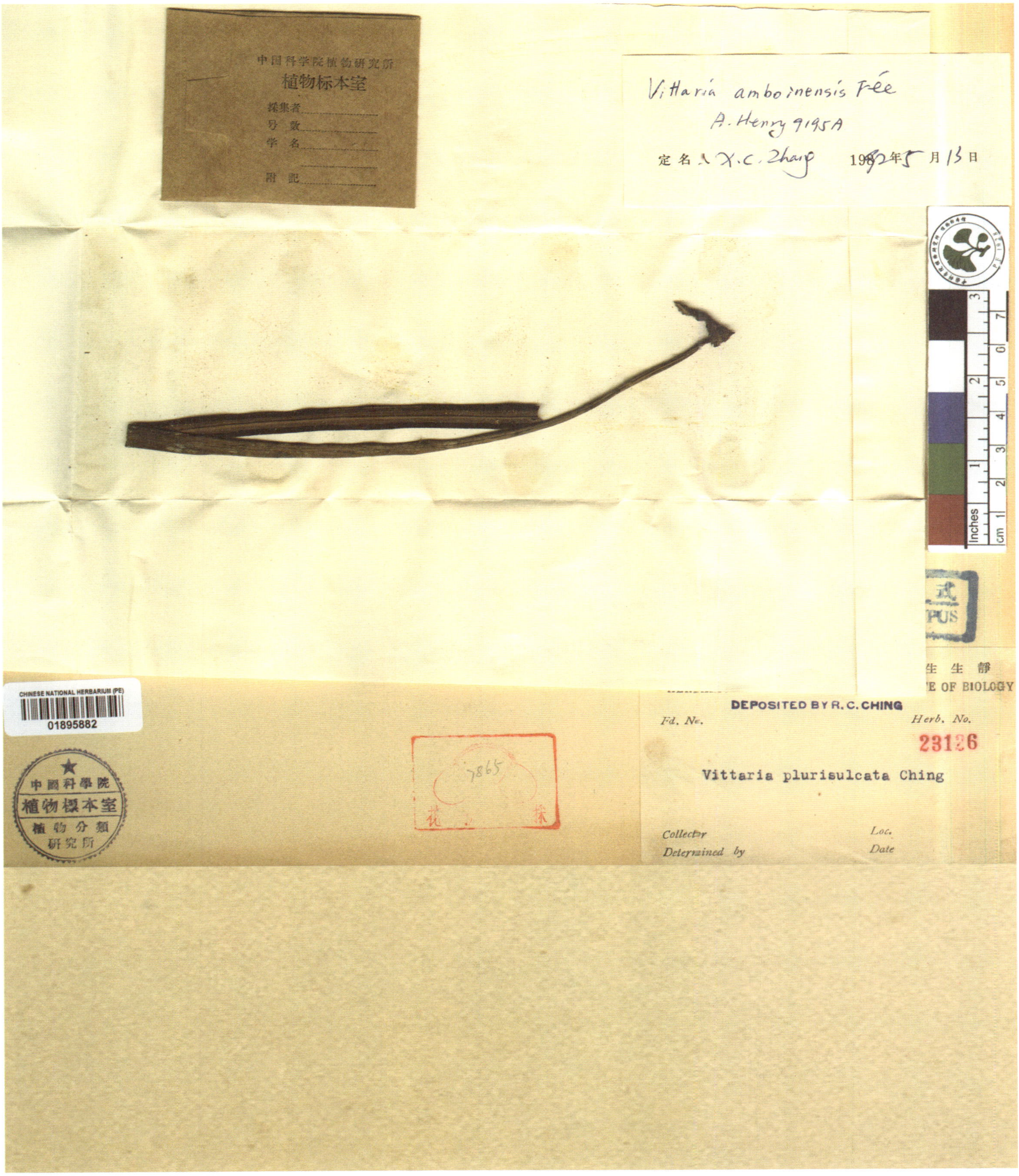

曲鳞书带蕨 ***Vittaria plurisulcata*** Ching in Sinensia 1(12): 186, pl. 4. 1931. **Holotype:** China. Yunnan: Mengtze (=Mengzi), alt. 2 593 m, A. Henry 9195A.

西藏书带蕨 ***Vittaria tibetica*** Ching & S. K. Wu, Fl. Xizang. 1: 106, f. 27: 1–3, pl. 2: 11–12. 1983. **Holotype:** China. Xizang: Nyalam, alt. 2 800 m, 1972-08-14, Tibetan Medicinal Herb. Exped. 1158.

Athyriaceae

蹄盖蕨科

tigaijueke

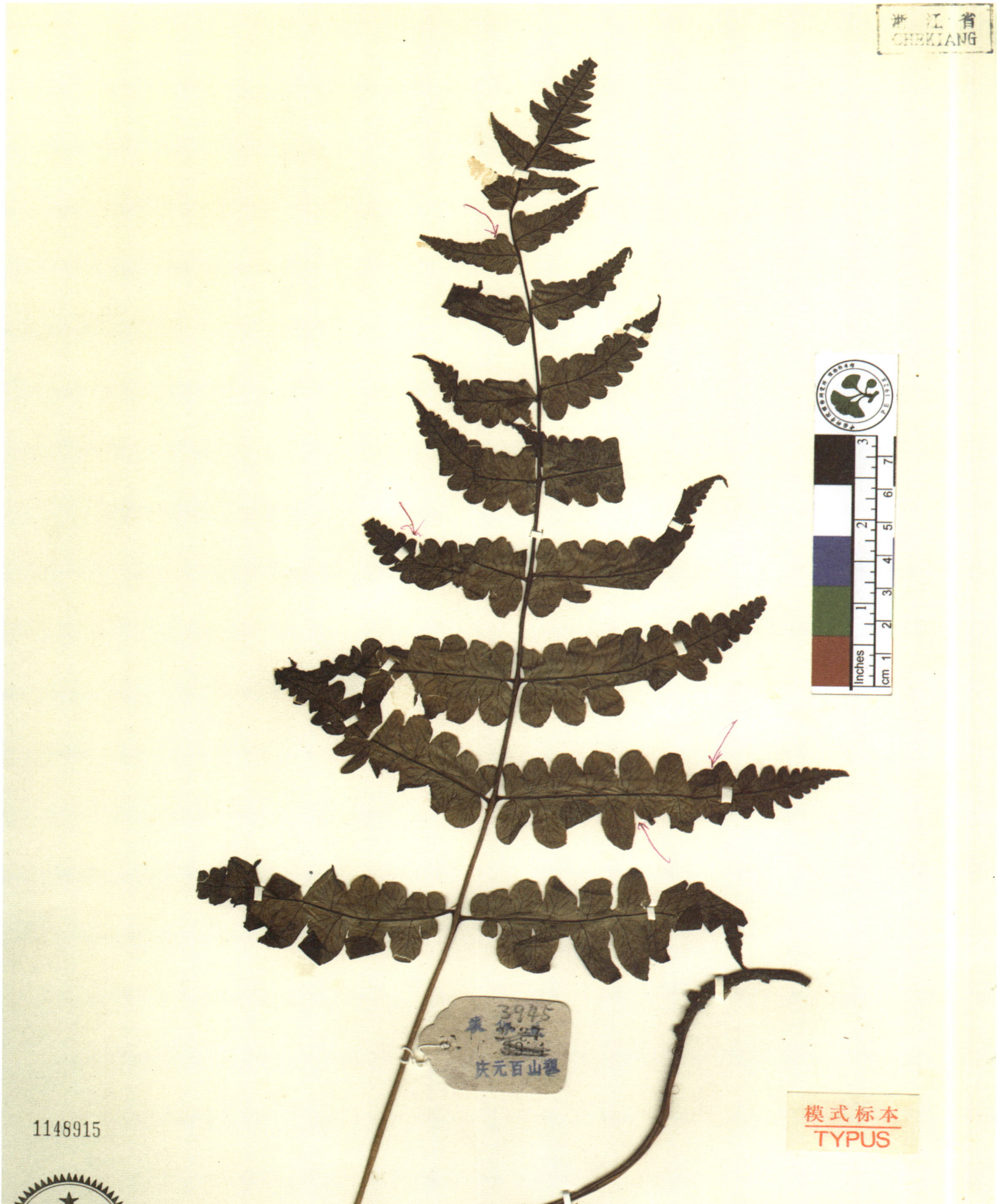

百山祖短肠蕨 ***Allantodia baishanzuensis*** Ching & P. S. Chiu ex W. M. Chu & Z. R. He in Acta Phytotax. Sin. 36(4): 375, f. 1: 1–2. 1998. **Holotype:** China. Zhejiang: Qingyuan, P. S. Chiu 3945.

拟长果短肠蕨 ***Allantodia calogrammoides*** Ching ex W. M. Chu & Z. R. He in Acta Phytotax. Sin. 36(4): 377, f. 1: 3–7. 1998. **Holotype:** China. Yunnan: Jingdong, Wuliangshan, alt. 2 300 m, 1979-09-23, W. M. Chu & Z. Z. Jin 9393.

独山短肠蕨 ***Allantodia dushanensis*** Ching ex W. M. Chu & Z. R. He in Acta Phytotax. Sin. 36(4): 379, f. 2: 1–2. 1998. **Holotype:** China. Guizhou: Dushan, alt. 900 m, 1943-02-13, X. Y. Hou 1998.

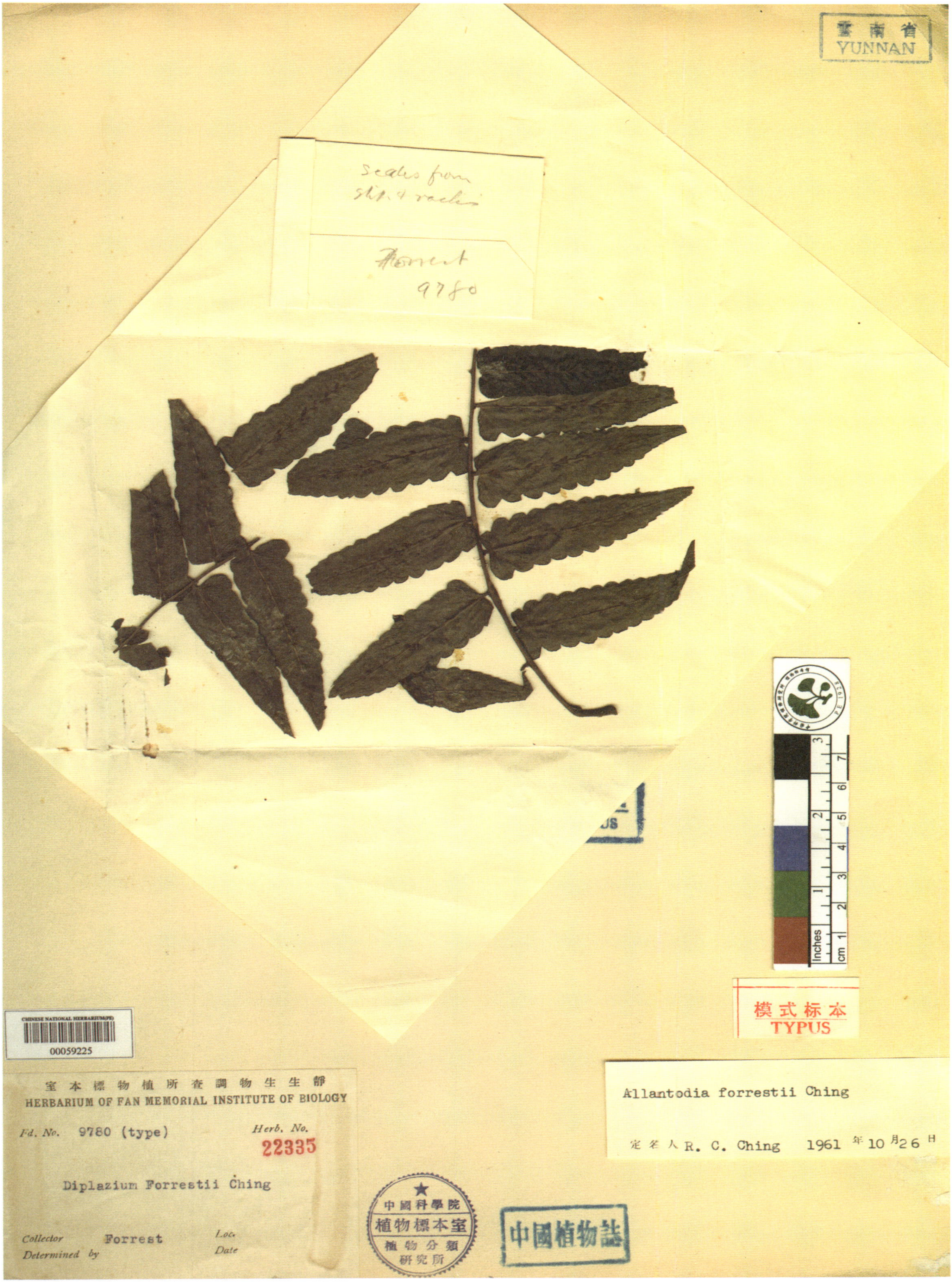

棕鳞短肠蕨 ***Allantodia forrestii*** Ching ex Z. R. Wang in Acta Phytotax. Sin. 32(1): 82, f. 1: 1–2. 1994. **Isotype:** China. Yunnan: Tengchong, alt. 2 000～2 300 m, 1913-08-??, G. Forrset 9780.

格林短肠蕨 ***Allantodia glingensis*** Ching & Y. X. Ling in Acta Phytotax. Sin. 22(3): 199, pl. 2: 2. 1984. **Holotype:** China. Xizang: Mêdog, 1980-08-04, W. L. Chen & al. 11580.

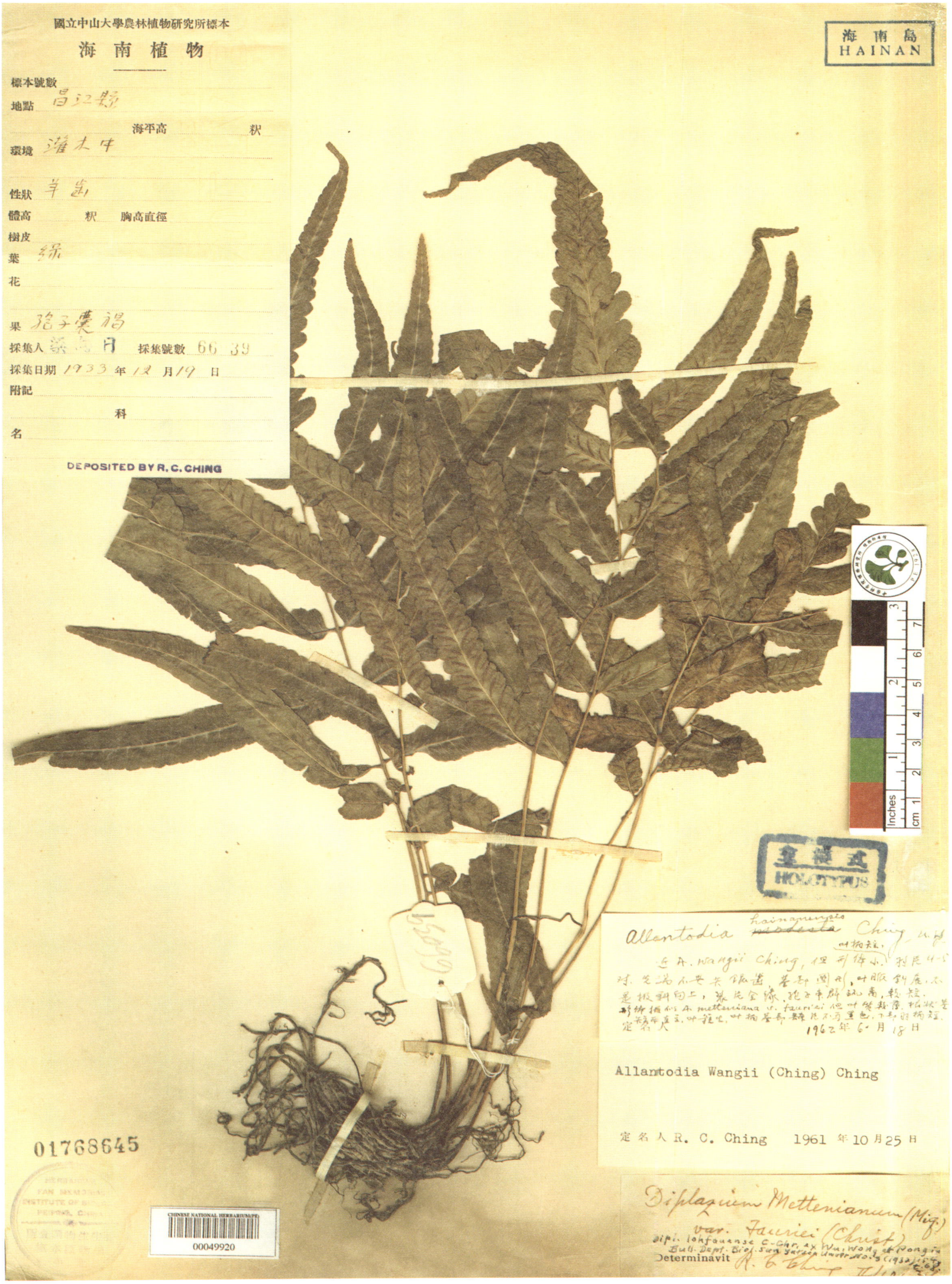

海南短肠蕨 ***Allantodia hainanensis*** Ching in Acta Phytotax. Sin. 9(4): 354. 1964. **Holotype:** China. Hainan: Changjiang, 1933-12-19, H. Y. Liang 66039.

毛鳞短肠蕨 ***Allantodia hirtisquama*** Ching & W. M. Chu in Acta Bot. Yunnan. 3(3): 335, pl. 4: 4–7. 1981. **Isotype:** China. Yunnan: Hekou, alt. 850 m, 1974-04-13, W. M. Chu 5762.

异裂短肠蕨 ***Allantodia inaequiloba*** Ching, Fl. Xizang. 1: 152. 1983. **Holotype:** China. Yunnan: Gongshan, alt. 1 800~2 000 m, 1940-09-04, K. M. Feng 7364.

九龙短肠蕨 ***Allantodia jiulungshanensis*** P. S. Chiu & G. H. Yao ex Ching in Bull. Bot. Res., Harbin 2(2): 69, photo. 3: 1. 1982. **Holotype:** China. Zhejiang: Shuichang, alt. 500 m, 1980-10-01, G. H. Yao 5743.

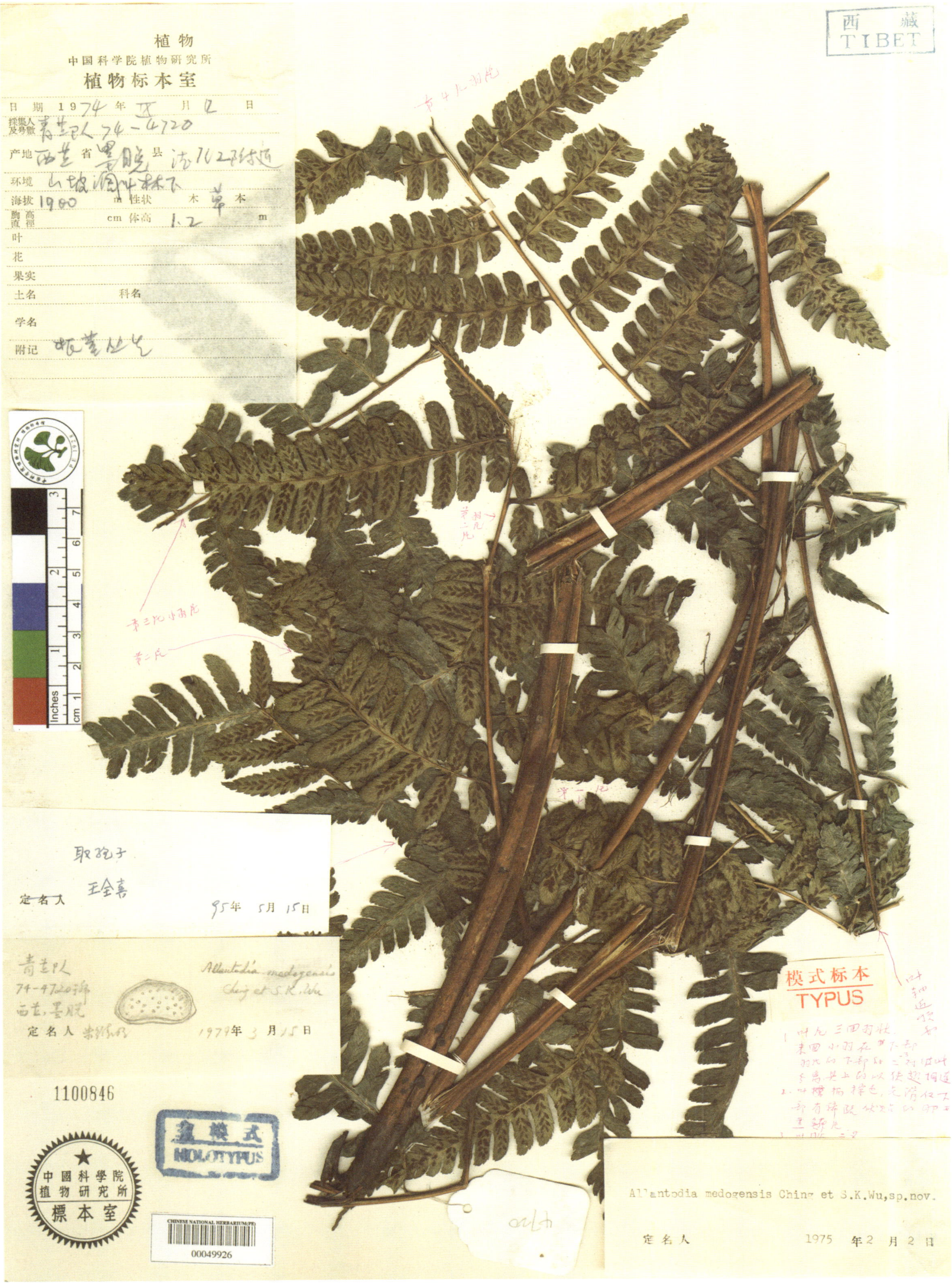

墨脱短肠蕨 ***Allantodia Mêdogensis*** Ching & S. K. Wu, Fl. Xizang. 1: 150, f. 36 6–7. 1983. **Holotype:** China. Xizang: Mêdog, alt. 1 900 m, 1974-09-12, Qinghai-Xizang Exped. 74-4720.

乌鳞短肠蕨 ***Allantodia nigrosquamosa*** Ching ex W. M. Chu & Z. R. He in Acta Phytotax. Sin. 36(4): 380, f. 2: 3. 1998. **Isotype:** China. Yunnan: Suijiang, alt. 1 100 m, 1973-05-18, W. M. Chu 4877.

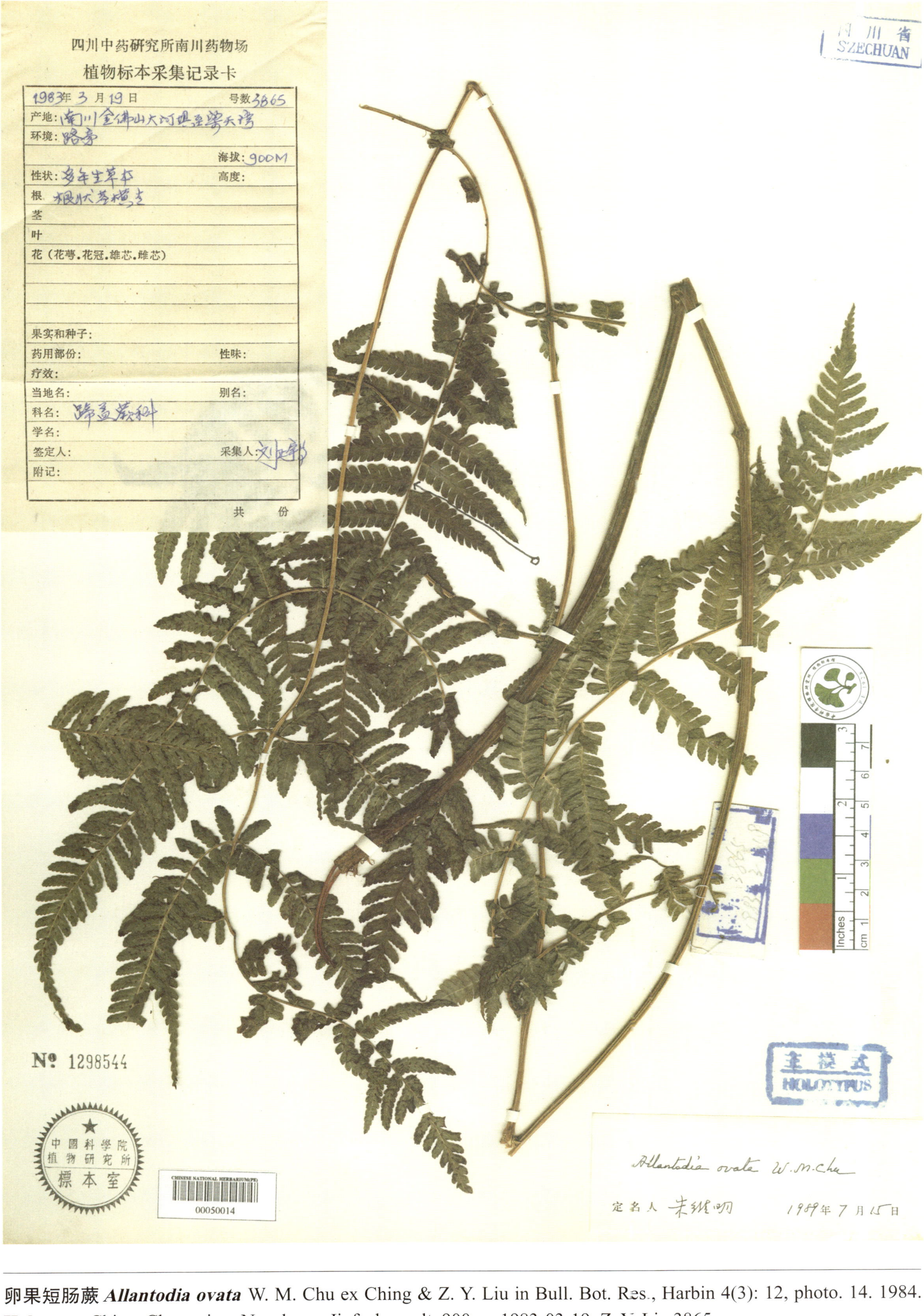

卵果短肠蕨 ***Allantodia ovata*** W. M. Chu ex Ching & Z. Y. Liu in Bull. Bot. Res., Harbin 4(3): 12, photo. 14. 1984.
Holotype: China. Chongqing: Nanchuan, Jinfoshan, alt. 900 m, 1983-03-19, Z. Y. Liu 3865.

四棱短肠蕨 ***Allantodia quadrangulata*** W. M. Chu in Acta Bot. Yunnan. 3(3): 333, pl. 4: 1–3. 1981. **Paratype:** China. Yunnan: Guangnan, alt. 1 060 m, 1977-12-31, Z. R. Wang 447.

巨大短肠蕨 ***Allantodia subdilatata*** Ching in Acta Phytotax. Sin. 9(4): 355. 1964. **Holotype:** China. Hainan: Lingshui, 1932-05-(03～20), H. Fung 20105.

全羽短肠蕨 ***Allantodia subintegra*** Ching & Y. X. Ling in Acta Phytotax. Sin. 22(5): 398, pl. 1: 2. 1984. **Holotype:** China. Xizang: Mêdog, alt. 1 800 m, 1980-07-27, W. L. Chen & al. 11352.

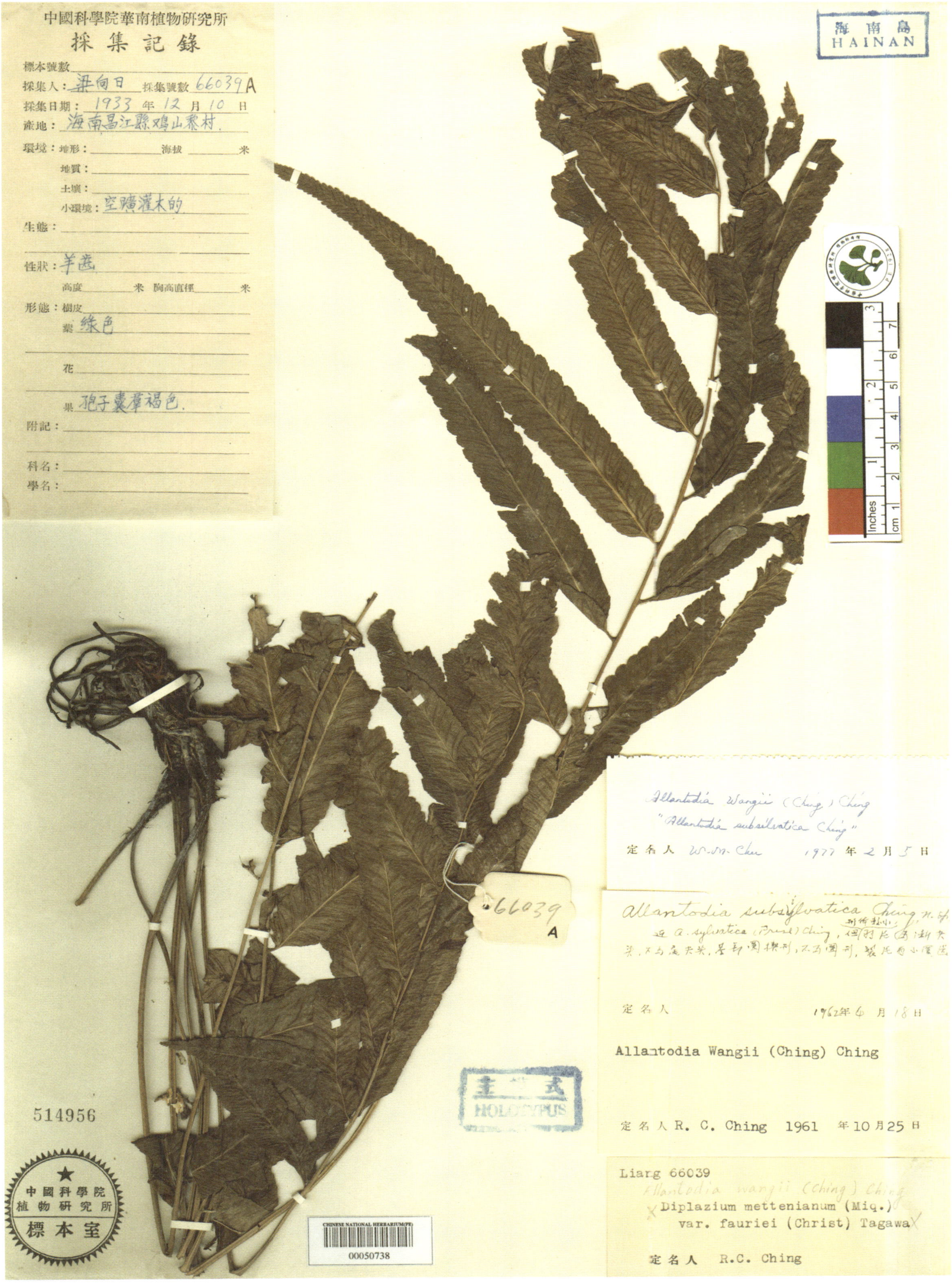

昌江短肠蕨 ***Allantodia subsilvatica*** Ching in Acta Phytotax. Sin. 9(4): 355. 1964. **Holotype:** China. Hainan: Changjiang, 1933-12-10, H. Y. Liang 66039A.

嵩县短肠蕨 ***Allantodia sunghsienensis*** Ching, Fl. Tsinling. 2: 112, 219. 1974. **Holotype:** China. Henan: Song Xian, alt. 1 300 m, 1963-06-14, C. T. Shieh 4566.

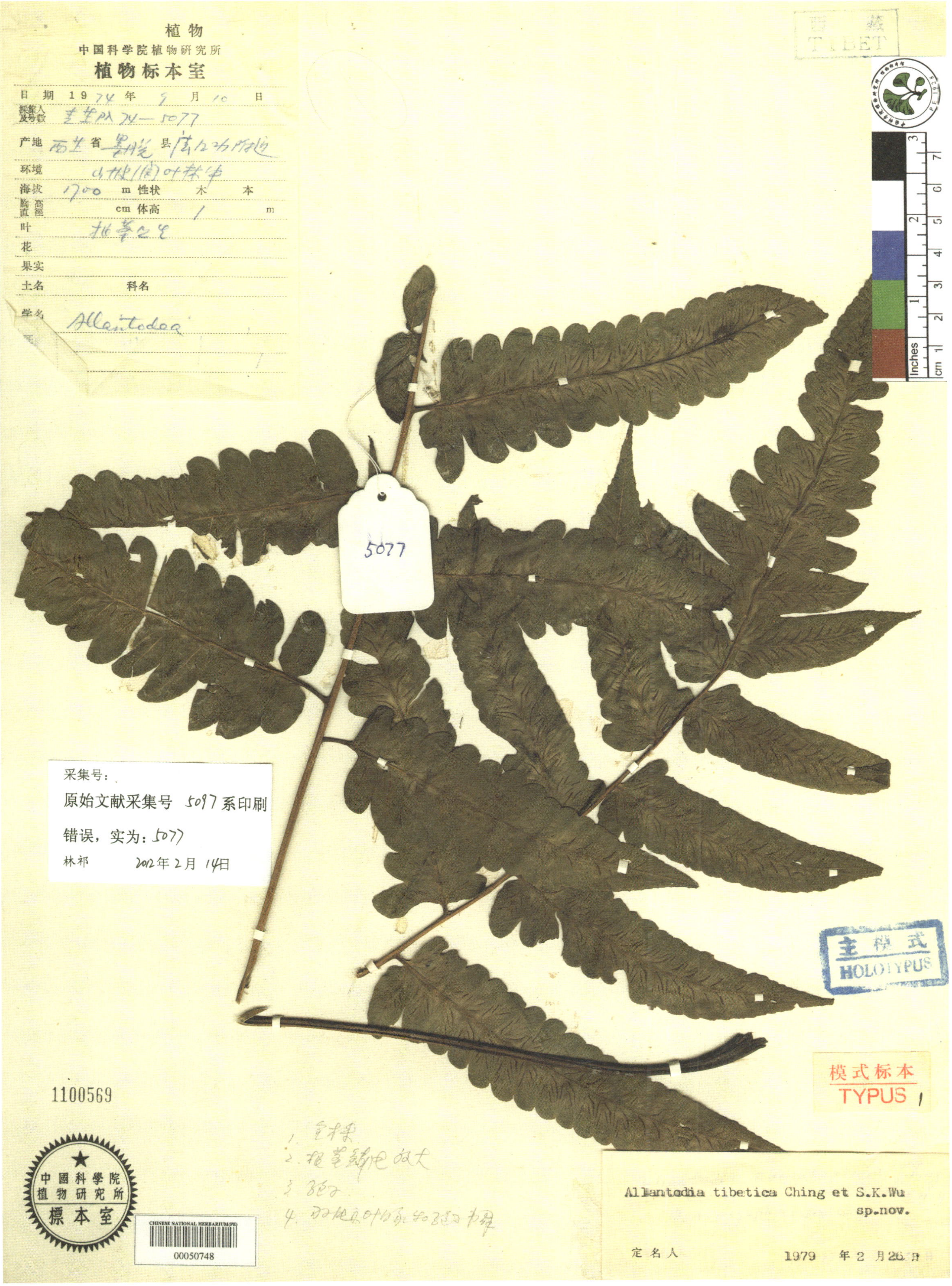

西藏短肠蕨 ***Allantodia tibetica*** Ching & S. K. Wu, Fl. Xizang. 1: 147. 1983. **Holotype:** China. Xizang: Mêdog, alt. 1 700 m, 1974-09-10, Qinghai-Xizang Exped. 5077.

截形短肠蕨 ***Allantodia truncatula*** Ching in Acta Phytotax. Sin. 9(4): 356. 1964. **Holotype:** China. Hainan: Ting'an (=Dingan), 1933-12-29, C. Wang 35943.

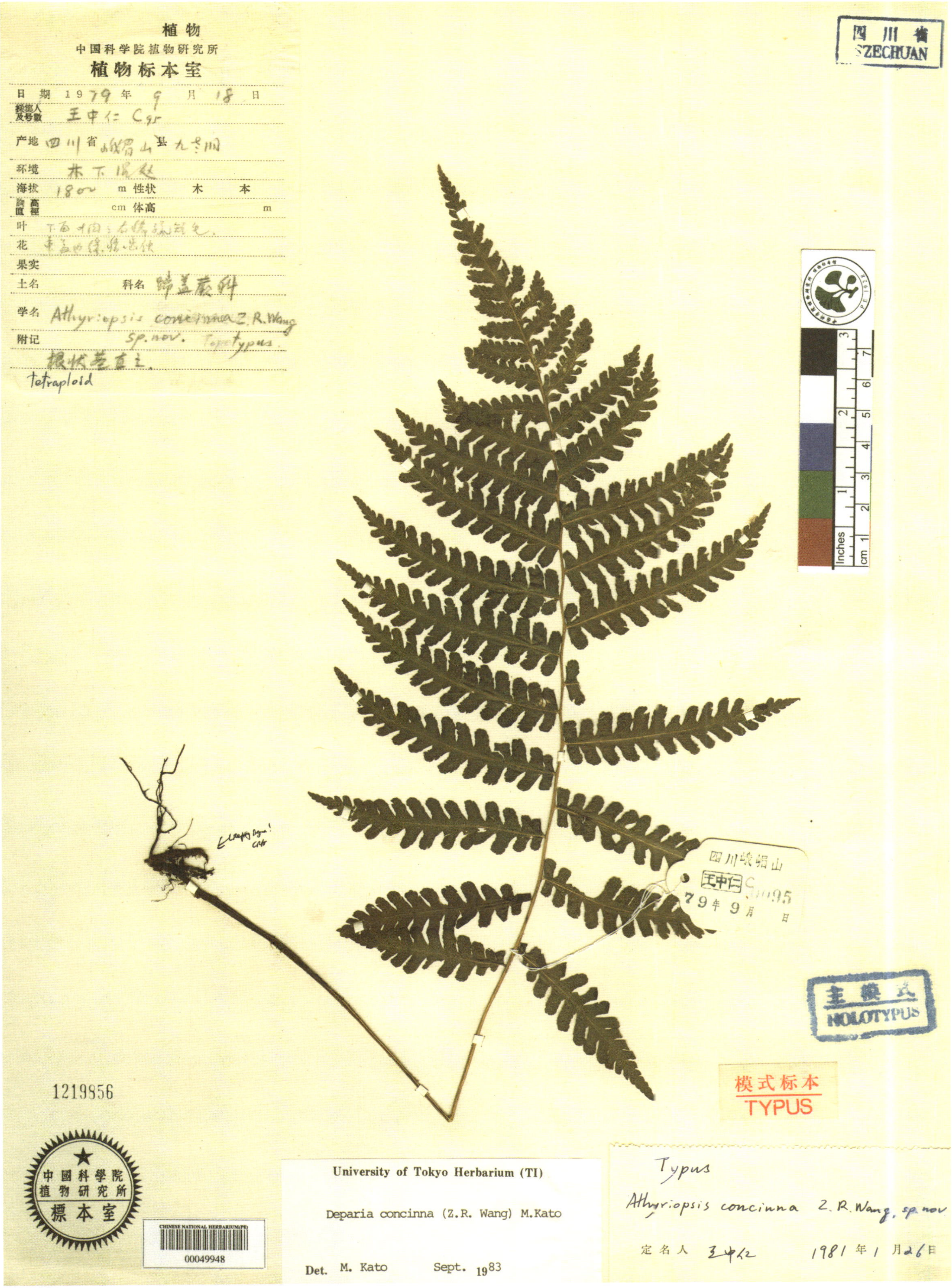

美丽假蹄盖蕨 ***Athyriopsis concinna*** Z. R. Wang in Acta Phytotax. Sin. 20(2): 237, pl. 1: 3. 1982. **Holotype:** China. Sichuan: Emei, Emeishan, alt. 1 800 m, 1979-09-18, Z. R. Wang C95.

直立假蹄盖蕨 ***Athyriopsis erecta*** Z. R. Wang in Acta Phytotax. Sin. 20(2): 237, pl. 1: 2, 4. 1982. **Holotype:** China. Sichuan: Emei, Emeishan, alt. 2 050 m, 1979-09-15, Z. R. Wang C64.

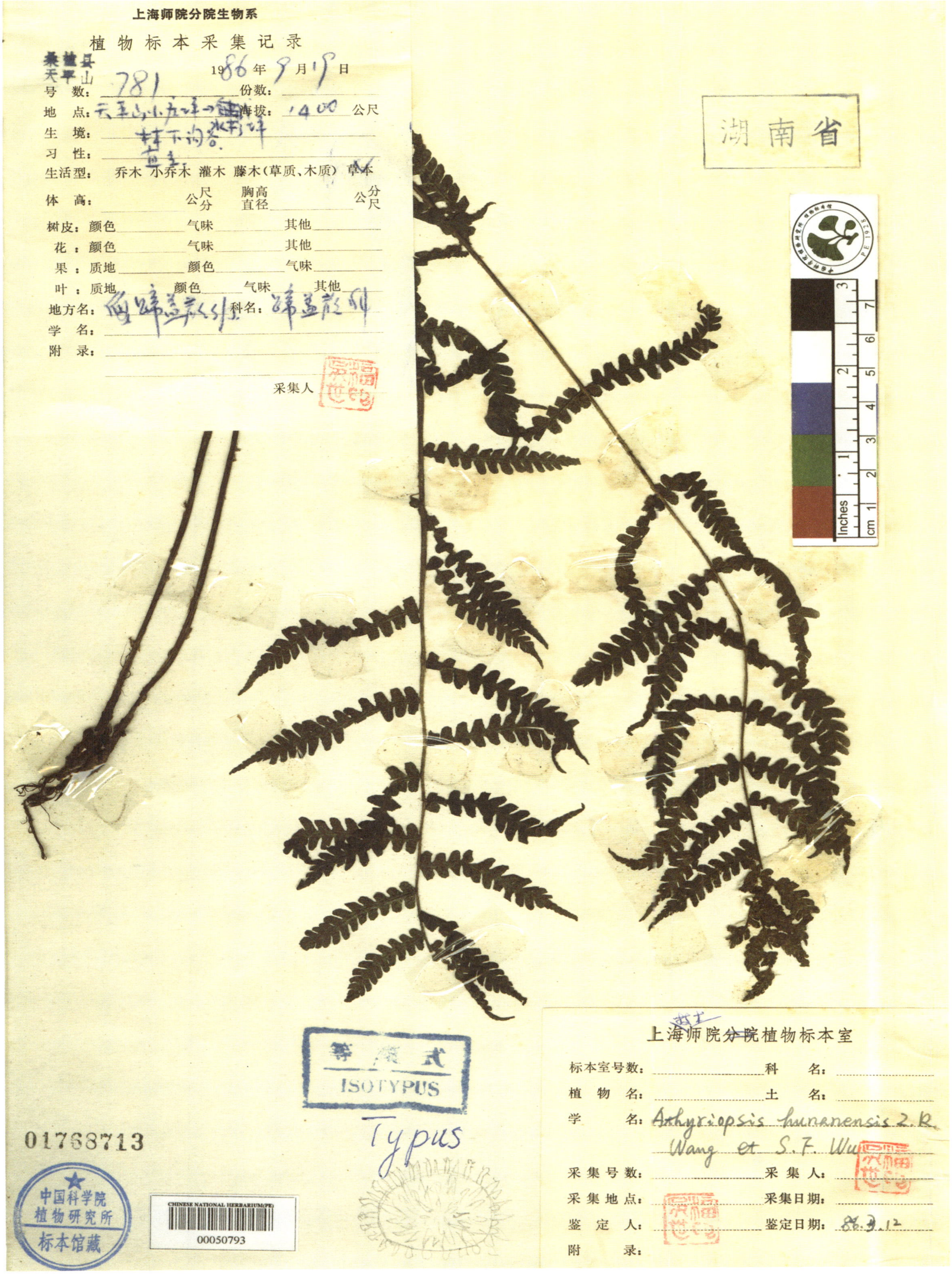

湖南假蹄盖蕨 ***Athyriopsis hunanensis*** Z. R. Wang & S. F. Wu in Acta Phytotax. Sin. 28(2): 165, pl. 1: 1. 1990.
Isotype: China. Hunan: Sangzhi, alt. 1 400 m, 1986-09-19, S. F. Wu 781.

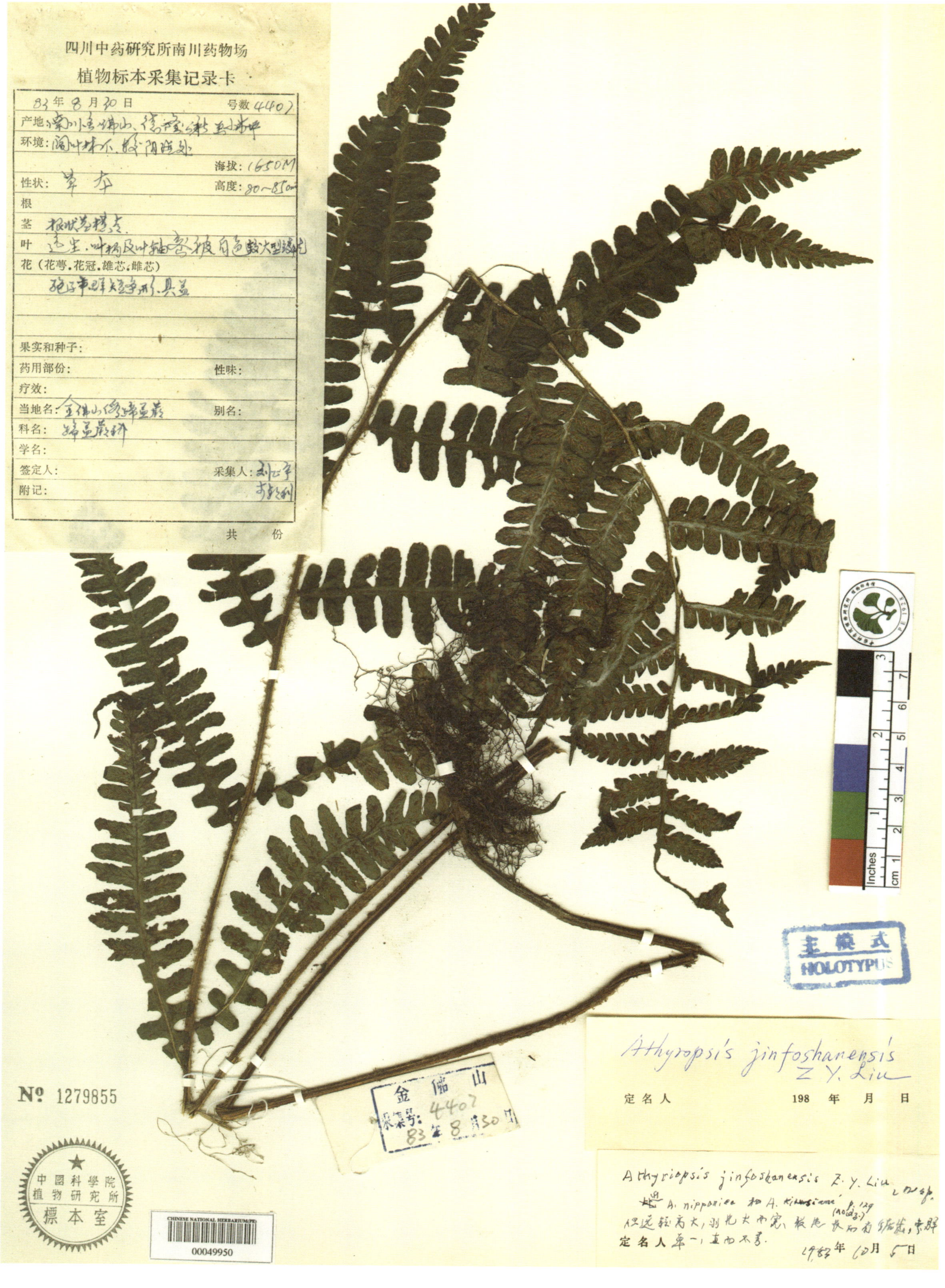

金佛山假蹄盖蕨 ***Athyriopsis jinfoshanensis*** Z. Y. Liu ex R. C. Ching & Z. Y. Liu in Bull. Bot. Res., Harbin 4(3): 11, photo. 13. 1984. **Holotype:** China. Chongqing: Nanchuan, alt. 1 650 m, 1983-08-30, Z. Y. Liu & al. 4407.

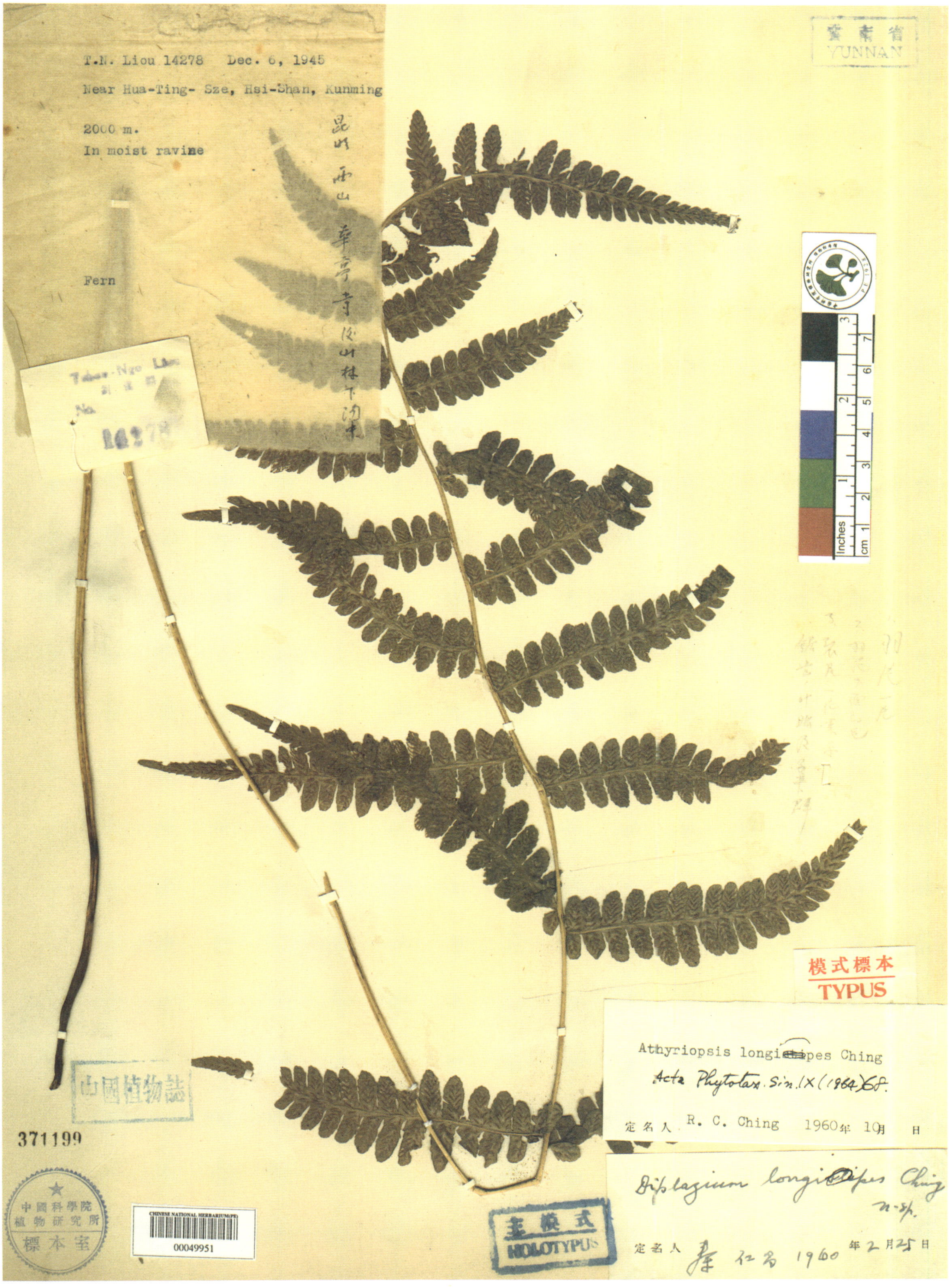

昆明假蹄盖蕨 ***Athyriopsis longipes*** Ching in Acta Phytotax. Sin. 9(1): 68. 1964. **Holotype:** China. Yunnan: Kunming, Xishan, alt. 2 000 m, 1945-12-06, T. N. Liou 14278.

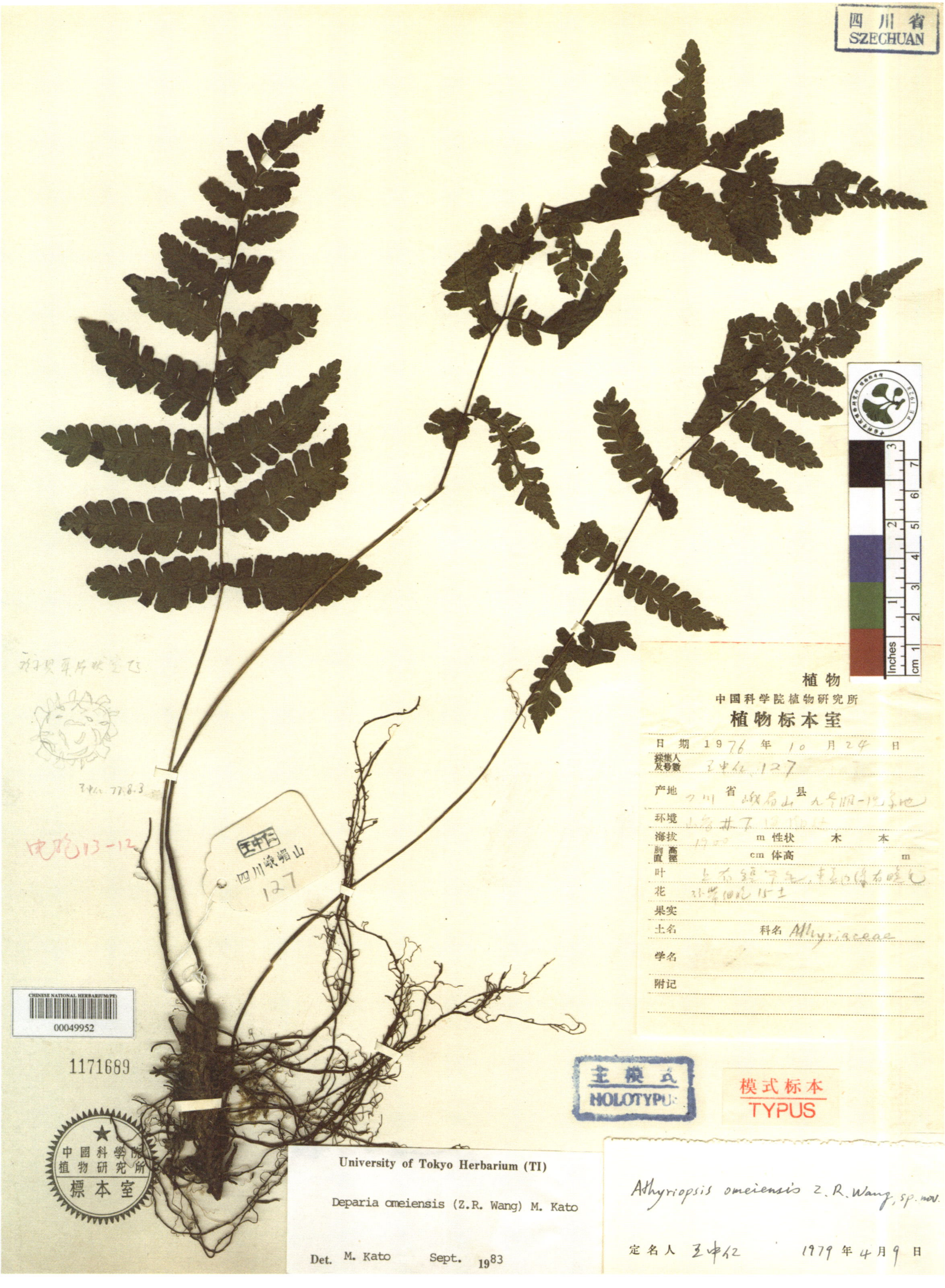

峨眉假蹄盖蕨 ***Athyriopsis omeiensis*** Z. R. Wang in Acta Phytotax. Sin. 20(2): 236, pl. 1: 1, 5. 1982. **Holotype:** China. Sichuan: Emei, Emeishan, alt. 1 900 m, 1976-10-24, Z. R. Wang 127.

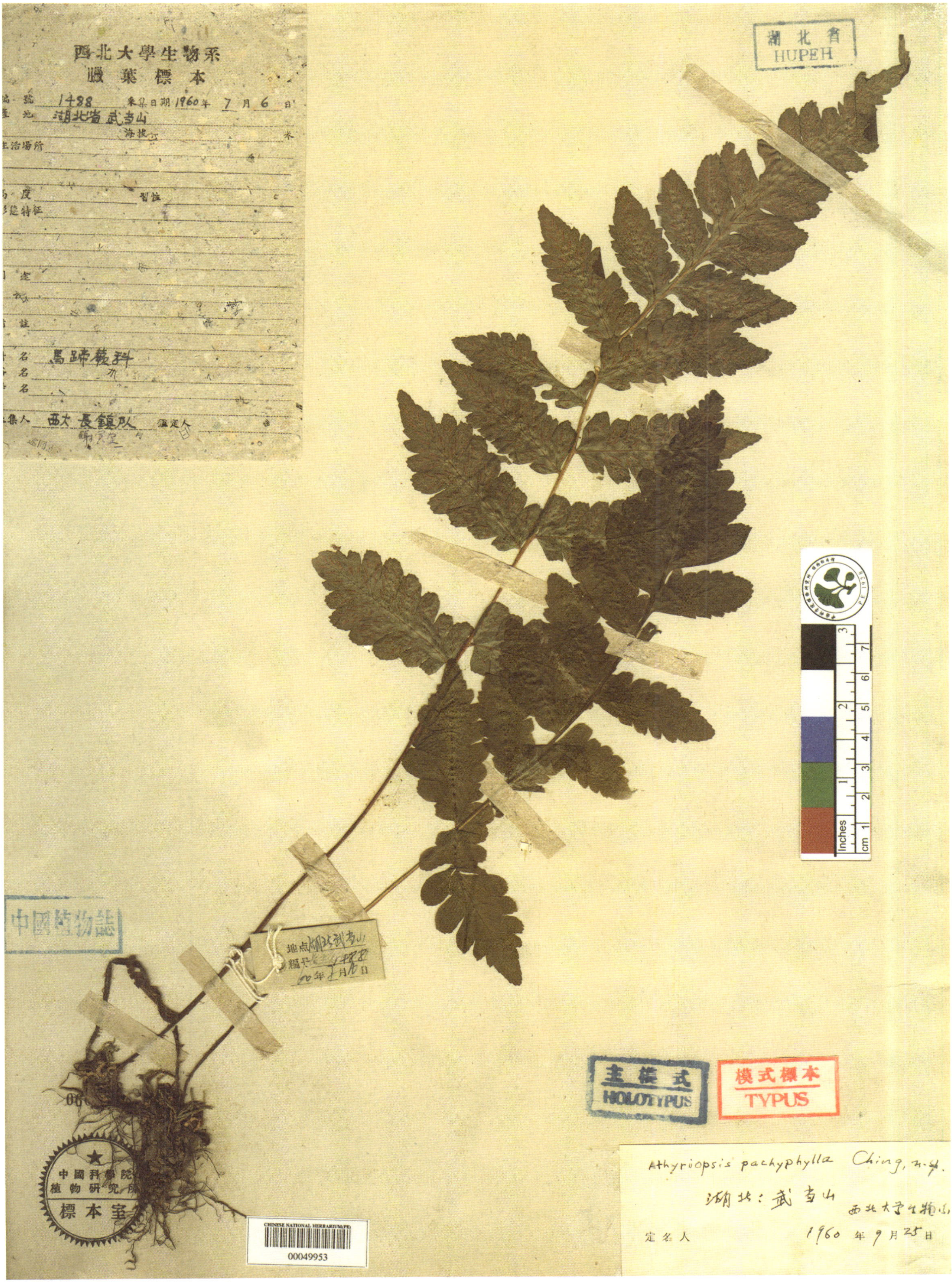

阔羽假蹄盖蕨 ***Athyriopsis pachyphylla*** Ching in Acta Phytotax. Sin. 9(1): 66. 1964. **Holotype:** China. Hubei: Wudangshan, 1960-08-10, Changzhen Exped. 1488.

刺齿蹄盖蕨 ***Athyrium aculeatum*** Ching in Acta Bot. Bor.-Occ. Sin. 6(1): 15. 1986. **Holotype:** China. Yunnan: Heqing, alt. 2 800 m, 1940-09-07, R. C. Ching 24403.

尖齿蹄盖蕨 ***Athyrium acutiserratum*** Ching in Acta Bot. Bor.-Occ. Sin. 6(3): 149. 1986. **Holotype:** China. Yunnan: Lijiang, alt. 3 500 m, 1942-08-13, K. M. Feng 8976.

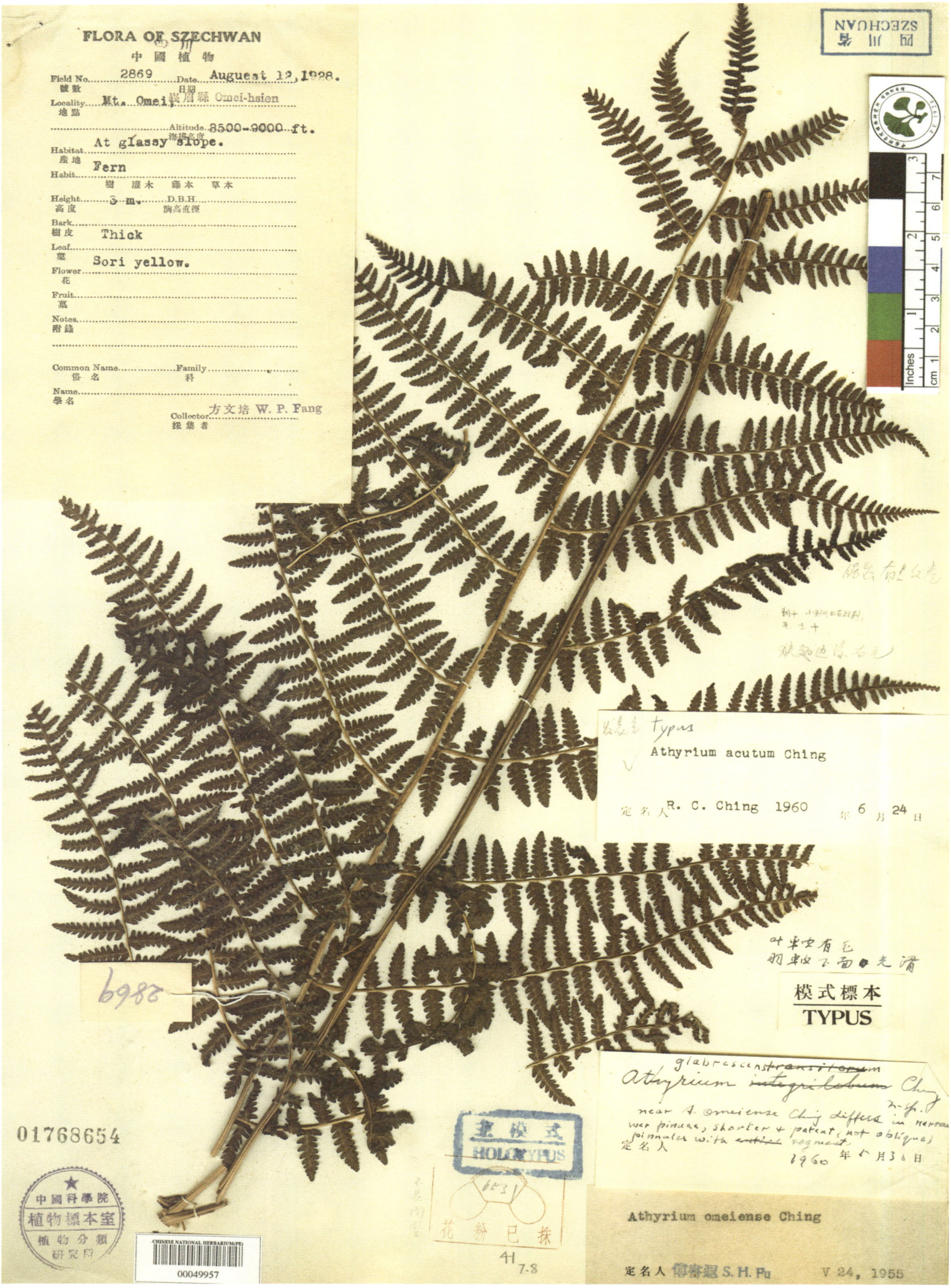

尖羽蹄盖蕨 ***Athyrium acutum*** Ching in Acta Bot. Bor.-Occ. Sin. 6(2): 101. 1986. **Holotype:** China. Sichuan: Emei, Emeishan, alt. 2 560～2 745 m, 1928-08-12, W. P. Fang 2869.

斜羽蹄盖蕨 ***Athyrium adscendens*** Ching in Acta Bot. Bor.-Occ. Sin. 6(2): 100. 1986. **Holotype:** China. Sichuan: Emei, Emeishan, alt. 3 050～3 355 m, 1928-08-14, W. P. Fang 2956.

假近位蹄盖蕨 ***Athyrium aequilaterale*** Ching in Acta Bot. Bor.-Occ. Sin. 6(1): 20. 1986. **Holotype:** China. Yunnan: Precise locality not kown, 1955-??-??, Sect. Sylvis-typus 201.

松谷蹄盖蕨 ***Athyrium amabila*** Ching in Acta Bot. Bor.-Occ. Sin. 6(1): 16. 1986. **Holotype:** China. Zhejiang: Tianmushan, alt. 850 m, 1936-07-09, P. C. Tsoong 3952.

极大蹄盖蕨 ***Athyrium amplissimum*** Ching & Boufford & K. H. Shing in Journ. Arn. Arb. 64(1): 20. 1983. **Holotype:** China. Hubei: Shennongjia, alt. 2 300～2 600 m, 1980-09-09, Sino-Amer. Bot. Exped. 914.

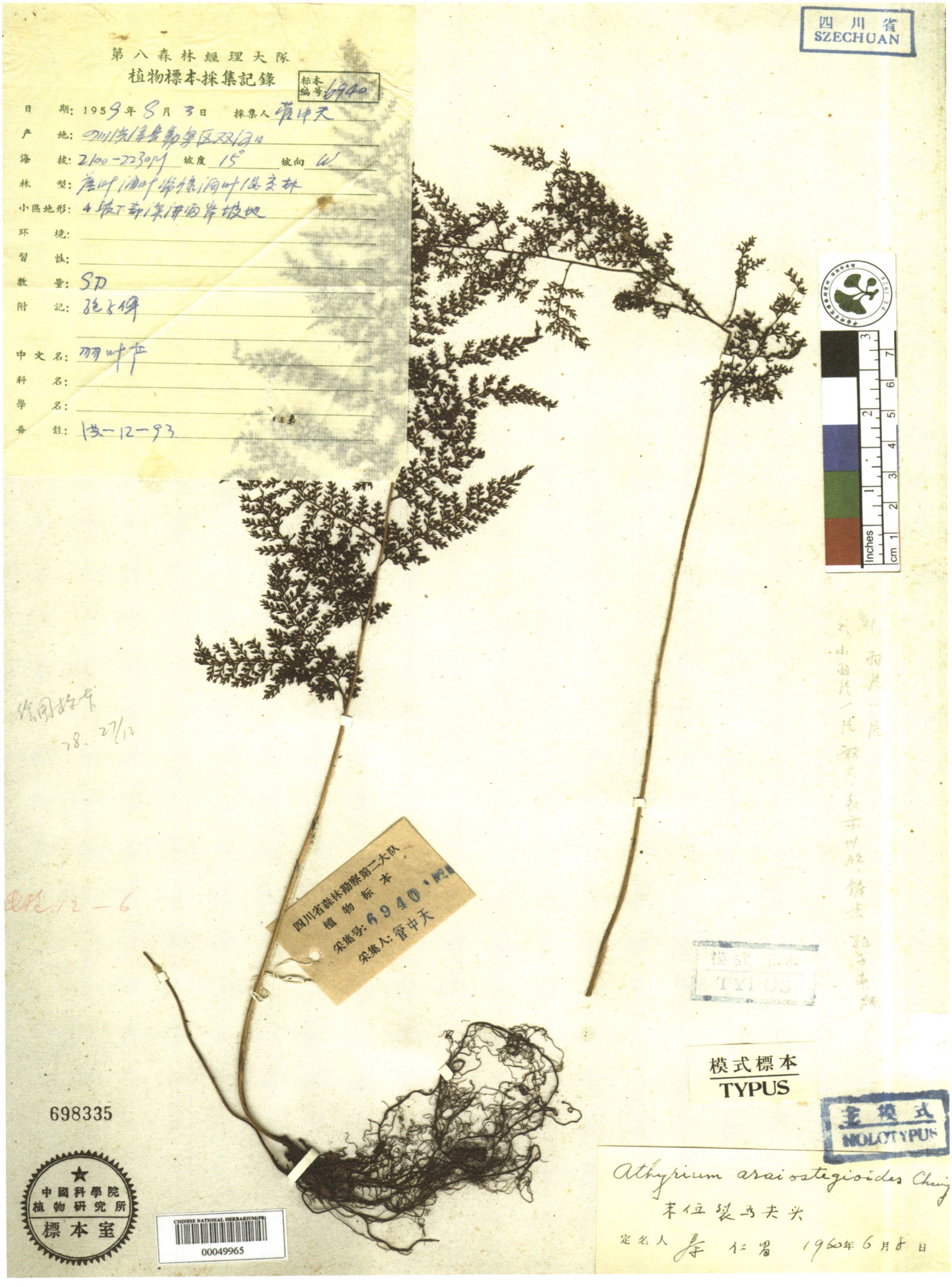

鹿角蹄盖蕨 ***Athyrium araiostegioides*** RChing in Acta Bot. Bor.-Occ. Sin. 6(2): 103. 1986. **Holotype:** China. Sichuan: Hongya, alt. 2 100～2 230 m, 1959-08-03, C. T. Kuan 6940.

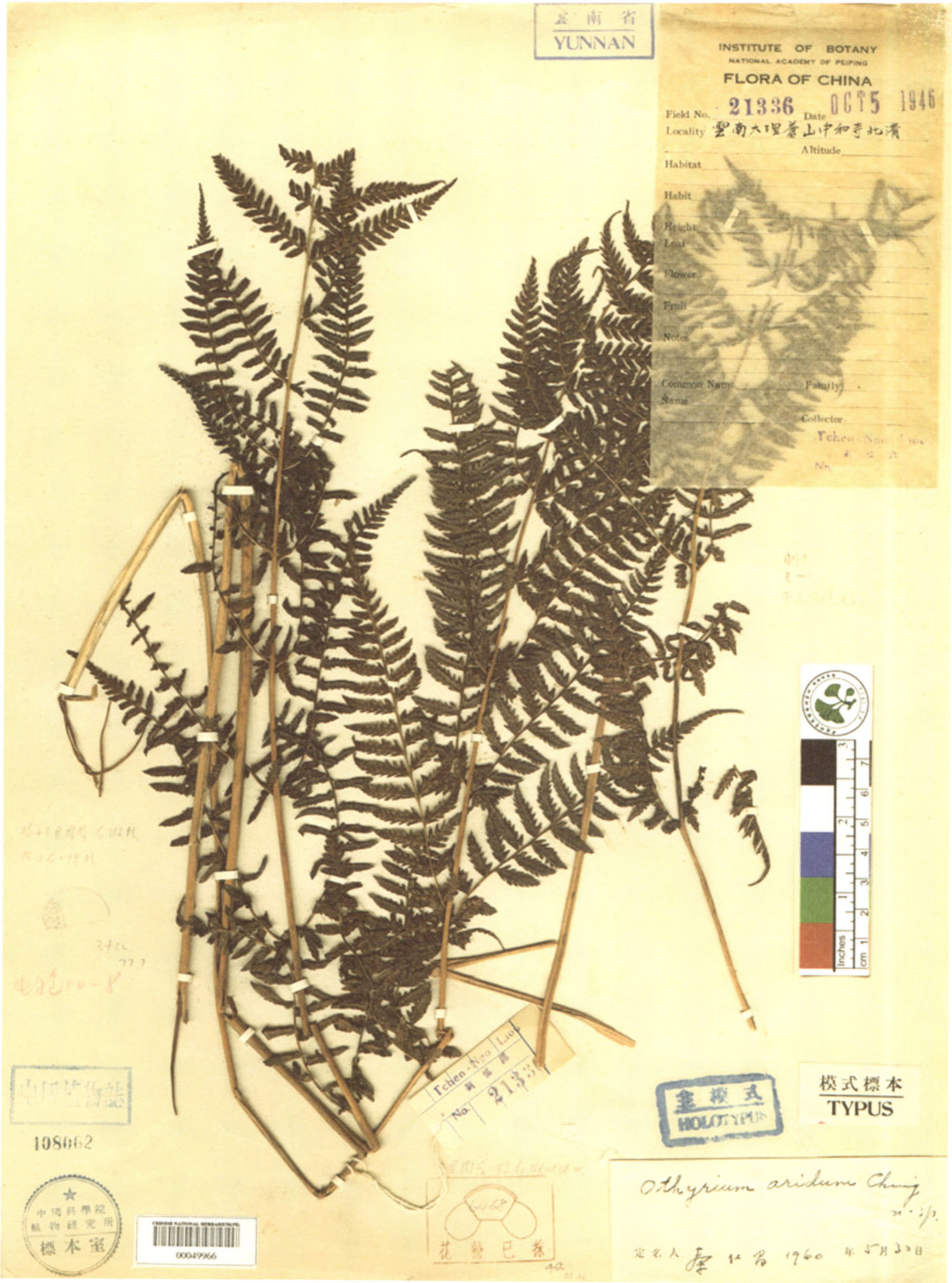

滇中蹄盖蕨 ***Athyrium aridum*** Ching in Acta Bot. Bor.-Occ. Sin. 6(1): 10. 1986. **Holotype:** China. Yunnan: Dali, alt. 1 700～2 000 m, 1946-10-05, T. N. Liou 21336.

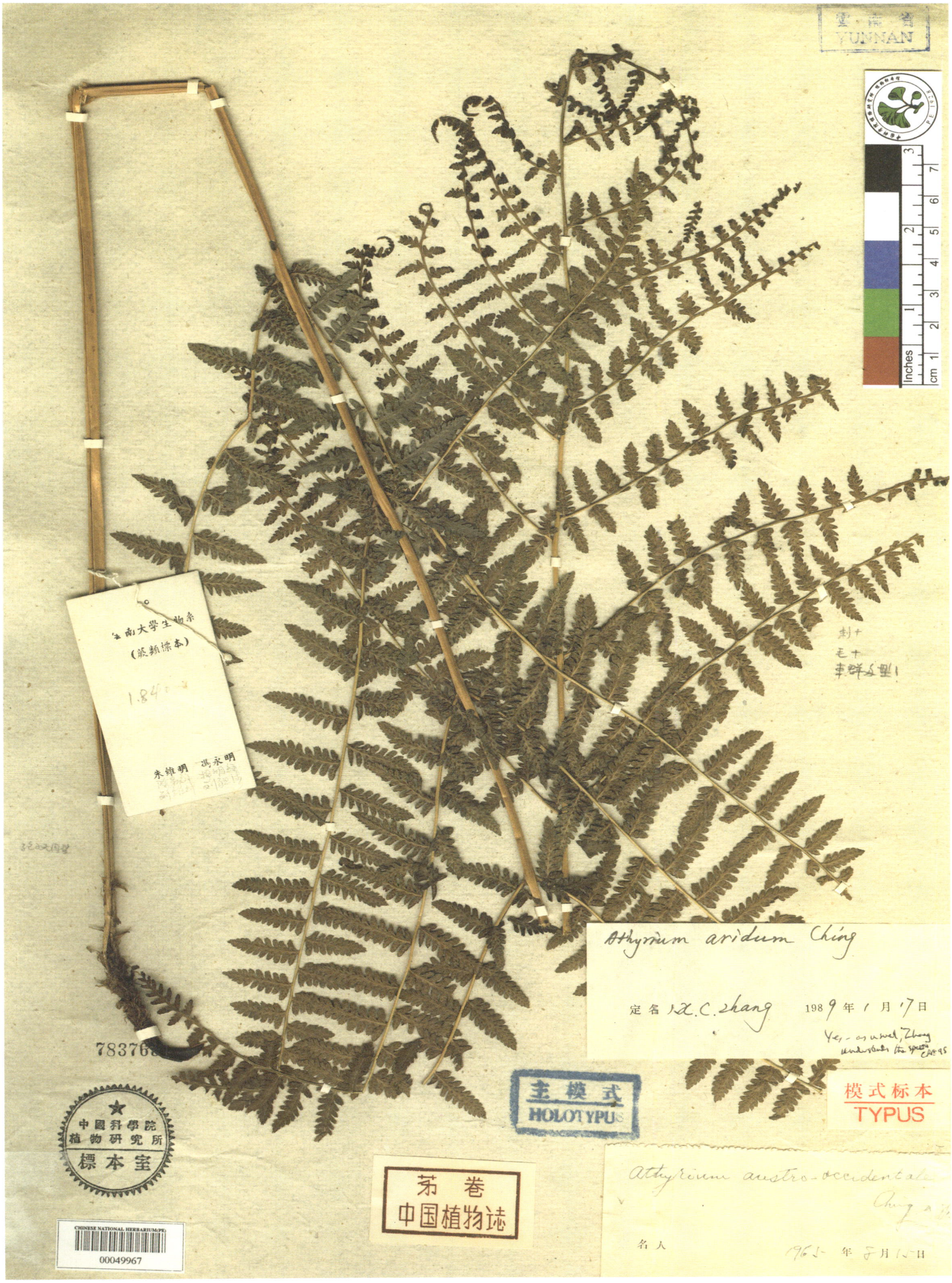

西南蹄盖蕨 ***Athyrium austro-occidentale*** Ching in Acta Bot. Bor.-Occ. Sin. 6(3): 152. 1986. **Holotype:** China. Yunnan: Songming, alt. 2 550 m, 1964-06-09, W. M. Chu & al. 1840.

滇南蹄盖蕨 ***Athyrium austro-yunnanense*** Ching, Fl. Xizang. 1: 132. 1983. **Holotype:** China. Yunnan: Shuangbai, alt. 1 880 m, 1965-07-12, W. M. Chu 3618.

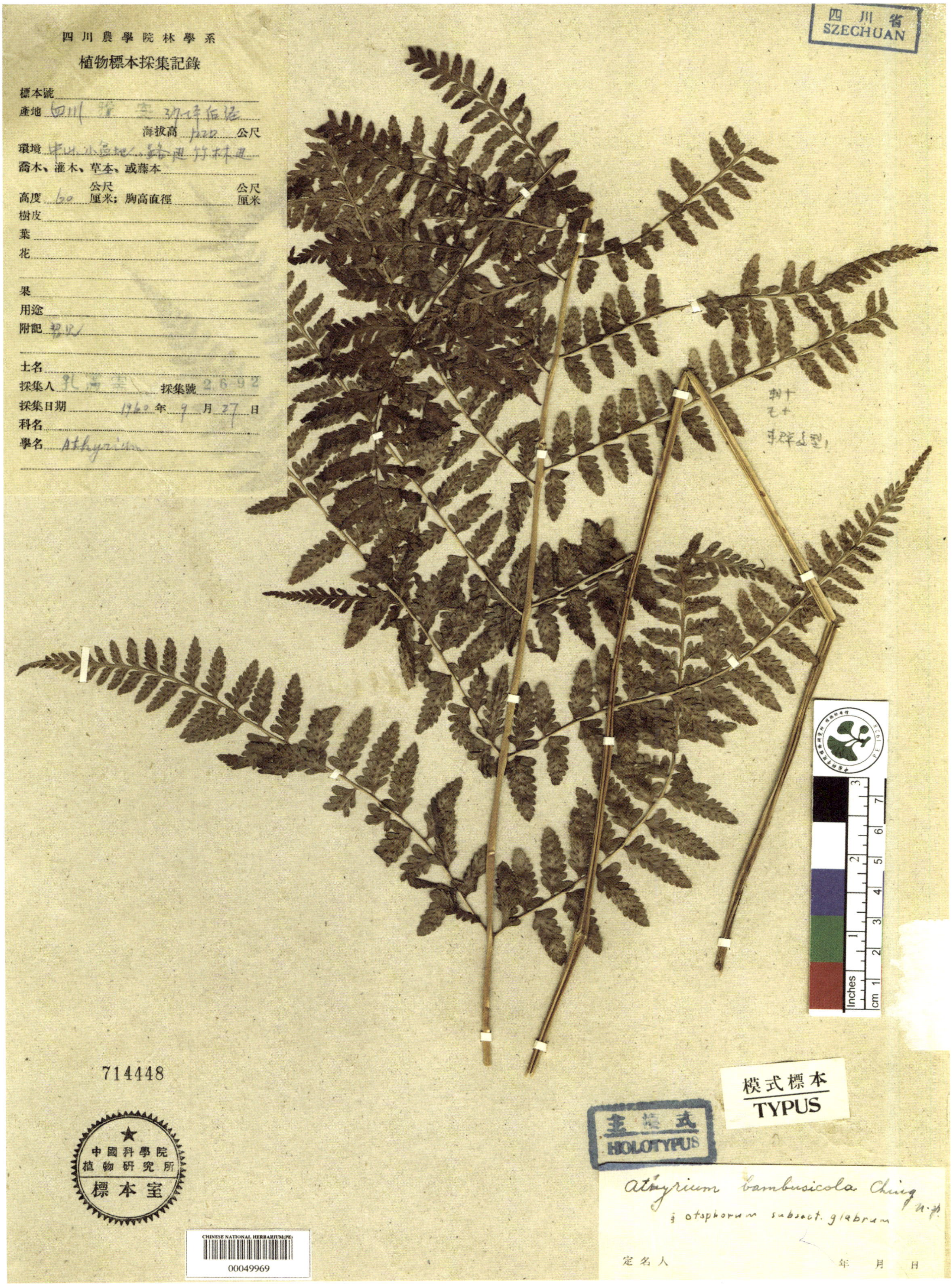

竹友蹄盖蕨 ***Athyrium bambusicola*** Ching in Acta Bot. Bor.-Occ. Sin. 6(1): 18. 1986. **Holotype:** China. Sichuan: Ya'an, alt. 1 220 m, 1960-09-27, H. S. Kung 2692.

圆果蹄盖蕨 ***Athyrium bucahwangense*** Ching, Fl. Xizang. 1: 132. 1983.**Holotype:** China. Yunnan: Gongshan, Dulongjiang, alt. 2 600 m, 1938-09-03, T. T. Yu 20090.

尾羽蹄盖蕨 ***Athyrium caudatum*** Ching in Acta Bot. Bor.-Occ. Sin. 6(1): 21. 1986. **Holotype:** China. Yunnan: Lijiang, alt. 2 000 m, 1939-03-14, K. M. Feng 519.

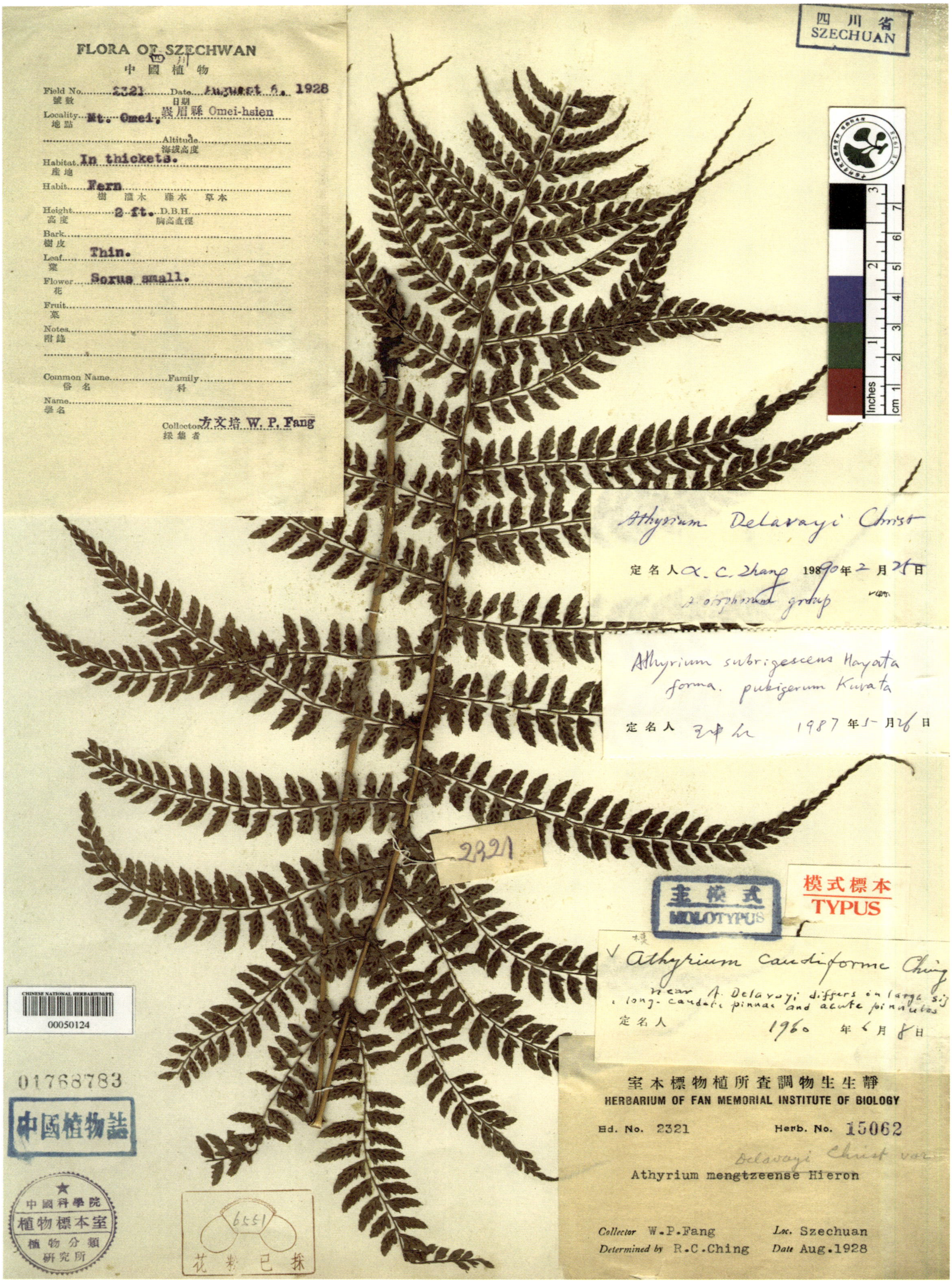

长尾蹄盖蕨 ***Athyrium caudiforme*** Ching in Acta Bot. Bor.-Occ. Sin. 6(1): 21. 1986. **Holotype:** China. Sichuan: Emei, Emeishan, alt. 1 000~1 200 m, 1928-08-06, W. P. Fang 2321.

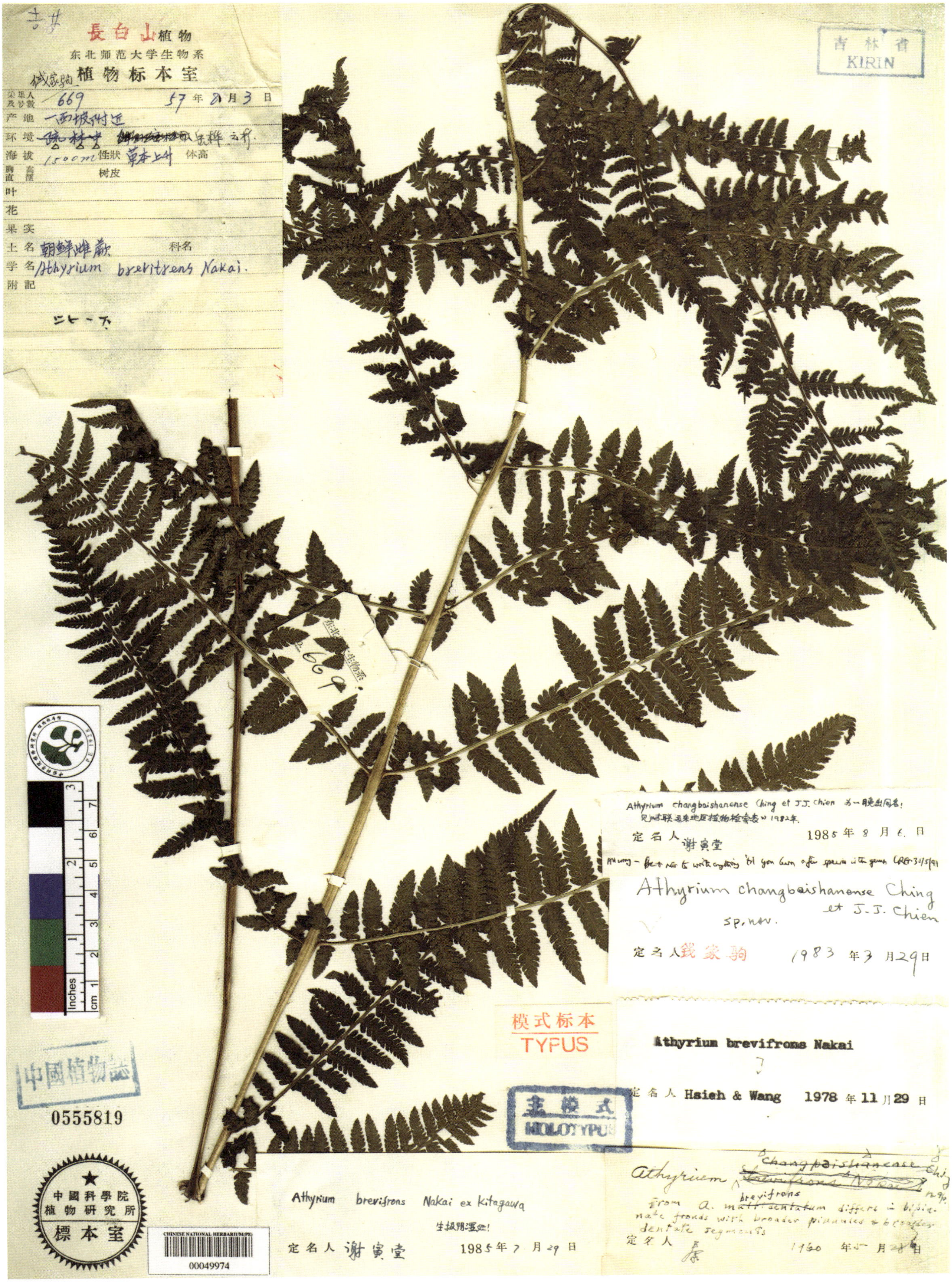

长白山蹄盖蕨 ***Athyrium changbaishanense*** Ching & J. J. Chien in Bull. Bot. Res., Harbin 4(1): 128, photo. 1984.
Holotype: China. Jilin: Changbaishan, alt. 1 500 m, 1957-08-03, J. J. Chien 669.

瓦覆蹄盖蕨 ***Athyrium confertipinnum*** Ching in Acta Bot. Bor.-Occ. Sin. 6(3): 155. 1986. **Holotype:** China. Yunnan: Luquan, alt. 2 800~3 000 m, 1964-10-10, W. M. Chu 2024.

短羽蹄盖蕨 ***Athyrium contingens*** Ching & S. K. Wu, Fl. Xizang. 1: 134. 1983. **Holotype:** China. Xizang: Zayü, alt. 4 200 m, 1973-08-12, Qinghai-Xizang Exped. 73-1035.

川西蹄盖蕨 ***Athyrium costulalisorum*** Ching in Acta Bot. Bor.-Occ. Sin. 6(1): 15. 1986. **Holotype:** China. Sichuan: Baoxing, alt. 2 800 m, 1954-06-28, Z. P. Song 38764.

粗柄蹄盖蕨 ***Athyrium crassipes*** Ching in Acta Bot. Bor.-Occ. Sin. 6(2): 103. 1986. **Holotype:** China. Sichuan: Daxiangling, alt. 2 300 m, 1964-07-28, H. S. Kung 3829.

蒿坪蹄盖蕨 ***Athyrium criticum*** Ching, Fl. Tsinling. 2: 216. 1974. **Holotype:** China. Shaanxi: Taibaishan, alt. 1 100 m, 1960-09-22, Y. P. Hsu 628.

带岭蹄盖蕨 ***Athyrium dailingense*** Ching in Acta Bot. Bor.-Occ. Sin. 6(1): 18. 1986. **Holotype:** China. Heilongjiang: Xiaoxinganling, Dailing, 1954-08-10, Y. L. Zhang 25.

大相岭蹄盖蕨 ***Athyrium daxianglingense*** Ching & H. S. Kung in Acta Bot. Bor.-Occ. Sin. 6(1): 16. 1986.**Holotype:** China. Sichuan: Daxiangling, alt. 2 200 m, 1964-07-19, S. H. Kung 3717.

林光蹄盖蕨 ***Athyrium decorum*** Ching in Acta Bot. Bor.-Occ. Sin. 6(1): 13. 1986. **Isotype:** China. Yunnan: Gongshan, alt. 2 700~2 900 m, 1940-09-07, K. M. Feng 7573.

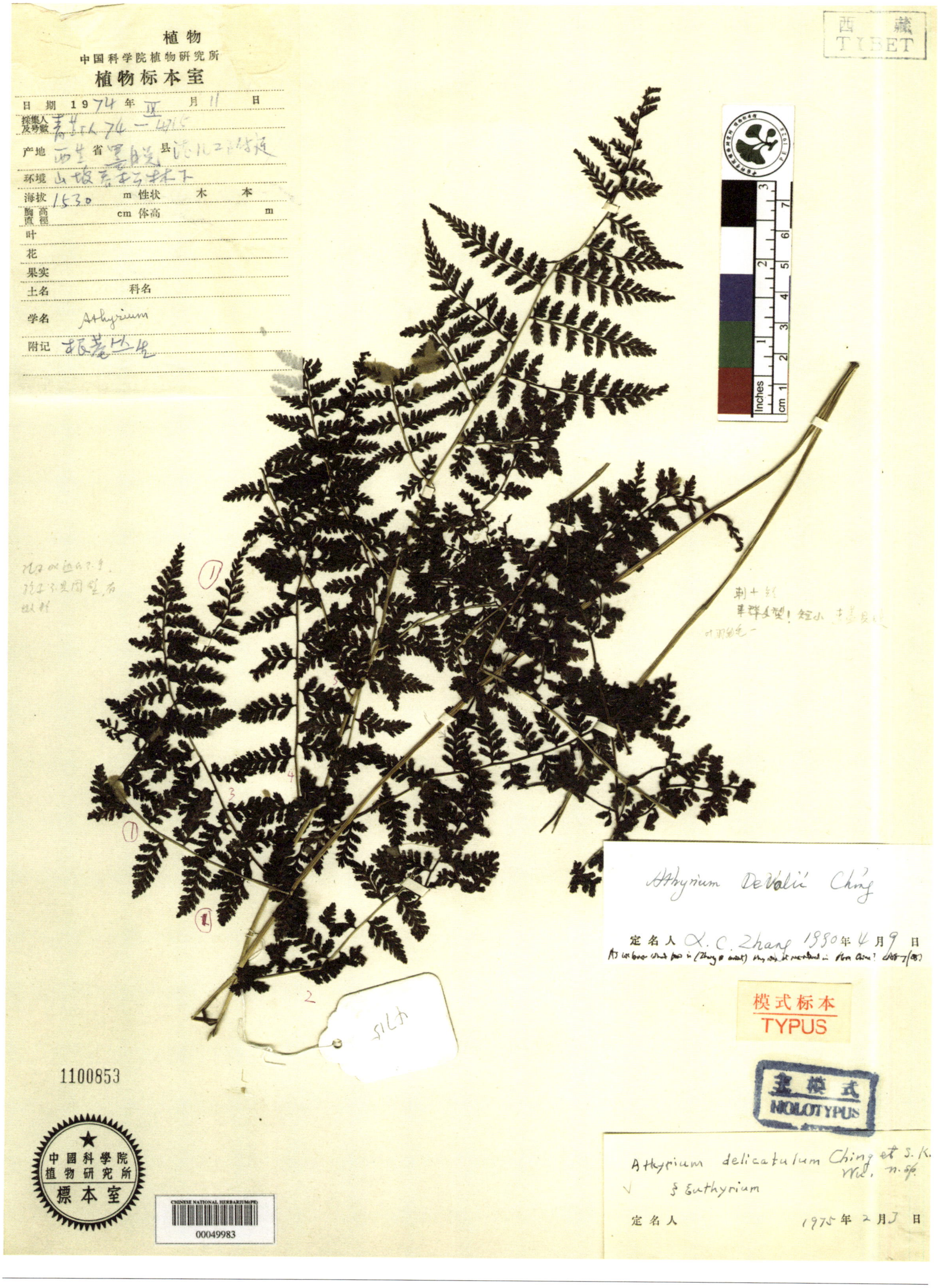

薄叶蹄盖蕨 ***Athyrium delicatulum*** Ching & S. K. Wu, Fl. Xizang. 1: 139, pl. 3: 5–6. 1983. **Holotype:** China. Xizang: Mêdog, alt. 1 530 m, 1974-09-11, Qinghai-Xizang Exped. 74-4715.

松潘蹄盖蕨 ***Athyrium dentatum*** Ching in Acta Bot. Bor.-Occ. Sin. 6(3): 150. 1986. **Holotype:** China. Sichuan: Songpan, 1933-??-??, T. T. Yu 2632.

湿生蹄盖蕨***Athyrium devolii*** Ching in Sunyatsenia 3(1): 1, pl. 1. 1935. **Holotype:** China. Jiangxi: Lushan, alt. 915 m, 1934-07-12, Charles E. DeVol 10.

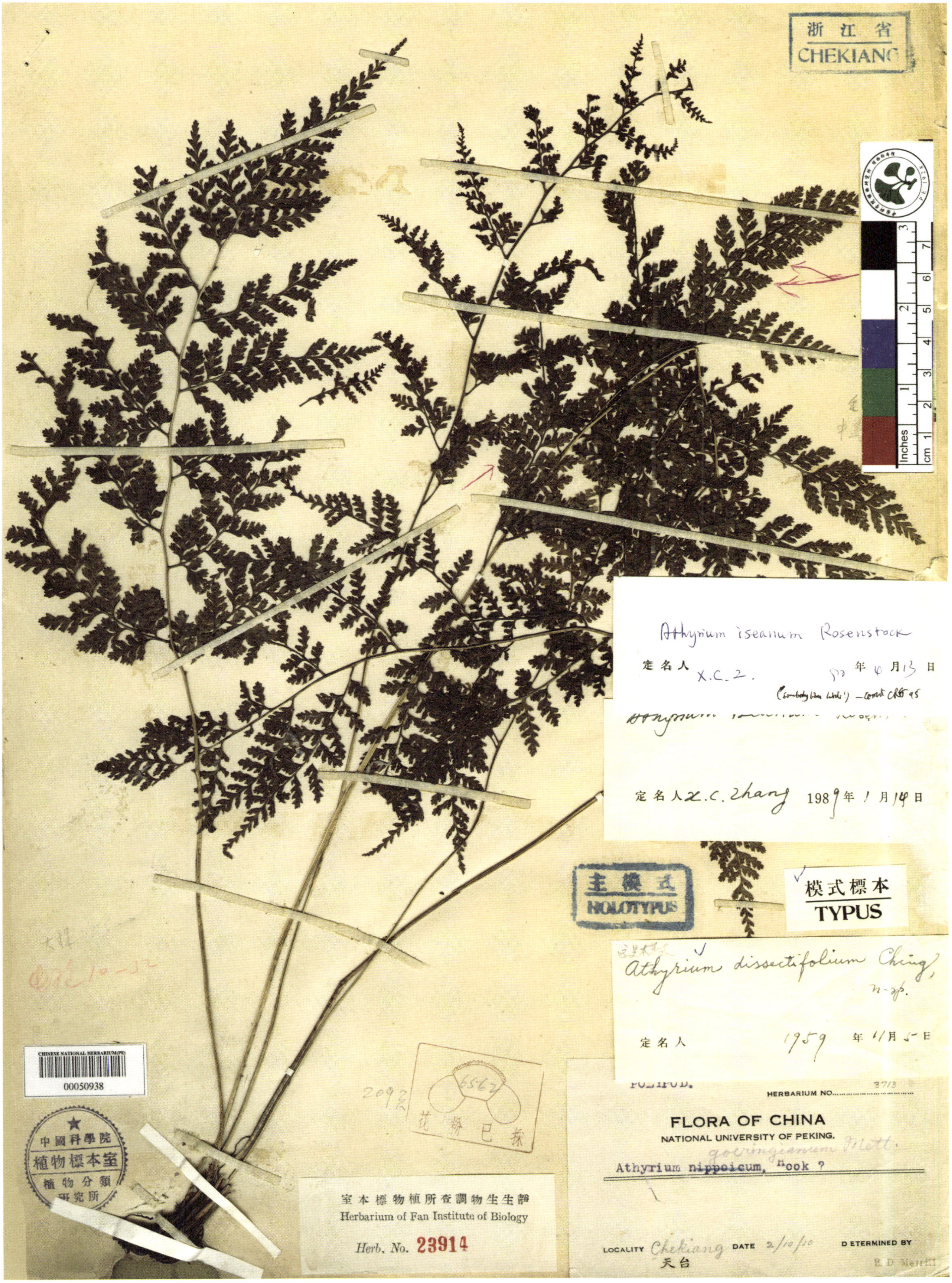

天台山蹄盖蕨 ***Athyrium dissectifolium*** Ching in Acta Bot. Bor.-Occ. Sin. 6(2): 104. 1986. **Holotype:** China. Zhejiang: Tiantaishan, 1910-10-02, K. K. Tsoong 3713.

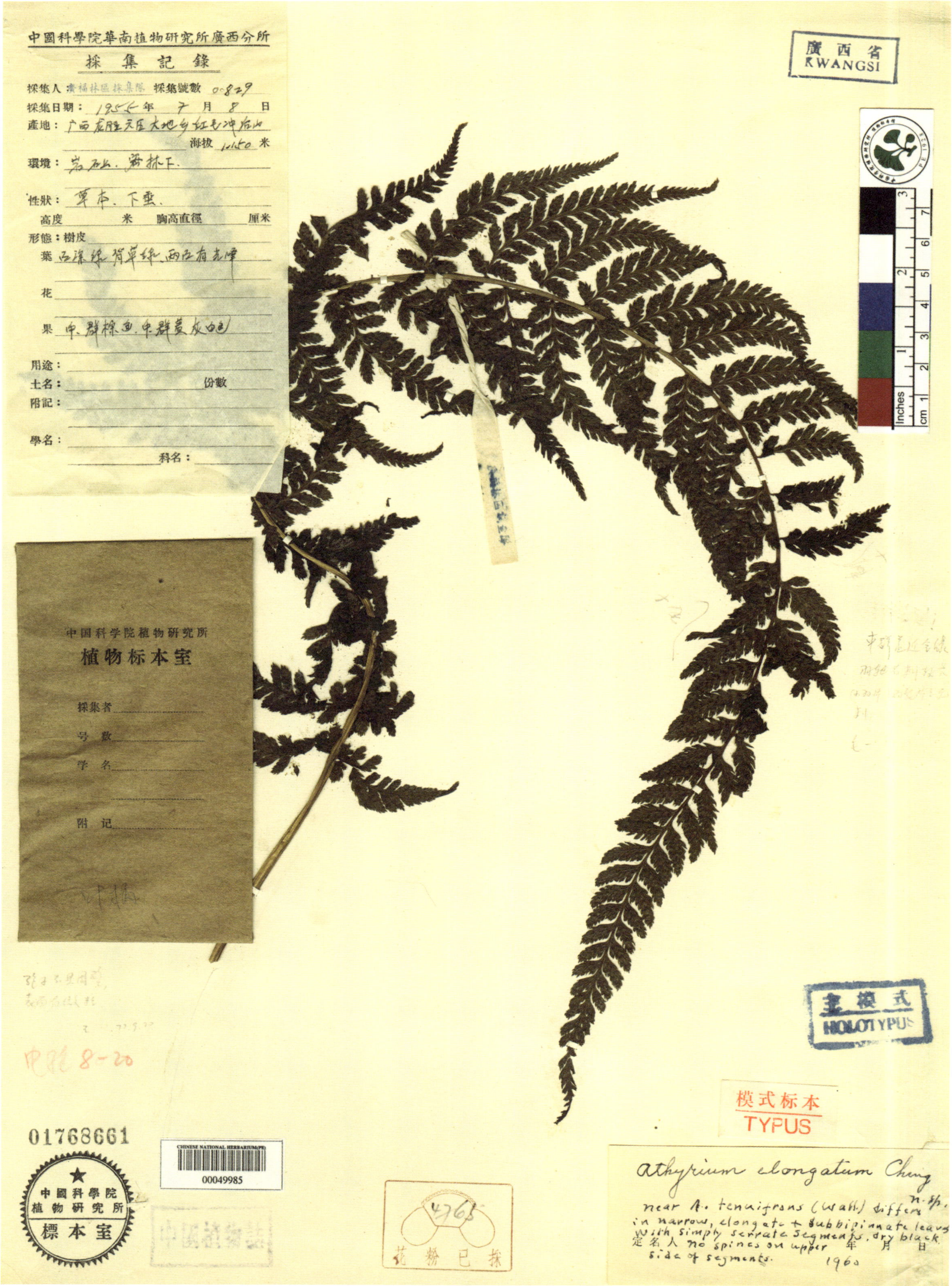

长叶蹄盖蕨 ***Athyrium elongatum*** Ching in Acta Bot. Bor.-Occ. Sin. 6(2): 101. 1986. **Holotype:** China. Guangxi: Longsheng, alt. 1 150 m, 1955-07-08, Guangxi Sylvis Complex Exped. 829.

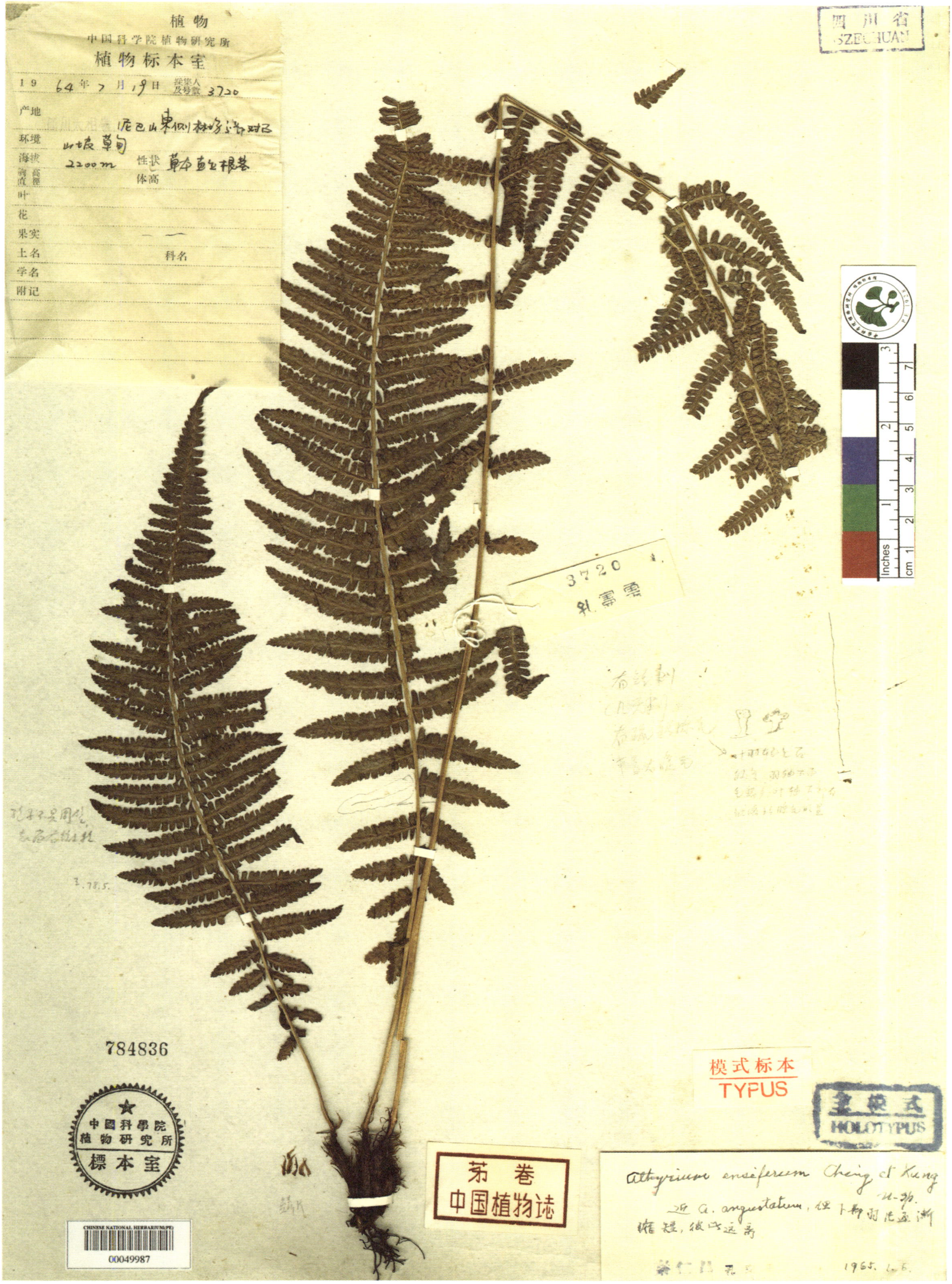

剑叶蹄盖蕨 ***Athyrium ensiferum*** Ching & H. S. Kung in Acta Bot. Bor.-Occ. Sin. 6(2): 102. 1986. **Holotype:** China. Sichuan: Daxiangling, alt. 2 200 m, 1964-07-19, H. S. Kung 3720.

红足蹄盖蕨 ***Athyrium erythrocaulon*** Ching in Acta Bot. Bor.-Occ. Sin. 6(3): 154. 1986. **Holotype:** China. Guangxi: Longlin, alt. 178 m, 1956-03-10, T. Y. Wei & T. M. Lei 40840.

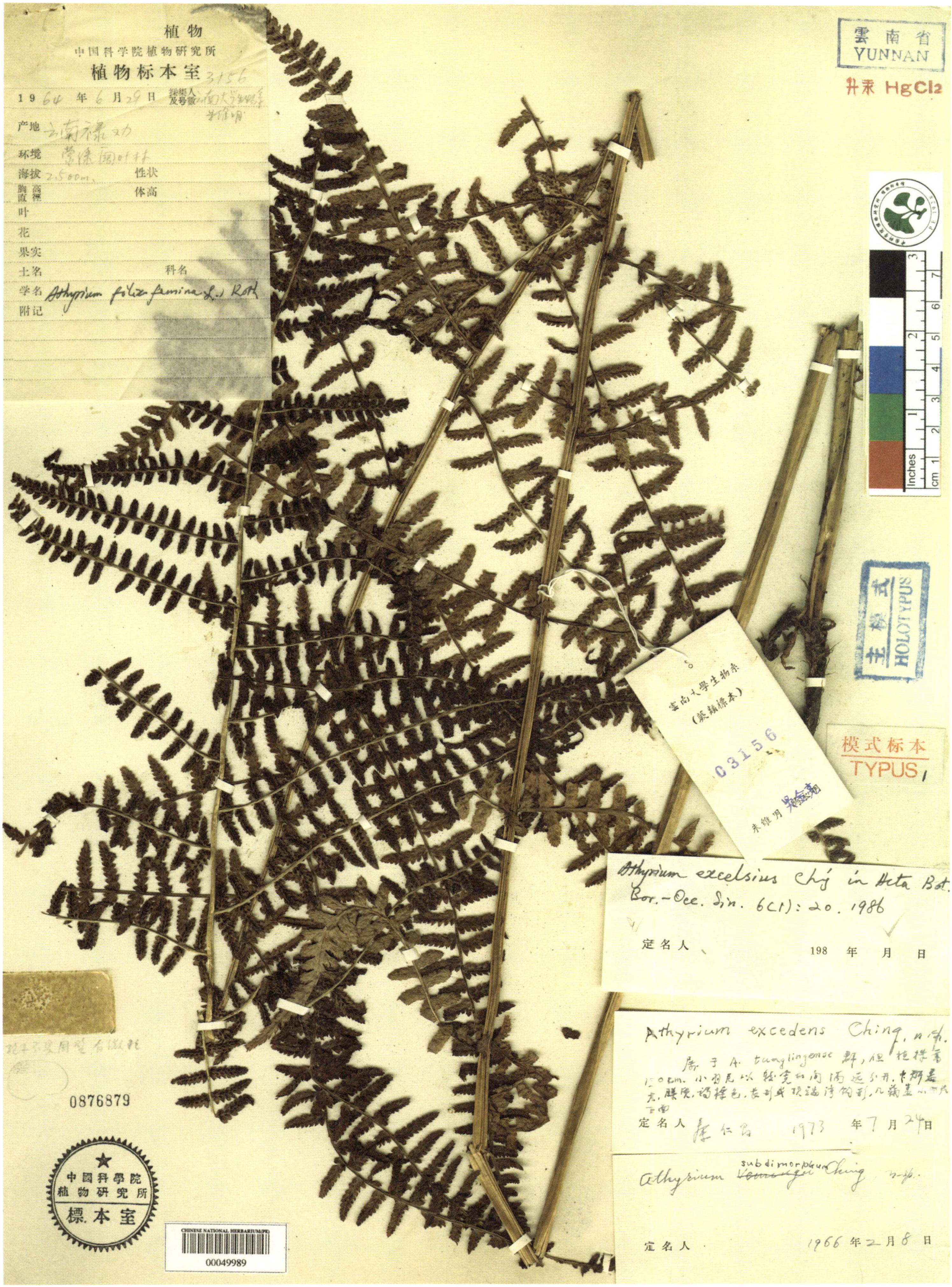

高超蹄盖蕨 ***Athyrium excelsius*** Ching in Acta Bot. Bor.-Occ. Sin. 6(1): 20. 1986. **Holotype:** China. Yunnan: Luquan, alt. 2 500 m, 1964-06-29, W. M. Chu & al. 3156.

无盖蹄盖蕨 ***Athyrium exindusiatum*** Ching in Acta Bot. Bor.-Occ. Sin. 6(2): 102. 1986.**Holotype:** China. Yunnan: Tengchong, 1952-??-??, R.C. Ching 50682.

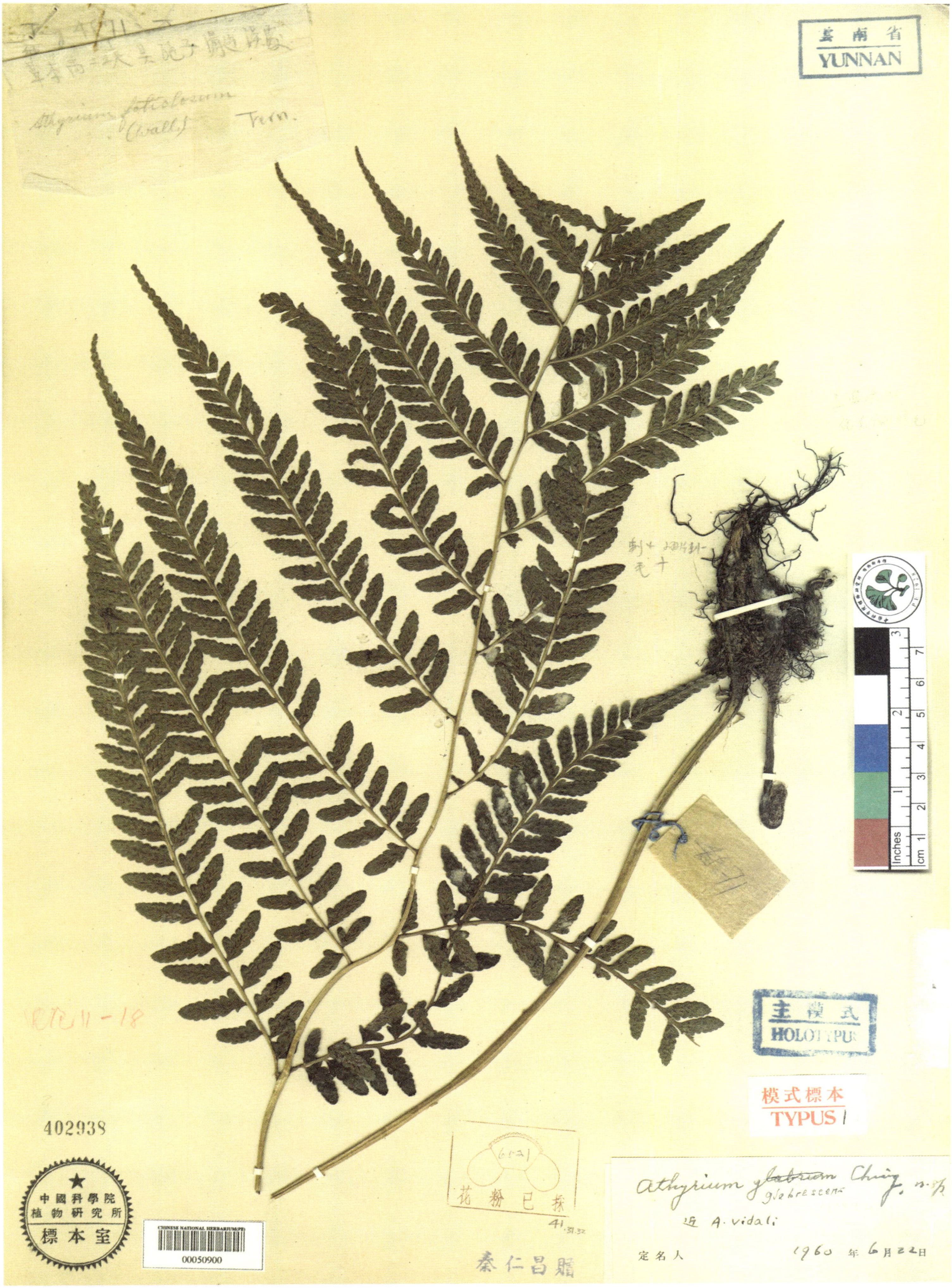

无毛蹄盖蕨 ***Athyrium glabrescense*** Ching in Acta Bot. Bor.-Occ. Sin. 6(3): 156. 1986. **Holotype:** China. Yunnan: Weixi, alt. 2 300 m, 1940-06-18, K. M. Feng 4871.

腺毛蹄盖蕨 ***Athyrium glandulosum*** Ching in Acta Bot. Bor.-Occ. Sin. 6(1): 19. 1986. **Holotype:** China. Sichuan: Muli, alt. 1 800~3 400 m, 1960-07-07, J. S. Ying 4469.

贡山蹄盖蕨 ***Athyrium gongshanense*** Ching in Acta Bot. Bor.-Occ. Sin. 6(3): 153. 1986. **Holotype:** China. Yunnan: Gongshan, alt. 1 900~2 000 m, 1940-09-04, K. M. Feng 7338.

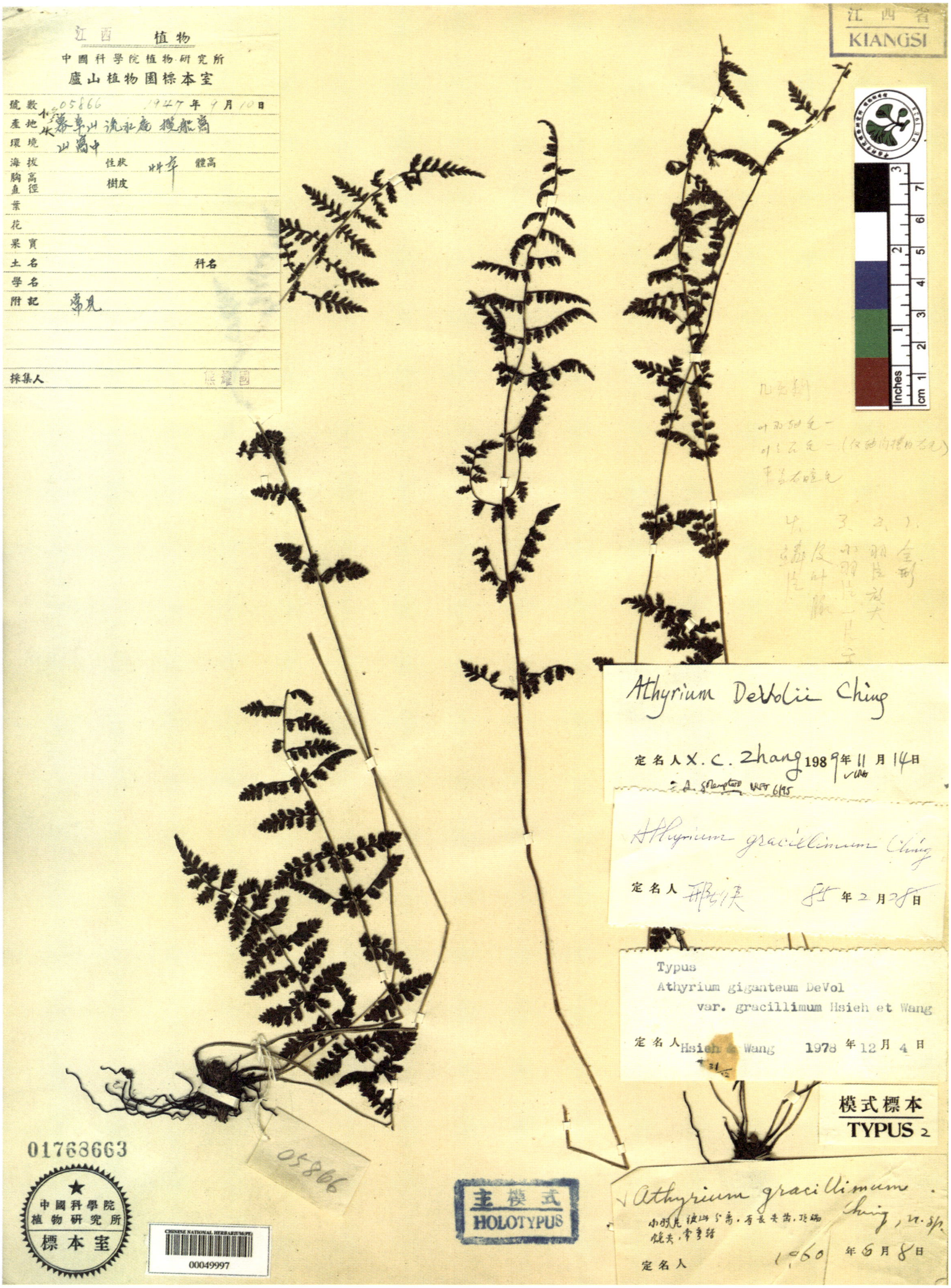

瘦叶蹄盖蕨 ***Athyrium gracillimum*** Ching in Acta Bot. Bor.-Occ. Sin. 6(3): 149. 1986. **Holotype:** China. Jiangxi: Xiushui, Mufushan, 1947-09-10, Y. K. Xiong 5866.

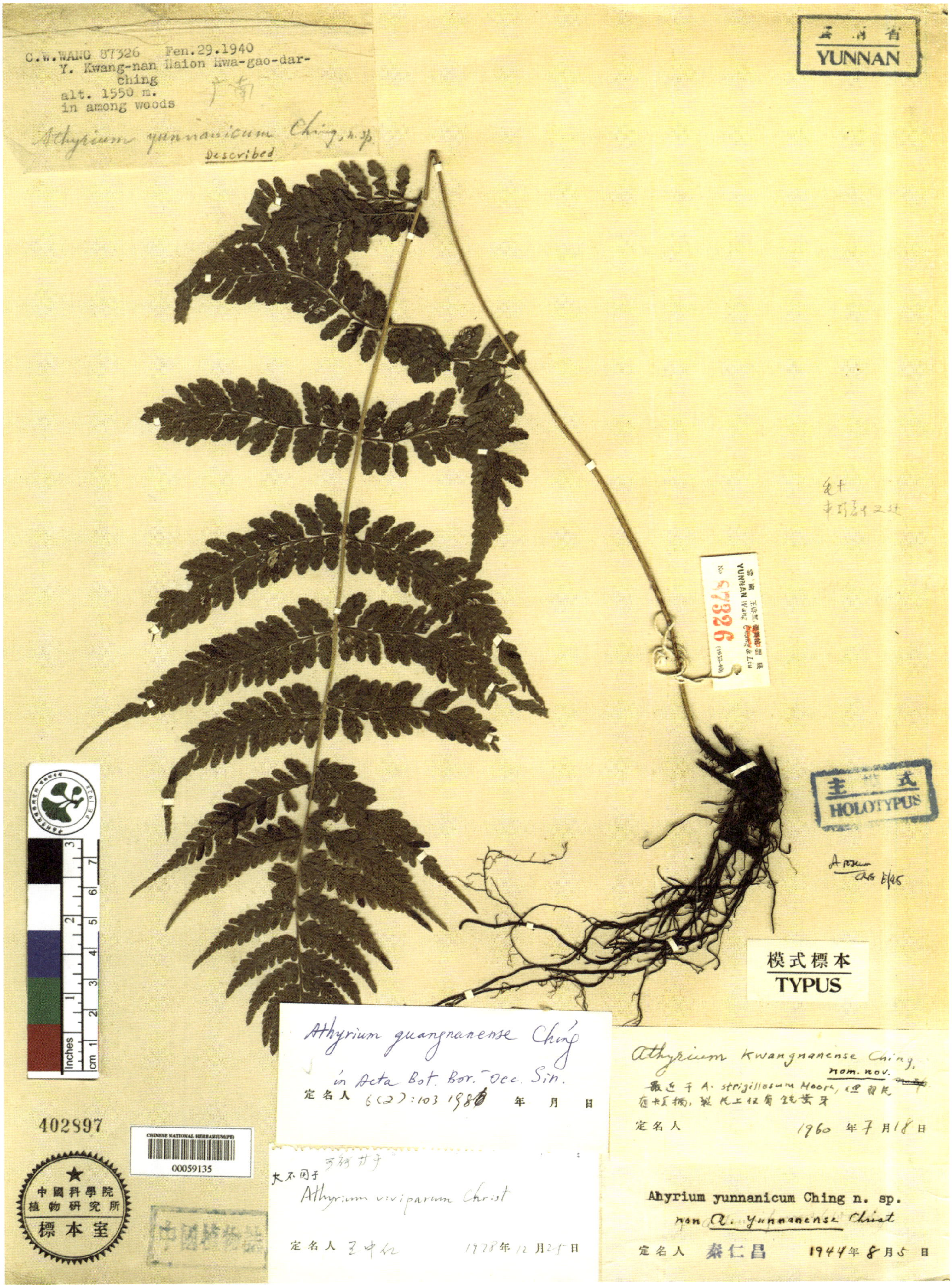

广南蹄盖蕨 ***Athyrium guangnanense*** Ching in Acta Bot. Bor.-Occ. Sin. 6(2): 103. 1986. **Holotype:** China. Yunnan: Guangnan, alt. 1 550 m, 1940-02-29, C. W. Wang 87326.

哈巴蹄盖蕨 ***Athyrium habaense*** Ching in Acta Bot. Bor.-Occ. Sin. 6(3): 154. 1986. **Holotype:** China. Yunnan: Zhongdian (=Shangri-La), Haba, alt. 3 200 m, 1959-06-09, C. L. Wu 41810.

海南蹄盖蕨 ***Athyrium hainanense*** Ching in Acta Bot. Bor.-Occ. Sin. 6(2): 101. 1986. **Holotype:** China. Hainan: Qiongzhong, Wuzhishan, alt. 1 750 m, 1974-12-28, 236-6 Exped. 1777.

喜马拉雅蹄盖蕨 ***Athyrium himalaicum*** Ching ex Mehra & Bir in Res. Bull. Panjab Univ., Sci. 15(1-2: 137, f. 26-29. 1964. **Isotype:** India. Sikkim, E Himalays, alt. 2 953 m, S. S. Br 17.

柔毛蹄盖蕨 ***Athyrium hirtirachis*** Ching & Z. Y. Liu in Bull. Bot. Res., Harbin 4(3): 6, photo. 8. 1984. **Holotype:** China. Chongqing: Nanchuan, Jinfoshan, alt. 1 000 m, 1980-08-29, Z. Y. Liu 0839.

户县蹄盖蕨 ***Athyrium huhsienense*** Ching & Y. P. Hsu, Fl. Tsinling. 2: 108, 218. 1974. **Holotype:** China. Shaanxi: Hu Xian, alt. 1 840 m, 1962-09-09, K. T. Fu 14541.

凌云蹄盖蕨 ***Athyrium infrapuberulum*** Ching in Acta Bot. Bor.-Occ. Sin. 6(2): 100. 1986. **Holotype:** China. Guangxi: Lingyun, alt. 550 m, 1925-04-03, Herb. Guangxi University 51.

居中蹄盖蕨 ***Athyrium interjectum*** Ching in Acta Bot. Bor.-Occ. Sin. 6(1): 15. 1986. **Holotype:** China. Yunnan: Lijiang, alt. 2 700~3 300 m, 1944-08-11, K. M. Feng 9438.

中间蹄盖蕨 ***Athyrium intermixtum*** Ching & P. S. Chiu in Acta Bot. Bor.-Occ. Sin. 6(1): 21. 1986. **Holotype:** China. Anhui: Huangshan, alt. 1 600 m, 1961-09-23, P. S. Chiu 2520.

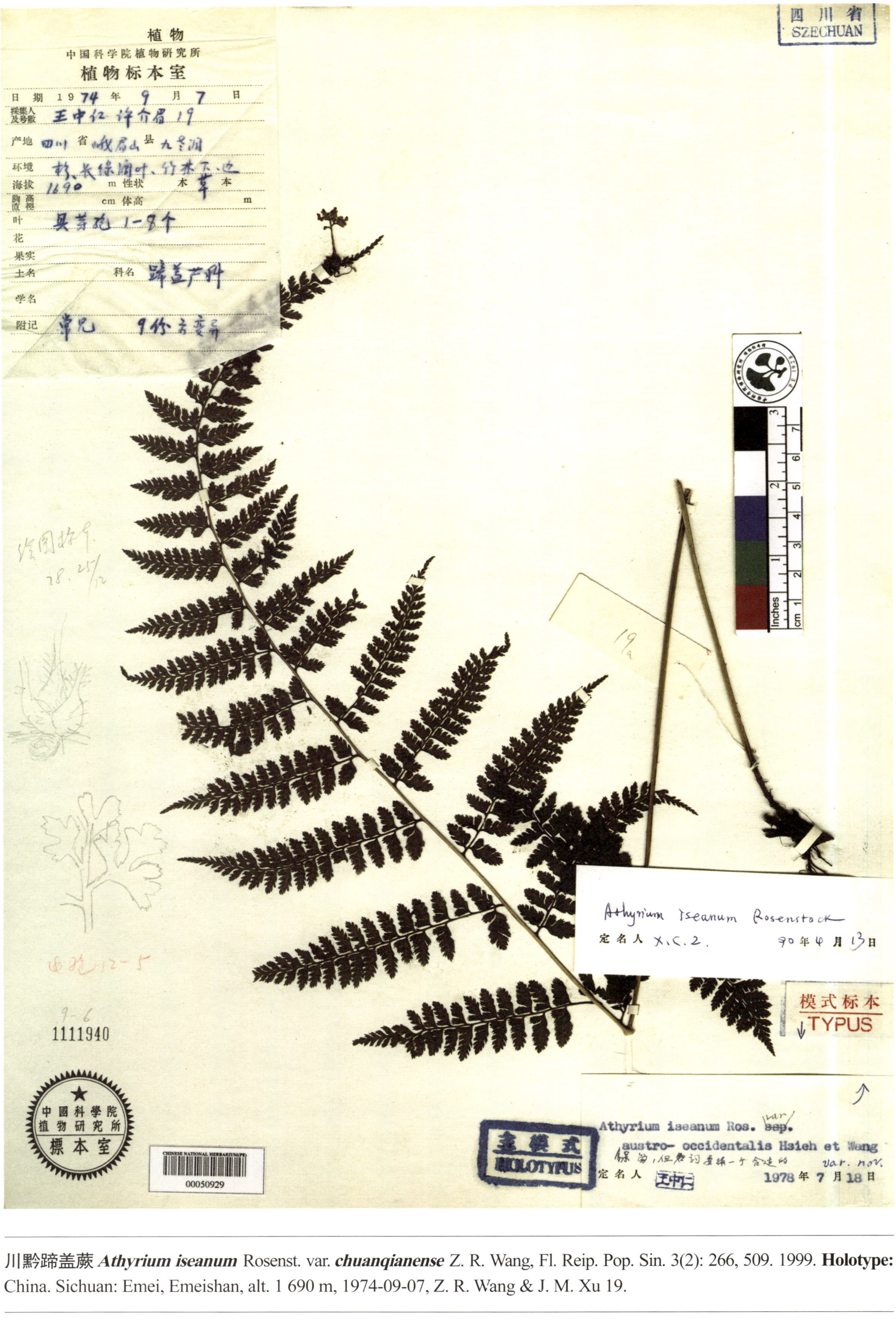

川黔蹄盖蕨 ***Athyrium iseanum*** Rosenst. var. ***chuanqianense*** Z. R. Wang, Fl. Reip. Pop. Sin. 3(2): 266, 509. 1999. **Holotype:** China. Sichuan: Emei, Emeishan, alt. 1 690 m, 1974-09-07, Z. R. Wang & J. M. Xu 19.

介贵山蹄盖蕨 ***Athyrium jieguishanense*** Ching in Acta Bot. Bor.-Occ. Sin. 6(3): 157. 1986. **Holotype:** China. Guangxi: Jinxiu, Jieguishan, 1958-07-27, Y. K. Li 400738.

金沙江蹄盖蕨 ***Athyrium jinshajiangense*** Ching & K. H. Shing in Acta Bot. Bor.-Occ. Sin. 6(1): 14. 1986. **Holotype:** China. Yunnan: Binchuan, Jizushan, alt. 3 000 m, 1963-08-22, Yunnan Jinshajiang Exped. 63-6612.

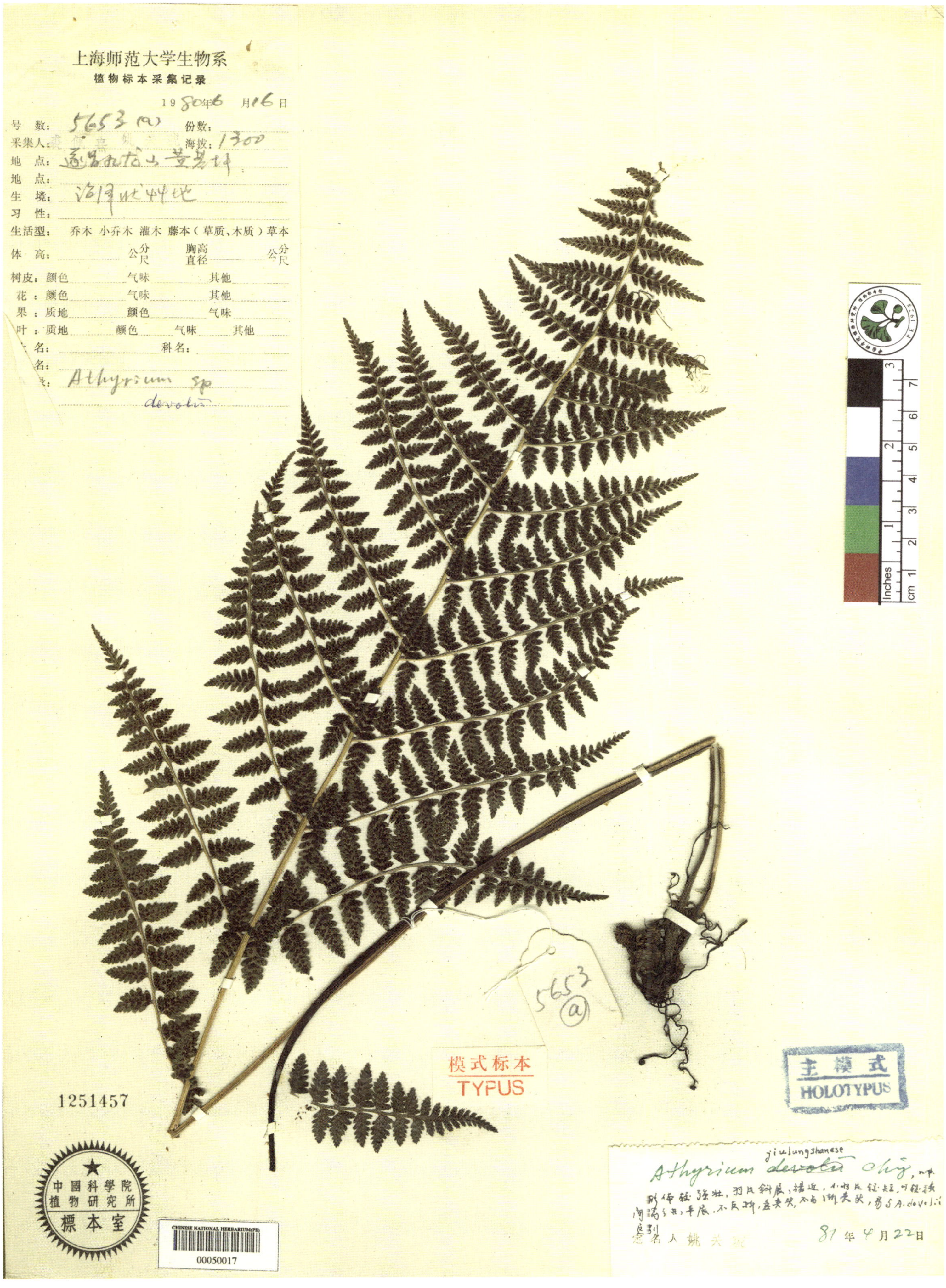

九龙山蹄盖蕨 ***Athyrium jiulungshanense*** Ching in Bull. Bot. Res., Harbin 2(2): 72, photo. 3: 4. 1982. **Holotype:** China. Zhejiang: Shuichang, alt. 1 300 m, 1980-06-16, P. S. Chiu & G. H. Yao 5653a.

康县蹄盖蕨 ***Athyrium kanghsienense*** Ching & Y. P. Hsu, Fl. Tsinling. 2: 103, 215. 1974. **Holotype:** China. Gansu: Kang Xian, alt. 1 700 m, 1963-09-01, Y. P. Hsu 1125.

针羽蹄盖蕨 ***Athyrium lancipinnulum*** Ching in Acta Bot. Bor.-Occ. Sin. 6(1): 18. 1986. **Holotype:** China. Yunnan: Weixi, Lancangjiang, alt. 2 600~2 700 m, 1940-05-26, K. M. Feng 4156.

阔基蹄盖蕨 ***Athyrium latibasis*** Ching in Acta Bot. Bor.-Occ. Sin. 6(2): 104. 1986. **Holotype:** China. Sichuan: Emei, Emeishan, alt. 1 525~1 678 m, 1928-08-16, W. P. Fang 3050.

雷波蹄盖蕨 ***Athyrium leiboense*** Ching & Y. T. Hsieh in Acta Bot. Bor.-Occ. Sin. 6(3): 158. 1986. **Holotype:** China. Sichuan: Leibo, alt. 2 900 m, 1978-07-28, H. S. Kung 5556.

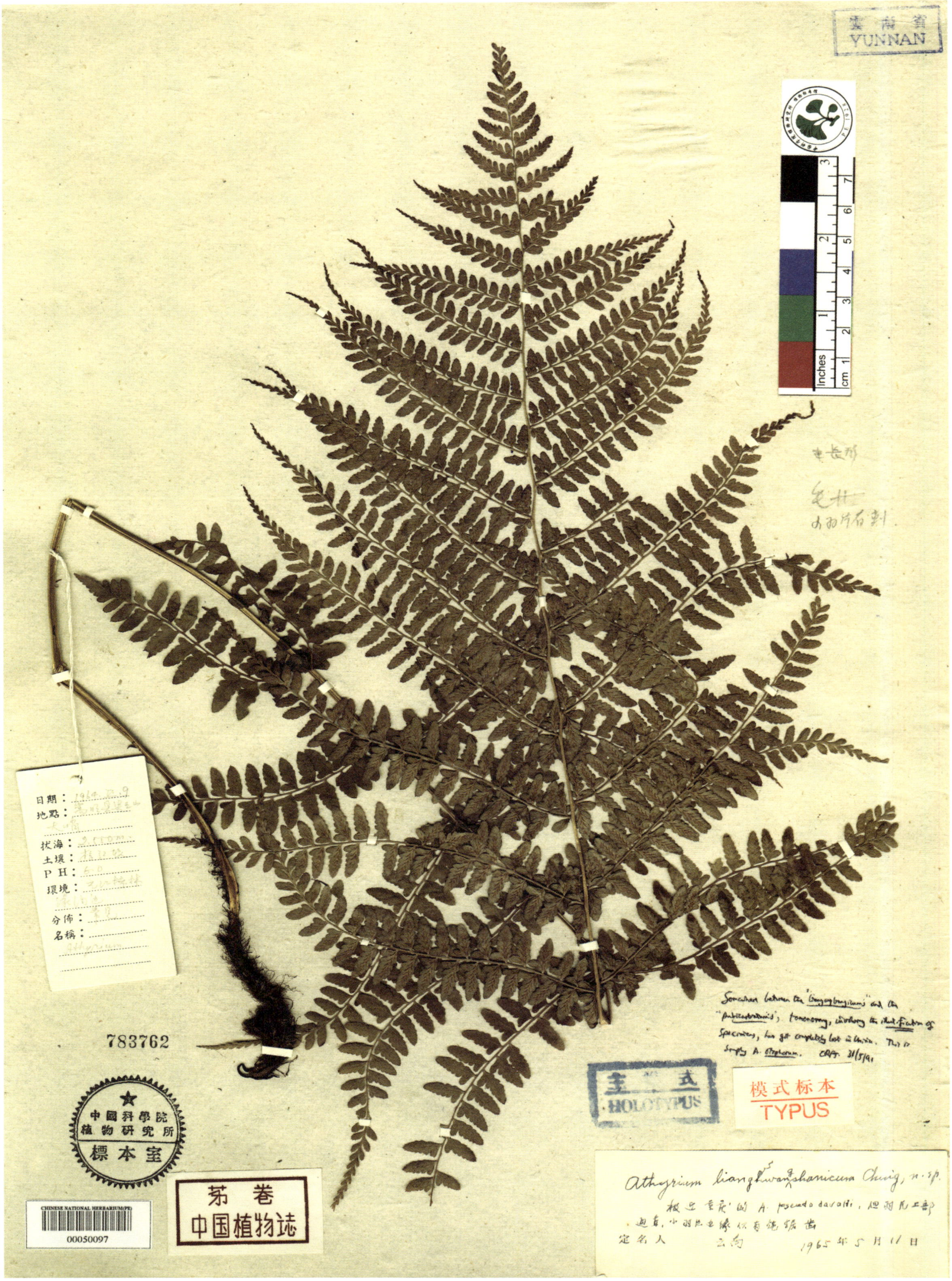

梁王山蹄盖蕨 ***Athyrium liangwangshanicum*** Ching in Acta Bot. Bor.-Occ. Sin. 6(1): 21. 1986. **Holotype:** China. Yunnan: Songming, Liangwangshan, alt. 2 550 m, 1964-06-09, W. M. Chu & al. 1843.

紫丁香色蹄盖蕨 ***Athyrium lilacinum*** Ching in Bull. Fan Mem. Inst. Biol., New Ser. 1: 283. 1949. **Holotype:** China. Chongqing: Nanchuan, N. L. Chu 1091.

线羽蹄盖蕨 ***Athyrium lineare*** Ching in Acta Bot. Bor.-Occ. Sin. 6(1): 11. 1986. **Holotype:** China. Yunnan: Dali, alt. 2 800~3 600 m, 1940-06-19, R.C. Ching 22980.

长羽蹄盖蕨 ***Athyrium longipinnum*** Ching in Acta Bot. Bor.-Occ. Sin. 6(1): 15. 1986. **Holotype:** China. Yunnan: Dêqên, alt. 3 600~3 700 m, 1940-08-22, K. M. Feng 6838.

长柄蹄盖蕨 ***Athyrium longius*** Ching in Bull. Fan Mem. Inst. Biol., Bot. Ser. 10: 178. 1940, ‘*longer*’. **Isotype:** China. Guizhou: Precise locality not known, S. W. Deng 51048.

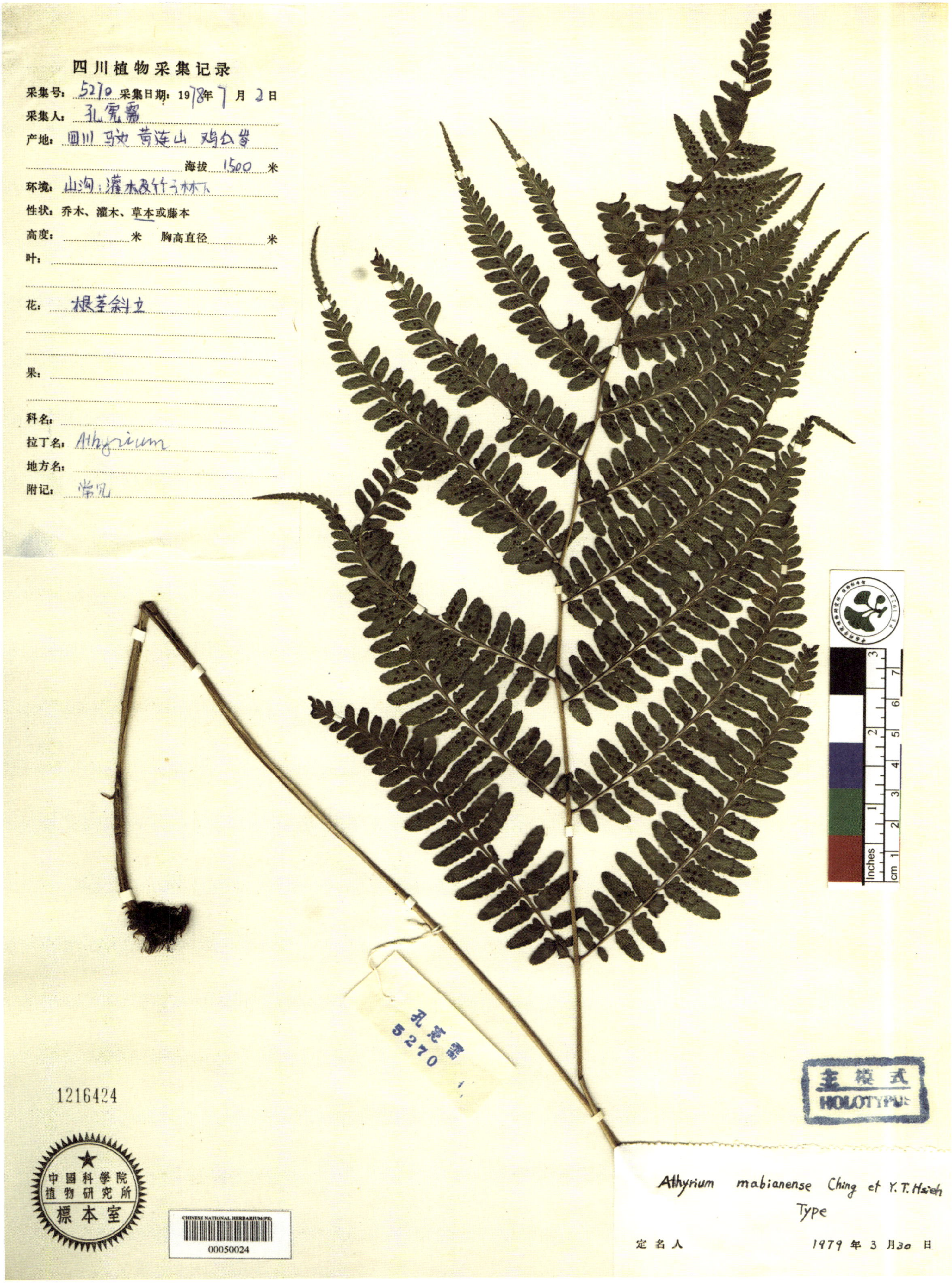

马边蹄盖蕨 ***Athyrium mabianense*** Ching & Y. T. Hsieh in Acta Bot. Bor.-Occ. Sin. 6(3): 157. 1986. **Holotype:** China. Sichuan: Mabian, Huanglianshan, alt. 1 500 m, 1978-07-02, H. S. Kung 5270.

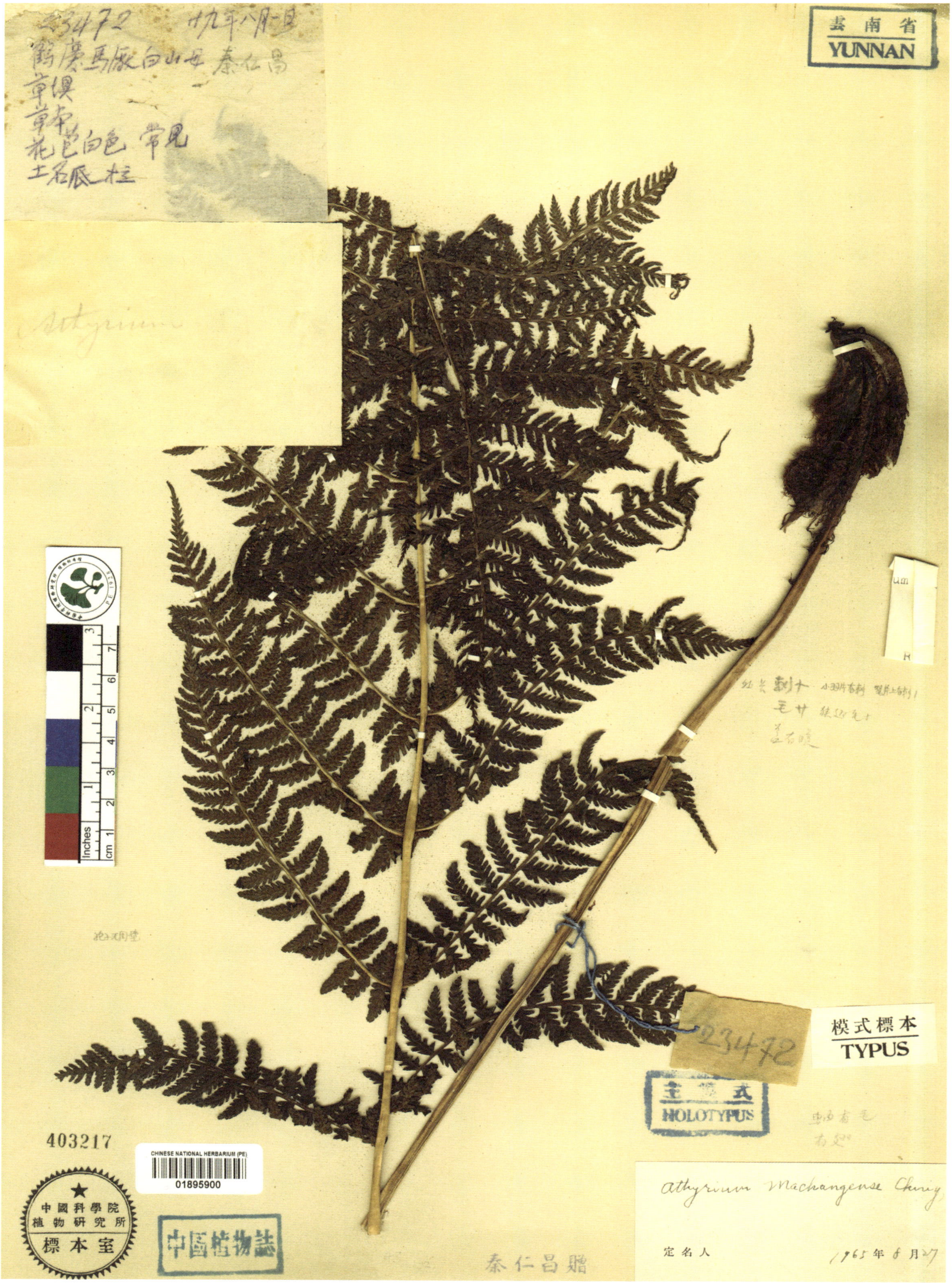

马厂蹄盖蕨 ***Athyrium machangense*** Ching in Acta Bot. Bor.-Occ. Sin. 6(2): 100. 1986. **Holotype:** China. Yunnan: Heqing, Machang, alt. 3 200 m, 1940-08-01, Ching 23472.

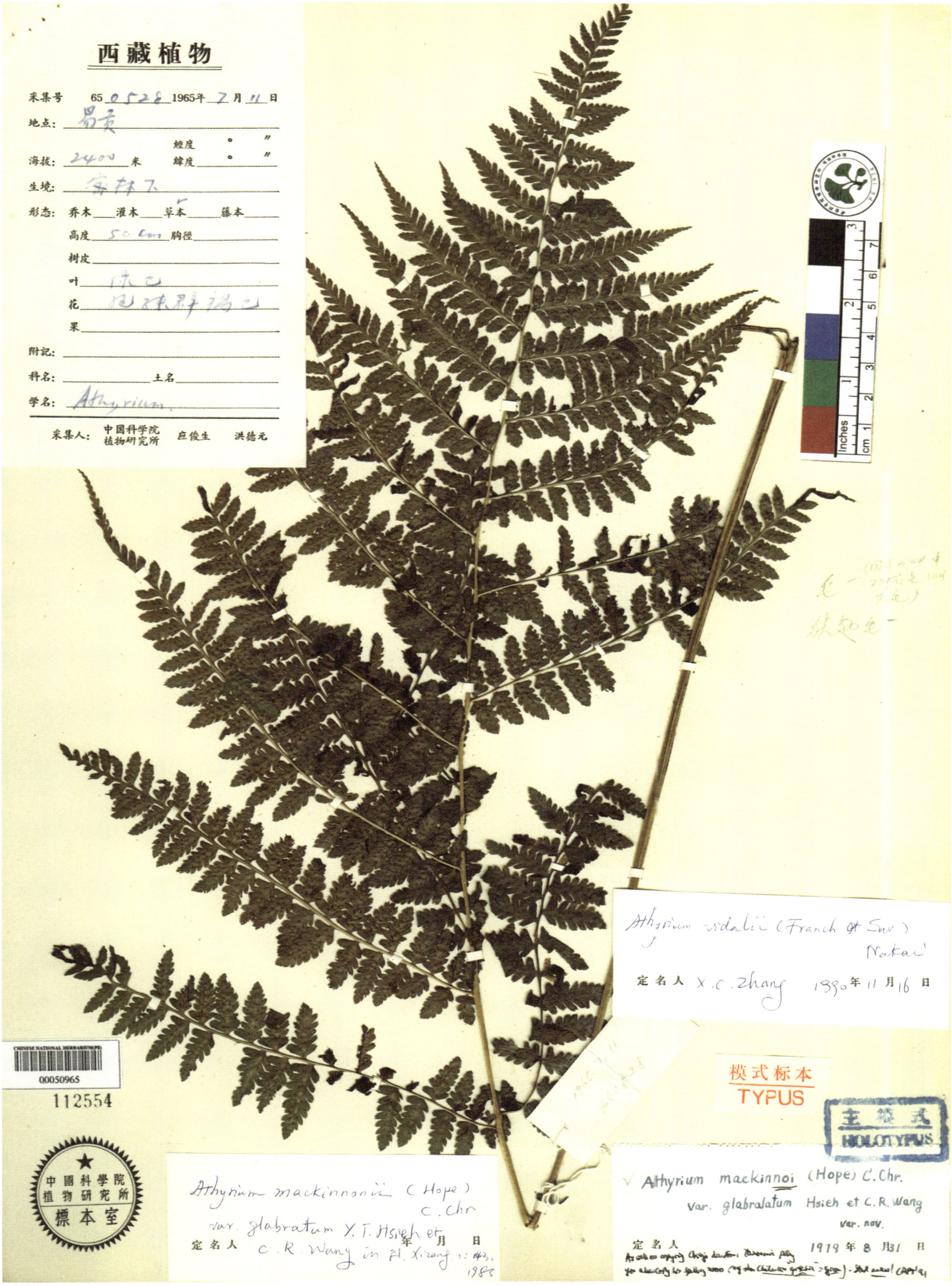

光轴蹄盖蕨 ***Athyrium mackinnonii*** (Hope) C. Chr. var. ***glabratum*** Y. T. Hsieh & C. R. Wang, Fl. Xizang. 1: 143. 1983. **Holotype:** China. Xizang: Bomi, Yigong, alt. 2 400 m, 1965-07-11, T. S. Ying & D. Y. Hong 528.

易贡蹄盖蕨 ***Athyrium mackinnonii*** (Hope) C. Chr. var. ***yigongense*** Ching & S. K. Wu, Fl. Xizang. 1: 142, pl. 3: 3-4. 1983. **Holotype:** China. Xizang: Bomi, Yigong, alt. 2 380 m, 1965-07-09, T. S. Ting & D. Y. Hong 434.

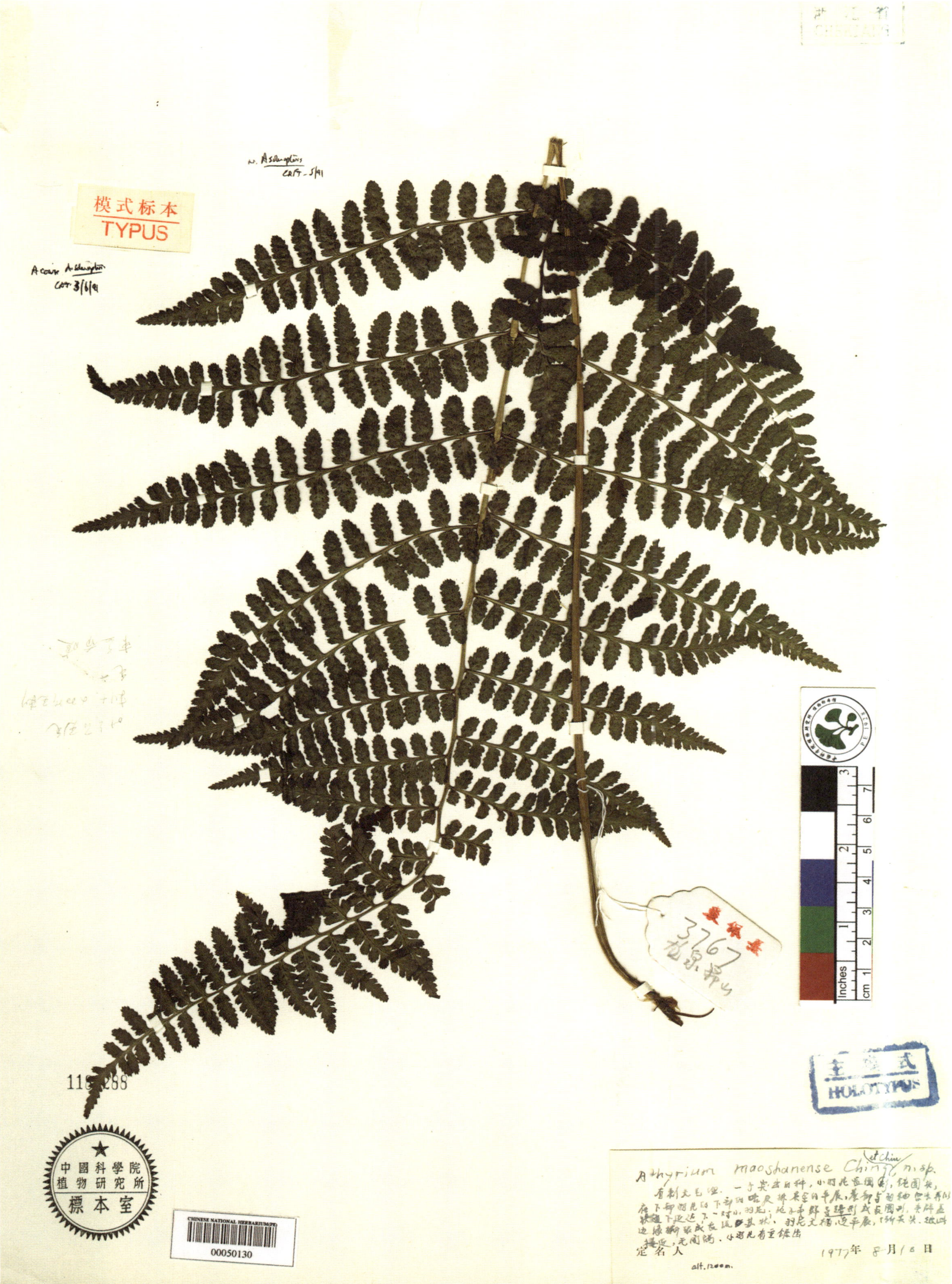

昴山蹄盖蕨 ***Athyrium maoshanense*** Ching & P. S. Chiu in Acta Bot. Bor.-Occ. Sin. 6(3): 157. 1986.**Holotype:** China. Zhejiang: Longquan, Maoshan, alt. 1 200 m, 1964-05-15, P. S. Chiu 3767.

小叶蹄盖蕨***Athyrium minimum*** Ching in Acta Bot. Bor.-Occ. Sin. 6(3): 151. 1986. **Holotype:** China. Taiwan: Danshui, W. Hancock s. n.

木里蹄盖蕨 ***Athyrium muliense*** Ching in Acta Bot. Bor.-Occ. Sin. 6(1): 16. 1986. **Holotype:** China. Sichuan: Muli, alt. 2 800 m, 1939-08-31, K. M. Feng 2889.

南岳蹄盖蕨 ***Athyrium nanyueense*** Ching in Acta Bot. Bor.-Occ. Sin. 6(3): 152. 1986. **Holotype:** China. Hunan: Nanyue, alt. 800 m, 1948-07-31, Y. Liu 286.

新翅轴蹄盖蕨 ***Athyrium neodelavayi*** Ching & H. S. Kung in Acta Bot. Bor. –Occ. Sin. 6(1): 22. 1986. **Holotype:** China. Sichuan: Daxiangling, Nibashan, alt. 1 980 m, 1964-08-03, H. S. Kung 3933.

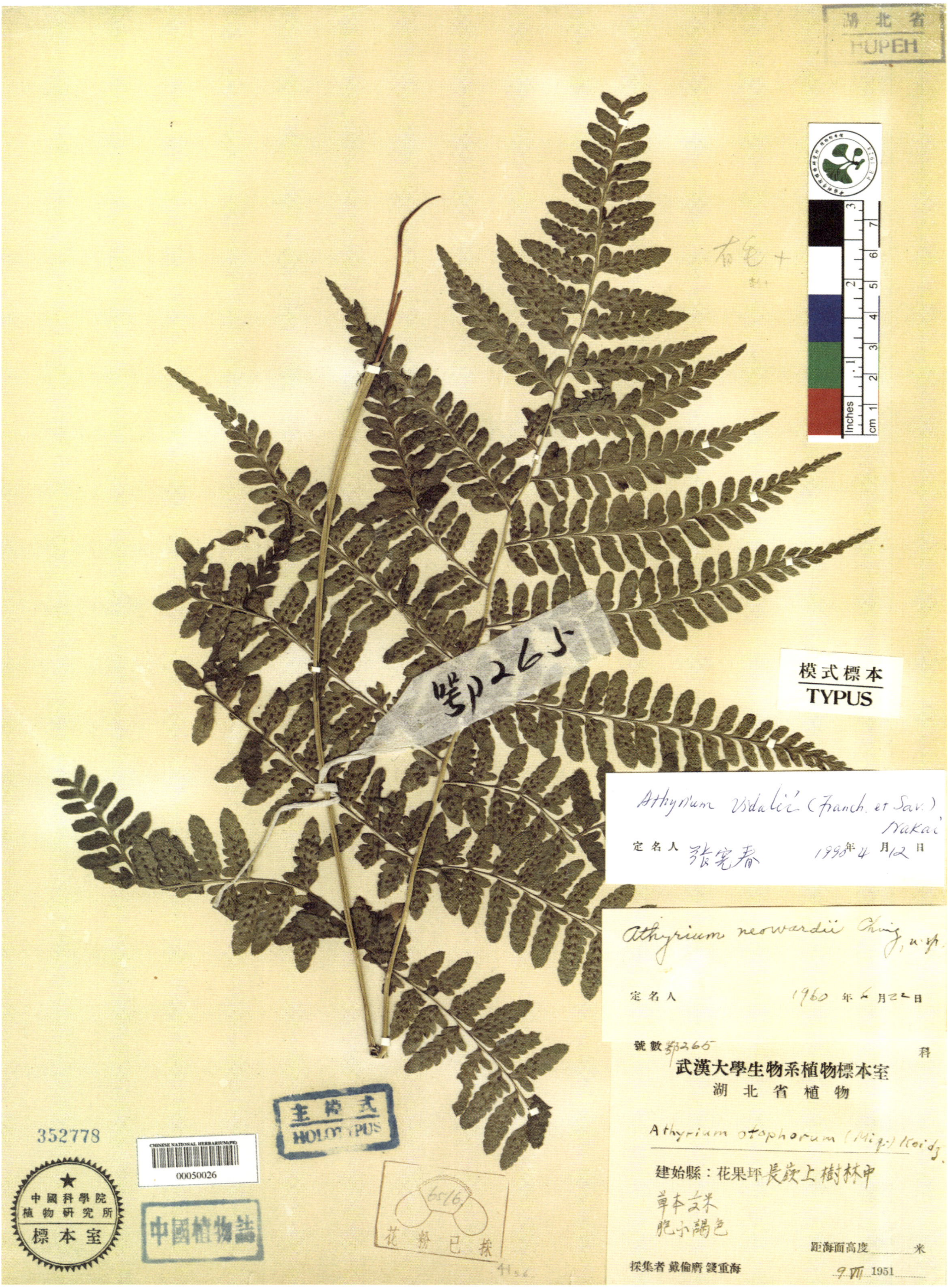

鄂西蹄盖蕨 ***Athyrium neowardii*** Ching in Acta Bot. Bor.-Occ. Sin. 6(3): 155. 1986. **Holotype:** China. Hubei: Jianshi, 1951-07-09, L. Y. Tai & Z. H. Qian 265.

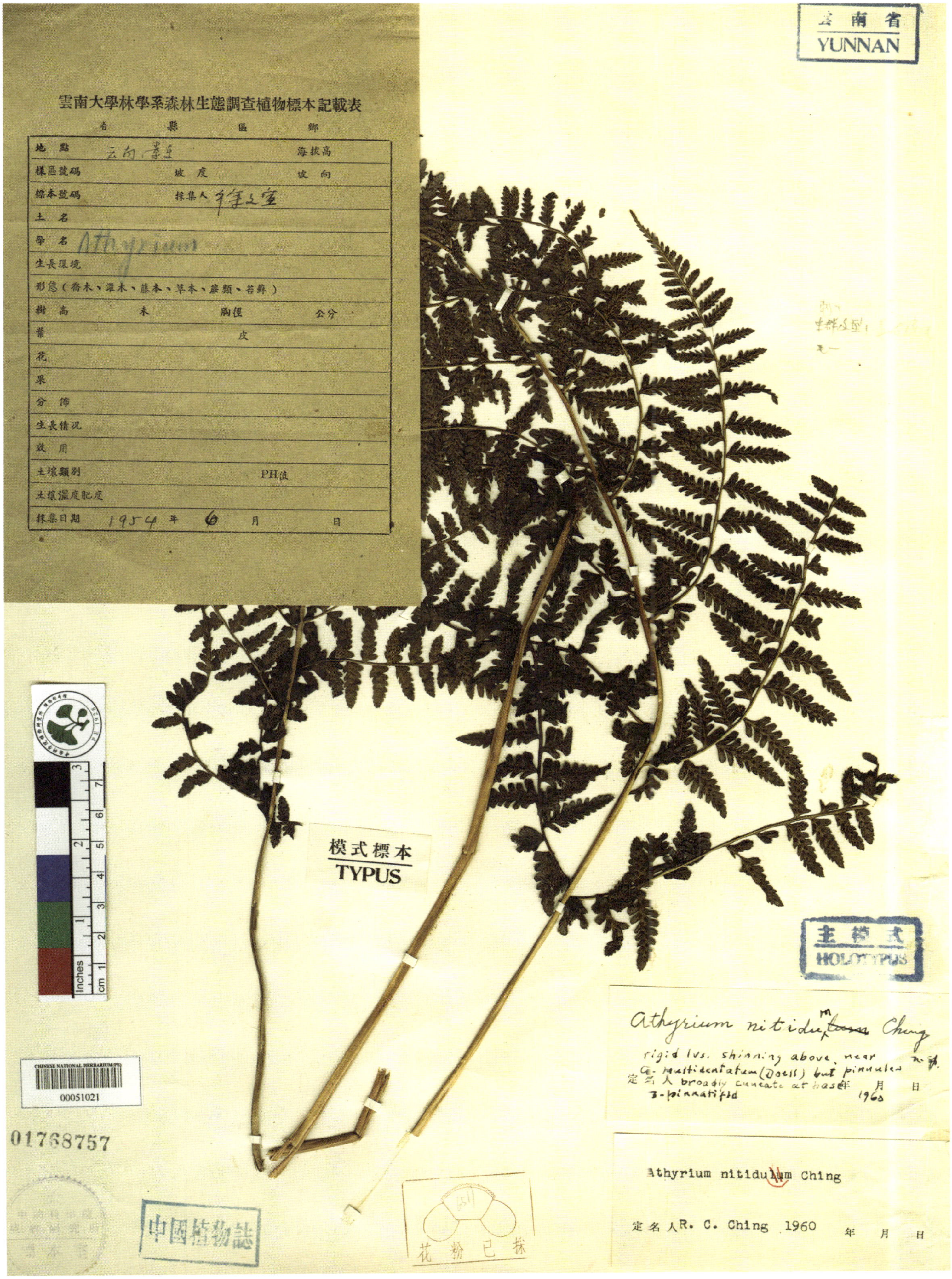

亮叶蹄盖蕨 ***Athyrium nitidum*** Ching in Acta Bot. Bor.-Occ. Sin. 6(1): 19. 1986. **Holotype:** China. Yunnan: Jingdong, Wuliangshan, 1954-06-??, W. X. Xu s. n.

滇西蹄盖蕨 ***Athyrium nudifrons*** Ching in Acta Bot. Bor.-Occ. Sin. 6(3): 158. 1986. **Holotype:** China. Yunnan: Heqing, alt. 3 200 m, 1940-07-26, R.C. Ching 23352.

聂拉木蹄盖蕨 ***Athyrium nyalamense*** Y. T. Hsieh & Z. R. Wang, Fl. Xizang. 1: 138. 1983. **Holotype:** China. Xizang: Nyalam, alt. 2 200 m, 1975-06-30, Qinghai-Xizang Exped. 6672.

毛聂拉木蹄盖蕨 ***Athyrium nyalamense*** Y. T. Hsieh & Z. R. Wang var. ***puberulum*** Z. R. Wang in Acta Phytotax. Sin. 32(1): 84. 1994. **Holotype:** China. Yunnan: Gongshan, alt. 2 000 m, 1982-07-20, Qinghai-Xizang Exped. 8227.

长圆蹄盖蕨 ***Athyrium oblongum*** Ching in Acta Bot. Bor.-Occ. Sin. 6(1): 17. 1986. **Holotype:** China. Yunnan: Weixi, alt. 2 800~3 200 m, 1940-05-20, K. M. Feng 4007.

钝顶蹄盖蕨 ***Athyrium obtusilimbum*** Ching in Acta Bot. Bor.-Occ. Sin. 6(1): 11. 1986. **Holotype:** China. Yunnan: Weixi, alt. 3 400 m, 1935-08-??, C. W. Wang 68255.

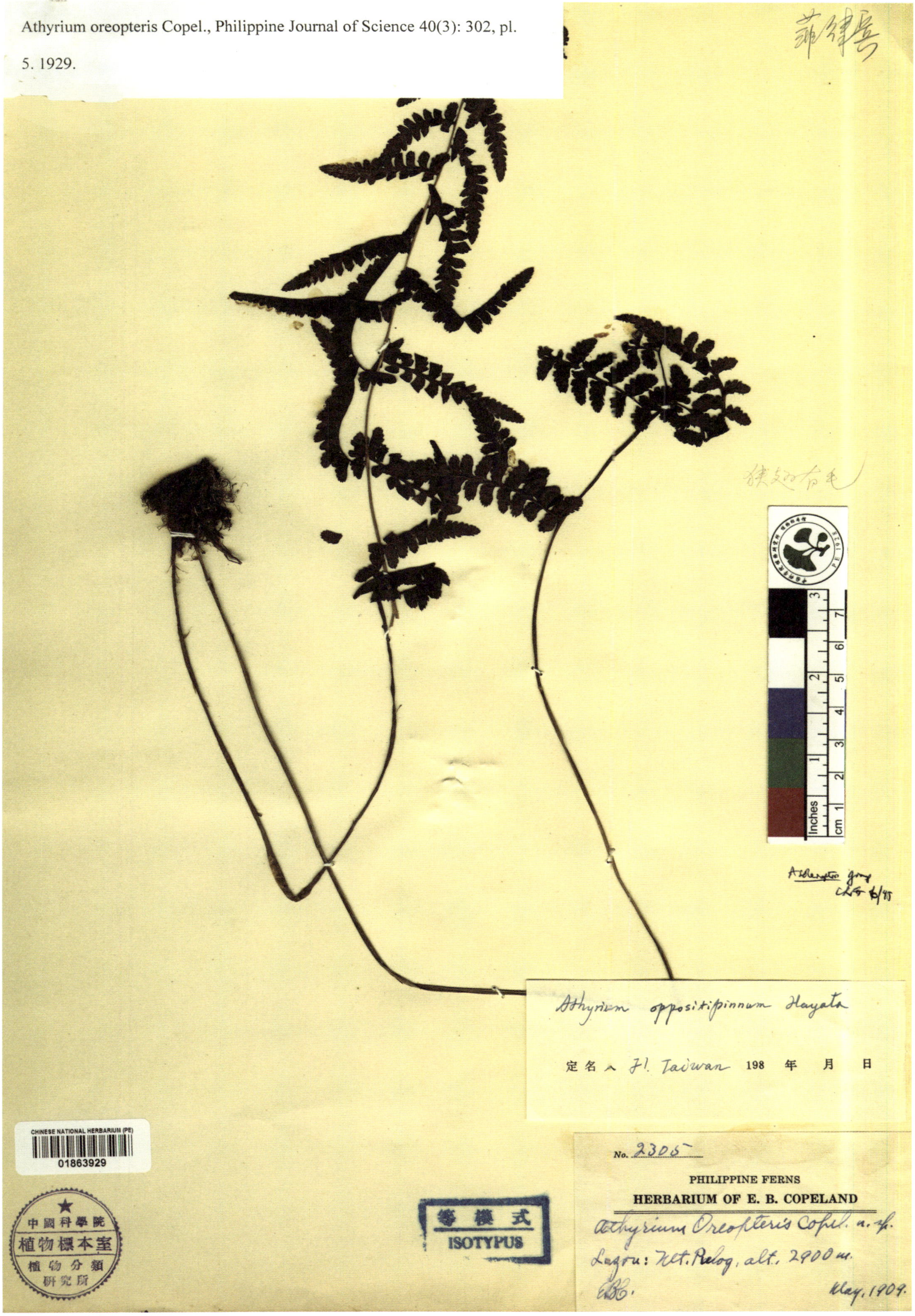

对生蹄盖蕨 ***Athyrium oreopteris*** Copel. in Philipp. Journ. Sci. 40(3): 302, pl. 5. 1929. **Isotype:** Philippines. Luzon, alt. 2 900 m, 1909-05-??, E. B. Copeland 2305.

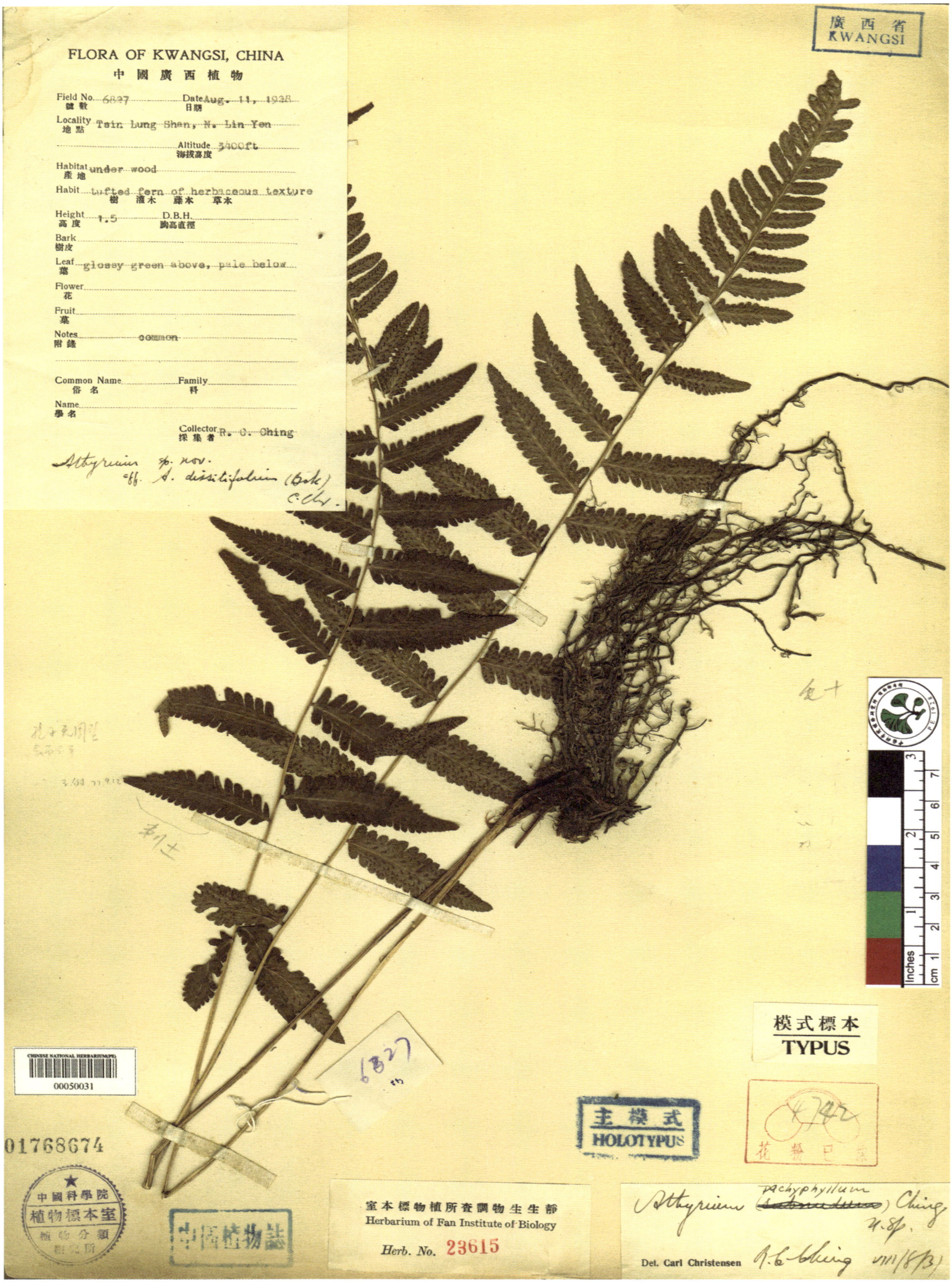

裸囊蹄盖蕨 ***thyrium pachyphyllum*** Ching in Acta Bot. Bor.-Occ. Sin. 6(2): 102. 1986. **Holotype:** China. Guangxi: Lingyun, alt. 1 050 m, 1928-08-11, R.C. Ching 6827.

铁楼蹄盖蕨 ***Athyrium parapellucidum*** Ching, Fl. Tsinling. 2: 106, 218, pl. 26: 10-11. 1974. **Paratype:** China. Gansu: Wen Xian, alt. 1 900 m, 1964-08-28, Y. P. Hsu 1642.

秦岭蹄盖蕨 ***Athyrium pellucidum*** Ching, Fl. Tsinling. 2: 106, 217. 1974. **Holotype:** China. Shaanxi: Taibaishan, 1938-07-14, T. N. Liou & P. C. Tsoong 2151.

假轴果蹄盖蕨 ***Athyrium pseudoepirachis*** Ching in Acta Bot. Bor.-Occ. Sin. 6(3): 156. 1986. **Holotype:** China. Sichuan: Emei, Emeishan, 1955-07-12, S. C. Chen 30134.

矩圆短肠蕨 ***Athyrium pseudosetigerum*** Christ in Bull. Acad. Int. Geogr. Bot. 16(212): 146. 1907. **Isotype:** China. Guizhou: Lo-fou（=Luodian）, 1906-??-??, Cavalerie 2774.

Athyrium pycnosorum var. vegetius Kitag., Report of the First Scientific Expedition to Manchoukou 4(2): 72. 1935.

河北蛾眉蕨 ***Athyrium pycnosorum*** Christ var. ***vegetius*** Kitag. in Rep. First Sci. Exped. Manch. 4(2): 72. 1935. **Isotype:** China. Hebei: Changshanyu, 1933-09-13, T. Nakai & al. 241.

福贡蹄盖蕨 ***Athyrium roseum*** Christ var. ***fugongense*** Z. R. Wang, Fl. Reip. Pop. Sin. 3(2): 233, 508. 1999. **Holotype:** China. Yunnan: Fugong, alt. 2 400 m, 1982-06-10, Qinghai-Xizang Exped. 7268.

圆片蹄盖蕨 ***Athyrium rotundilobum*** Ching, Fl. Fujian. 1: 619, f. 106. 1991. **Holotype:** China. Fujian: Wuyishan, 1958-08-10, P. S. Chiu 1852.

绢毛蹄盖蕨 ***Athyrium sericellum*** Ching in Acta Bot. Bor.-Occ. Sin. 6(1): 17. 1986. **Holotype:** China. Chongqing: Nanchuan, alt. 1 700 m, 1935-06-20, X. Y. He 4804.

锯齿蹄盖蕨 ***Athyrium serrato-dentatum*** Ching in Acta Bot. Bor.-Occ. Sin. 6(2): 99. 1986. **Holotype:** China. Yunnan: Dêqên, alt. 3 700~3 900 m, 1940-08-16, K. M. Feng 6687.

无柄蹄盖蕨 ***Athyrium sessile*** Ching in Acta Bot. Bor.-Occ. Sin. 6(3): 154. 1986. **Holotype:** China. Guizhou: Pin-Fa (=Guiding), 1907-??-??, Cavalerie 544.

陕西蹄盖蕨 ***Athyrium shaanxiense*** Ching & Y. T. Hsieh in Acta Bot. Bor.-Occ. Sin. 6(3): 150. 1986. **Holotype:** China. Shaanxi: Taibaishan, alt. 1 200~1 500 m, 1938-07-15, T. N. Liou & P. C. Tsoong 2224.

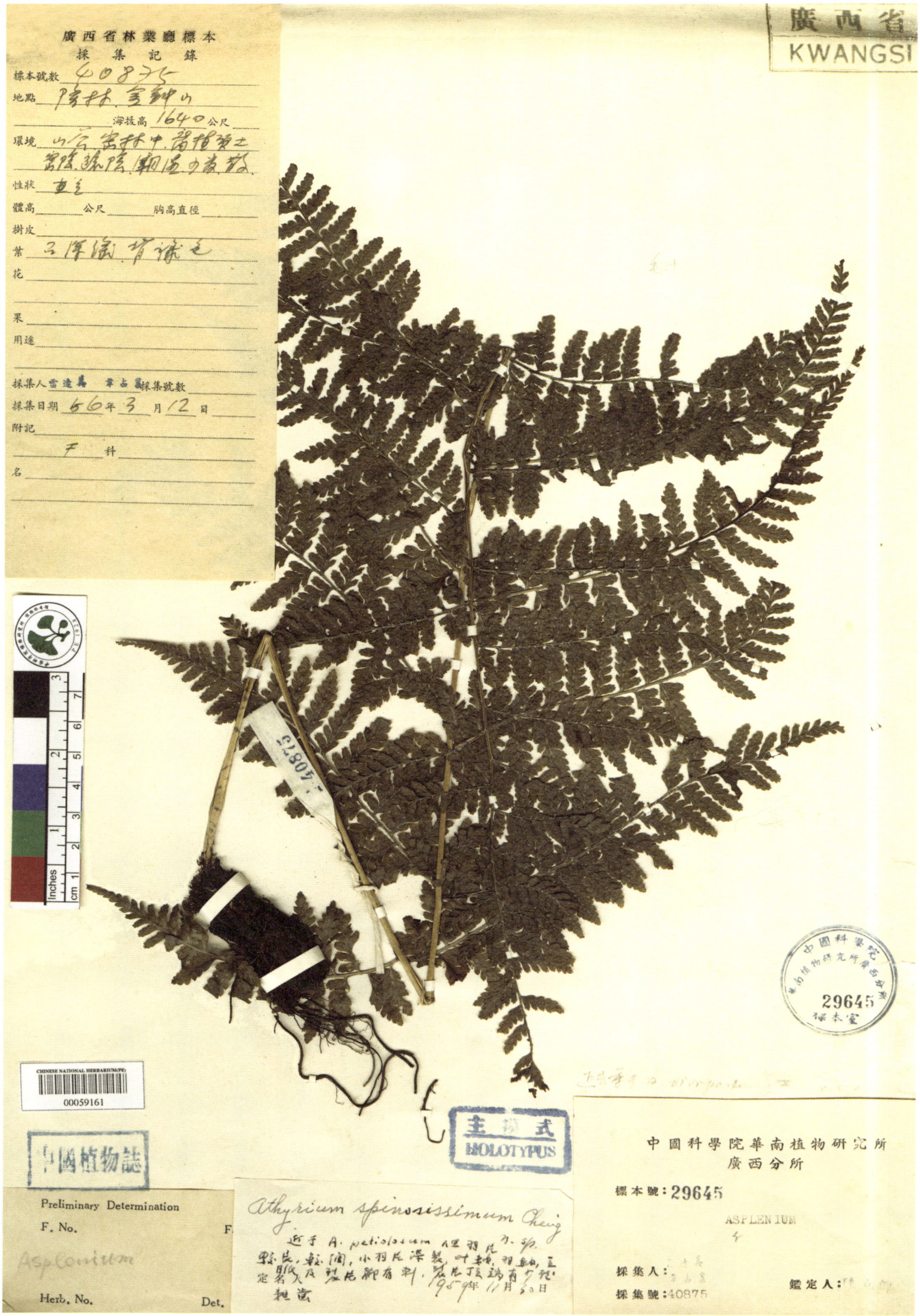

多刺蹄盖蕨 ***Athyrium spinosissimum*** Ching in Acta Bot. Bor.-Occ. Sin. 6(3): 155. 1986. **Holotype:** China. Guangxi: Longlin, alt. 1 640 m, 1956-03-12, T. M. Lei & T. Y. Wei 40875.

鳞柄蹄盖蕨 ***Athyrium squamipes*** Ching in Acta Bot. Bor.-Occ. Sin. 6(1): 17. 1986. **Holotype:** China. Sichuan: Lushan, Dachuan, alt. 3 300 m, 1958-07-05, L. Liu & H. S. Kung 229.

草黄蹄盖蕨 ***Athyrium stramineum*** Copeland in Philipp. Journ. Sci. 3(5): 292. 1908. **Isotype:** Philippines. Negros: Dumaguete, alt. 750 m, 1908-04-??, Elmer 9703.

厚叶蹄盖蕨 ***Athyrium subcoriaceum*** Ching in Acta Bot. Bor.-Occ. Sin. 6(3): 151. 1986. **Holotype:** China. Sichuan: Emei, Emeishan, alt. 1 000 m, S. T. Chen 706.

德钦蹄盖蕨 ***Athyrium sublineare*** Ching in Acta Bot. Bor.-Occ. Sin. 6(2): 99. 1986. **Holotype:** China. Yunnan: Dêqên, alt. 3 400~3 500 m, 1940-07-12, K. M. Feng 5373.

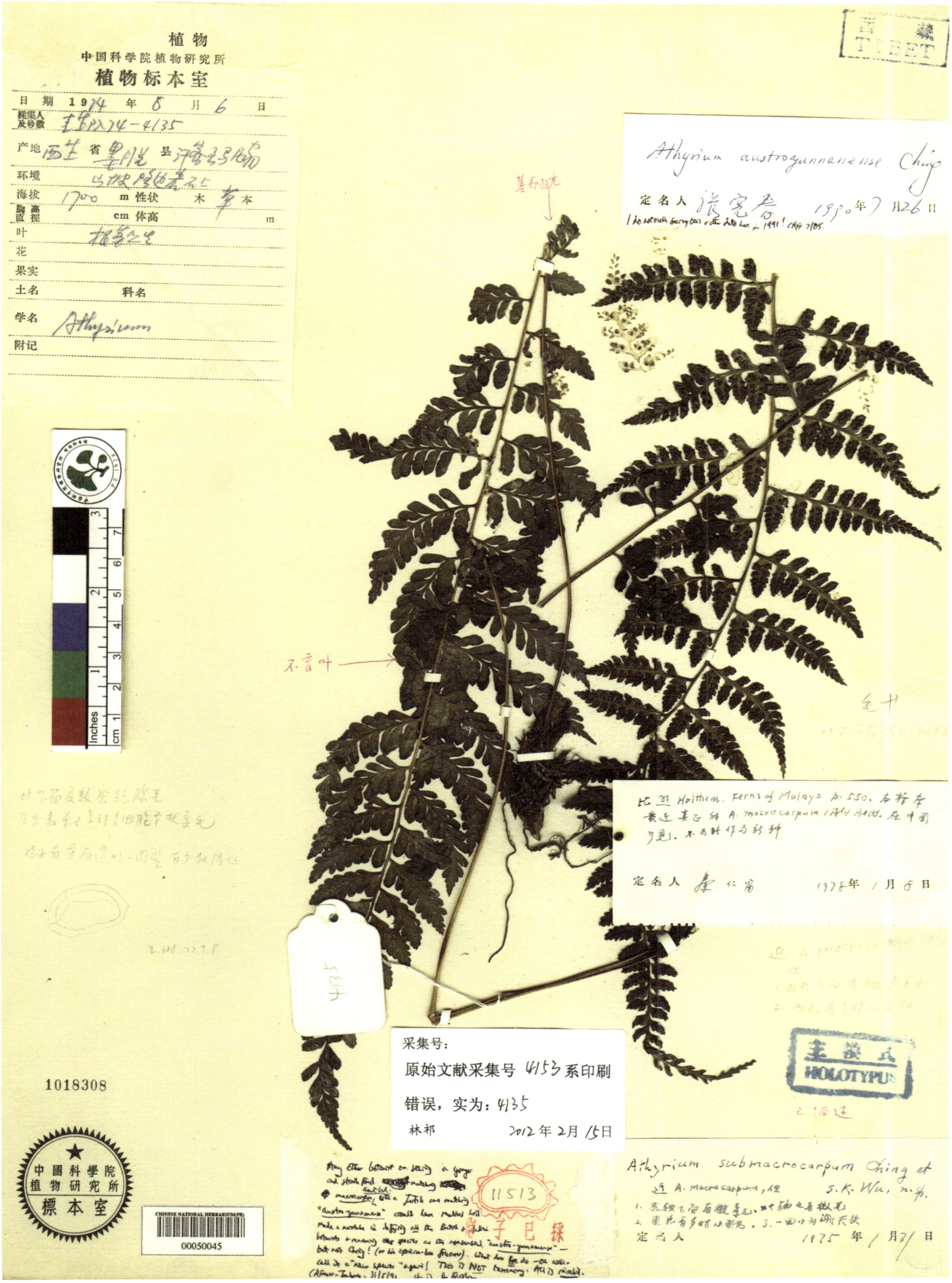

大盖蹄盖蕨 ***Athyrium submacrocarpum*** Ching & S. K. Wu, Fl. Xizang. 1: 131 pl. 5: 4-5. 1983. **Holotype:** China. Xizang: Mêdog, alt. 1 700 m, 1974-08-06, Qinghai-Xizang Exped. 74-4135.

近毛轴蹄盖蕨 ***Athyrium subpubicostatum*** Ching & Z. Y. Liu in Bull. Bot. Res., Harbin 4(3): 6, photo. 7. 1984.
Holotype: China. Chonqing: Nanchuan, Jinfoshan, alt. 1 600 m, 1983-06-10, Z. Y. Liu 4168.

永自蹄盖蕨 ***Athyrium supranigrescens*** Ching in Acta Bot. Bor.-Occ. Sin. 6(3): 150. 1986. **Holotype:** China. Yunnan: Dêqên, alt. 3 200~3 400 m, 1940-08-10, K. M. Feng 6484.

毛叶蹄盖蕨 ***Athyrium suprapuberulum*** Ching in Acta Bot. Bor.-Occ. Sin. 6(1): 14. 1986. **Holotype:** China. Yunnan: Weixi, alt. 3 500 m, 1935-06-??, C. W. Wang 63883.

察陇蹄盖蕨 ***Athyrium tarulakaense*** Ching in Acta Bot. Bor.-Occ. Sin. 6(1): 12. 1986. **Holotype:** China. Yunnan: Gongshan, Dulongjiang, alt. 2 850 m, 1938-11-04, T. T. Yu 20955.

纤细叶蹄盖蕨 ***Athyrium tenuifolium*** Copel in Philipp. Journ Sci. 40: 302. 1929. **Isotype:** Philippines. Mindanao, alt. 800 m, 1911-11-??, PPE 198.

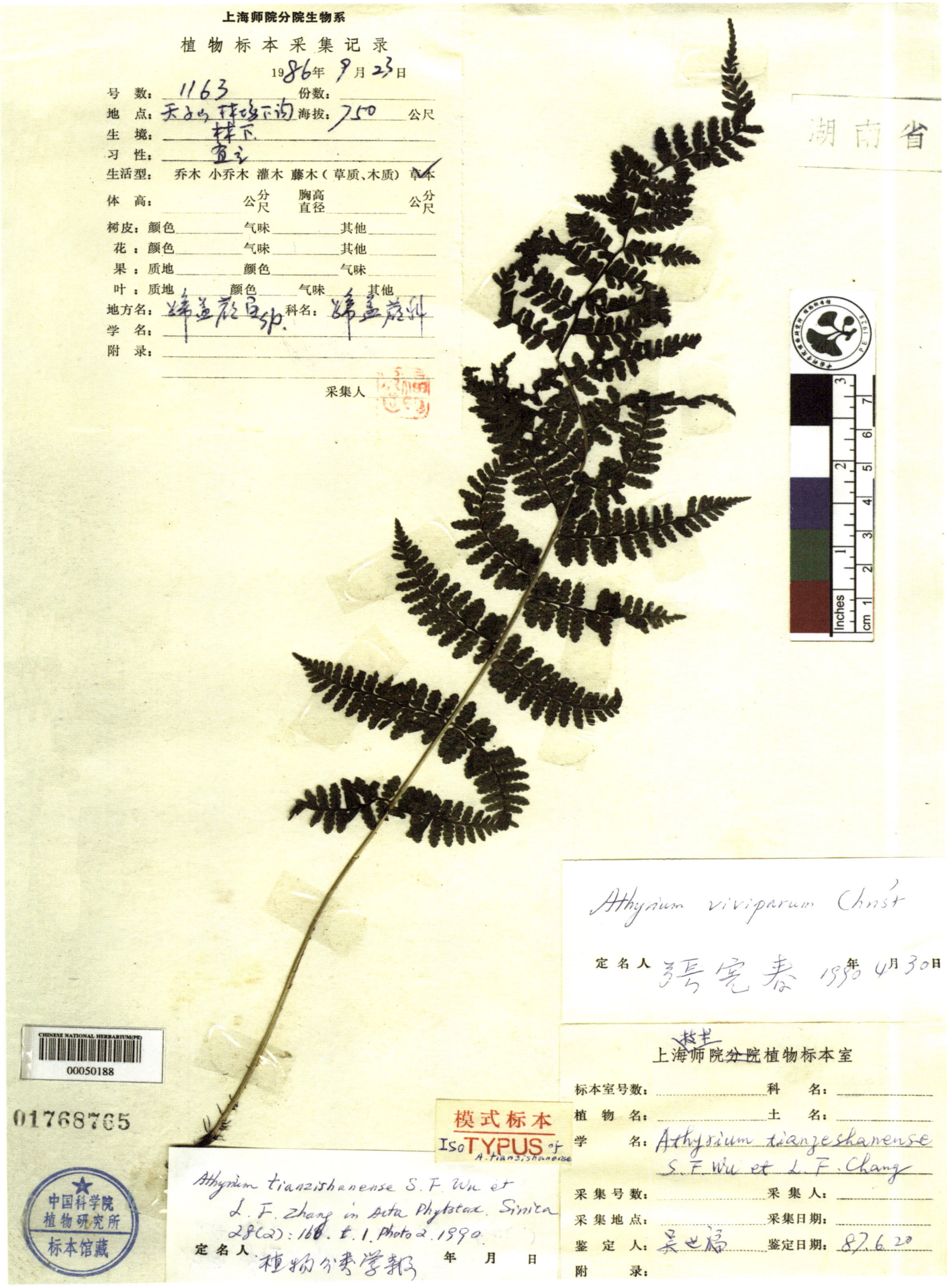

天子山蹄盖蕨 ***Athyrium tianzishanense*** S. F. Wu & L. F. Zhang in Acta Phytotax. Sin. 28 (2): 166. t. 1: 2. 1990.
Isotype: China. Hunan: Sangzhi, Tianzishan, alt. 750 m, 1986-09-23, S. F. Wu 1163.

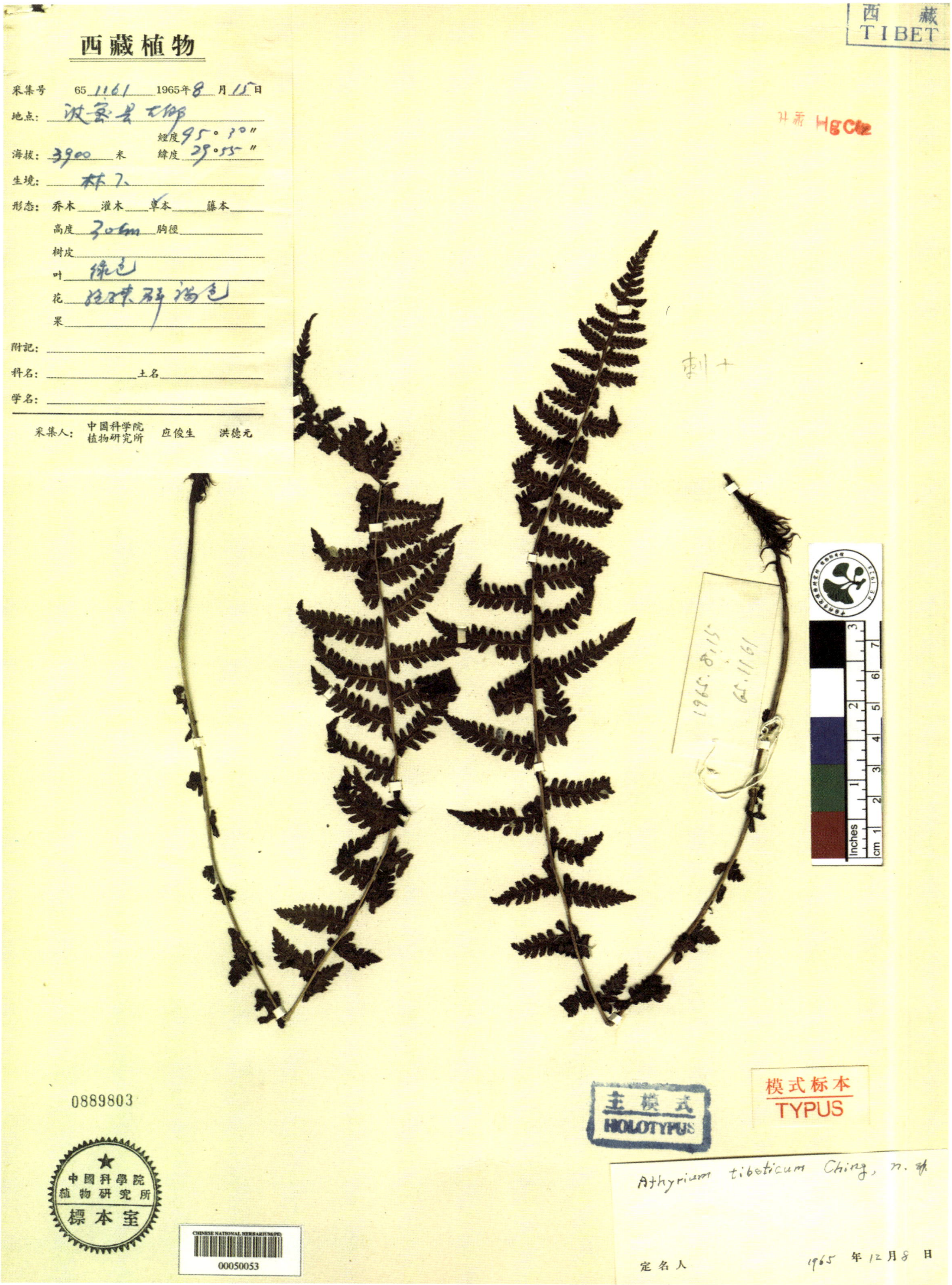

西藏蹄盖蕨 ***Athyrium tibeticum*** Ching, Fl. Xizang. 1: 137, pl. 3: 7-8. 1983. **Holotype:** China. Xizang: Bomi, alt. 3 900 m, 1965-08-15, T. S. Yin & D. Y. Hong 1161.

同形蹄盖蕨 ***Athyrium uniforme*** Ching in Acta Bot. Bor.-Occ. Sin. 6(1): 11. 1986. **Holotype:** China. Yunnan: Gongshan, alt. 2 200 m, 1960-05-13, S. K. Wu 8708.

单行蹄盖蕨 ***Athyrium uniseriatum*** Ching in Acta Bot. Bor.-Occ. Sin. 6(2): 99. 1986. **Holotype:** China. Yunnan: Lijiang, alt. 3 300 m, 1956-08-??, W. M. Chu 263.

粗脉蹄盖蕨 ***Athyrium venulosum*** Ching in Acta Bot. Bor.-Occ. Sin. 6(1): 13. 1986. **Holotype:** China. Hubei: Xingshan, alt. 1 640 m, 1952-10-28, C. L. Cheng 2137.

启无蹄盖蕨 ***Athyrium wangii*** Ching in Bull. Fan Mem. Inst. Biol., New Ser. 1(3): 279. 1949. **Holotype:** China. Yunnan: Precise locality not known, (1939~1940)-??-??, C. W. Wang 82277.

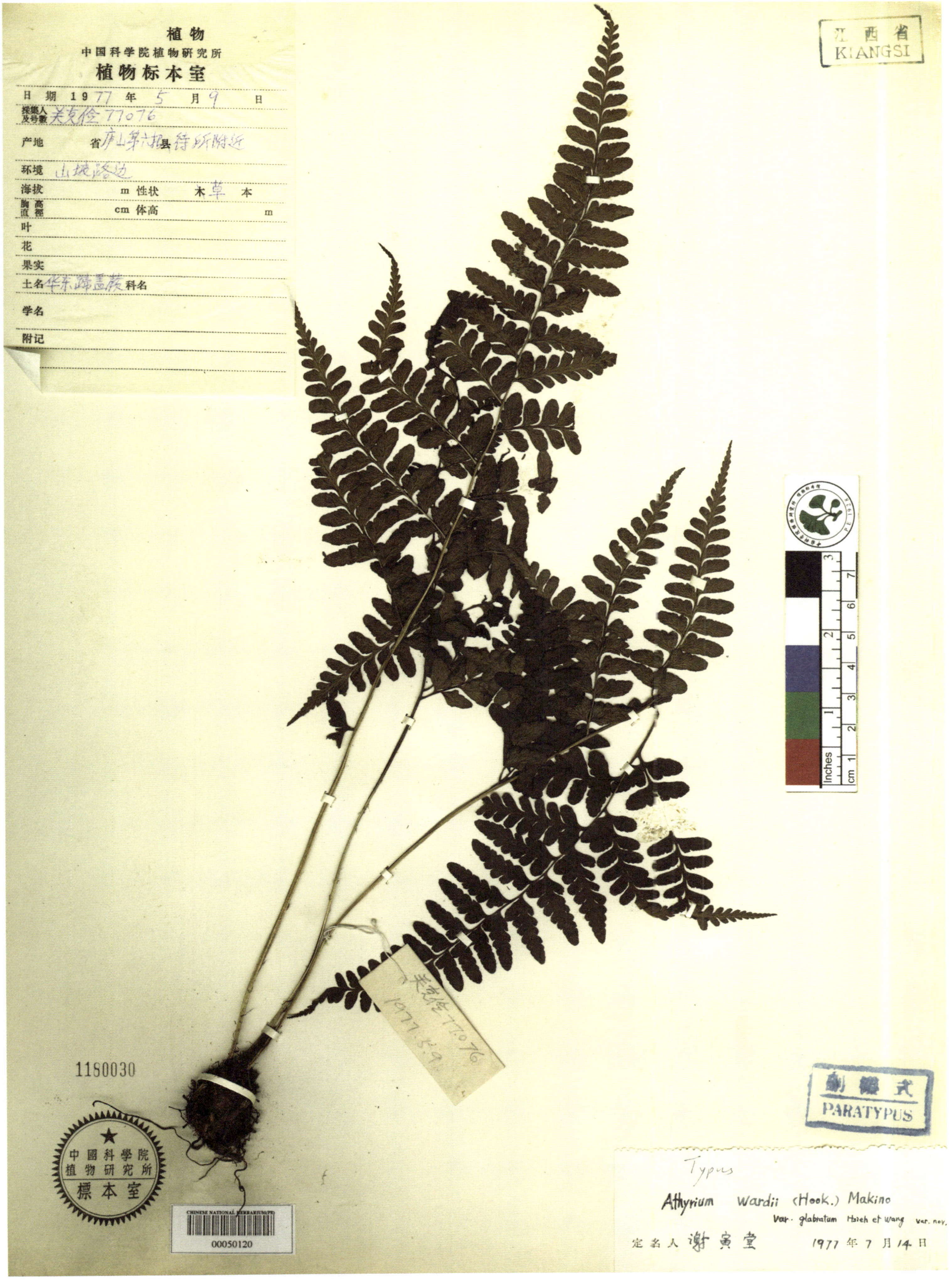

无毛华中蹄盖蕨 ***Athyrium wardii*** (Hook.) Makino var. ***glabratum*** Y. T. Hsieh & Z. R. Wang, Fl. Reip. Pop. Sin. 3(2): 223, 508. 1999. **Paratype:** China. Jiangxi: Lushan, 1977-05-09, K. C. Kuan 77076.

宿蹄盖蕨 ***Athyrium woodsioides*** Christ in Bull. Acad. Int. Geogr. Bot. 16: 124. 1906. **Isosyntype:** China. Sichuan: Precise locality not known, 1 068 m, 1903-07-28, E. H. Wilson 5389.

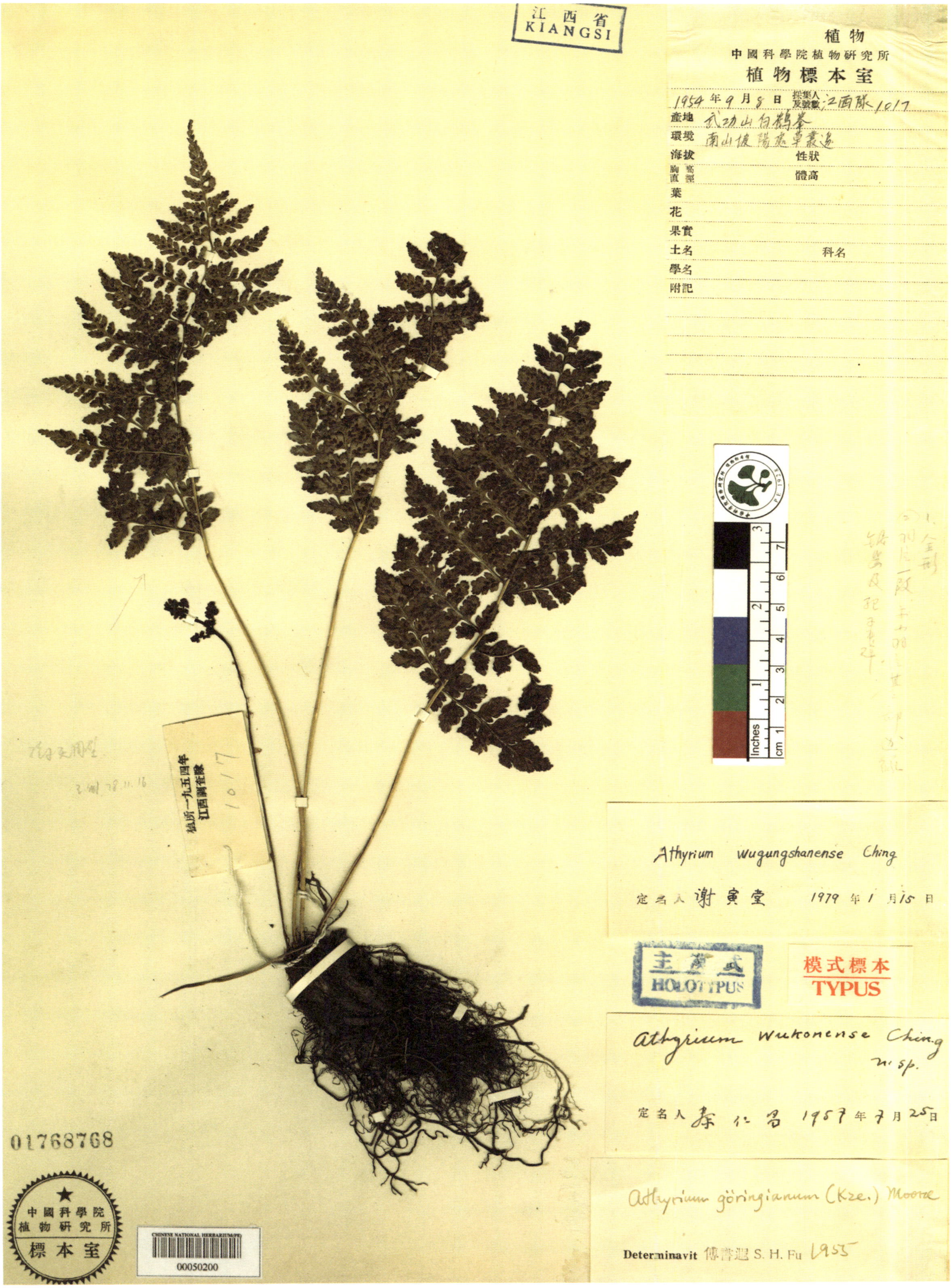

武功山蹄盖蕨 ***Athyrium wugongshanense*** Ching & Y. T. Hsieh in Acta Bot. Bor.-Occ. Sin. 6(3): 155. 1986. **Holotype:** China. Jiangxi: Anfu, Wugongshan, 1954-09-08, Jiangxi Bot. Exped. 1017.

无量山蹄盖蕨 ***Athyrium wuliangshanense*** Ching in Acta Bot. Bor.-Occ. Sin. 6(3): 153. 1986. **Holotype:** China. Yunnan: Jingdong, Wuliangshan, 1954-??-??, W. X. Xu s. n.

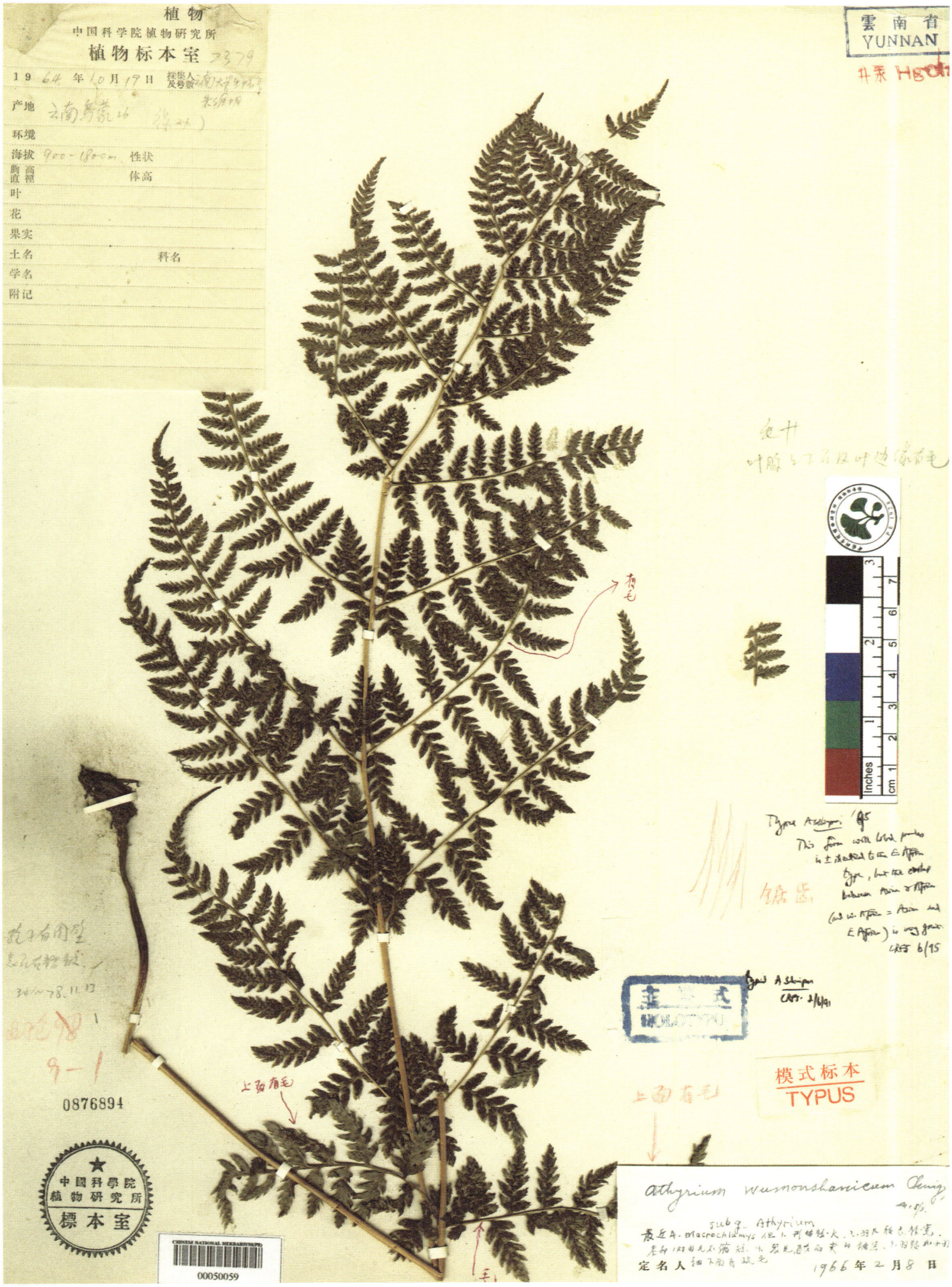

乌蒙山蹄盖蕨 ***Athyrium wumonshanicum*** Ching in Acta Bot. Bor.-Occ. Sin. 6(1): 20. 1986. **Holotype:** China. Yunnan: Luquan, Wumonshan, alt. 900~1 800 m, 1964-10-19, W. M. Chu 2379.

武夷山蹄盖蕨***Athyrium wuyishanense*** Ching in Acta Bot. Bor.-Occ. Sin. 6 (2): 104. 1986. **Holotype:** China. Fujian: Wuyishan, Z. Y. Zhou & al. 389.

西畴蹄盖蕨 ***Athyrium xichouense*** Y. T. Hsieh & Z. R. Wang in Acta Phytotax. Sin 27 (2): 155, f. 1:1. 1989. **Holotype:** China. Yunnan: Xichou, alt. 1 400 m, 1978-01-17，Z. R. Wang 618.

雅安蹄盖蕨 ***Athyrium yaanense*** Ching in Acta Bot. Bor.-Occ. Sin. 6(1): 19. 1986. **Holotype:** China. Sichuan: Ya'an, alt. 1 400 m, 1950-10-09, H. S. Kung 2783.

屋久岛蹄盖蕨 ***Athyrium yakusimense*** Tagawa in Acta Phytotax. Geobot. 6: 94. 1937. **Isotype:** Japan. Kyusyu: Yakusima, 1933-08-14, M. Tagawa 692.

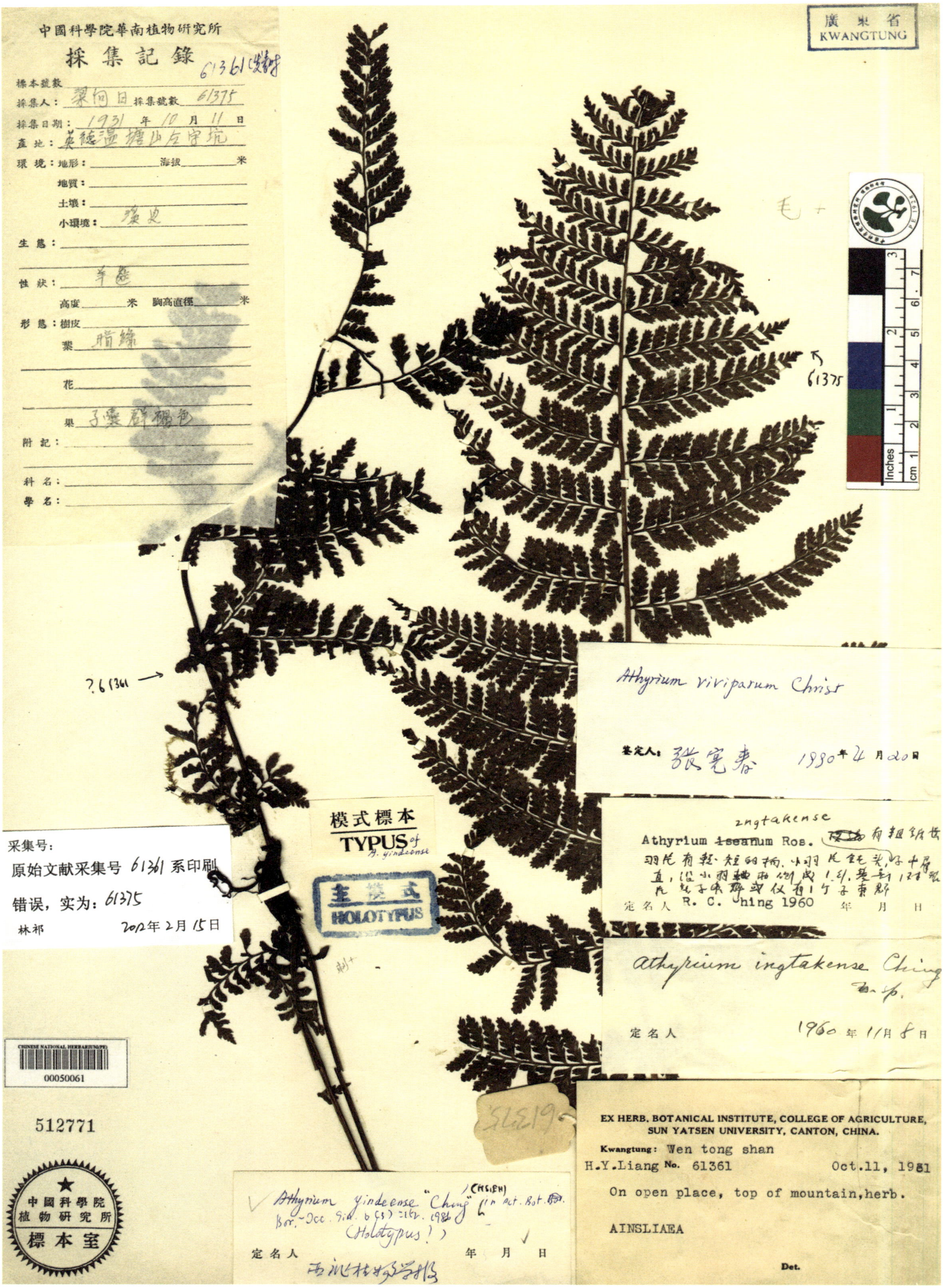

英德蹄盖蕨 ***Athyrium yindeense*** Ching in Acta Bot. Bor.-Occ. Sin. 6(3): 152. 1986. **Holotype:** China. Guangdong: Yingde, 1931-10-11, H. Y. Liang 61375.

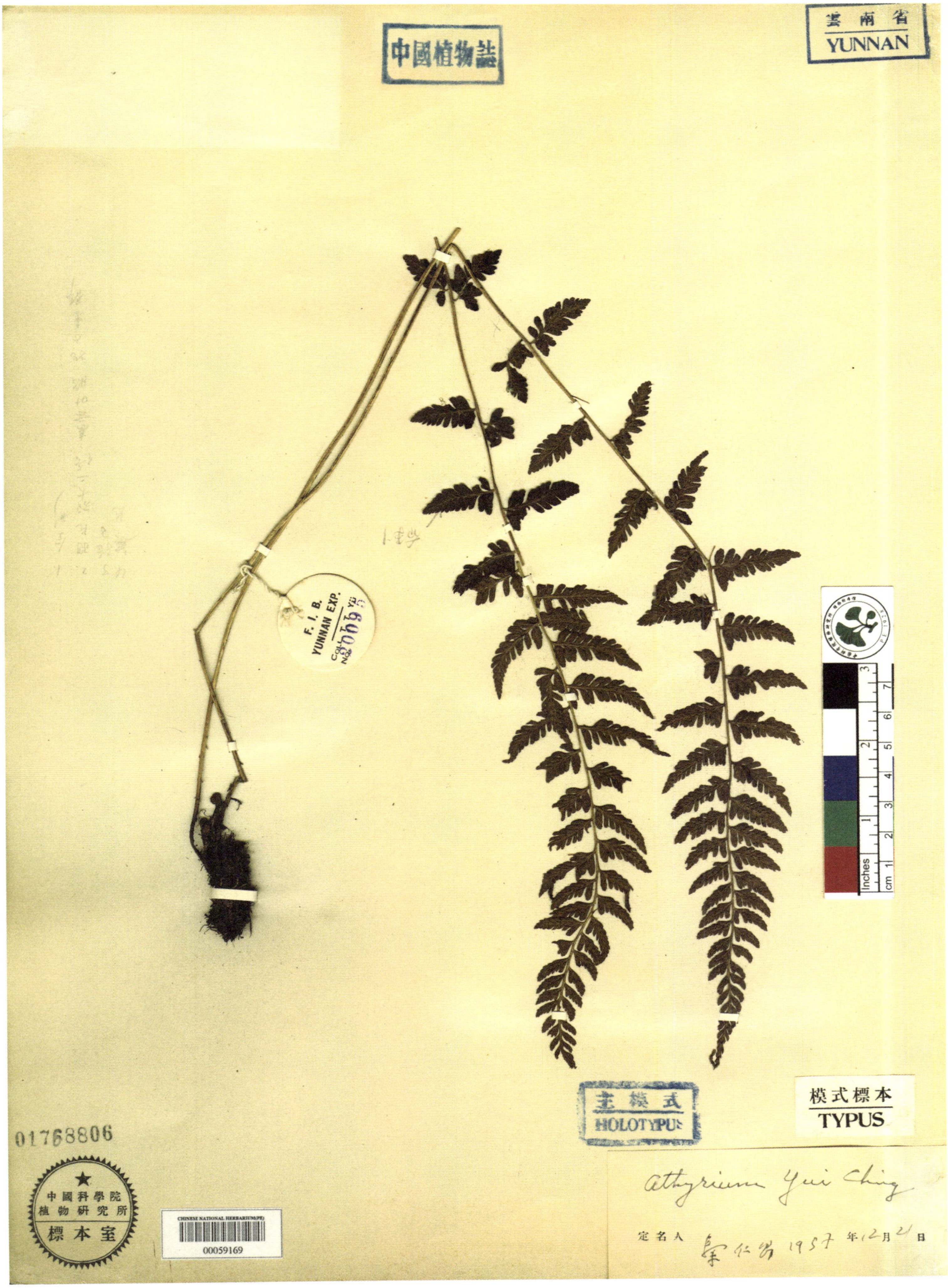

俞氏蹄盖蕨 ***Athyrium yui*** Ching in Bull. Fan Mem. Inst. Biol., Bot. Ser. 10(1): 6. 1940. **Holotype:** China. Yunnan: Gongshan, Dulongjiang, 1938-09-03, T. T. Yu 20095.

酉阳蹄盖蕨 ***Athyrium yuyangense*** Ching in Bull. Fan Mem. Inst. Biol., New Ser. 1(3): 280. 1949. **Holotype:** China. Chongqing: Youyang, alt. 900 m, 1941-06-23, H. Y. Hou 789.

察隅蹄盖蕨 ***Athyrium zayuense*** Z. R. Wang in Acta Phytotax. Sin. 32(1): 84, f. 1: 3–5. 1994. **Holotype:** China. Xizang: Zayü, alt. 3 350 m, 1982-09-12, Qinghai-Xizang Exped. 10432.

毛复叶角蕨 ***Cornopteris badia*** Ching var. ***pubescens*** Z. R. Wang in Acta Phytotax. Sin. 32(1): 84.1994. **Holotype:** China. Yunnan: Gongshan, alt. 1 400 m, 1982-08-11, Qinghai-Xizang Exped. 9241.

腺毛角蕨 ***Cornopteris glandulosopilosa*** S. F. Wu, Keys Vasc. Pl. Wuling Mount. 565, pl. 2. 1995. **Holotype:** China. Hunan: Yongshun, Xiaoxi, alt. 400~450 m, 1988-05-26, Beijing Exped. 0013.

阔基角蕨 ***Cornopteris latibasis*** W. M. Chu in Acta Bot. Yunnan. 3(3): 344, pl. 7: 4–6. 1981. **Paratype:** China. Yunnan: Daguan, alt. 1 700~1 900 m, 1973-06-25, W. M. Chu 5256.

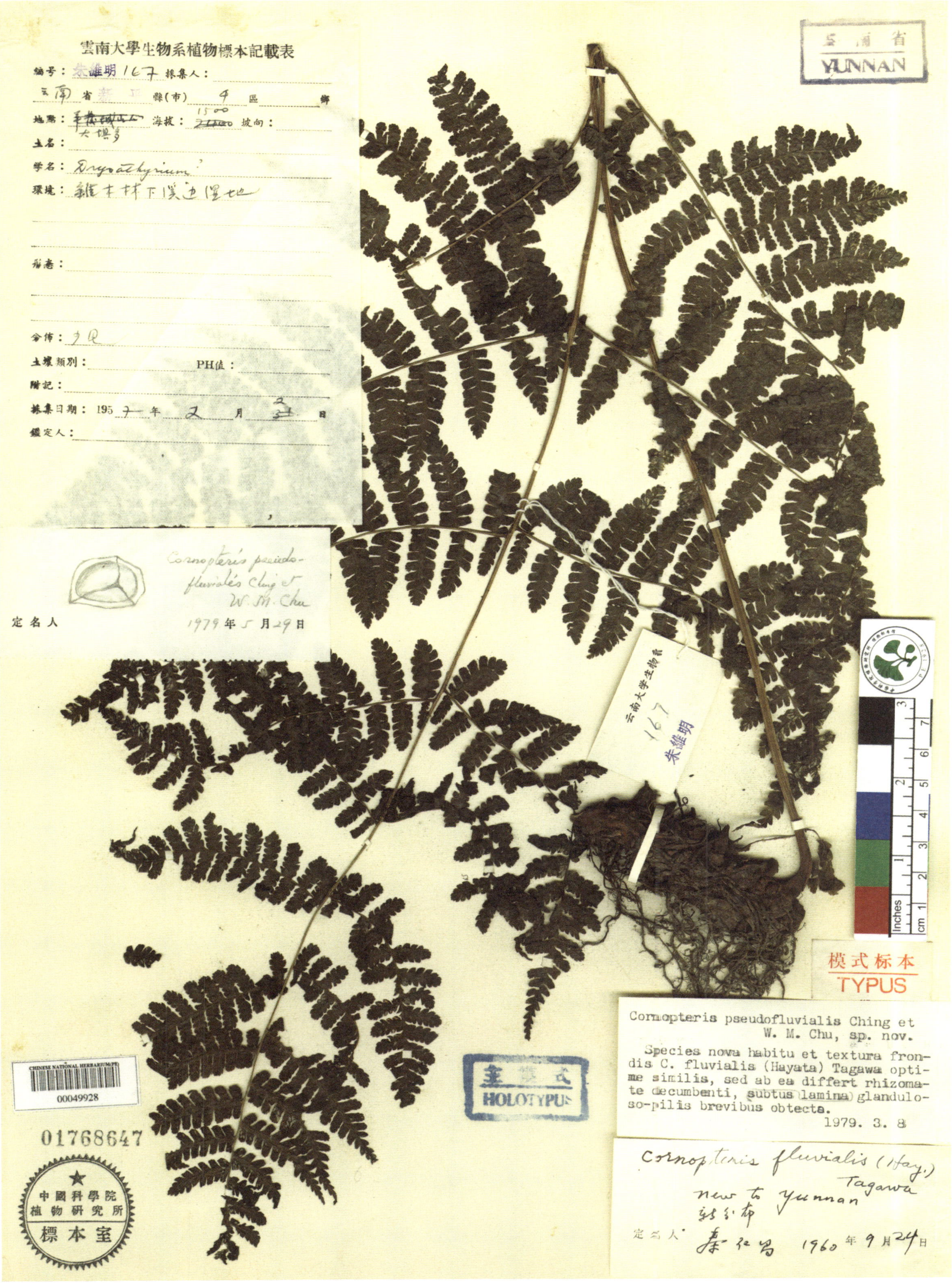

滇南角蕨 *Cornopteris pseudofluvialis* Ching & W. M. Chu in Acta Bot. Yunnan. 3(3): 345, pl. 8: 1–5. 1981.

Holotype: China. Yunnan: Xinping, alt. 1 500 m, 1957-02-02, W. M. Chu 167.

九州蹄盖蕨 ***Cornopteris tashiroi*** Tagawa in Acta Phytotax. Geobot. 1: 159. 1932. **Isotype:** Japan. Kyushu: Kosugidani, 1919-09-27, Z. Tashiro s. n.

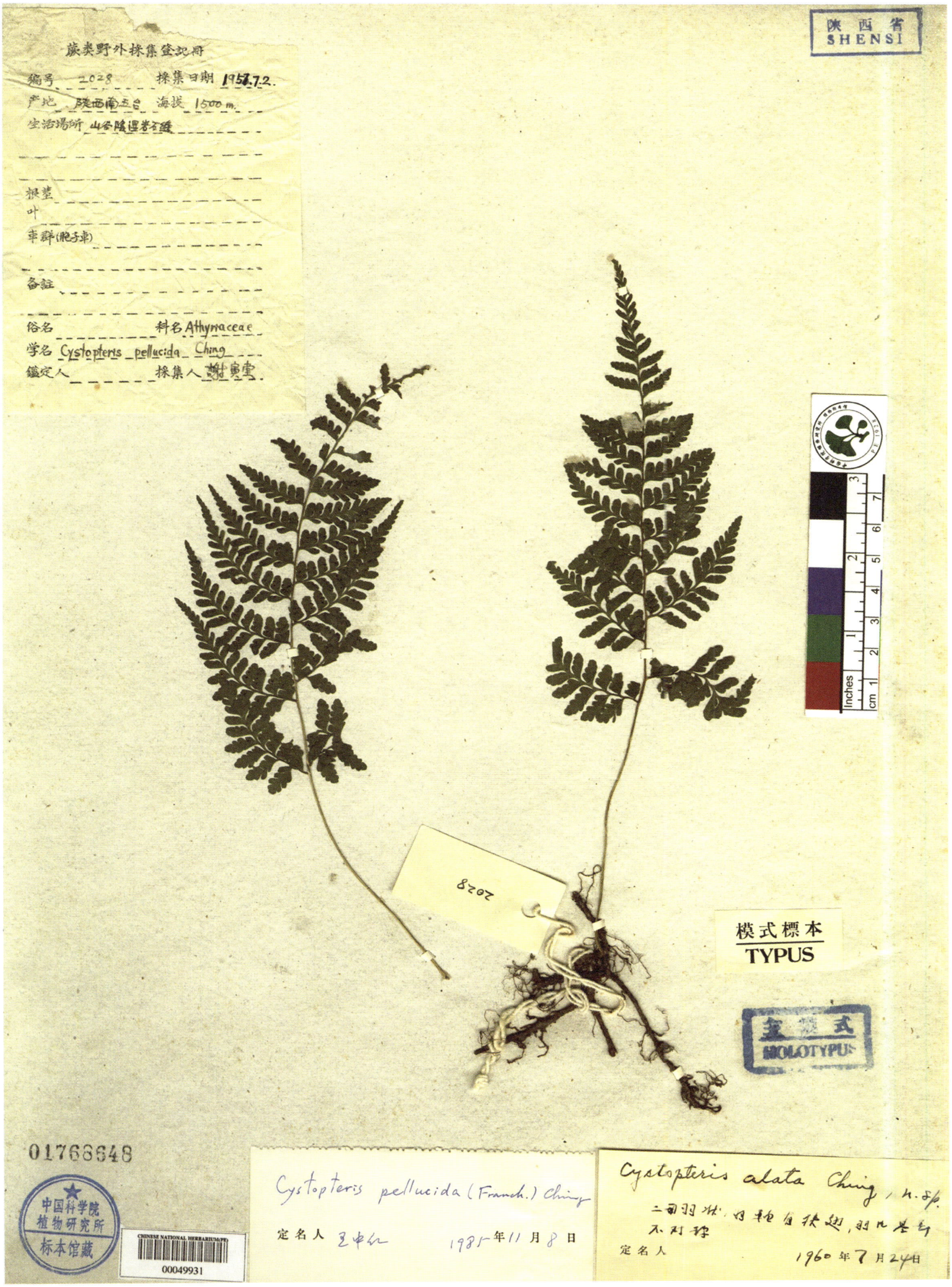

翅轴冷蕨 ***Cystopteris alata*** Ching, Fl. Tsinling. 2: 90, 211. 1974. **Holotype:** China. Shaanxi: Nanwutaishan, alt. 1 500 m, 1957-07-02, Y. T. Shieh 2028.

德钦冷蕨 ***Cystopteris deqinensis*** Z. R. Wang in Acta Phytotax. Sin. 32(1): 84, pl. 1: 6. 1994. **Holotype:** China. Yunnan: Dêqên, alt. 2 400~2 800 m, 1981-08-22, Hengduanshan Exped. 3461.

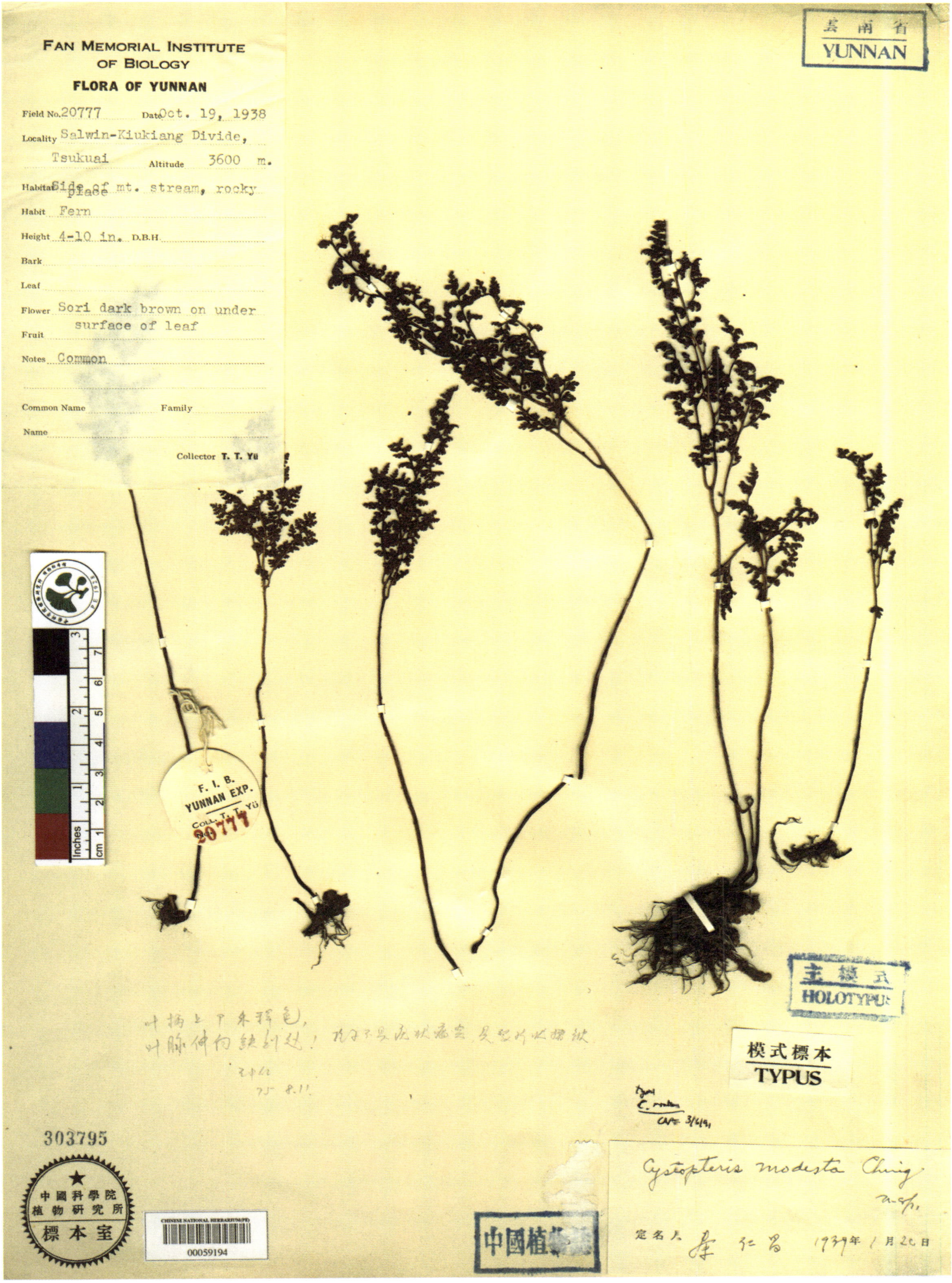

卷叶冷蕨 ***Cystopteris modesta*** Ching in Bull. Fan Mem. Inst. Biol. Bot. 10(1): 5. 1940. **Holotype:** China. Yunnan: Salwin-Kiukiang Divide, Tsukuai, alt. 3 600 m, 1938-10-19, T. T. Yu 20777.

藏冷蕨 ***Cystopteris tibetica*** Z. R. Wang in Acta Phytotax. Sin. 32(1): 85, f. 1: 7. 1994. **Holotype:** China. Xizang: Mainling, alt. 3 100 m, 1972-07-15, Xizang Herb. Medic. Exped. 3971.

白鳞蕨 ***Deparia pycnosora*** (Christ) M. Kato var. ***albosquamata*** M. Kato in Journ. Fac. Sci, Univ. Tokyo, Sect. 3 Bot. 13(4): 396, f. 16B, 17B. 1984. **Isotype:** Japan. Honshu, Kyoto, M. Tagawa 7476.

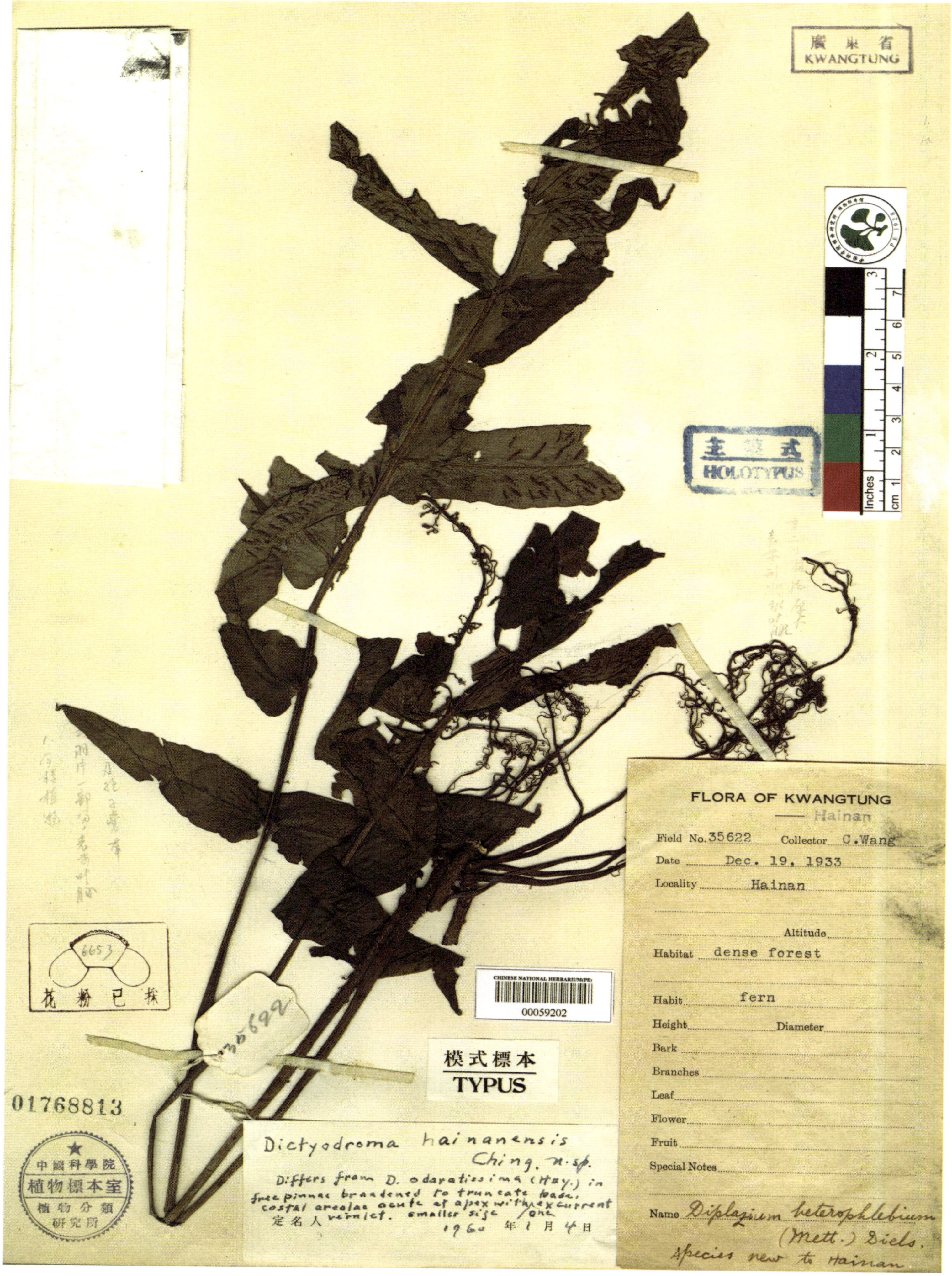

海南网蕨 ***Dictyodroma hainanensis*** Ching in Acta Phytotax. Sin. 9(1): 60. 1964. **Holotype:** China. Hainan: Precise locality not kown, alt. 800 m, 1933-12-19, C. Wang 35622.

滇南网蕨 ***Dictyodroma yunnanensis*** Ching in Acta Phytotax. Sin. 9(1): 59. 1964. **Holotype:** China. Yunnan: Pingbian, Daweishan, alt. 1 500 m, 1956-06-16, Sino-Russia Yunnan Exped. 3541.

中间肠蕨 ***Diplaziopsis intermedia*** Ching in Acta Phytotax. Sin. 9(1): 32, pl. 2, f. 3–4. 1964. **Holotype:** China. Sichuan: Emei, Emeishan, alt. 1 300 m, 1955-07-04, S. C. Chen 30057.

无柄短肠蕨 ***Diplazium allantodioides*** Ching in Bull. Fan Mem. Inst. Biol. 2 (10): 203, pl. 18-19. 1931. **Isosyntype:** China. Hongkong: 1874-01-04, Lamont 1076.

白沙双盖蕨 ***Diplazium basahense*** Ching in Acta Phytotax. Sin. 9(4): 351. 1964. **Holotype:** China. Hainan: Baisha, Wuzhishan, alt. 900 m, 1954-11-05, E Hainan Bot. Exped. 513.

缅甸双盖蕨 ***Diplazium burmanicum*** Ching ex W. M. Chu & Z. R. He in Acta Phytotax. Sin. 36(4): 381, f. 3. 1998. **Holotype:** Myanmar. Sumpra Bum, alt. 1 000 m, 1953-02-04, F. Kingdon-Wad 20481.

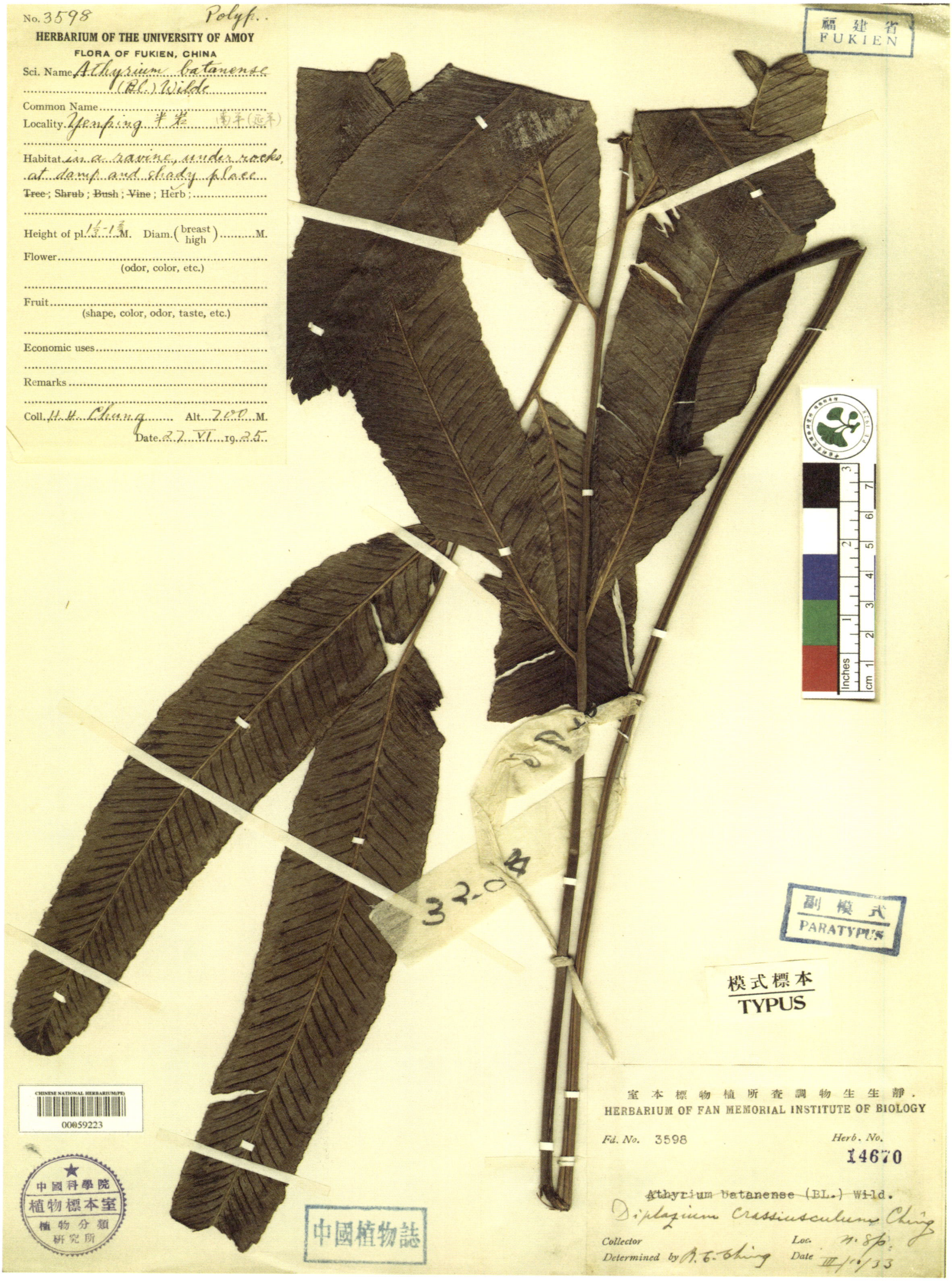

厚叶双盖蕨 ***Diplazium crassiusculum*** Ching in Lingnan Sci. Journ. 15(2): 279. 1936. **Paratype:** China. Fujian: Nanping, alt. 700 m, 1925-06-27, H. H. Chung 3598.

Diplazium grosselobatum C. Chr, Bulletin of the Department of Biology: College of Science: Sun Yatsen University 3: 156, pl. 69. 1932.

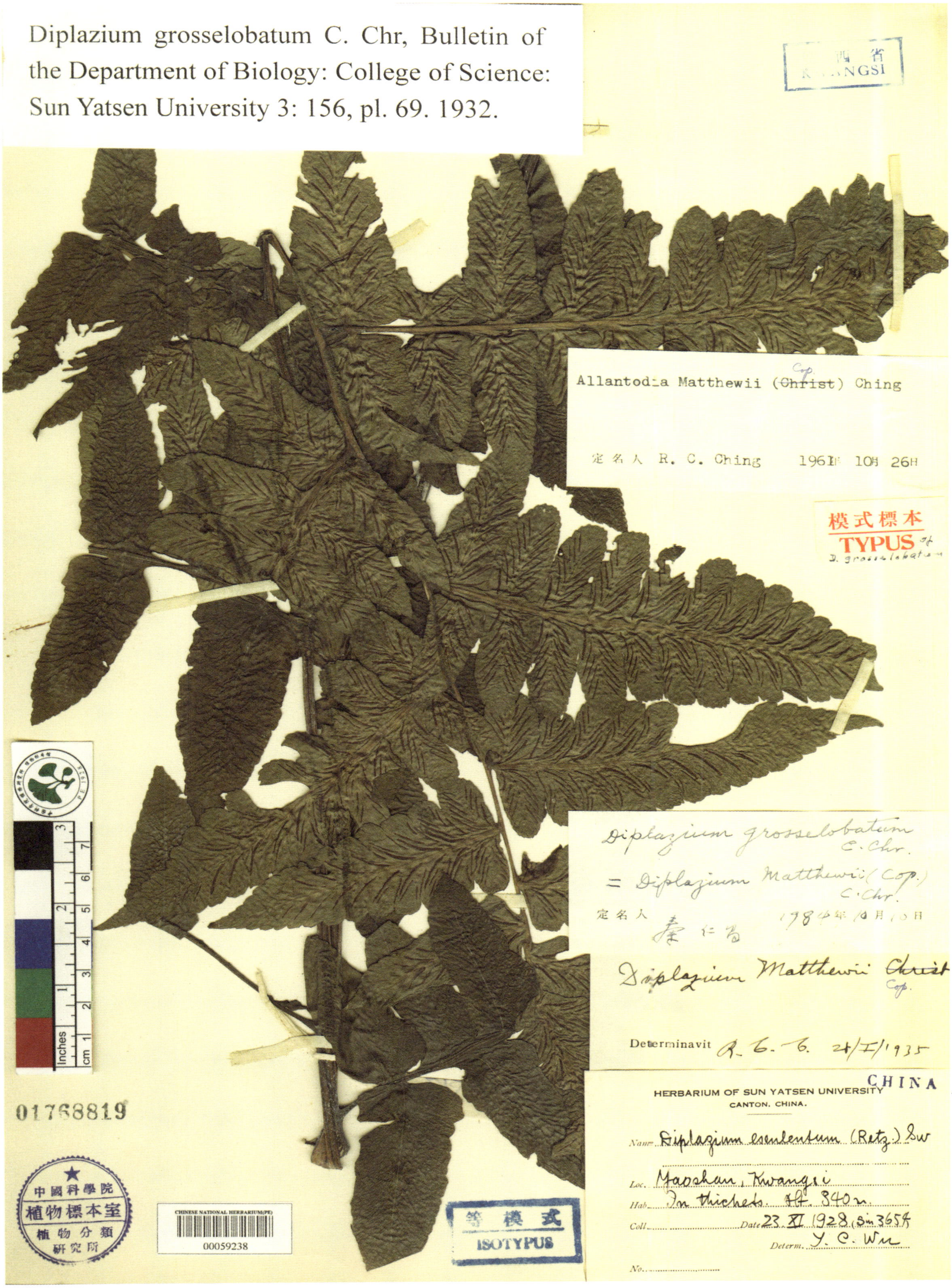

阔片短肠蕨 ***Diplazium grosselobatum*** C. Chr. in Wu, Wong & Pong, Bull. Dep. Biol. Sun Yatsen Univ. 3: 156, pl. 69. 1932. **Isotype:** China. Guangxi: Mashan, 840 m, 1928-11-23, S. S. Sin 3654.

异果短肠蕨 ***Diplazium heterocarpum*** Ching in Lingnan Sci. Journ. 15(2): 276. 1936. **Isotype:** China. Guizhou: Pin-Fa (=Guiding), 1904-10-??, Cavalerie 1830.

Diplazium megaphyllum var. subintegrifolium Tardieu, Les Aspleniacees du Tonkin 61. 1932.

近全缘短肠蕨 ***Diplazium megaphyllum*** (Baker) Crist var. ***subintegrifolium*** Tarcieu in Asplen. Tonkin 61. 1932.
Isosyntype: Vietnam. Tonkin: Lang-Nac, 1925-??-??, Colani 1999.

深裂短肠蕨 ***Diplazium metcalfii*** Ching in Lingnan Sci. Journ. 15(2): 277. 1936. **Holotype:** China. Guangdong: Wengyuan, 1933-11-(01~12), S. K. Lau 2777.

Diplazium petrii Tardieu, Les Aspleniacees du Tonkin 67, 181, pl. 9, f. 1, 2. 1932.

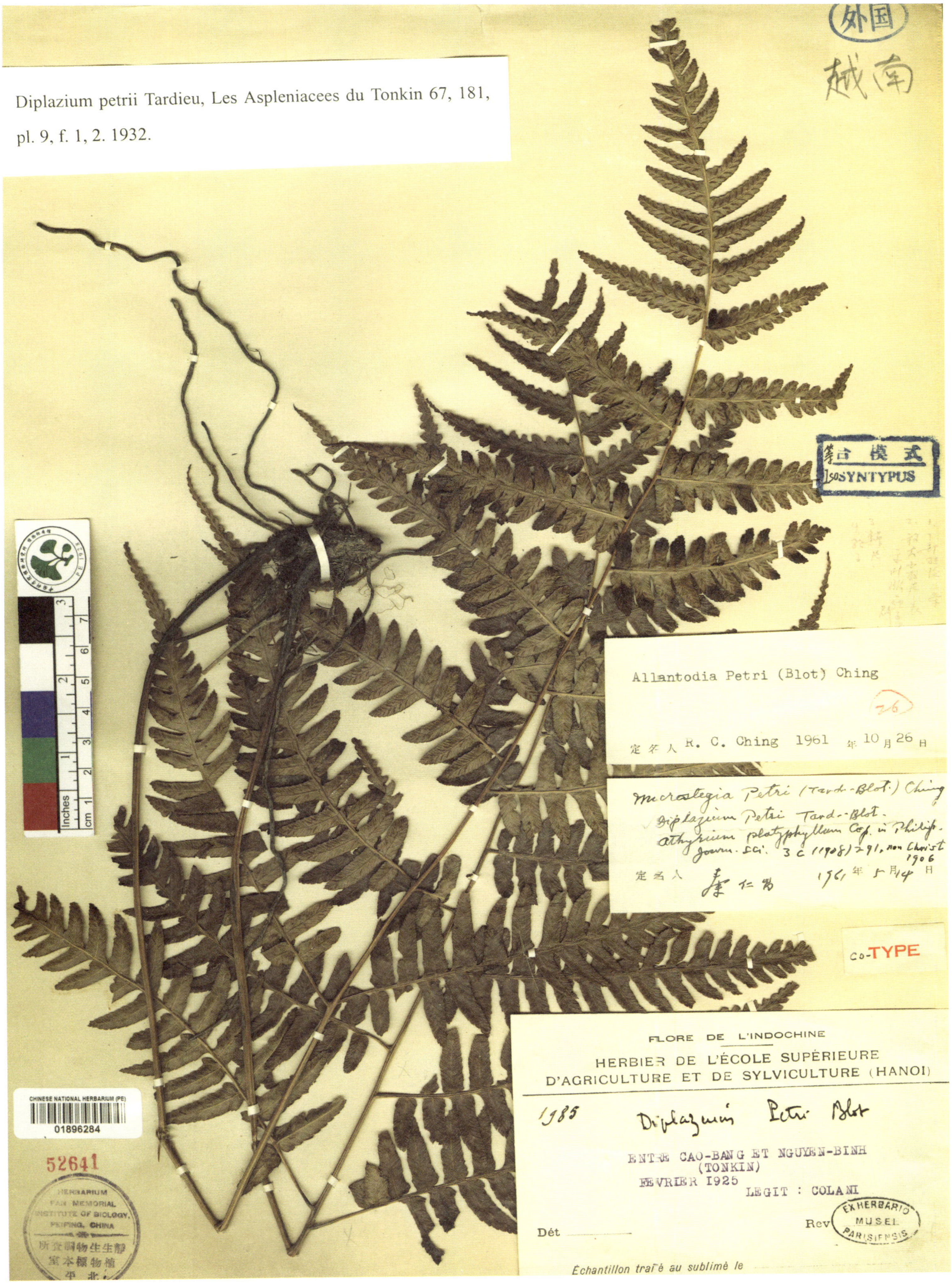

彼得双盖蕨 ***Diplazium petrii*** Tardieu in Asplen. Tonkin 67, 181, pl. 9, f. 1, 2.. 1932.**Isosyntype:** Vietnam. Tonkin: Entre Cao-Bang, 1925-??-??, Colani 1985.

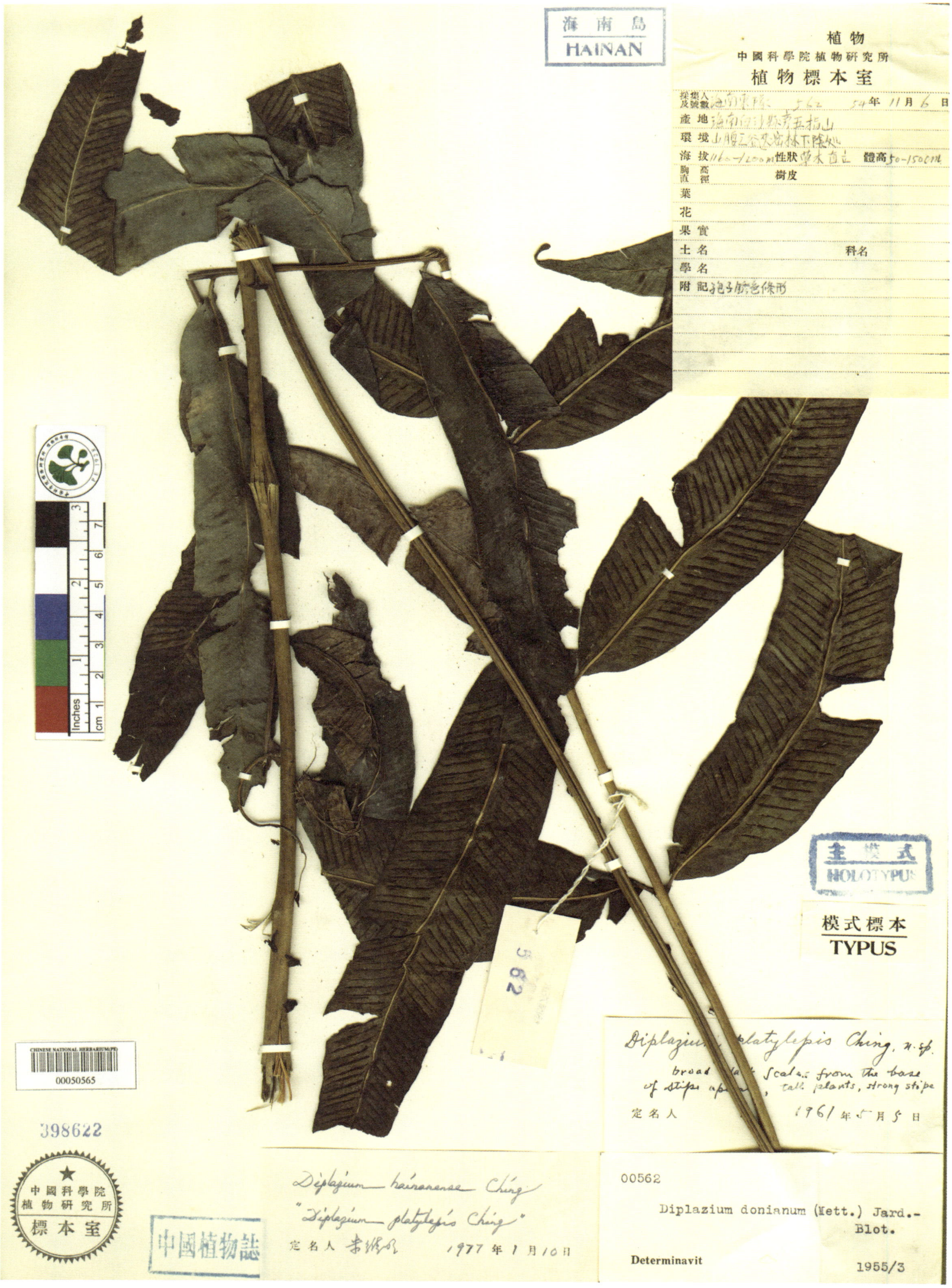

阔鳞双盖蕨 ***Diplazium platylepis*** Ching in Acta Phytotax. Sin. 9(4): 351. 1964. **Holotype:** China. Hainan: Baisha, Wuzhishan, alt. 1 160~1 200 m, 1954-11-06, E Hainan Exped. 562.

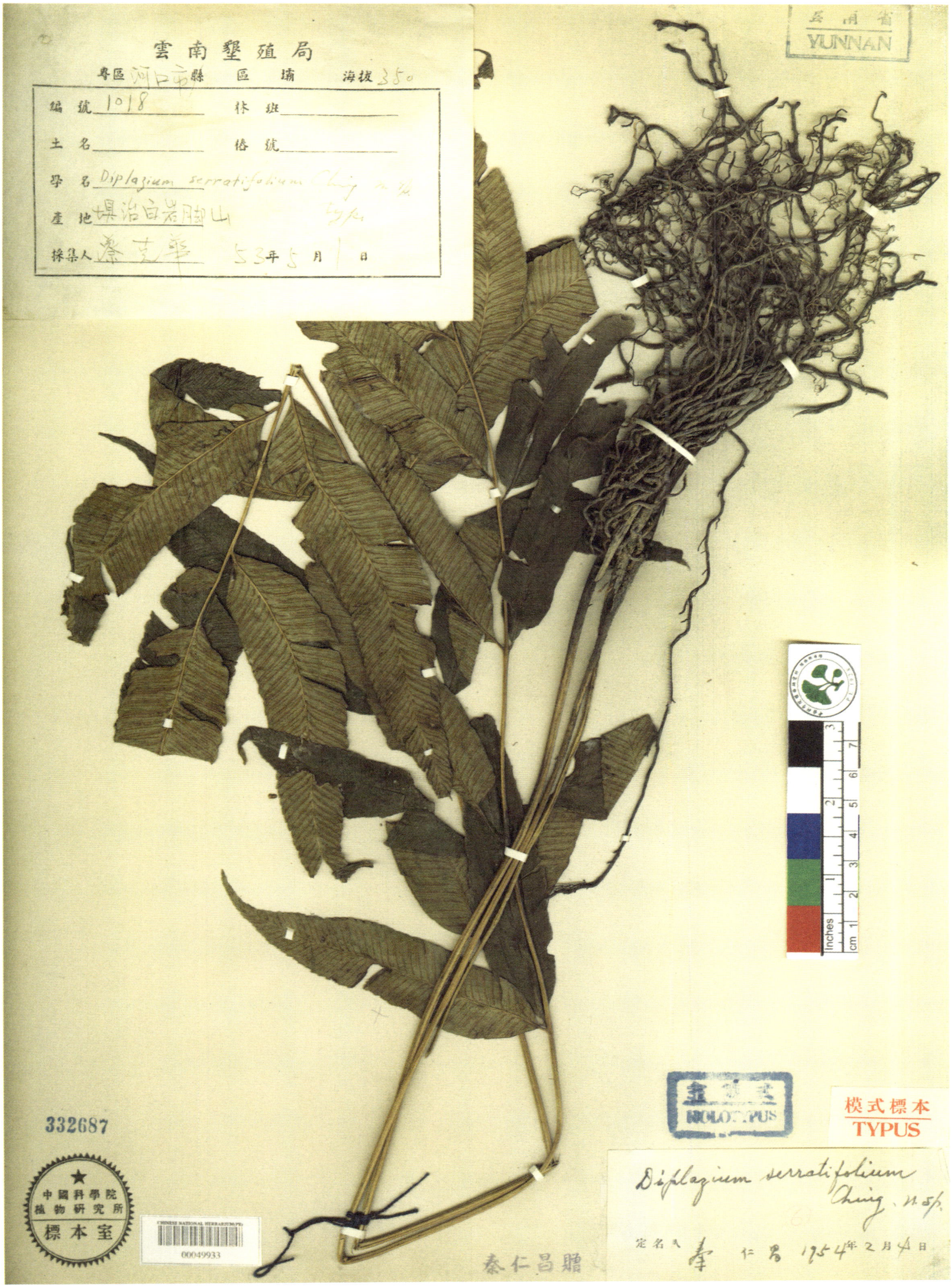

锯齿双盖蕨 ***Diplazium serratifolium*** Ching in Acta Phytotax. Sin. 8(2): 166, pl. 20: 20. 1959. **Holotype:** China. Yunnan: Hekou, alt. 350 m, 1953-05-01, K. H. Tsai 1018.

狭鳞双盖蕨 ***Diplazium stenolepis*** Ching in Acta Phytotax. Sin. 9(4): 352. 1964. **Isotype:** China. Hainan: Ya Xian (=Shanya), 1934-01-13, C. Wang 36623.

薄叶双盖蕨 ***Diplazium submettenianum*** Ching in Acta Phytotax. Sin. 8(2): 167, pl. 21: 21. 1959. **Holotype:** China. Hainan: Danzhou, 1933-09-28, C. Wang 34335.

济州岛双盖蕨 ***Diplazium taquetii*** C. Chr. in Bull. Geogr. Bot. 20(257-258): 69. 1911. **Isosyntype:** R . O. Korea. Quelpaert, 1910-06-23, P. Taquet 3702.

草绿双盖蕨 ***Diplazium viridescens*** Ching in Acta Phytotax. Sin. 8(2): 167, pl. 21: 22. 1959. **Holotype:** China. Hainan: Baisha, alt. 1 160~1 200 m, 1954-11-06, E Hainan Exped. 548.

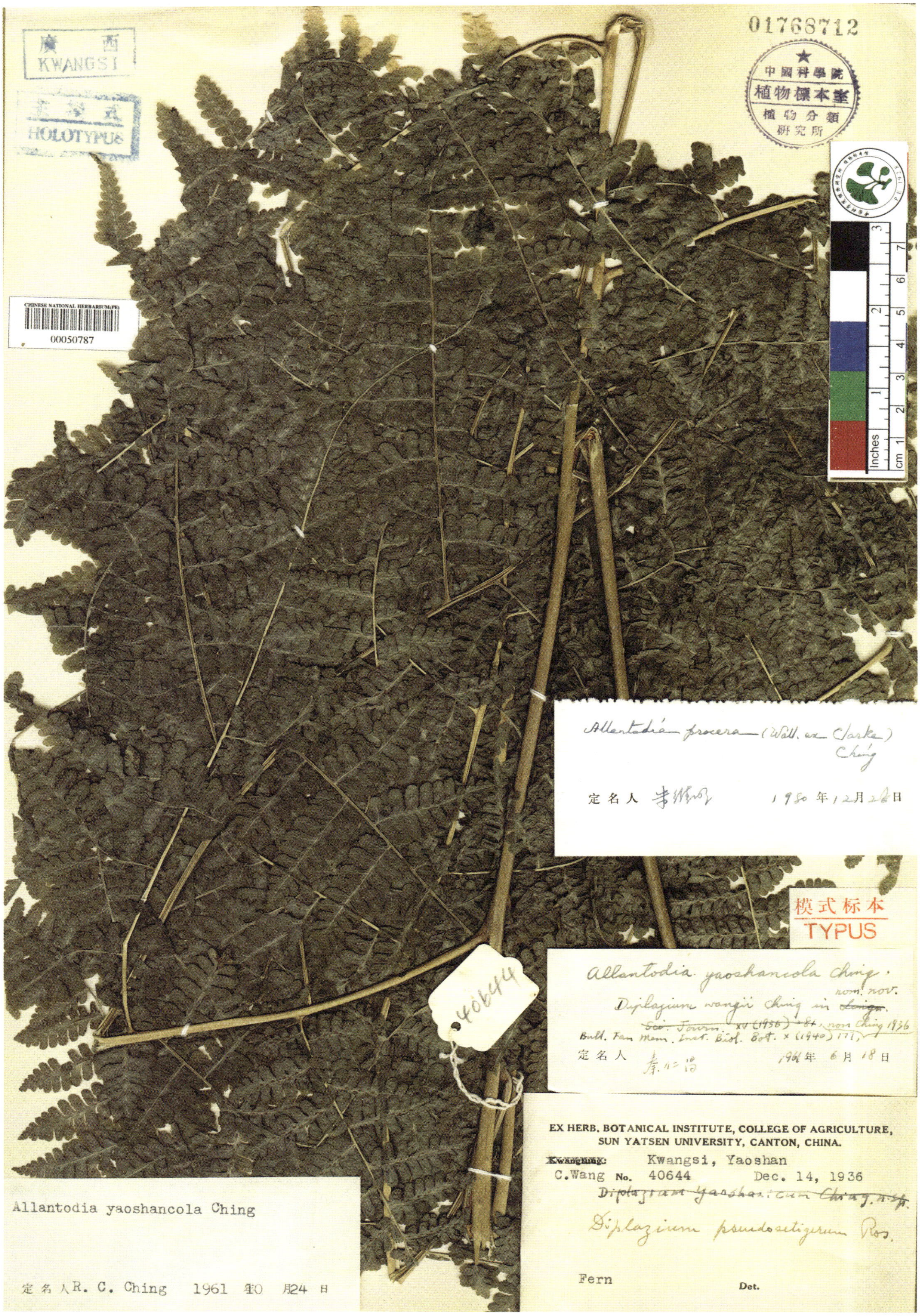

黄志短肠蕨 ***Diplazium wangii*** Ching in Bull. Fan Mem. Inst. Biol. Bot. 10: 177. 1940, non Ching 1936. **Holotype:** China. Guangxi: Yaoshan, 1936-12-14, C. Wang 40644.

漾濞短肠蕨 ***Diplazium yangpieense*** Ching in Bull. Fan Mem. Inst. Biol., Bot. Ser. 11(2): 57. 1941. **Holotype:** China. Yunnan: Yangbi, 1940-05-01, R. C. Ching 22472.

瑶山短肠蕨 ***Diplazium yaoshanicum*** Ching in Bull. Fan Mem. Inst. Biol. 10(3): 176. 1940. **Holotype:** China. Guangxi: Pingnan, Yaoshan, Anonymous 23676.

节毛介蕨 ***Dryoathyrium articulati-pilosum*** Ching & W. M. Chu in Bull. Bot. Res., Harbin 5(3): 152. 1985. **Holotype:** China. Yunnan: Daguan, Beishaling, alt. 1 750 m, 1973-06-26, W. M. Chu 5303.

中华介蕨 ***Dryoathyrium chinense*** Ching, Fl. Tsinling. 2: 101, 214. 1974; S. Y. Jin, Catal. Type Specim. (Cormophyta) Herb. China 41. 1994. **Holotype:** China. Chongqing: Chengkou, alt. 2 100 m, 1958-10-17, T. L. Tai 106702.

镰小羽介蕨 ***Dryoathyrium falcatipinnulum*** Z. R. Wang in Acta Phytotax. Sin. 20(2): 238, f. 1. 1982. **Holotype:** China. Sichuan: Emei, Emeishan, alt. 1 070 m, 1980-09-05, Z. R. Wang & Z. X. Zhang C206.

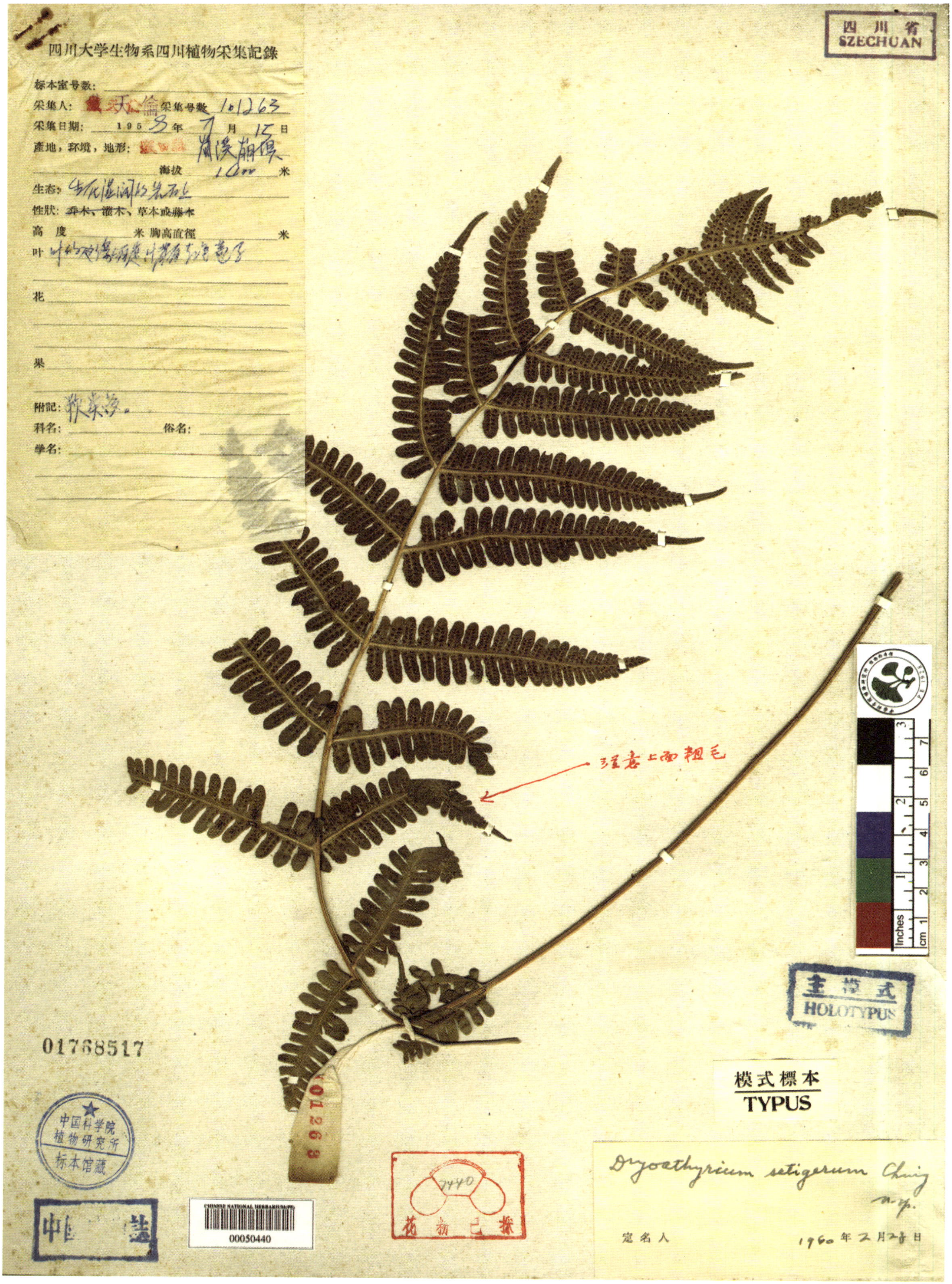

刺毛介蕨 ***Dryoathyrium setigerum*** Ching ex Y. T. Hsieh in Bull. Bot. Res., Harbin 5(3): 153. 1985. **Holotype:** China. Chongqing: Chengkou, alt. 1 400 m, 1958-07-15, T. L. Tai 101263.

尖片蛾眉蕨 ***Lunathyrium acutum*** Ching in Acta Phytotax. Sin. 9(1): 73. 1964. **Holotype:** India. Garhval: Badrinath, alt. 3 000~3 500 m, 1855-08-(01~31), Anonymous s. n.

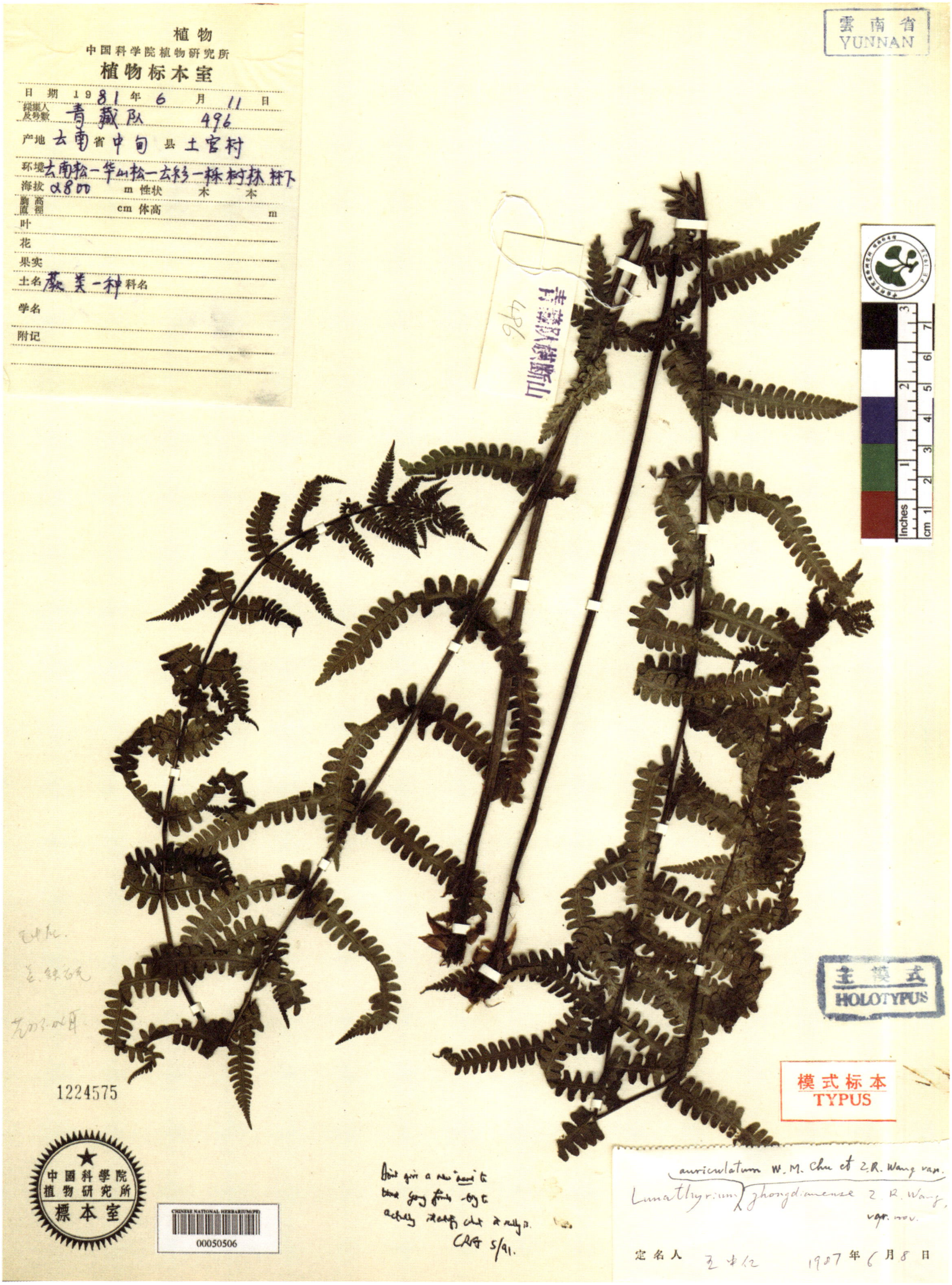

中甸蛾眉蕨 ***Lunathyrium auriculatum*** W. M. Chu & Z. R. Wang ex Z. R. Wang var. ***zhongdianense*** Z. R. Wang, Fl. Reip. Pop. Sin. 3(2): 319, 511. 1999. **Holotype:** China. Yunnan: Zhongdian(=Shangri-La), alt. 2 800 m, 1981-06-11, Qinghai-Xizang Exped. 496.

巴嘎蛾眉蕨 ***Lunathyrium bagaense*** Ching & S. K. Wu, Fl. Xizang. 1: 118, pl. 29 4–6. 1983. **Holoype:** China. Xizang: Mainling, alt. 3 400 m, 1975-07-28, Qinghai-Xizang Complex Exped. 750943.

波密蛾眉蕨 ***Lunathyrium bomiense*** Ching & S. K. Wu, Fl. Xizang. 1: 120, pl. 28: 1-3. 1983. **Holotype:** China. Xizang: Bomi, alt. 4 000 m, 1965-08-20, T. S. Ying & D. Y. Hong 1207.

短羽蛾眉蕨 ***Lunathyrium brevipinnum*** Ching & K. H. Shing ex Z. R. Wang in Acta Phytotax. Sin. 32(1): 85, pl. 2: 5–6. 1994. **Holotype:** Yunnan: Dayao, alt. 2 700 m, 1963-09-01, Jinshajiang Exped. 6743.

华中蛾眉蕨 ***Lunathyrium centrochinensis*** Ching ex K. H. Shing in Jiangxi Sci. 8(3): 43. 1990. **Holotype:** China. Zhejiang: Changhua, 1958-09-24, Anonymous 30516.

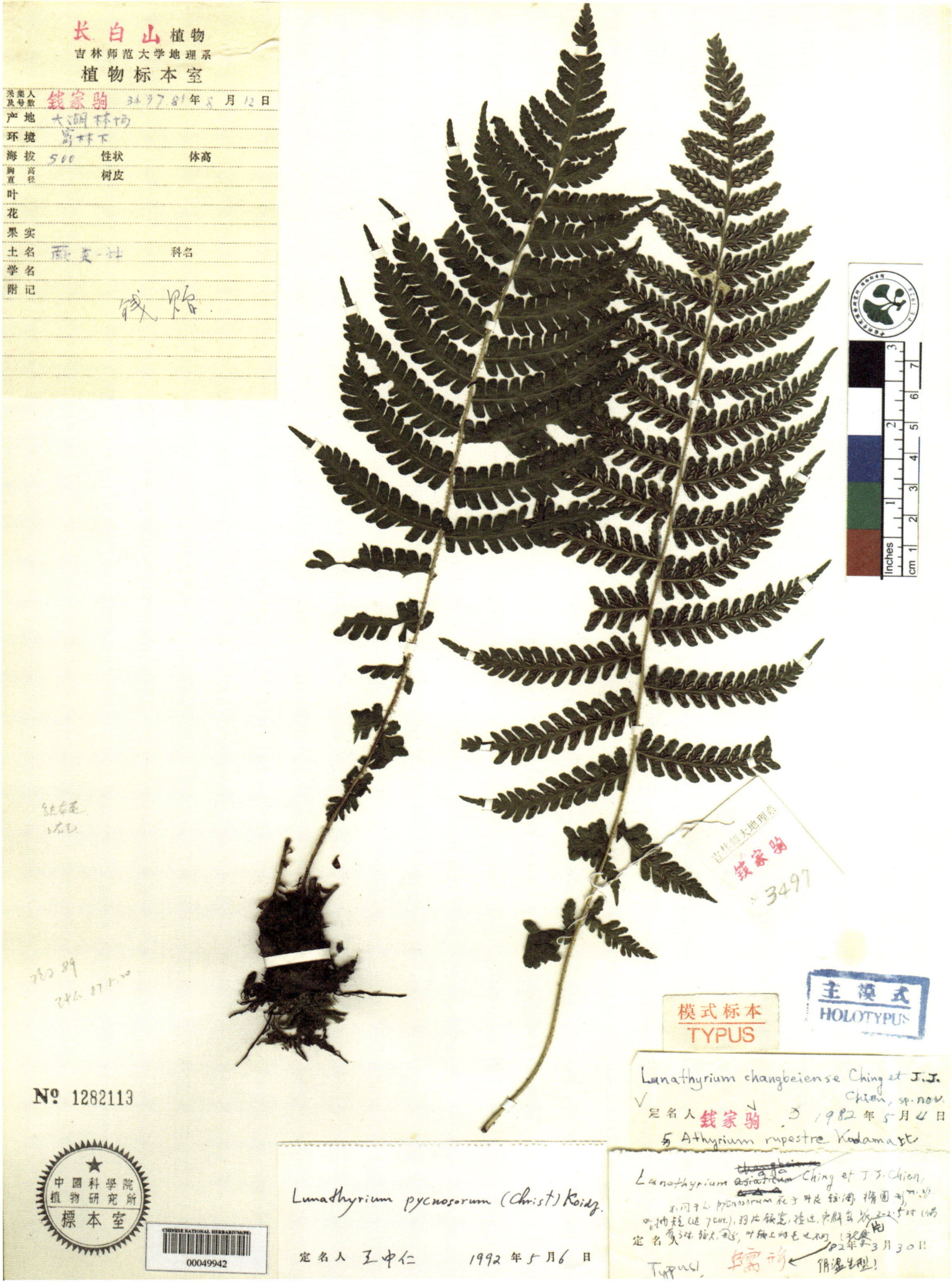

长白蛾眉蕨 ***Lunathyrium changbeiense*** Ching & J. J. Chien in Acta Phytotax. Sin. 22(3): 228. 1984. **Holotype:** China. Jilin: Changbaishan, alt. 500 m, 1981-08-12, J. J. Chien 3497.

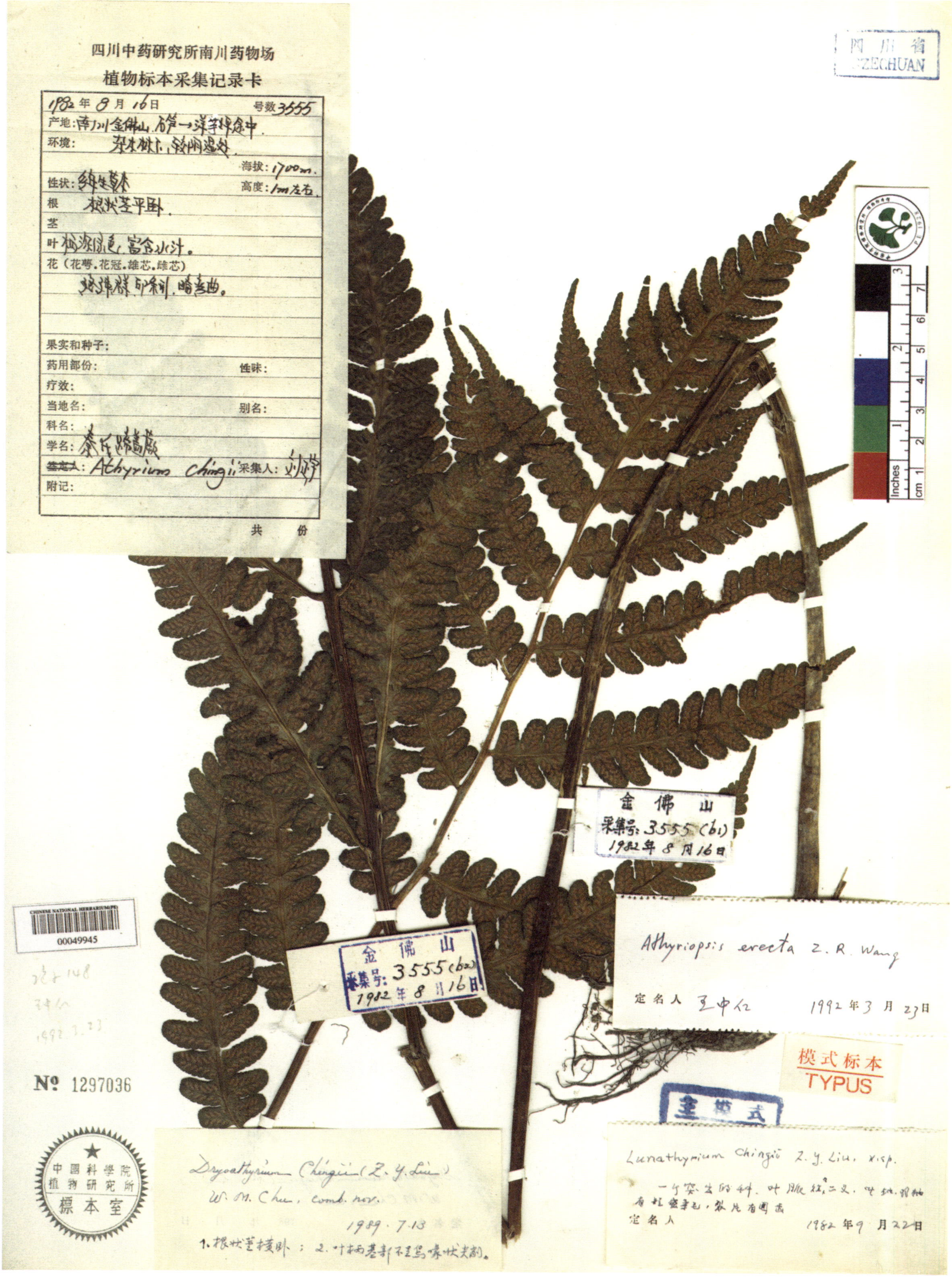

大果蛾眉蕨 ***Lunathyrium chingii*** Z. Y. Liu in Bull. Bot. Res., Harbin 3(4): 16, photo. 15. 1983. **Holotype:** China. Chongqing: Nanchuan, Jinfoshan, alt. 1 700 m, 1982-08-16, Z. Y. Liu 3555.

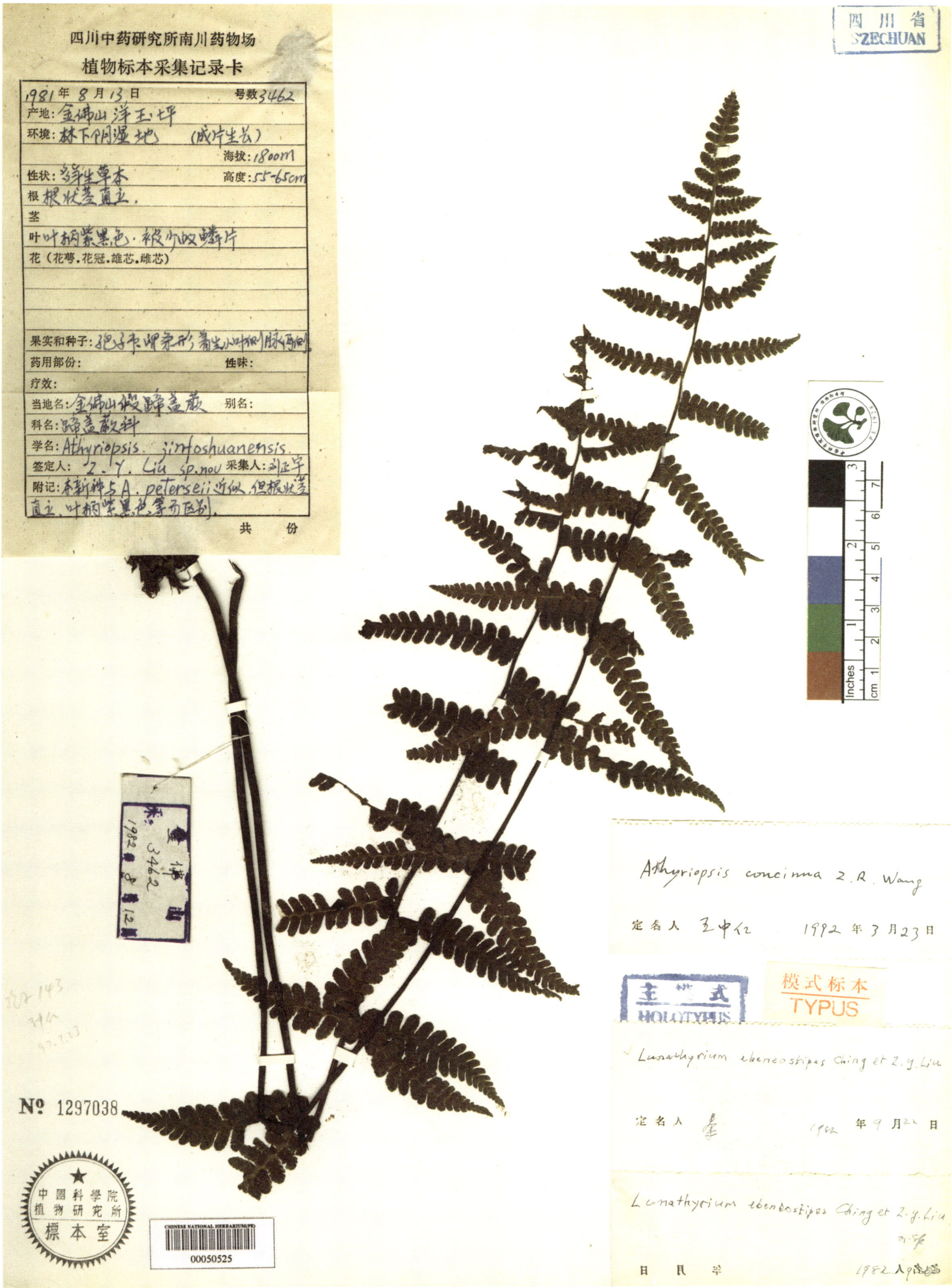

黑柄蛾眉蕨 ***Lunathyrium ebeneostipes*** Ching & Z. Y. Liu in Bull. Bot. Res., Harbin 3(4): 14, photo. 13. 1983. **Holotype:** China. Chongqing: Nanchuan, Jinfoshan, alt. 1 800 m, 1981-08-13, Z. Y. Liu 3462.

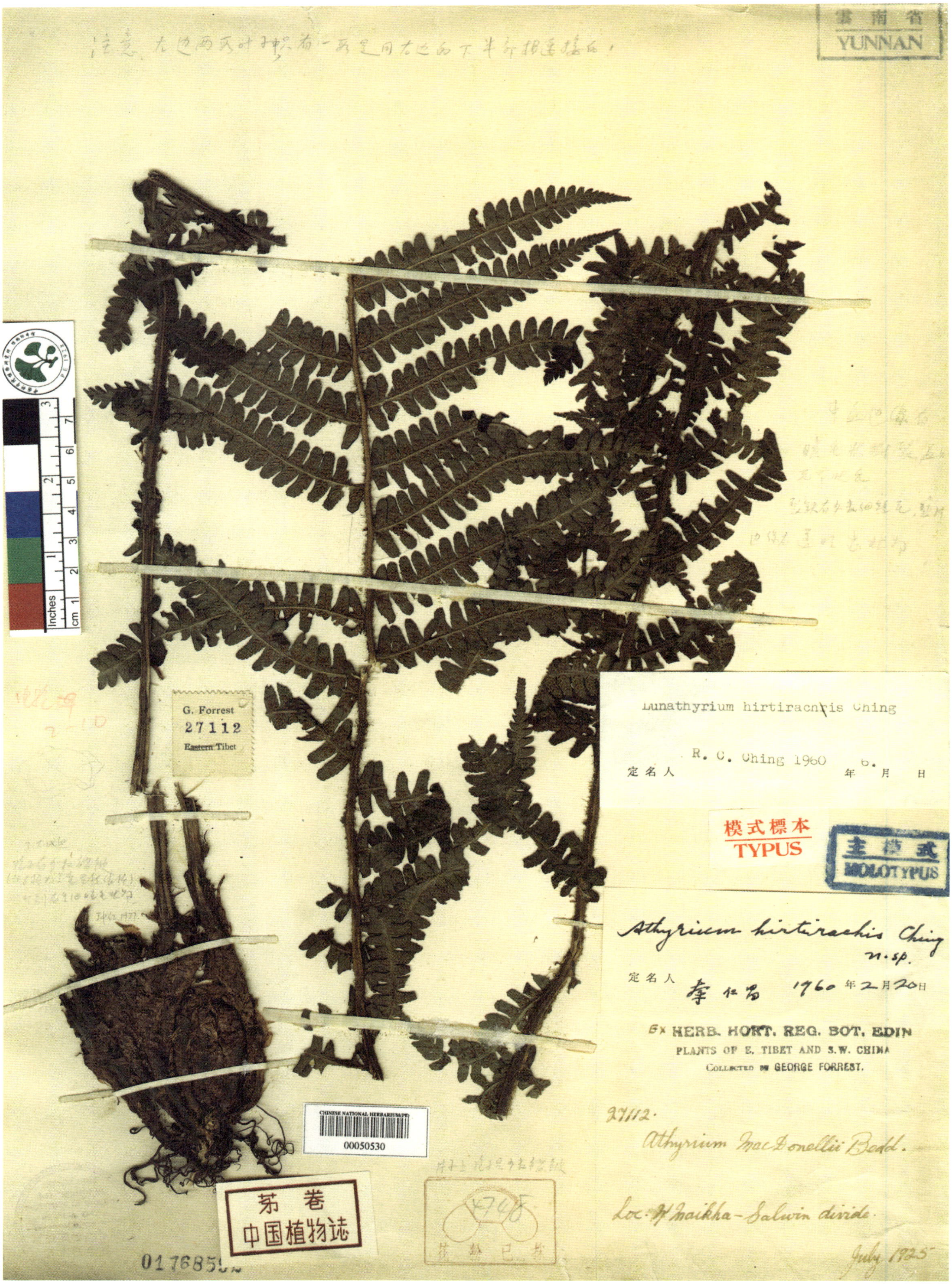

毛轴蛾眉蕨 ***Lunathyrium hirtirachis*** Ching ex Z. R Wang in Acta Phytotax. Sin. 32(1): 87, f. 3: 1-2. 1994. **Holotype:** China. Yunnan: Gongshan, alt. 3 900 m, 1925-07-??, G. Forrest 27112.

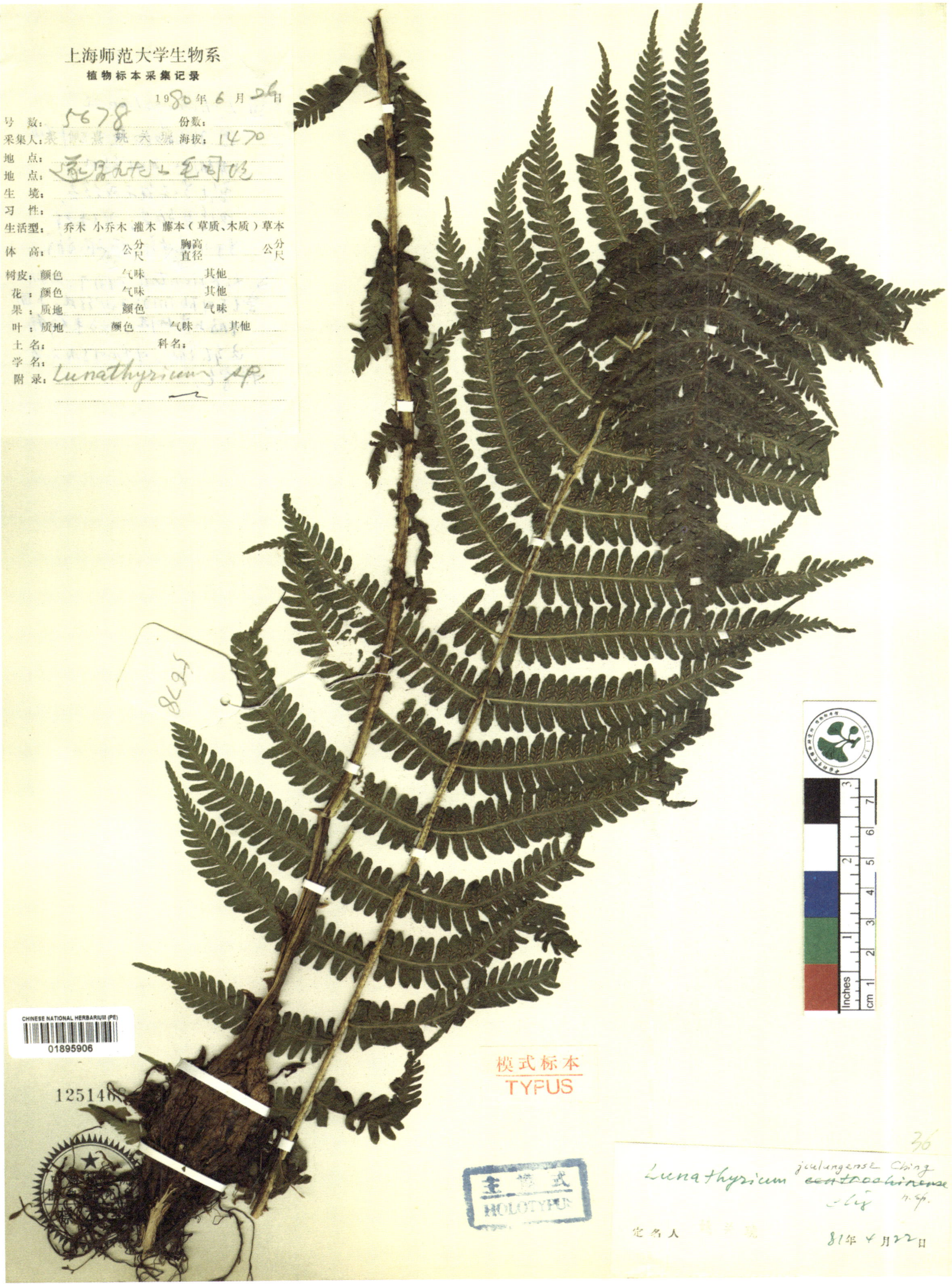

九龙蛾眉蕨 ***Lunathyrium jiulungense*** Ching in Bull. Bot. Res., Harbin 2(2): 71, photc. 3: 3. 1982. **Holotype:** China. Zhejiang: Shuichang, Jiulongshan, alt. 1 470 m, 1980-06-26, P. S. Chiu & G. H. Yao 5678.

林芝蛾眉蕨 ***Lunathyrium latibasis*** Ching, Fl. Xizang. 1: 121. 1983. **Holotype:** China. Xizang: Nyingchi, alt. 3 400 m, 1979-08-14, T. P. Yi 79054.

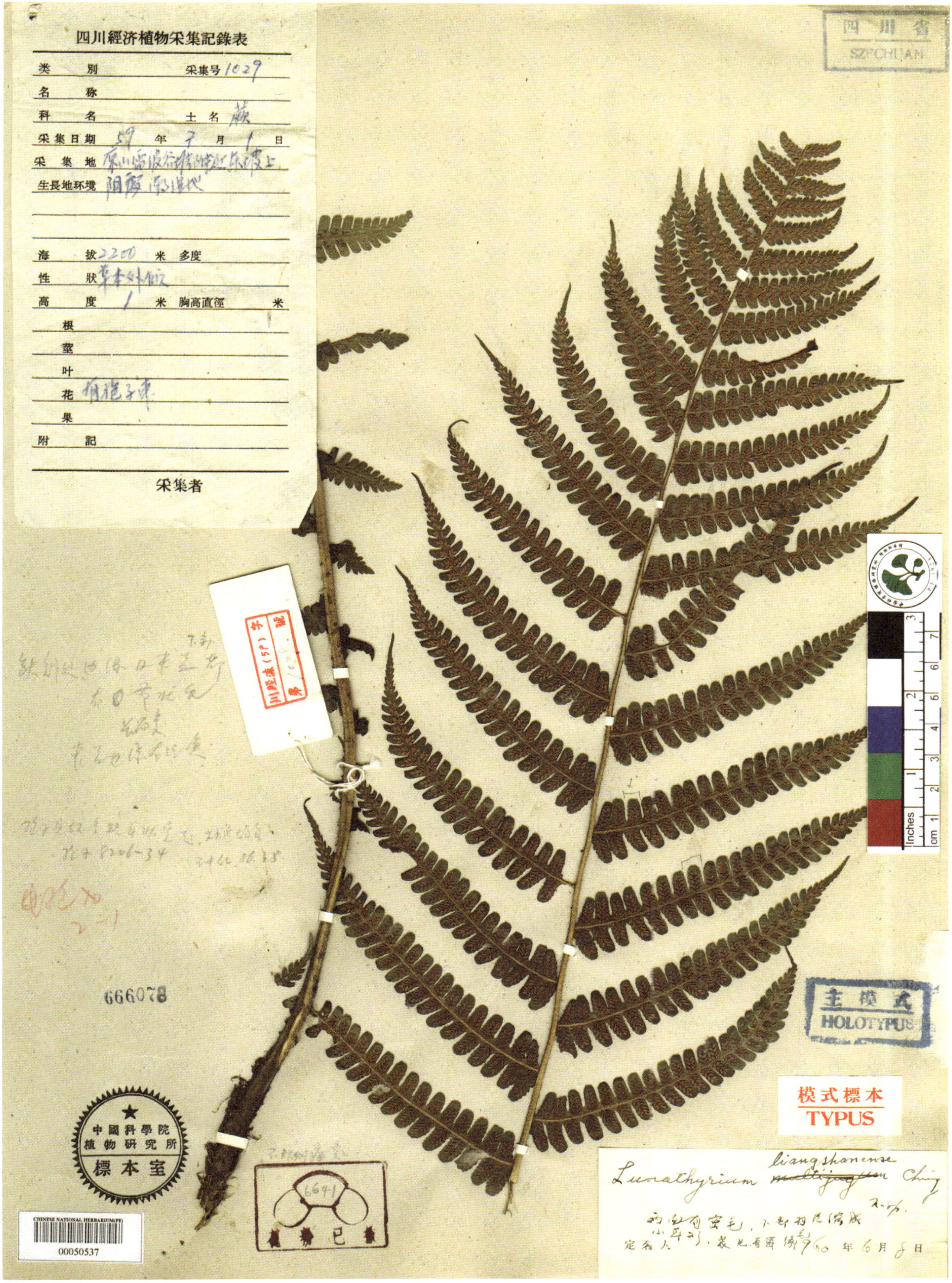

凉山蛾眉蕨 ***Lunathyrium liangshanense*** Ching ex Z. R. Wang in Acta Phytotax. Sin. 32(1): 89, f. 4: 1–4. 1994. **Holotype:** China. Sichuan: Leibo, alt. 2 200 m, 1959-07-01, Sichuan Econ. Pl. Exped. (Liang, 59) 1029.

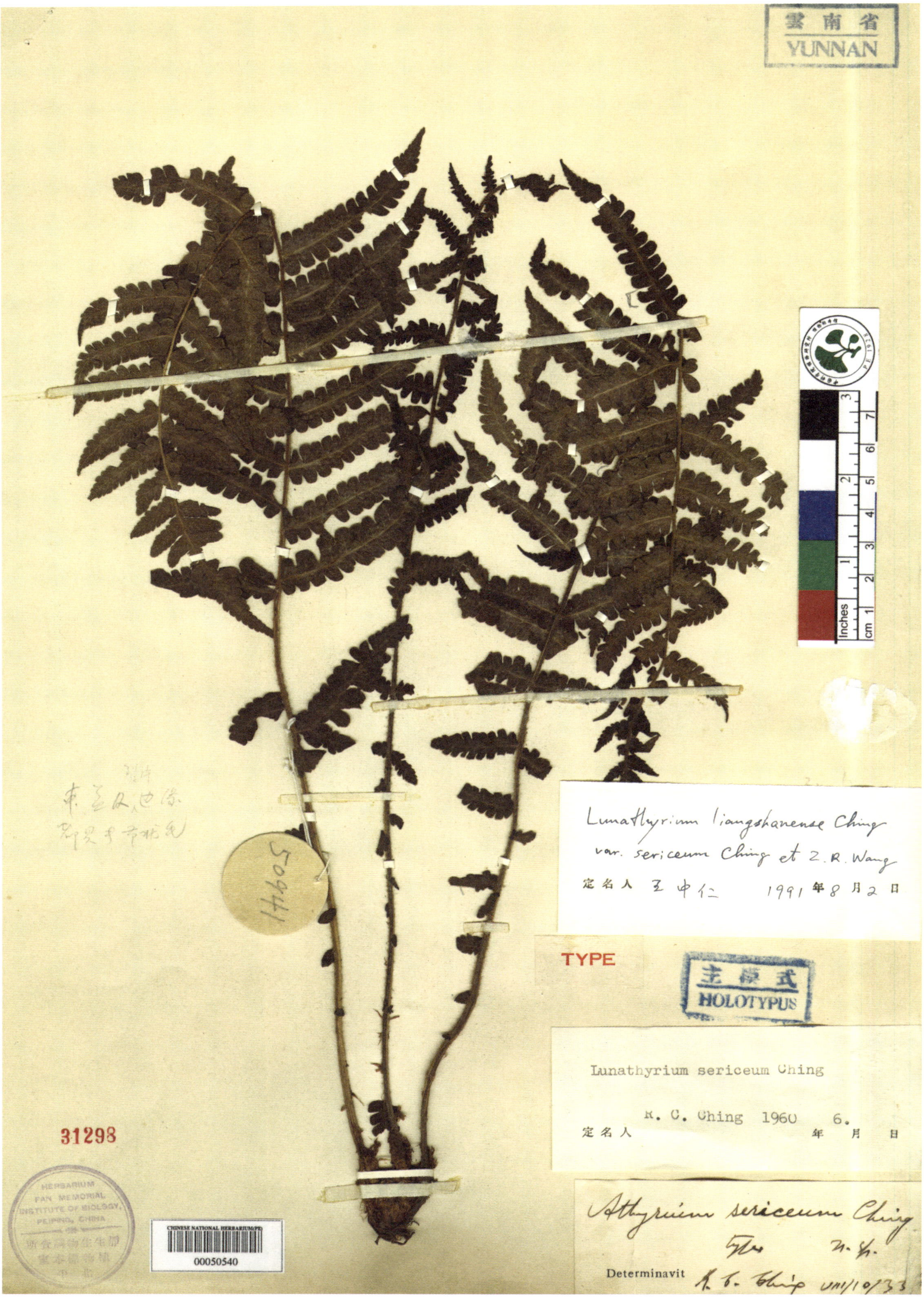

绢毛蛾眉蕨 ***Lunathyrium liangshanense*** Ching ex Z. R. Wang var. ***sericeum*** Ching & Z. R. Wang in Acta Phytotax. Sin. 32(1): 89, f. 4: 5-6. 1994. **Holotype:** China. Yunnan: Precise locality not known, H. T. Tsai 50941.

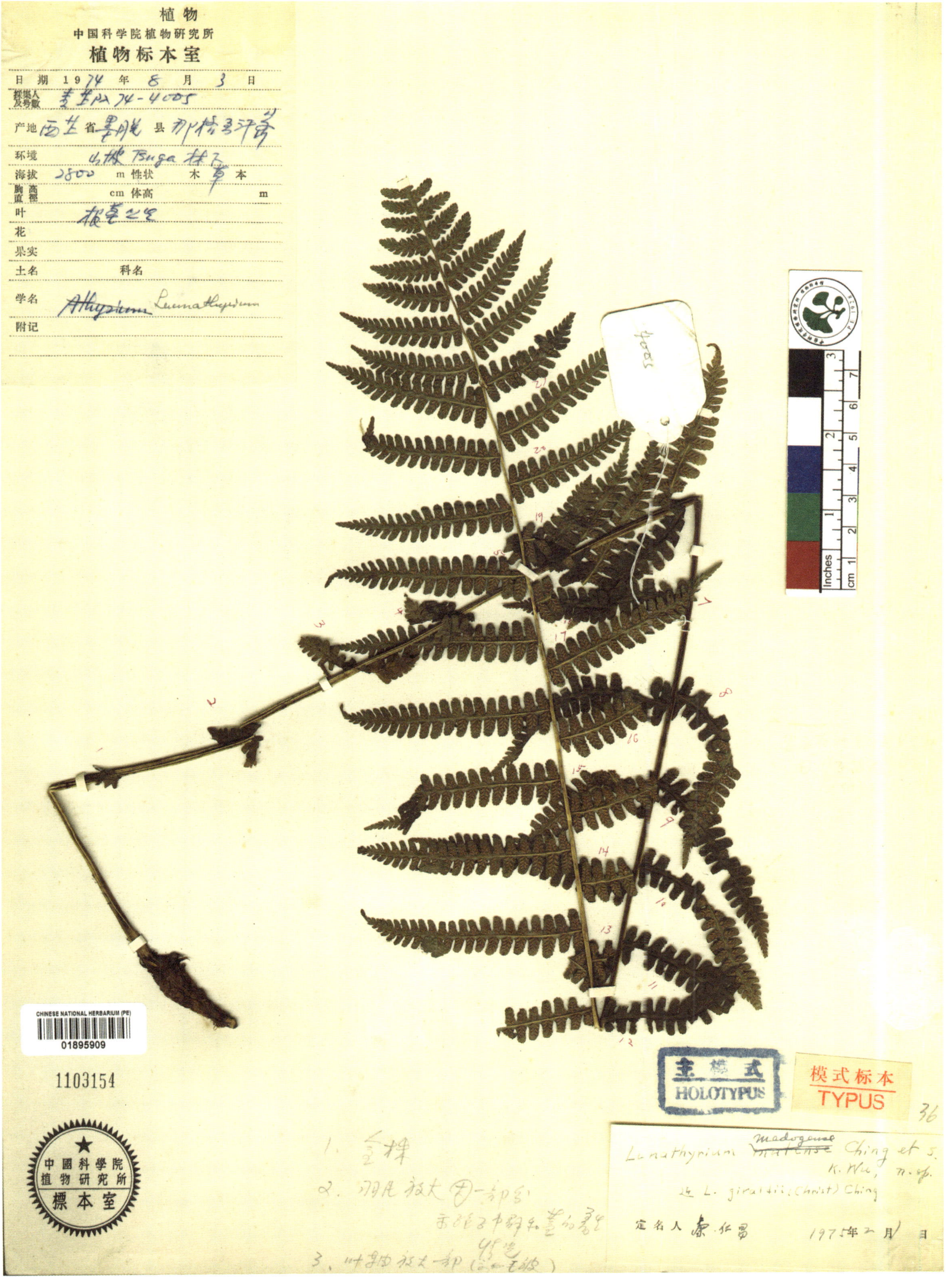

墨脱蛾眉蕨 ***Lunathyrium Mêdogense*** Ching & S. K. Wu, Fl. Xizang. 1: 120, f. 29: 1–3, pl. 6: 3–4. 1983. **Holotype:** China. Xizang: Mêdog, alt. 2 800 m, 1974-08-03, Qinghai-Xizang Exped. 74-4005.

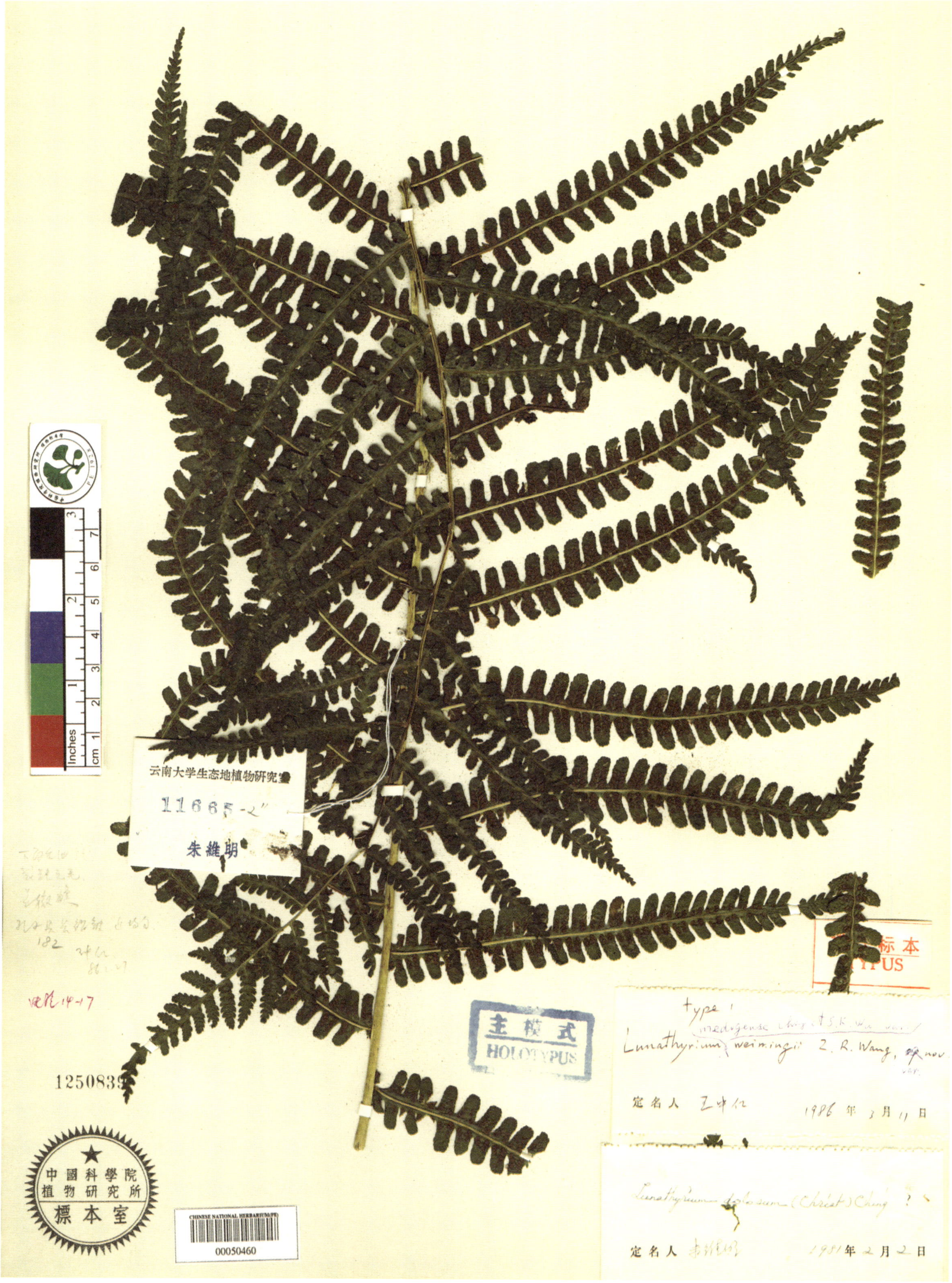

维明蛾眉蕨 ***Lunathyrium Mêdogense*** Ching & S. K. Wu var. ***weimingii*** Z. R. Wang in Acta Phytotax. Sin. 32(1): 89. 1994. **Holotype:** China. Yunnan: Gongshan, alt. 3 300 m, 1980-10-10, W. M. Chu 11665.

南川蛾眉蕨 ***Lunathyrium nanchuanense*** Ching & Z. Y. Liu in Bull. Bot. Res., Harbin 3(4): 15, photo. 14. 1983. **Holotype:** China. Chongqing: Nanchuan, alt. 1 680 m, 1982-08-16, Z. Y. Liu & C. L. Li 3558.

宁陕蛾眉蕨 ***Lunathyrium ningshenense*** Ching, Fl. Tsinling. 2: 96, 213. 1974. **Holotype:** China. Shaanxi: Ningshan, alt. 1 200 m, 1961-09-30, Y. P. Hsu 745.

东亚蛾眉蕨***Lunathyrium orientale*** Z. R. Wang & J. J. Chien in Acta Phytotax. Sin. 22(3): 228, pl. 1: 2. 1984. **Holotype:** Japan. Shikoku: Ehime, 1957-08-16, Y. Miyoshi s. n.

黄山蛾眉蕨 ***Lunathyrium orientale*** Z. R. Wang & J. J. Chien var. ***huangshanense*** Z. R. Wang in Acta Phytotax. Sin. 32(1): 90. 1994. **Holotype:** China. Anhui: Huangshan, 1975-07-17, K. J. Kuan 75328.

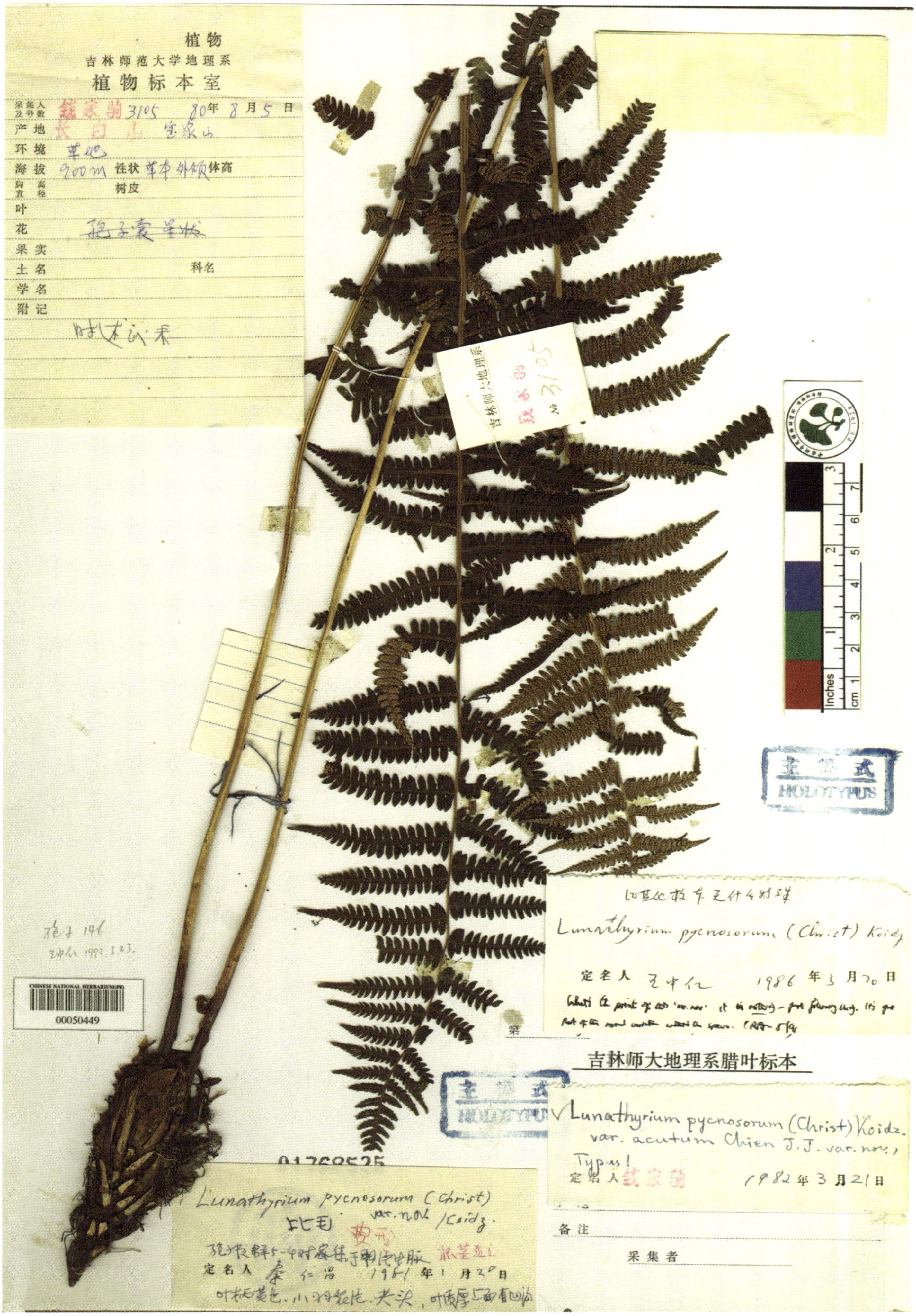

尖叶蛾眉蕨 ***Lunathyrium pycnosorum*** (Christ) Koidz. var. ***acutum*** J. J. Chien in Acta Phytotax. Sin. 22(3): 227, pl. 1: 1. 1984. **Holotype:** China. Jilin: Changbaishan, alt. 900 m, 1980-08-05, J. J. Chien 3105.

长齿蛾眉蕨 ***Lunathyrium pycnosorum*** (Christ) Koidz. var. ***longidens*** Z. R. Wang, Fl. Reip. Pop. Sin. 3(2): 301, 509, pl. 69: 6. 1999. **Holotype:** China. Heilongjiang, Shangzhi, 1951-07-16, Y. C. Zhu 156.

神农架蛾眉蕨 ***Lunathyrium shennongense*** Ching ex Boufford & K. H. Shing in Journ. Arn. Arb. 64(1): 21. 1983.
Holotype: China. Hubei: Shennongjia, alt. 2 700 m, 1980-08-26, Sino-Amer. Bot. Exped. 353.

贡山蛾眉蕨 ***Lunathyrium sichuanense*** Z. R. Wang var. ***gongshanense*** Z. R. Wang in Acta Phytotax. Sin. 32(1): 88. 1994.
Isotype: China. Yunnan: Gongshan, alt. 3 500 m, 1982-06-30, Qinghai-Xizang Exped. 7781.

金佛山蛾眉蕨 ***Lunathyrium sichuanense*** Z. R. Wang var. ***jinfoshanense*** Z. R. Wang, Fl. Reip. Pop. Sin. 3(2): 324, 511. 1999. **Holotype:** China. Chongqing: Nanchuan, Jinfoshan, alt. 2 050 m, 1957-07-12, G. F. Lee 62653.

喜马拉雅蛾眉蕨 ***Lunathyrium sikkimense*** Ching in Acta Phytotax. Sin. 9(1): 72. 1964. **Holotype:** India. Darjeeling, alt. 3 000~3 800 m, S. S. Bir 10.

西藏蛾眉蕨 ***Lunathyrium tibeticum*** Ching, Fl. Xizang. 1: 117, f. 28: 4-5. 1983. **Holotype:** China. Xizang: Bomi, alt. 2 900 m, 1965-07-13, Y. T. Chang & K. Y. Lang 612.

截头蛾眉蕨 ***Lunathyrium truncatum*** Ching ex Z. R. Wang, Fl. Reip. Pop. Sin. 3(2): 314, 510. 1999. **Holotype:** China. Yunnan: Precise locality not known, alt. ca. 3 500 m, H. T. Tsai 52697.

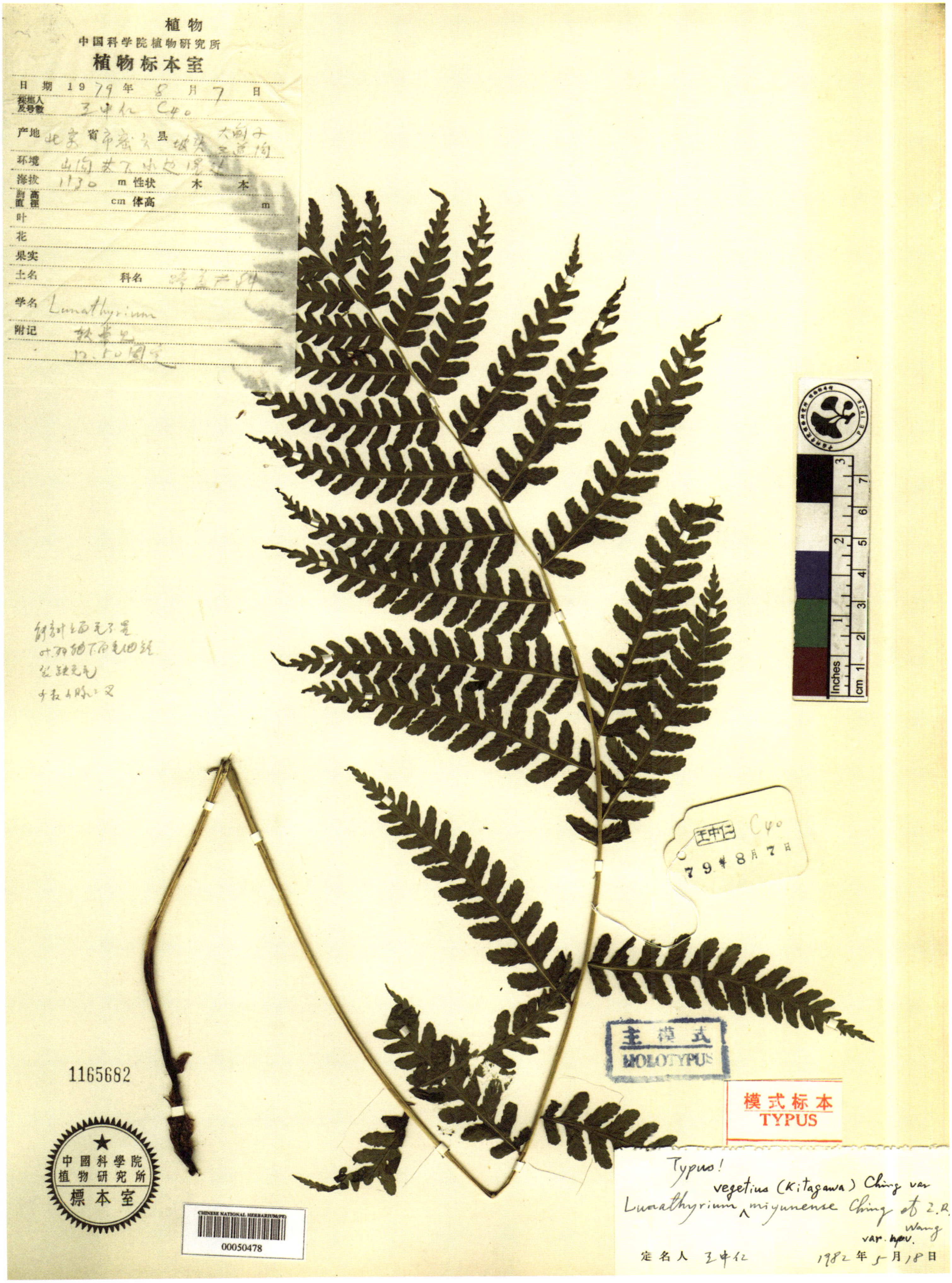

密云蛾眉蕨 ***Lunathyrium vegetius*** (Kitagawa) Ching var. ***miyunense*** Ching & Z. R. Wang, ex Z. R. Wang Fl. Reip. Pcp. Sin. 3(2): 304, 509. 1999. **Holotype:** China. Beijing: Miyun, alt. 1 130~1 200 m, 1979-08-07, Z. R. Wang C40.

壳盖蛾眉蕨 ***Lunathyrium vegetius*** (Kitagawa) Ching var. ***turgidum*** Ching & Z. R. Wang in Acta Phytotax. Sin. 32(1): 91. 1994. **Holotype:** China. Sichuan: Li Xian, alt. 2 750 m, 1956-09-25, X. Li 46500.

湖北蛾眉蕨 ***Lunathyrium vermiforme*** Ching, Boufford & K. H. Shing in Journ. Arn. Arb. 64(1): 23.1983. **Holotype:** China. Hubei: Lichuan, alt. 1 500 m, 1980-10-07, Sino-Amer. Bot. Exped. 2025.

哈巴蛾眉蕨 ***Lunathyrium wilsoni*** (Christ) Ching var. ***habaense*** Ching & Z. R. Wang ex Z. R. Wang in Acta Phytotax. Sin. 32(1): 91. 1994. **Holotype:** China. Yunnan: Zhongdian(=Shangri-La), alt. 2 800 m, 1959-06-29, C. L. Wu 41832.

锐裂蛾眉蕨 ***Lunathyrium wilsoni*** (Christ) Ching var. ***incisoserratum*** Ching & Z. R. Wang ex Z. R. Wang in Acta Phytotax. Sin. 32(1): 92. 1994. **Holotype:** China. Yunnan: Dêqên, alt. 3 200~3 500 m, 1940-08-10, K. M. Feng 6487.

大蛾眉蕨 ***Lunathyrium wilsoni*** (Christ) Ching var. ***maximum*** Ching & Z. R. Wang ex Z. R. Wang in Acta Phytotax. Sin. 32(1): 92. 1994. **Holotype:** China. Sichuan: Li Xian, alt. 3 100 m, 1956-09-28, H. S. Kung 1939.

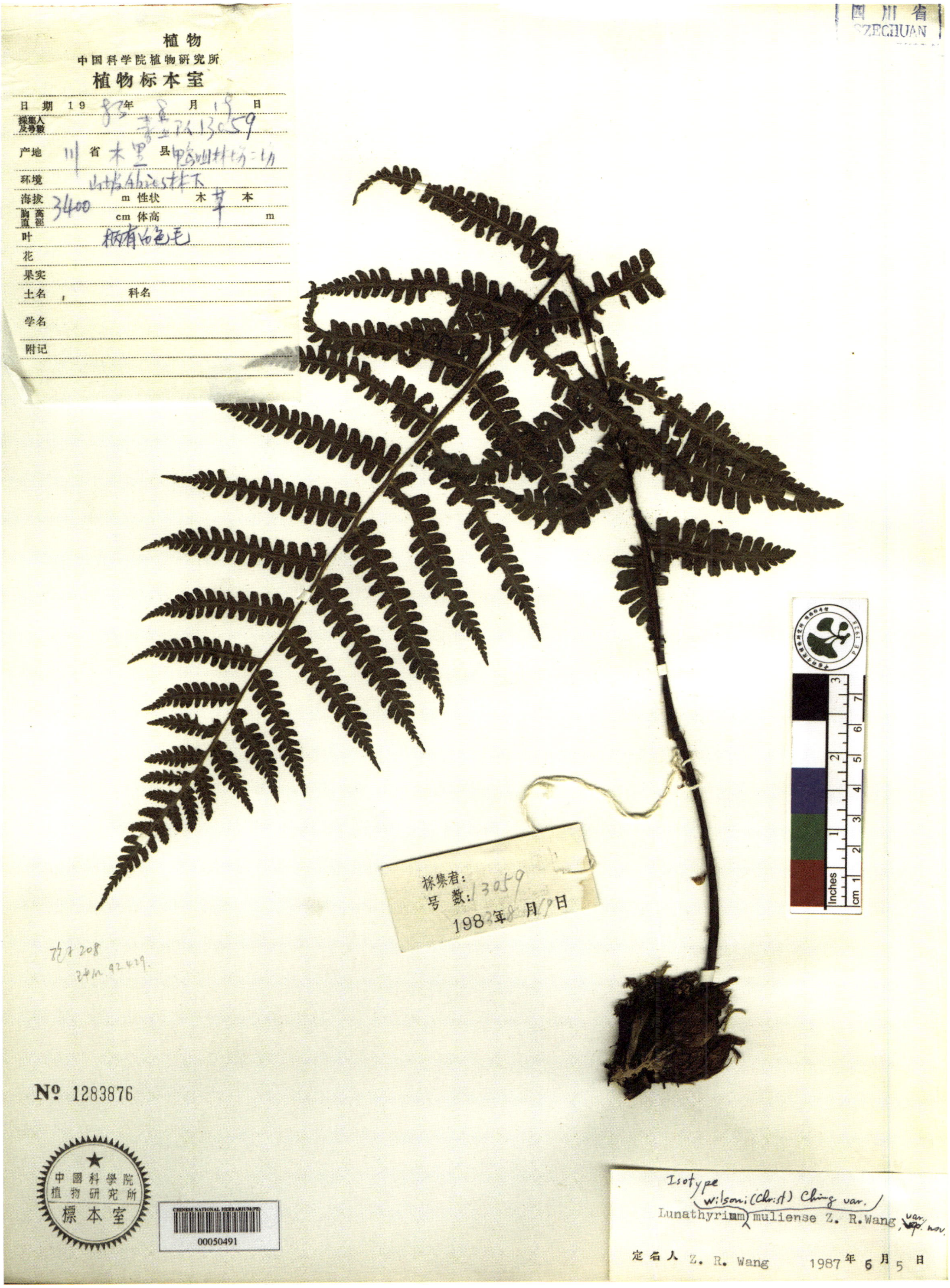

木里蛾眉蕨 ***Lunathyrium wilsoni*** (Christ) Ching var. ***muliense*** Z. R. Wang in Acta Phytotax. Sin. 32(1): 92. 1994.
Isotype: China. Sichuan: Muli, alt. 3 400 m, 1983-08-19, Qinghai-Xizang Exped. 13059.

吉隆假冷蕨 ***Pseudocystopteris decipiens*** Ching & S. K. Wu, Fl. Xizang. 1: 125, pl. 32: 4–6. 1983. **Holotype:** China. Xizang: Gyirong, alt. 3 100 m, 1972-06-14, Xizang Medic. Herb. Exped. 266.

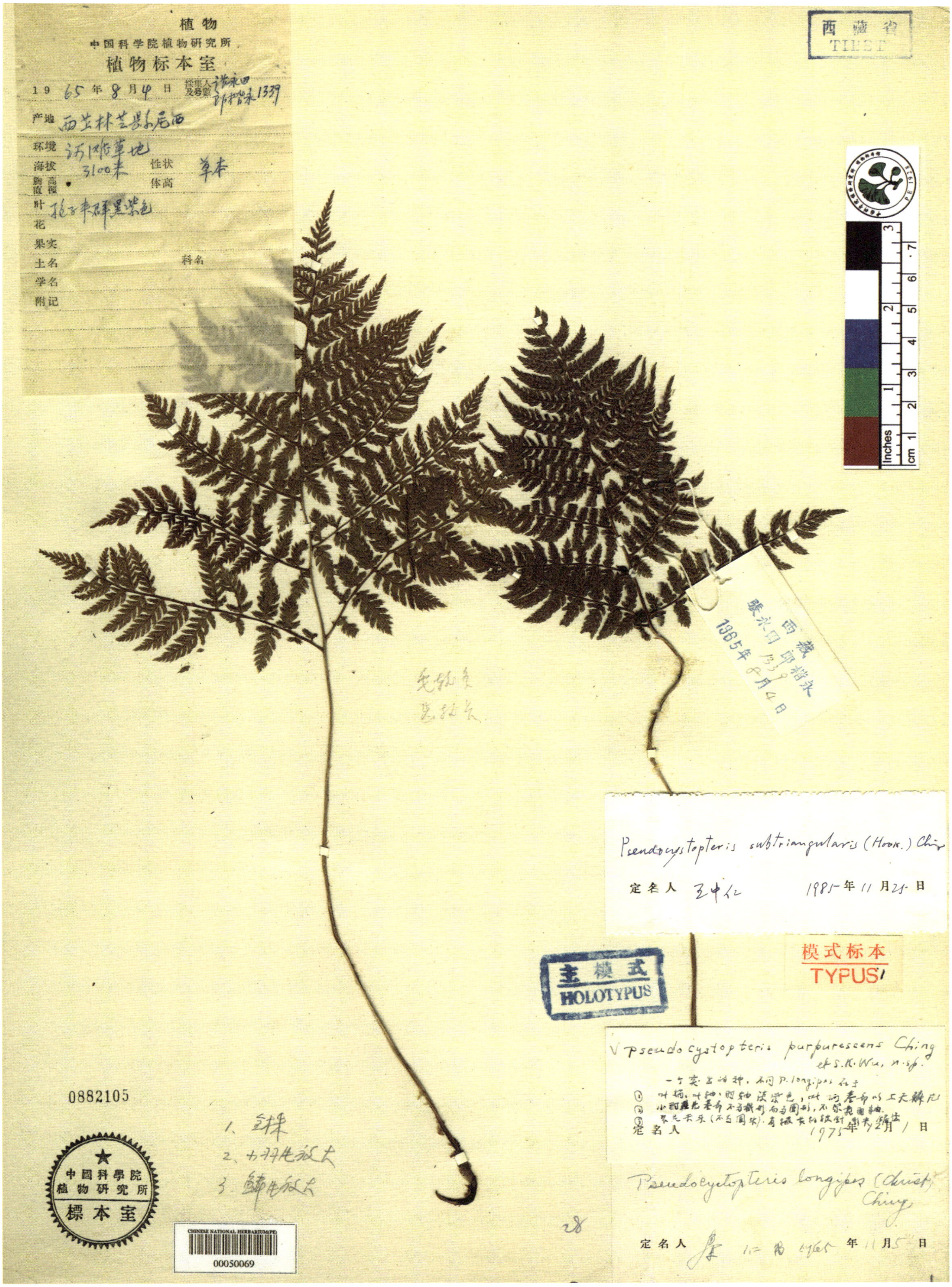

微红假冷蕨 ***Pseudocystopteris purpurascens*** Ching & S. K. Wu, Fl. Xizang. 1: 128, f. 32: 1-3. 1983. **Holotype:** China. Xizang: Nyingchi, alt. 3 100 m, 1965-08-04, Y. T. Chang & K. Y. Lang 1339.

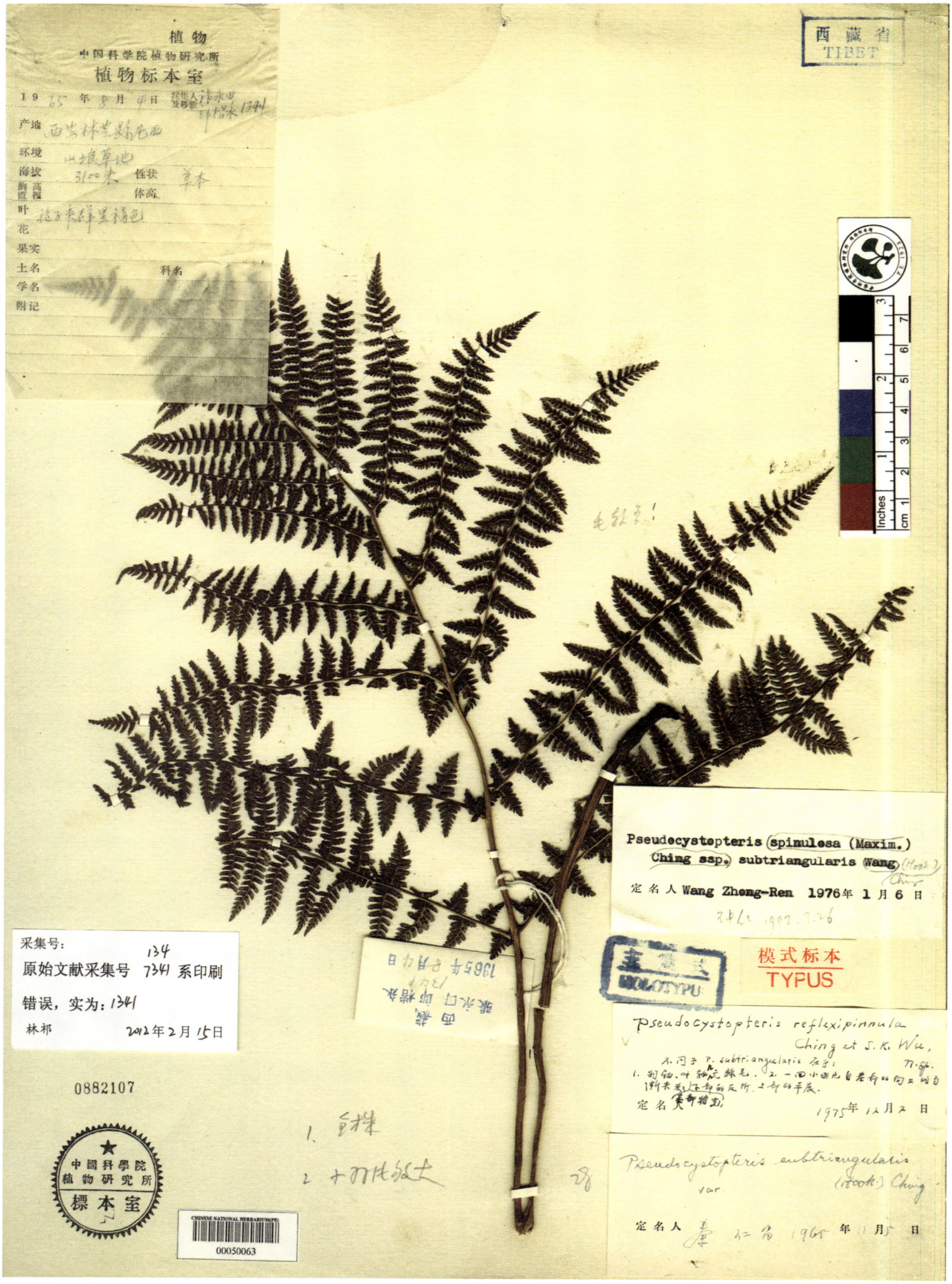

反折假冷蕨 ***Pseudocystopteris reflexipinnula*** Ching & S. K. Wu, Fl. Xizang. 1: 127, pl. 30: 3–4. 1983. **Holotype:** China. Xizang: Nyingchi, alt. 3 100 m, 1965-08-04, Y. T. Chang & K. Y. Lang 1341.

城口假冷蕨 ***Pseudocystopteris remota*** Ching in Acta Phytotax. Sin. 9(1): 84. 1964. **Holotype:** China. Chongqing: Chenkou, alt. 2 000 m, 1959-07-12, Sichuan Econ. Pl. Exped. (Liang 59) 3832.

长根假冷蕨 ***Pseudocystopteris repens*** Ching in Acta Phytotax. Sin. 9(1): 80. 1964. **Holotype:** China. Sichuan: Lushan, alt. 3 500 m, 1958-07-05, L. Liu & H. S. Kung 222.

太白山假冷蕨 ***Pseudocystopteris spinulosa*** (Maxim.) Ching var. ***taipaishanensis*** Ching, Fl. Tsinling. 2: 93, 212. 1974. **Holotype:** China. Shaanxi: Taibaishan, 1938-08-05, T. N. Liou & P. C. Tscong 2979.

西藏假冷蕨 ***Pseudocystopteris tibetica*** Ching in Acta Phytotax. Sin. 9(1): 80. 1964. **Holotype:** China. Xizang: Yadong, alt. 3 000 m, 1960-07-24, C. W. Chang 1116.

峨眉轴果蕨 ***Rhachidosorus consimilis*** Ching in Acta Phytotax. Sin. 9(1): 75. 1964. **Holotype:** China. Sichuan: Emei, Emeishan, alt. 700 m, 1956-03-??, R.C. Ching 185.

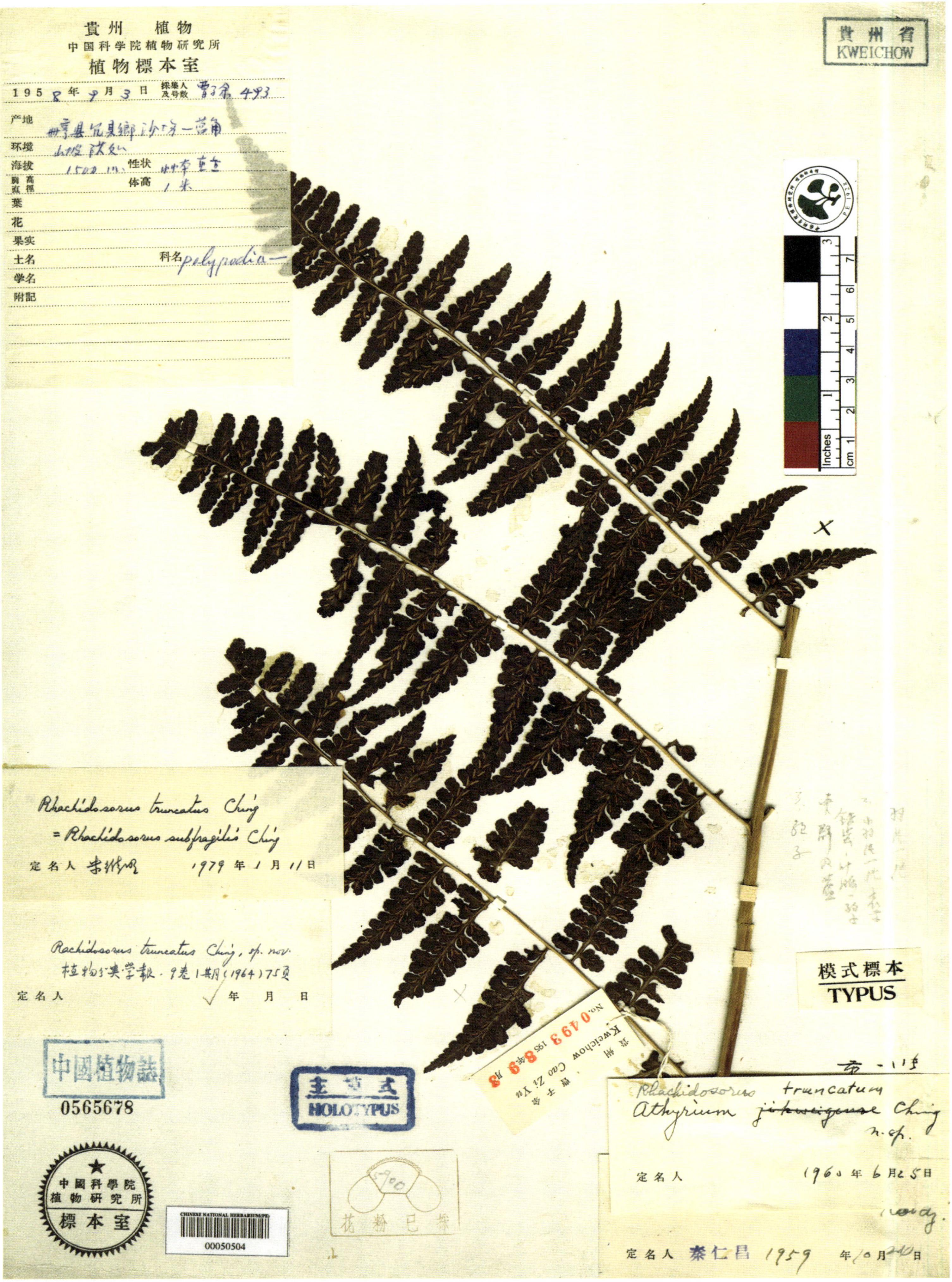

贵州轴果蕨 ***Rhachidosorus truncatus*** Ching in Acta Phytotax. Sin. 9(1): 75. 1964. **Holotype:** China. Guizhou: Ceheng, alt. 1 500 m, 1958-09-03, Z. Y. Cao 493.

Index to Scientific Names ／拉丁学名索引

Index to Chinese Names / 中名索引

5 画

6 画

7 画

8 画

9 画

10 画

11 画

12 画

13 画

14 画

15 画

16 画

18 画

20 画

Authors and Addresses ／作者及工作单位地址

BAN Qin, CHEN Shurong, DU Yufen, LIN Qi, MA Xintang, TIAN Xiya, WANG Zhongtao, YANG Zhirong
China National Herbarium (PE), Institute of Botany, Chinese Academy of Sciences, Xiangshan, Beijing 100093, Beijing.

HE Dongdong, SONG Li
Department of Biology, Taiyuan Normal University, Taiyuan 030031, Shanxi.

LIN Yun
Hunan Medication Vestibule School, Changsha 410208, Hunan.

班　勤　陈淑荣　杜玉芬　林　祁　马欣堂　田希娅　王忠涛　杨志荣
邮政编码：100093，北京市，香山，中国科学院植物研究所 国家植物标本馆（PE）

何东东　宋　莉
邮政编码：030031，山西省，太原市，太原师范学院 生物系

林　云
邮政编码：410208，湖南省，长沙市，湖南省医药技工学校